高 等 学 校 教 材

材 料 物 理 性 能

刘　强　黄新友　主　编

化学工业出版社

·北京·

全书共分七章内容，第一章为材料物理基本知识简介，第二章为材料的热学性能，第三章为材料的光学性能，第四章为材料的导电性能，第五章为材料的介电性能，第六章为材料的磁学性能，第七章为材料弹性变形与内耗。每章内容主要包括物理性能的基本概念及其物理本质，金属材料、无机非金属材料及高分子材料的物理性能表现及影响它们的因素，物理性能的测试方法及物理性能分析在材料研究中的应用。每章后都附有本章小结和复习题，以便学生了解每章的重点。

本书适用于金属材料工程、无机非金属材料工程、高分子材料工程及复合材料工程等专业。

图书在版编目（CIP）数据

材料物理性能/刘强，黄新友主编. —北京：化学工业
出版社，2009.6（2024.3重印）
高等学校教材
ISBN 978-7-122-05381-7

Ⅰ. 材…　Ⅱ. ①刘…②黄…　Ⅲ. 工程材料-物理性能-
高等学校-教材　Ⅳ. TB303

中国版本图书馆 CIP 数据核字（2009）第 060298 号

责任编辑：杨　菁　　　　　　　　　　文字编辑：林　丹
责任校对：王素芹　　　　　　　　　　装帧设计：关　飞

出版发行：化学工业出版社（北京市东城区青年湖南街 13 号　邮政编码 100011）
印　　装：北京天宇星印刷厂
787mm×1092mm　1/16　印张18　字数470千字　2024 年 3 月北京第 1 版第 9 次印刷

购书咨询：010-64518888　　　　　　　售后服务：010-64518899
网　　址：http：//www.cip.com.cn
凡购买本书，如有缺损质量问题，本社销售中心负责调换。

定　　价：52.00 元　　　　　　　　　　　　　　　　版权所有　违者必究

前　言

材料作为作为国民经济的基础产业，越来越受到人们的关注与重视。随着科技的飞速发展，材料不仅要满足承载的结构件需要，还要适应人们对各种功能器件的需求，因而对材料的性能要求越来越高。为了适应社会对材料类专业人才的需求变化，许多高校都对材料类专业的教学大纲作了修订，建立了金属材料工程、无机非金属材料工程、高分子材料工程及复合材料工程等专业的公共课程平台，以适应"厚基础、宽专业、多方向、强能力"的高等教育发展趋势。"材料物理性能"作为公共平台课程，其内容在保证物理性能基础理论的同时，必须强调各材料类专业公共知识点，同时还需兼顾相关专业的各自特点，以满足各材料专业的需要。

全书共分七章内容，第一章为材料物理基本知识简介，第二章为材料的热学性能，第三章为材料的光学性能，第四章为材料的导电性能，第五章为材料的介电性能，第六章为材料的磁学性能，第七章为材料弹性变形与内耗。每章内容主要包括物理性能的基本概念及其物理本质，金属材料、无机非金属材料及高分子材料的物理性能表现及影响它们的因素，物理性能的测试方法及物理性能分析在材料研究中的应用。整个编写思路主要体现物理性能的基本理论与材料研究相结合。

本书适用于金属材料工程、无机非金属材料工程、高分子材料工程及复合材料工程等专业的教材。全书由江苏大学刘强、黄新友、胡杰三人编写，他们分别在金属材料工程、无机非金属材料工程、高分子材料工程三个专业长期从事教学科研工作。在本书编写过程中，对每章内容先从金属材料工程、无机非金属材料工程、高分子材料工程等专业以相同的提纲分别编写，在此基础上，再由刘强总统稿，把三个专业的内容融会贯通。

在本书编写过程中，参考和引用了一些教材和专著，在书后的参考文献中已列出，在此向作者表示诚挚的谢意。

由于编者学识水平有限，加之融合三个专业的内容，难免有欠妥之处，望同行多提宝贵意见，以帮助编写者不断完善。

编者
2008 年 12 月

目 录

第一章 概 论

材料物理性能强烈依赖于材料原子间的键合、晶体结构和电子能量结构与状态。已知原子间的键合类型有：金属键、离子键、共价键、分子键和氢键，它们存在的实体代表、结合能及主要特点，列于表 1-1。晶体结构更是复杂，仅抽象出空间点阵，便有 14 种类型（Bravais 点阵）。原子间键合方式、晶体结构都会影响固体的电子能量结构和状态，从而影响材料物理性能。因此，键合、晶体结构、电子能量结构三方面都是理解和创新一种材料的物理性能的理论基础。

表 1-1 原子键合及特性

类型	实体代表	结合能/(eV/mol)	主 要 特 点
离子键	LiCl	8.63	高配位数,非方向键,低温不导电,高温离子导电
	NaCl	7.94	
	KCl	7.20	
	RbCl	6.90	
共价键	金刚石	7.37	低配位数,空间方向键,纯晶体在低温下电导率很小
	Si	4.68	
	Ge	3.87	
	Sn	3.14	
金属键	Li	1.63	高配位数,高密度,无方向性键,电导率高,延性好
	Na	1.11	
	K	0.934	
	Rb	0.852	
分子键	Ne	0.020	低熔点和沸点,压缩系数大,保留了分子的性质
	Ar	0.078	
	Kr	0.116	
	Xe	0.170	
氢键	H_2O(冰)	0.52	结合力高于无氢键的类似分子
	HF	0.30	

根据课程分工和教学大纲要求，本章仅就固体中电子能量结构和状态做初步的介绍，建立起现代固体电子能量结构的观念，包括德布罗意波；费密-狄拉克分布函数；禁带起因、能带结构及其与原子能级的关系，以及非晶态金属、半导体的电子状态等。

第一节 电子的波动性

一、微观粒子的波粒二象性

19 世纪末，人们确认光具有波动性，服从麦克斯韦（Maxwell）的电磁波动理论。利用波动学说解释了光在传播中的偏振、干涉、衍射现象，但不能解释光电效应。1905 年爱因斯坦（Einstein）依照普朗克（Planck）的量子假设提出了光子理论，认为光是由一种微粒——光子组成的，频率为 ν 的光，其光子具有的能量为

$$E = h\nu \tag{1-1}$$

式中，$h = 6.6 \times 10^{-34} J \cdot s$，为普朗克常量。

利用光子理论成功地说明了光的发射和吸收等现象。从对光的本性研究中发现，光子这种微观粒子表现出双重性质——波动性和粒子性，这种现象叫做波粒二象性。在爱因斯坦光子理论和其他人工作的启发下，1924 年法国物理学家德布罗意（de Broglie）大胆提出一个假设，即"二象性"并不只限于光而具有普遍意义。他提出了物质波的假说：一个能量为 E、动量为 p 的粒子，同时也具有波性，其波长 λ 由动量 p 确定，频率 ν 则由能量 E 确定：

$$\lambda = \frac{h}{p} = \frac{h}{mv}$$

$$\nu = \frac{E}{h} \tag{1-2}$$

式中，m 为粒子质量；v 为自由粒子运动速度。

由式(1-2) 求得的波长，称为德布罗意波波长。

德布罗意的假设，在 1927 年被美国贝尔电话实验室的戴维森（Davisson）和革末（Germer）的电子衍射实验所证实。他们发现电子束在镍单晶表面上反射时有干涉现象产生，提供了电子波动性的证据。图 1-1(a) 是该实验的电子衍射装置示意图。一束 54eV 的电子束垂直射在镍单晶面上，反射出来的电子表现出显著的方向性，在从入射束成 50° 的方向上反射出来的电子数目极大。设入射电子波的波长为 λ，则衍射花样的第一极大角度 θ_m 由下式给出：

$$d\sin\theta_m = \lambda \tag{1-3}$$

式中，d 是晶格常数。

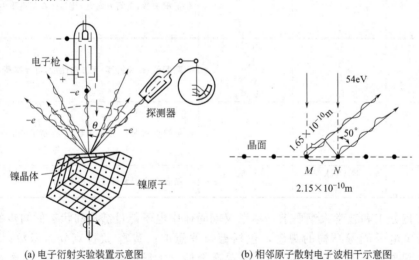

(a) 电子衍射实验装置示意图   (b) 相邻原子散射电子波相干示意图

图 1-1　电子衍射

我们知道，从晶体表面相邻两原子（离子）所散射出来的波，如果在 θ_m 方向上光程差为 λ，就会加强，产生极大。从图 1-1(b) 中便可得到式(1-3)，图中 $d = 2.1 \times 10^{-10}$ m。由式(1-3) 可以算出 54eV 电子束相应波长

$$\lambda = 2.15 \times 10^{-10}\sin 50° = 1.65 \times 10^{-10}\,\text{m}$$

由式(1-2) 计算电子的波长：电子质量 $m = 9.1 \times 10^{-31}$ kg，电子能量 $E = 54$ eV，则电子动量

$$p = (2mE)^{\frac{1}{2}} = (2 \times 9.1 \times 10^{-31} \times 54 \times 1.6 \times 10^{-19})^{\frac{1}{2}} = 3.97 \times 10^{-24}\,\text{kg} \cdot \text{m/s}$$

式中，1.6×10^{-19} 为电子伏特向焦耳转换因子。

$$\lambda = \frac{h}{p} = \left[\frac{6.6 \times 10^{-34}}{3.97 \times 10^{-24}}\right] = 1.66 \times 10^{-10}\,\text{m}$$

比较两个结果基本一致，说明德布罗意假设的正确性。

1928 年以后的进一步实验证明，不仅电了具有波性，其他一切微观粒子如原子、分子、质子等都具有波性，其波长与式(1-2)计算出来的完全一致，从而肯定了物质波的假说。波粒二象性是一切物质（包括电磁场）所具有的普遍属性。

二、波函数

微观粒子具有波性。实验证明，电子的波性就是电子波，是一种具有统计规律的概率波。它决定电子在空间某处出现的概率。既然概率波决定微观粒子在空间不同位置出现的概率，那么，在 t 时刻，概率波应当是空间位置 (x,y,z) 的函数。此函数写为 $\Phi(x,y,z,t)$ 或 $\Phi(r,t)$，并称之为波函数。

在光的电磁波理论中，光波是由电磁场的电场矢量 $E(x,y,z,t)$ 和磁场矢量 $H(x,y,z,t)$ 来描述的。光在某处的强度与该处的 $|E|^2$ 或 $|H|^2$ 成正比。依此类推，概率波强度应与 $|\Phi(r,t)|^2$ 成正比，因此，$|\Phi(r,t)|^2$ 正比于 t 时刻粒子出现在空间 (x,y,z) 这一点的概率。假设 t 时刻空间某一点 (x,y,z) 小体积元 $\mathrm{d}\tau = \mathrm{d}x\mathrm{d}y\mathrm{d}z$ 发现粒子的概率为 $\mathrm{d}W$，则

$$\mathrm{d}W \propto |\Phi|^2 \mathrm{d}\tau$$
$$\mathrm{d}W = C|\Phi|^2 \mathrm{d}\tau \tag{1-4}$$

由此可见，$|\Phi(r,t)|^2$ 为概率密度。

那么，粒子在一个有限体积内，找到它的概率为

$$W = \int_V \mathrm{d}W = \int_V C|\Phi|^2 = \mathrm{d}\tau = C\int_V |\Phi|^2 \mathrm{d}\tau$$

如果把体积扩大到粒子所在的整个空间，由于粒子总要在该区域出现，故在整个空间内找到粒子的概率为 $100\% = 1$，即

$$W = \int_\infty \mathrm{d}W = C\int_\infty |\Phi|^2 \mathrm{d}\tau = 1 \tag{1-5}$$

于是

$$C = \frac{1}{\int_\infty |\Phi|^2 \mathrm{d}\tau} \tag{1-6}$$

令 $\quad \psi = \sqrt{C}\Phi$

则 $\quad \int_\infty |\Psi|^2 \mathrm{d}\tau = 1 \tag{1-7}$

式中，$\Psi(x,y,z,t)$ 称为归一化波函数。此过程叫归一化。

波函数本身不能和任何可观察的物理量直接相联系，但波函数 $|\Psi|^2$ 可以代表微观粒子在空间出现的概率密度。若用点子的疏密程度来表示粒子在空间各点出现的概率密度，$|\Psi|^2$ 大的地方点子较密，$|\Psi|^2$ 小的地方点子较疏，这种图形叫"电子云"。如果我们设想电子是绵延地分布在空间的云状物——"电子云"，则 $\rho = -e|\Psi|^2$ 是电子云的电荷密度。这样，电子在空间的概率密度分布，就是相应的电子云电荷密度的分布。当然电子云只是对电子运动波性的一种虚设图像性描绘，实际上电子并非真像"云"那样弥散在空间各处。但这样的图像对于讨论和处理许多具体问题，特别是对于定性方法很有帮助，所以一直沿用着。

三、薛定谔（Schrödinger）方程

概率波的波函数可以描写微观粒子运动的状态。欲得到各种不同情况下描述微观粒子运动的波函数，需要知道此粒子随时间和空间变化的规律。这种规律通常表现为一个或一组偏微分方程。例如，在光波中这种规律表现为麦克斯韦方程组或由它导出的波动方程。那么，描述电子运动的概率波的波动方程是什么呢？电子的波动方程就是薛定谔方程。在德布罗意关于物质波的启发下，奥地利物理学家薛定谔通过对力学和光学的分析对比后，首先提出这个方程式。物理学的发展史表明，代表新的规律的方程式，往往总是根据大量的实验事实总结出来的，而不是由旧的公式直接导出的。代表电子波运动规律的薛定谔方程也在此列。我们不介绍薛定谔当时的类比推证，只是以建立满足自由电子运动的平面波波动方程为例，介绍一下薛定谔方程建立的思路，然后再推广到普遍的波动方程。

由物理学知，频率为 ν，波长为 λ，沿 x 方向（一维）传播的平面波可以表示为

$$Y(x,t)=A\cos\left[2\pi\left(\frac{x}{\lambda}-\nu t\right)\right] \tag{1-8}$$

式(1-8) 所表示的平面波初相位角为零。引入波数 K，$K=\frac{2\pi}{\lambda}$。考虑方向时，K 为矢量，$|K|=\frac{2\pi}{\lambda}$，称 K 为波矢量（简称波矢）。又 $\omega=2\pi\nu$，则

$$Y(x,t)=A\cos(Kx-\omega t)$$

写成复数形式 $\qquad\qquad\qquad Y=Ae^{i(Kx-\omega t)} \tag{1-9}$

将德布罗意假设，即式(1-2) 代入式(1-9)，把 Y 改写成 Ψ，则式(1-9) 为

$$\Psi=Ae^{\frac{2\pi}{h}(px-Et)}=Ae^{\frac{i}{\hbar}(px-Et)} \tag{1-10}$$

式中，$\hbar=\frac{h}{2\pi}=1.05\times10^{-34}\text{J}\cdot\text{s}$。

式(1-10) 代表一个动量为 p、能量为 E 的自由电子沿 x 方向运动的电子波函数。同理，上述结果很容易推广到三维空间，这时自由电子的波函数可表示为

$$\Psi(r,t)=Ae^{\frac{i}{\hbar}(pr-Et)} \tag{1-11}$$

我们还可以把式(1-10) 写成

$$\Psi(r,t)=\varphi(x)e^{-\frac{i}{\hbar}Et} \tag{1-12}$$

式中，$\varphi(x)=Ae^{\frac{i}{\hbar}px}$ 称为振幅函数，它是波函数中只与坐标有关，而与时间无关的部分。有时也把它称为波函数。那么，三维情况下自由电子的振幅函数可写成

$$\varphi(r)=Ae^{\frac{i}{\hbar}pr} \tag{1-13}$$

凡是可以写成式(1-13) 形式的波函数叫定态波函数。这种波函数所描述的状态称为定态。如果电子运动所在的势场其势能只是坐标的函数 $U=U(x)$，则电子在其中的运动状态总会达到一稳定态。例如，一稳定的自由原子，有一绕核运动的电子，当电子只受到核的静电力作用而没有其他外力作用时的运动状态，就是一种定态。表征电子这种运动状态的定态波函数表明，电子在空间出现的概率密度与时间无关。即

$$|\Psi(x,t)|^2=\Psi\Psi^*=\varphi(x)e^{-\frac{i}{\hbar}Et}\varphi(x)e^{\frac{i}{\hbar}Et}=|\varphi(x)|^2$$

这样，在解定态波函数时，往往先解出 $\varphi(x)$，然后利用式（1-12），便可找到 $\Psi(x,t)$。下面介绍建立薛定谔方程的主要思路。

将式(1-12) 中的振幅函数对 x 取二阶导数得

$$\frac{d^2\varphi(x)}{dx^2}=\left(\frac{i}{\hbar}p\right)^2Ae^{\frac{i}{\hbar}px}=-\frac{1}{\hbar^2}p^2\varphi=-\frac{4\pi^2}{\hbar^2}p^2\varphi \tag{1-14}$$

因为 $p^2 = 2mE$，代入式(1-14) 整理得

$$\frac{\mathrm{d}^2\varphi}{\mathrm{d}x^2} + \frac{2mE}{\hbar^2}\varphi = 0 \quad 或 \frac{\mathrm{d}^2\varphi}{\mathrm{d}x^2} + \frac{8\pi^2 mE}{h^2}\varphi = 0 \tag{1-15}$$

式(1-15) 是一维空间自由电子的振幅函数所遵循的规律，称为一维空间自由粒子的振幅方程，即一维条件下自由电子的薛定谔方程。如果电子不是自由的，而是在确定的势场中运动，振幅函数所适合的方程也可用类似的方法建立起来。考虑到电子的总能量 E 应是势能 $U(x)$ 和动能 $\frac{1}{2}mv^2$ 之和，则式(1-14) 中的 p^2 用关系式 $p^2 = 2m(E-U)$ 代入，则得

$$\frac{\mathrm{d}^2\varphi}{\mathrm{d}x^2} + \frac{2m}{\hbar^2}(E-U)\varphi = 0 \quad 或 \frac{\mathrm{d}^2\varphi}{\mathrm{d}x^2} + \frac{8\pi^2 m}{h^2}(E-U)\varphi = 0 \tag{1-16}$$

因 $\varphi(x)$ 只是坐标的函数，与时间无关，故 φ 所描述的是电子在空间的稳定态分布。式(1-16) 即为一维空间电子运动的定态薛定谔方程。如果电子在三维空间运动，则上式推广为

$$\frac{\partial^2\varphi}{\partial x^2} + \frac{\partial^2\varphi}{\partial y^2} + \frac{\partial^2\varphi}{\partial z^2} + \frac{8\pi^2 m}{h^2}(E-U)\varphi = 0 \tag{1-17}$$

式中，φ 为 $\varphi(x,y,z)$，如果采用拉普拉斯（Laplace）算符，$\nabla^2 \equiv \frac{\partial^2}{\partial x^2} + \frac{\partial^2}{\partial y^2} + \frac{\partial^2}{\partial z^2}$，则式(1-17) 为

$$\nabla^2\varphi + \frac{2m}{\hbar^2}(E-U)\varphi = 0 \tag{1-18}$$

这便是定态薛定谔方程的一般式。

对于薛定谔方程可以这样理解：一质量为 m 并在势能为 $U(x,y,z)$ 的势场中运动的微观粒子，其运动的稳定状态必然与波函数 $\varphi(x,y,z)$ 相联系。这个方程的每一解 $\varphi(x,y,z)$ 表示粒子运动可能有的稳定态，与这个解相对应的常数 E，就是粒子在这种稳态下具有的能量。求解方程时，不仅要根据具体问题写出势函数 U，而且为了使 $\varphi(x,y,z)$ 是合理的，还必须要求 φ 是单值、有限、连续、归一化的函数。由于这些条件的限制，只有当薛定谔方程式中能量 E 具有某些特定值时才有解。这些特定的值叫本征值，而相应的波函数叫本征函数。

如果不是研究定态问题，则应运用含时间的薛定谔方程式（非相对论的）：

$$i\hbar\frac{\partial\Psi(x,y,z,t)}{\partial t} = \frac{\hbar^2}{2m}\nabla^2\Psi(x,y,z,t) + U(x,y,z)\Psi(x,y,z,t) \tag{1-19}$$

式(1-19) 为一般性薛定谔方程式。它适用于运动速度小于光速的电子、中子、原子等微观粒子。定态薛定谔方程式只是式(1-19) 的一个特例。由于在此只研究电子的定态运动问题，故对式(1-19) 不做深入讨论。薛定谔方程在量子力学中占有重要的位置，在以后的讨论中，应注意它是如何被运用的。

四、霍尔效应

前面谈的是电子属性的一个方面——波性。它的粒子性较早地就由金属晶体存在的霍尔效应所证实。取一金属导体，放在与它通过的电流方向相垂直的磁场内，则在横跨样品的两面产生一个与电流和磁场都垂直的电场。此现象称为霍尔效应（hall effect），如图 1-2 所示。图中样品两端面：$abcd$ 面带负电；$efgh$ 面带正电。下面说明

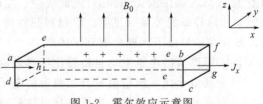

图 1-2　霍尔效应示意图

一下该实验证明金属中存在自由电子的原理。

在厚度为 d、宽度为 b 的金属导体上，沿 x 方向流过电流 I_x，其电流密度为 J_x，沿 z 方向加一磁场 B_0，这时发现导体沿 y 方向，产生电位差 $V_A - V_B$，令其为 E_H。产生这个电场的原因是，垂直于电子运动方向的磁场使电子受到洛伦兹力而偏转，并向某一面积聚，结果使该面带负电，而在对面带正电，从而形成电场 E_H，称之为霍尔场。表征霍尔场的物理参数称为霍尔系数，定义为

$$R_H = \frac{E_H}{J_x B_0}(\text{SI})^* \quad (\text{SI 表示为国际单位制，下同}) \tag{1-20}$$

式中，E_H 为霍尔场强度；J_x 为电流密度；B_0 为外加磁场。

经简单计算便可求出 $E_H = \dfrac{J_x B_0}{ne}$，从而由式(1-20)得到

$$R_H = \frac{1}{ne}(\text{SI}) \tag{1-21}$$

式中，n 为电子密度。由式(1-21)可见，霍尔系数只与金属中的自由电子密度有关。霍尔效应证明了金属中存在自由电子，它是电荷的载体。R_H 值的理论计算与实验测定结果对于典型金属是一致的（见表1-2）。

表 1-2 一些金属的霍尔系数和载流子迁移率（300K）

金属	$R_H/(10^{-10}\,\text{m}^3/\text{C})$	$\mu/[\text{m}^2/(\text{V}\cdot\text{S})]$	金属	$R_H/(10^{-10}\,\text{m}^3/\text{C})$	$\mu/[\text{m}^2/(\text{V}\cdot\text{S})]$
银	−0.84	0.0056	钠	−2.50	0.0053
铜	−0.55	0.0032	锌	+0.30	0.0060
金	−0.72	0.0030	镉	−0.60	0.0080

根据金属的原子价和密度，可以算出单位体积中的自由电子数。设金属密度为 ρ，原子价为 Z，相对原子质量为 A_r，则电子密度 n 为

$$n = Z \frac{\rho N_0}{A_r} \tag{1-22}$$

式中，N_0 为阿伏伽德罗常数。

根据计算，如果金属中只存在自由电子一种载流子，那么，只能 $R_H < 0$，但实验测得某些金属 R_H 反常（$R_H > 0$，表1-2中的锌金属正是这样）。正是这些实际问题推动了对金属晶体中电子状态的研究。

第二节 金属的费密（Fermi）-索末菲（Sommerfel）电子理论

对固体电子能量结构和状态的认识，开始于对金属电子状态的认识。人们通常把这种认识大致分为三个阶段。最早是经典的自由电子学说，主要代表人物是德鲁特（Drude）和洛伦兹（Lorentz）。该学说认为金属原子聚集成晶体时，其价电子脱离相应原子的束缚，在金属晶体中自由运动，故称它们为自由电子，并且认为它们的行为如理想气体一样，服从经典的麦-玻（Maxwell-Boltzmann）统计规律。经典自由电子学说成功地计算出金属电导率以及电导率和热导率的关系（见第二章材料热性能），但该理论解释不了霍尔系数的"反常"现象，而且在解释以下问题也遇到了困难。

① 实际测量的电子平均自由程比经典理论估计的大许多。

② 金属电子比热测量值只有经典自由电子理论估计值的百分之一。

③ 金属导体、绝缘体、半导体导电性的巨大差异。

第二阶段是把量子力学的理论引入对金属电子状态的认识，称之为量子自由电子学说，具体讲就是金属的费密-索末菲自由电子理论。该理论同意经典自由电子学说，认为价电子是完全自由的，但量子自由电子学说认为自由电子的状态不服从麦克斯韦-玻尔兹曼统计规律，而是服从费密-狄拉克（Fermi-Dirac）的量子统计规律。故该理论利用薛定谔方程求解自由电子的运动波函数，计算自由电子的能量。下面较具体地介绍该理论应用量子力学观点，得到的金属中电子能量结构和状态的结果。

一、金属中自由电子的能级

先讨论一维的情况。假设在长度为 L 的金属丝中有一个自由电子在运动。自由电子模型认为，金属晶体内的电子与离子没有相互作用，其势能不是位置的函数，即电子势能在晶体内到处都一样，可以取 $U(x)=0$；由于电子不能逸出金属丝外，则在边界处，势能无穷大，即 $U(0)=U(L)=\infty$。这种处理方法称为一维势阱模型（见图1-3）。由于我们讨论的是电子稳态运动情况，所以在势阱中电子运动状态应满足定态薛定谔方程式（1-15），而且由式（1-2）知

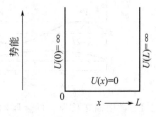

图1-3　一维势阱模型

$$E=\frac{h^2}{2m\lambda^2}=\frac{\hbar}{2m}K^2 \tag{1-23}$$

将式（1-23）代入式（1-15）中可得

$$\frac{\mathrm{d}^2\varphi}{\mathrm{d}x^2}+\left(\frac{2\pi}{\lambda}\right)^2\varphi=0 \tag{1-24}$$

该方程一般解为

$$\varphi=A\cos\frac{2\pi}{\lambda}x+B\sin\frac{2\pi}{\lambda}x \tag{1-25}$$

式中，A、B 为常数，由边界条件定。因为 $x=0$，$\varphi(L)=0$，故 A 必须等于零，则

$$\varphi=B\sin\frac{2\pi}{\lambda}x \tag{1-26}$$

由波函数归一化条件得

$$\int_0^L |\varphi(x)|^2\mathrm{d}x = 1 \tag{1-27}$$

将式（1-26）代入式（1-27）得 $B=\sqrt{\dfrac{1}{L}}$，又由边界条件，$x=L$，$\varphi(L)=0$，且 $B\neq0$，则

$$\sin\frac{2\pi}{\lambda}L=0$$

故 λ 只能取 $2L$，$2L/2$，$2L/3$，…，$2L/n$。式中 n 取 1，2，3，…，正整数，称为金属中自由电子能级的量子数。它改变着波函数。至此，我们解出了自由电子的波函数

$$\varphi(x)=\sqrt{\frac{2}{L}}\sin\frac{2\pi}{\lambda}x=\sqrt{\frac{2}{L}}\sin\frac{\pi n}{L}x$$

把 λ 值代入式（1-23）中得

$$E=\left(\frac{h^2}{8mL^2}\right)n^2=\frac{\hbar^2}{2mL^2}n^2 \tag{1-28}$$

由于 n 只能取正整数，所以由式（1-28）可见，金属丝中自由电子的能量不是连续的，而是量子化的。图1-4表示了这个结果。

根据类似分析，同样可以算出自由电子在三维空间运动的波函数。设一电子在边长为 L

的立方体内运动（见图 1-5）。应用三维定态薛定谔方程式(1-17)，因势阱内 $U(x,y,z)=0$，故该式变为

$$\frac{\partial^2 \varphi}{\partial x^2}+\frac{\partial^2 \varphi}{\partial y^2}+\frac{\partial^2 \varphi}{\partial z^2}+\frac{8\pi^2 m}{h^2}E\varphi=0 \tag{1-29}$$

式(1-29) 为二阶偏微分方程，采用分离变量法解之。

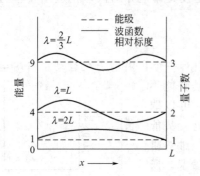

图 1-4　被限制在长为 L 的金属丝内，质量为 m 的　　图 1-5　边长为 L 的立方体三维势阱示意图
自由电子的头三个能级和波函数图形

能量依量子数 n 标记，量子数 n 给出波函数中半波长的个数。在各波形上面标明了波长

$$U(x,y,z)=0 \quad 在势阱内$$
$$U(x,y,z)=\infty \quad 在势阱外$$

令

$$\varphi(x,y,z)=\varphi(x)\varphi(y)\varphi(z) \tag{1-30}$$

将式(1-30) 分别对 x,y,z 取二阶导数

$$\frac{\partial^2 \varphi}{\partial x^2}=\varphi_y(y)\varphi_z(z)\frac{\partial^2 \varphi_x}{\partial x^2} \tag{1-30a}$$

$$\frac{\partial^2 \varphi}{\partial y^2}=\varphi_x(x)\varphi_z(z)\frac{\partial^2 \varphi_y}{\partial y^2} \tag{1-30b}$$

$$\frac{\partial^2 \varphi}{\partial z^2}=\varphi_x(x)\varphi_y(y)\frac{\partial^2 \varphi_z}{\partial z^2} \tag{1-30c}$$

将式(1-30a)～式(1-30c) 代入式(1-29)

$$\varphi_y(y)\varphi_z(z)\frac{\partial^2 \varphi_x}{\partial x^2}+\varphi_x(x)\varphi_z(z)\frac{\partial^2 \varphi_y}{\partial y^2}+\varphi_x(x)\varphi_y(y)\frac{\partial^2 \varphi_z}{\partial z^2}+$$

$$\frac{8\pi^2 m}{h^2}E\varphi_x(x)\varphi_y(y)\varphi_z(z)=0 \tag{1-30d}$$

式(1-30d) 除以 $\varphi_x\varphi_y\varphi_z$ 得

$$\frac{1}{\varphi_x(x)}\frac{\partial^2 \varphi_x}{\partial x^2}+\frac{1}{\varphi_y(y)}\frac{\partial^2 \varphi_y}{\partial y^2}+\frac{1}{\varphi_z(z)}\frac{\partial^2 \varphi_z}{\partial z^2}+\frac{8\pi^2 m}{h^2}E=0 \tag{1-31}$$

方程式(1-31) 中前三项都是单变量函数，且其和为常数。这只有当其中的每一项都是常数时才成立，故

$$\frac{1}{\varphi_x(x)}\frac{\partial^2 \varphi}{\partial x^2}=-\frac{8\pi^2 m}{h^2}E_x \tag{1-31a}$$

$$\frac{1}{\varphi_y(y)}\frac{\partial^2 \varphi}{\partial y^2}=-\frac{8\pi^2 m}{h^2}E_y \tag{1-31b}$$

$$\frac{1}{\varphi_z(z)}\frac{\partial^2 \varphi}{\partial z^2}=-\frac{8\pi^2 m}{h^2}E_z \tag{1-31c}$$

此外
$$E_x + E_y + E_z = E \qquad (1\text{-}31\mathrm{d})$$

这些方程与一维势阱中自由电子的运动方程相同，因此可分别求解

$$\varphi_r(x) = A_x \sin \frac{\pi n_x}{L} x$$

$$\varphi_y(y) = A_y \sin \frac{\pi n_y}{L} y$$

$$\varphi_z(z) = A_z \sin \frac{\pi n_z}{L} z$$

$$\varphi(x,y,z) = A \sin \frac{\pi n_x}{L} x \sin \frac{\pi n_y}{L} y \sin \frac{\pi n_z}{L} z \qquad (1\text{-}32)$$

式中，A 为归一化常数，由归一化条件可求出

$$\int_0^V |\varphi|^2 \mathrm{d}V = 1 \qquad (1\text{-}33)$$

式中，$\varphi(x,y,z)$ 即 $\varphi(r)$，是自由电子定态波函数，则应具有式(1-13) 的形式

$$\varphi = A \mathrm{e}^{\frac{1}{\hbar}pr}$$

代入式(1-33) 中，解得 $A = \sqrt{1/V} = 1/L^{\frac{3}{2}}$。同样，电子在 x，y，z 方向上运动能量分别为

$$E_x = \frac{h^2}{8mL^2} n_x, \quad E_y = \frac{h^2}{8mL^2} n_y, \quad E_z = \frac{h^2}{8mL^2} n_z$$

则
$$E_n = \frac{h^2}{8mL^2} (n_x^2 + n_y^2 + n_z^2) \qquad (1\text{-}34)$$

由式(1-34) 知，决定自由电子在三维空间中运动状态需要三个量子数 n_x、n_y、n_z，其中每个量子数可独立地取 1，2，3，…中的任何值。

由上面的讨论可见，金属晶体中自由电子的能量是量子化的，其各分立能级组成不连续的能谱，而且由于能级间能量差很小，故又称之为准连续的能谱。另一值得注意的是，某些三个不同量子数组成的不同波函数，却对应同一能级。例如，设 $n_x = n_y = 1$，$n_z = 2$；$n_x = n_z = 1$，$n_y = 2$；$n_y = n_z = 1$，$n_x = 2$。三组量子数对应的波函数分别是：

$$\varphi_{112}(x,y,z) = A \sin \frac{\pi x}{L} \sin \frac{\pi y}{L} \sin \frac{\pi z}{L}$$

$$\varphi_{121}(x,y,z) = A \sin \frac{\pi x}{L} \sin \frac{2\pi y}{L} \sin \frac{\pi z}{L}$$

$$\varphi_{211}(x,y,z) = A \sin \frac{2\pi x}{L} \sin \frac{\pi y}{L} \sin \frac{\pi z}{L}$$

但它们对应同一能级

$$E = \frac{h^2}{8mL^2} (n_x^2 + n_y^2 + n_z^2) = \frac{6h^2}{8mL^2}$$

若几个状态对应于同一能级，则称它们为简并态。上例中三种状态对应同一能量数值 $\frac{6h^2}{8mL^2}$，则称之为三重简并态。考虑到自旋，那么，金属中自由电子至少是二重简并态。

二、自由电子的能级密度

为了计算金属中自由电子的能量分布，或者计算某能量范围内的自由电子数，需要了解自由电子的能级密度 $Z(E)$。能级密度亦称状态密度，定义为 $Z(E) = \frac{\mathrm{d}N}{\mathrm{d}E}$，其中 $\mathrm{d}N$ 为 E 到 $E + \mathrm{d}E$ 能量范围的总的状态数，它们表示的意义是单位能量范围内所能容纳的电子数。

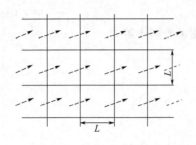

图 1-6 玻恩-卡曼周期性
边界条件示意图

下面讨论如何方便地求出能级密度。

在前面求解薛氏方程采用的边界条件是 $\varphi(0)=\varphi(L)=0$，这种解是驻波形式。其物理意义是电子不能逸出金属表面，可视为电子波在其内部来回反射。但这种处理方法有两个缺点。第一，很难考虑表面状态对金属内部电子态的影响，使问题复杂化；而问题的本质是电子没有逸出，保持电子总数不变。第二，没有充分考虑晶体结构的周期性。因此，我们拟采用行波方式处理。设想，一个全同的大系统，由每边为 L 的子立方体组成（见图 1-6），此时电子运动的周期性边界条件为

$$\varphi(x,y,z)=\varphi(x+L,y,z)=\varphi(x,y+L,z)=\varphi(x,y,z+L) \tag{1-35}$$

式（1-35）就是玻恩-卡曼（Born-Karman）周期性边界条件。这样的波函数边界条件其图像是电子从一个小立方体的边界进入，然后从另一侧进入另一个小立方体，对应点的情况完全相同。这样便可以满足在体积 V 内的金属自由电子数 N 不变。并且可以证明，方程式（1-29）满足周期性边界条件的解必同时使下式成立

$$\exp(iK_xL)=\exp(iK_yL)=\exp(iK_zL)=1 \tag{1-36}$$

为此，K_x、K_y、K_z 必须满足下列条件

$$K_x=\frac{2\pi}{L}n_x, \quad K_y=\frac{2\pi}{L}n_y, \quad K_z=\frac{2\pi}{L}n_z \tag{1-37}$$

式中，n_x、n_y、n_z 必须是整数。

这个结果与前面用驻波形式处理问题是一致的，然而它的优点是易于求解电子的状态密度。如果我们取波矢 K，建立一个坐标系统，此系统称为 K 空间。

自由电子具有量子数为 n_x，n_y，n_z 便可在 K 空间中找到相应的点，这样 K 空间便分割为 $\frac{2\pi}{L}$ 的小方格子。由量子力学测不准原理知，在 x 方向

$$\Delta x\Delta p_x\geqslant h \tag{1-38}$$

从前面分析知，电子在每边为 L 的小立方体 x 方向的位置不确定，$\Delta x=L$，因此 $\Delta p_x\geqslant h/L$，但 $\Delta p_x=\Delta K_x\hbar$，所以

$$\Delta K_x=\frac{\Delta p_x}{\hbar}\geqslant\frac{2\pi}{L} \tag{1-39}$$

即 K_x 不能比 $\frac{2\pi}{L}$ 更小。同样 K_y，K_x 也是如此。这样，每个电子态占有 K 空间的小体积即为 $(2\pi/L)^3$。

电子状态（即轨道）占据 K 空间相应的点。因此，在 K 空间中求状态密度是容易的。每个点就是一种状态，每个点所占的体积为 $(2\pi/L)^3$，其倒数即为单位体积所含点子数

$$\left(\frac{2\pi}{L}\right)^{-3}=\frac{V}{8\pi^3} \tag{1-40}$$

电子运动状态必须标明其自旋状态，自旋的 z 方向分为 $1/2$ 和 $-1/2$ 两种，根据泡利不相容原理，K 空间每个小区域可以充填 2 个自旋不同的电子态。现在以 K 空间状态密度为基础，说明一下单位能量所具有的能级密度。设能量为 E 及以下低的能级的状态总数为 $N(E)$，且考虑自旋，则

$$N(E)=2\frac{V}{8\pi^3}\frac{4\pi}{3}K^3=\frac{V}{3\pi^2}\left(\frac{2m}{\hbar}E\right)^{3/2} \tag{1-41}$$

对 E 微分

$$Z(E)=\frac{\mathrm{d}N}{\mathrm{d}E}=\frac{V}{2\pi^2}\left(\frac{2m}{\hbar^2}\right)^{3/2}E^{1/2}=C\sqrt{E} \tag{1-42}$$

按式(1-42)作图得到图1-7(a)，说明 $Z(E)$ 与能量成 $E^{1/2}$ 关系。如果是单位体积能级密度，则 $C=4\pi(2m)^{3/2}h^{-3}$。对于半导体界面，特种晶体自由电子二维和特殊条件下的自由电子一维运动情况的状态密度分别表示在图1-7的（b）和（c）中。其中二维空间自由电子 $Z(E)=$ 常数，而在一维空间 $Z(E)\propto E^{-\frac{1}{2}}$。以上讨论都是在自由电子体系中进行的，在真实晶体中情况就变得复杂了。

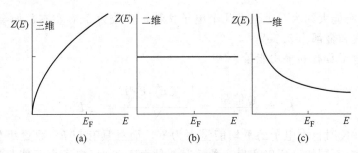

图1-7　状态密度随能量变化曲线

三、自由电子按能级分布

金属中自由电子的能量是量子化的，构成准连续谱。金属中大量的自由电子是怎样占据这些能级的呢？理论和实验证实，电子的分布服从费密-狄拉克统计规律。具有能量为 E 的状态被电子占有的概率 $f(E)$ 由费密-狄拉克分配律决定

$$f(E)=\frac{1}{\exp\left(\dfrac{E-E_F}{kT}\right)+1} \tag{1-43}$$

式中，E_F 为费密能；k 为玻尔兹曼常数；T 为热力学温度，K；$f(E)$ 为费密分布函数。

已知能量 E 的能级密度为 $Z(E)$，则可利用费密分布函数，求出在能量 $E+\mathrm{d}E$ 和 E 之间分布的电子数

$$\mathrm{d}N=Z(E)f(E)\mathrm{d}E=\frac{C\sqrt{E}\,\mathrm{d}E}{\exp\left(\dfrac{E-E_F}{kT}\right)+1} \tag{1-44}$$

下面讨论温度对电子分布的影响。当 $T=0$K 时，由式(1-43)得

若 $E>E_F$ 则 $f(E)=0$

若 $E\leqslant E_F$ 则 $f(E)=1$

图1-8是费密分布函数的图像。该图像说明，在0K时，能量等于和小于 E_F^0 的能级全部被电子占满，能量大于 E_F^0 的能级全部空着。因此，费密能表示0K时基态系统电子所占有的能级最高的能量。

下面计算一下0K时费密能 E_F^0。由式(1-44)得 $\mathrm{d}N=C\sqrt{E}\,\mathrm{d}E$，令系统自由电子数为 N，则

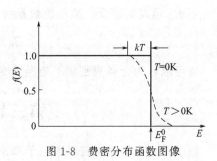

图1-8　费密分布函数图像

$$N = \int_0^{E_F} C\sqrt{E}\,\mathrm{d}E = \frac{2}{3}C(E_F^0)^{\frac{2}{3}}$$

$$E_F^0 = \left(\frac{3}{2}\frac{N}{C}\right)^{\frac{2}{3}}$$

代入 C 值得

$$E_F^0 = \frac{h^2}{2m}\left(\frac{3n}{8\pi}\right)^{\frac{2}{3}} \tag{1-45}$$

式中，$n = \frac{N}{V}$，表示单位体积中的自由电子数。由此可知，费密能只是电子密度 n 的函数。一般金属费密能大约为几个至十几个电子伏特，多数为 5eV 左右。如金属钠为 3.1eV，铝为 11.7eV，银和金都为 5.5eV。

0K 时自由电子具有的平均能量

$$\overline{E}_0 = \frac{\text{总能量}}{N} = \frac{\int_0^{E_F^0} CE\sqrt{E}\,\mathrm{d}E}{N} = \frac{3}{5}E_F^0 \tag{1-46}$$

上式说明，0K 时自由电子的平均能量不为零，而且具有与 E_F^0 数量级相同的能量。这是与经典结果完全不同的。所以产生这种情况，是由于在 0K 电子也不能都集中到最低能级中去，否则违反泡利不相容原理。

现在分析一下温度高于 0K 的情况。此时 $T > 0\text{K}$ 且 $E_F \gg kT$（室温时 kT 大致为 0.025eV，金属在熔点以下都满足此条件）。

当 $E = E_F$ 时，$f(E) = 1/2$。分析式(1-43)同理可得

$$E < E_F \begin{cases} E \ll E_F & f(E) = 1 \\ E_F - E \leqslant kT & f(E) < 1 \end{cases}$$

$$E > E_F \begin{cases} E \gg E_F & f(E) = 0 \\ E_F - E < kT & f(E) < \frac{1}{2} \end{cases}$$

于是，获得温度高于 0K，但又不是特别高时的费密分布函数的图像（图 1-8 中的 $T > 0\text{K}$ 曲线）。此图像具有重要意义，说明金属在熔点以下，虽然自由电子都受到热激发，但只有能量在 E_F 附近 kT 范围内的电子，吸收能量，从 E_F 以下能级跳到 E_F 以上能级。即温度变化时，只有一小部分的电子受到温度的影响。所以，量子自由电子学说正确解释了金属电子比热容较小的原因，其值只有德鲁特理论值的百分之一。

在温度高于 0K 条件下，对电子平均能量和 E_F 的近似计算表明，此时平均能量略有提高，即

$$\overline{E} = \frac{3}{5}E_F^0\left[1 + \frac{5}{12}\pi^2\left(\frac{kT}{E_F^0}\right)^2\right] \tag{1-47}$$

而 E_F 值略有下降，减小值数量级为 10^{-5}，即

$$E_F = E_F^0\left[1 - \frac{\pi^2}{12}\left(\frac{kT}{E_F^0}\right)^2\right]$$

故可以认为金属费密能不随温度变化。

第三节　晶体能带理论

量子自由电子学说较经典电子理论有巨大进步，但模型与实际情况比较仍过于简化，解

释和预测实际问题仍遇到不少困难。例如镁是二价金属，为什么导电性比一价金属铜还差？量子力学认为，即使电子的动能小于势能位垒高度，电子也有一定概率穿过位垒，这称之为隧道效应。产生这个效应的原因是当电子波到达位垒时，波函数并不立即降为零，据此可以认为固体中一切价电子都可位移。那么，为什么固体导电性有如此巨大差别：银的电阻率只有 $10^{-8}\Omega \cdot m$，而熔融硅电阻率却高达 $10^{16}\Omega \cdot m$。诸如此类问题，都是在能带理论建立起来以后才得以解决的。

实际上，一个电子是在晶体中所有格点上离子和其他所有电子共同产生的势场中运动，它的势能不能视为常数，而是位置的函数。严格说来，要了解固体中的电子状态，必须首先写出晶体中所有相互作用着的离子和电子系统的薛定谔方程，并求解。然而这是一个极其复杂的多体问题，很难得到精确解，所以只能采用近似处理方法来研究电子状态。假定固体中的原子核不动，并设想每个电子是在固定的原子核的势场及其他电子的平均势场中运动。这样就把问题简化成单电子问题，这种方法称为单电子近似。用这种方法求出的电子在晶体中的能量状态，将在能级的准连续谱上出现能隙，即分为禁带和允带。因此，用单电子近似法处理晶体中电子能谱的理论，称为能带理论。这是目前较好的近似理论，是半导体材料和器件发展的理论基础，在金属领域中可以半定量地解决问题。能带理论经 70 多年的发展，内容十分丰富。要深入理解和掌握它需要固体物理、量子力学和群论知识。本书只介绍一些能带理论的基本知识，以便为理解材料物理性能和解决材料科学和工程中的问题打下初步基础。

一、周期势场中的传导电子

能带理论和量子自由电子学说一样，把电子的运动看做基本上是独立的，它们的运动遵守量子力学统计规律——费密-狄拉克统计规律；但是二者有一根本区别，就是能带理论考虑了晶体原子的周期势场对电子运动的影响。

1. 晶体中电子波的传播

自由电子模型忽略了离子势的作用，而且假定金属晶体势场是均匀的，到处一样，显然这不完全符合实际情况。实际上电子经受的势场应该随着晶体中重复的原子排列而呈周期性的变化，图 1-9 所示是一维晶体场势能变化曲线。晶体场势能周期性变化可表征为一周期性函数

$$U(x+Na)=U(x) \tag{1-48}$$

式中，a 为点阵常数。

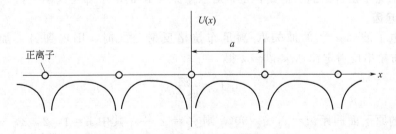

图 1-9 一维晶体场势能变化曲线

求解电子在周期势场中运动波函数，原则上要找出 $U(x)$ 的表达式，并把 $U(x)$ 代入薛定谔方程中求解。为了尽量使问题简化，假设：①点阵是完整的；②晶体无穷大，不考虑表面效应；③不考虑离子热运动对电子运动的影响；④每个电子独立地在离子势场中运动（若考虑电子间的相互作用，其结果有显著差别）。采用以上假设后，便可以认为价电子是准

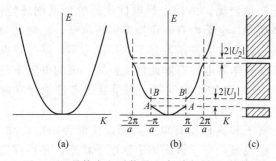

图 1-10　晶体中电子能量 E 与波矢量 K 的关系
(a) 自由电子模型的 E-K 曲线；(b) 准自由电子模型的
E-K 曲线；(c) 与 (b) 图对应的能带

自由电子，其一维运动状态可由方程式(1-16) 解出，且 $U(x)$ 满足式(1-48) 的周期性。

准自由电子受到晶体周期势场作用之后，其 E-K 关系变为图 1-10(b) 所示的情况。由图 1-10(a) 可见，对于大多数 K 值，式(1-23) 仍成立。但对于某些 K 值，即使 $U(x)$ 变化很小，这种与自由电子的类似性也完全消失。此时，准自由电子的能量不同于自由电子的能量。金属和其他固体性质的许多差别，正是起源于这种效应。

应用量子力学数学解法，按准自由电子近似条件对式(1-16) 求解，可以得到结论：当 $K=\pm\dfrac{n\pi}{a}$ 时，在准连续的能谱上出现能隙，即出现了图 1-10(b) 所示的情况——允带和禁带。在此，我们不讨论数学解法，只用物理方法，即用布拉格定律（Bragg's law），对这种结果给以推证。

考虑图 1-11 的情况，假设 $A_0 e^{iKx}$ 是一电子波，并沿着 $+x$ 方向且垂直于一组晶面传播，这样 $A_0 e^{iKx}$ 便可看作是一入射波。当这个电子波通过每列原子时，就发射子波，且由每个原子相同地向外传播（图中的中列原子）。这些子波相当于光学中由衍射光栅的线条传播出去的惠更斯子波。由同一列原子传播出去的所有子波是同相位的，因为它们都同时由入射波的同一波峰或波谷所形成，结果它们因干涉而形成两个与入射波同类型的波（平面波）。这两个合成波中有一个是向前传播的，与入射波不能区分；另一个合成波向后传播，相当于反射波。一般来说，对于任意 K 值，不同列原子的反射波相位

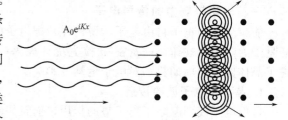

图 1-11　点阵对电子波的散射

不同，由于干涉而相抵消，即反射波为零。这个结果表明，具有这样波矢 K 值的电子波，在晶体中传播没有受到影响，好像整齐排列的点阵，对电子完全是"透明"的，这种状态的电子在点阵中完全是自由的。但是，是否对任意波矢 K 的电子都是这样呢？

2. 禁带起因

当入射电子波 $A_0 e^{iKx}$ 的波矢 K 满足布拉格反射公式时，则得到另一加强的反射波 $A_1 e^{iKx}$。由布拉格反射定律 $2d\sin\theta=n\lambda$ 得

$$K=\frac{n\pi}{d\sin\theta} \tag{1-49}$$

若式中的原子面间距 $d=a$，$\theta=90°$，则 $K=\pm\dfrac{n\pi}{a}$，其中 $n=1,2,3,\cdots$ 显然，$K=\pm\dfrac{\pi}{a}$，$\pm\dfrac{2\pi}{a}$，$\cdots$ 都是 K 的临界值。虽然当 $U(x)$ 接近常数时，个别反射波是弱的，但是很多这样的波叠加起来，总的反射波强度接近于入射波，即 $A_1\approx A_0$，以致最后无论入射波进入点阵多远，它基本上都被反射掉。这表明，当 K 值满足其临界值时，仅用代表电子沿一固定方向运动的波函数 e^{iKx} 已不能表示这时的电子运动状态（即使是近似值）。此时电子的波函数应是入射波和反射波的组合，即

$$\varphi_1(x) = e^{iKx} + e^{-ikx} = 2\cos Kx \tag{1-50}$$

$$\varphi_2(x) = e^{iKx} - e^{-ikx} = 2i\sin Kx \tag{1-51}$$

这两个函数表示驻波。对于 K 的临界值来说，它表明：①具有临界值波矢 K 的电子总的速度为零，因为它不断地反射过来，又反射过去；②点阵中电子密度确头有周期性变化。这第二点对电子能量是很重要的。对式(1-50)和式(1-51)分别平方，给出点阵中电子密度周期性变化的两种形式，见图 1-12。如图所示，正弦函数的节点位置恰是余弦函数的最大值，反之亦然。结果驻波函数中 $\varphi_1(x)$ 在势能谷处（离子实处）电子密度最大，相应于这种情况的电子能量低于自由电子能量；而 $\varphi_2(x)$ 在势能峰处电子密度最大，相应于这种情况的电子能量高于自由电子的能量。可见周期场的效应是，在每一个 K 的临界值处，自由电子的能级分裂成两个不同的能级，如图 1-10(b) 中的 A 和 B，这意味着出现了能隙。在这两个能级之间的能量范围是不允许的。或者说电子不能取这种运动状态（此能量区间薛定谔方程不存在类波解）。不允许的能量区间

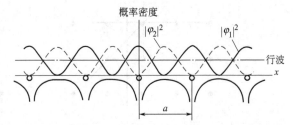

图 1-12　$\varphi_1(x)$，$\varphi_2(x)$ 及行波的概率密度分布

称为禁带。可以证明，禁带宽度，即 A、B 之间的能量间大小 $2|U_1|$、$2|U_2|$ 等与周期场 $U(x)$ 变化幅度有关。

在图 1-10(b) 中，K 值从 $-\frac{\pi}{a} \sim +\frac{\pi}{a}$ 的区间称为第一布里渊（Brillouin）区（简称第一布氏区），在第一布氏区内能级分布是准连续谱。K 值从 $-\frac{\pi}{a} \sim -\frac{2\pi}{a}$ 和 $+\frac{\pi}{a} \sim +\frac{2\pi}{a}$ 称为第二布氏区，包含第一和第二间断点间的所有能级，余下以此类推第三、第四布氏区等。布里渊区是个重要概念，下面对它的性质做进一步讨论。

二、K 空间的等能线和等能面

前面讨论电子能级密度时曾引入了 K 空间的概念，为理解方便，我们从一维 K 空间谈起。

1. 一维 K 空间

图 1-10(b) 准自由电子 E-K 关系的横坐标就代表一维 K 空间。当 $K = \pm\frac{n\pi}{a}$ 时，出现能隙，导致将 K 空间划分为布氏区的概念。出现能隙时，K 满足的条件和 X 射线衍射的布拉格条件一致，使我们能够把 K 空间和晶体的倒易空间联系起来。设一维晶格点阵常数为 a，该晶格的倒易点阵的基矢为 $\frac{2\pi}{a}$。由倒易点阵原点 O（恰是 K 空间的原点）连接倒易点阵第一阵点，作其垂直平分线，其中点就是第一布氏区的边界点 $K = \pm\frac{\pi}{a}$。

利用 K 空间研究电子状态，首先必须解决每个布氏区可以充填多少电子。换句话说，每个布氏区可以有多少 K 值。设想一维金属晶格由 N 个原子组成，点阵常数为 a，全长为 $Na = L$。根据周期性边界条件，可以算出一维金属晶体中电子从一个状态（即一个 K 值）变为另一个状态，其 K 值变化量为 $\frac{2\pi}{L}$。而第一布氏区全长为 $\frac{2\pi}{a}$，则共可容纳的电子态为 $\frac{2\pi}{a} \Big/ \frac{2\pi}{Na} = N$，即第一布氏区所容纳的 K 的点数正好等于晶格点阵原子数。考虑到电子自旋，

那么第一布氏区可容纳 $2N$ 个电子。可以证明，这个结论推广到三维空间，对于体心、面心立方晶体也是正确的（对于密排六方结构，布氏区可充填的电子数少些）。

2. 二维 K 空间与等能线

二维 K 空间布氏区的求法与一维的情况类似。设二维正方晶格的点阵常数为 a，先做出它的倒易点阵，然后引出倒易矢，作最短倒易矢的垂直平分线，其围成的封闭区，就是二维正方晶格的第一布氏区。作法见图 1-13（本章复习题 6 可以证明，满足布拉格反射的临界波矢量 K 值的轨迹就是倒易矢量的垂直平分线）。

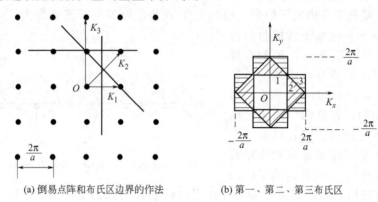

(a) 倒易点阵和布氏区边界的作法　　(b) 第一、第二、第三布氏区

图 1-13　二维正方晶格倒易点阵及布里渊区

如果我们设想向 K 空间逐步加入"准自由"电子，那么电子将按系统能量最小原理，由能量低的向能量高的能级填充。如果我们把能量相同的 K 值连接起来，则会形成一条线，这就是等能线，如图 1-14(a) 所示。由图可见，其低能量的等能线，如图中标志的 1 和 2，都是以 K 空间原点为中心的圆，因为波矢 K 离布氏区边界较远，这些电子与自由电子行为相同，周期势场对它们的运动没有影响，所以在不同方向的运动都有同样的 $E\text{-}K$ 关系。当 K 值继续增大，等能线开始偏离圆心 [图 1-14(a) 中等能线 3]，在接近布氏区边界部分等能线向外突出。这是因为接近边界时周期势场影响显著，dE/dK 比自由电子小，因而在这个方向从一条等能线到另一条等能线 K 的增量比自由电子的大。能量更高的等能线与布氏区边界相交；位于布氏区角顶的能级，在该区中能量最高 [如图 1-14(a) 中的 Q 能级]，因为在边界上能量出现能隙，故等能线不能穿过布氏区边界。

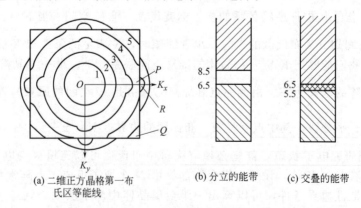

(a) 二维正方晶格第一布　　(b) 分立的能带　　(c) 交叠的能带
氏区等能线

图 1-14　二维晶体布氏区的 $E\text{-}K$ 关系

布氏区边界出现能隙，其大小表示禁带的宽度，但并不是说二维晶体所有方向上都一定存在能隙。若图 1-14(a) 所示第一区 [10] 方向最高能级 P 为 4.5eV，这个方向的能隙为

4eV，则第二区最低能级 R 为 8.5eV，[11] 方向最高能级 Q 为 6.5eV。在这种情况下，二维晶体存在能隙，如图 1-14(b) 所示的第一区和第二区能带分立。如果 [10] 方向的能隙只有 1eV，则 R 能级为 5.5eV，在这种情况下，二维晶体没有能隙，第一区和第二区能带交叠，如图 1-14(c) 所示，无禁带。

3. 三维 K 空间与等能面

三维晶体的布里渊区的界面构成一多面体。在二维情况下我们已经看到布氏区边界和产生它的衍射晶面平行。同样，三维布氏区的界面和产生它的衍射面平行。可见，布里渊区的形状是由晶体结构决定的。图 1-15 表示了简单立方晶格、体心立方晶格及面心立方晶格的第一布氏区。可以证明，每个布氏区的体积都是相等的。在三维 K 空间中，把能量相同的 K 值连接起来形成等能面。研究表明，当 K 值较小时，等能面是个球，能量为费密能的等能面，即为费密球。导电性对于金属费密面的形状、性质是很敏感的。由于温度对它的影响不大，因此费密面具有独立的、永久的本性，可以看作是金属真实物理性能，因此研究金属电子理论，很重要的工作是研究费密面的几何形状。正电子湮灭技术是测量金属费密面形状的有效手段。由二维情况可以推断，接近布氏区边界的等能面也发生畸变，处于这种状态的电子行为与自由电子差别很大。图 1-16 所示为由正电子湮灭技术测定的铜单晶体的费密面。

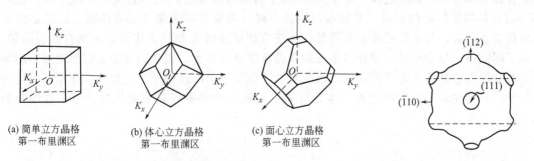

(a) 简单立方晶格
第一布里渊区

(b) 体心立方晶格
第一布里渊区

(c) 面心立方晶格
第一布里渊区

图 1-15 不同晶体结构布氏的构成

图 1-16 正电子湮灭技术测定的
铜单晶体的费密面

三、准自由电子近似电子能级密度

周期势场的影响导致能隙，使电子 E-K 曲线发生变化，同样也使 $Z(E)$ 曲线发生变化。当"准自由"电子逐步填充到金属晶体布氏区中，在填充低能量的能级时，$Z(E)$ 遵循自由电子抛物线关系，如图 1-17(a) 中的 OA 段。当电子波矢 K 接近布里渊区边界时，dE/dK 值比自由电子近似的 dE/dK 值小 [比较图 1-10(b) 中的 A 点附近相同 K 值对应自由电子和近似自由电子的能量变化的差异]，即对于同样的能量变化，准自由电子近似的 K 值变化量 ΔK 大于自由电子近似的 K 的变化值，所以在 ΔE 范围内准自由电子近似包含的能级数多，即 $Z(E)$ 曲线提高，如图 1-17(a) 中的 AB 段；当费密面接触布氏区边界时，$Z(E)$ 达最大值（图中 B 点）；其后只有布氏区角落部分的能级可以充填，$Z(E)$ 下降 [图 1-17(a)

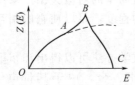

(a) 准自由电子近似的能级密度曲线
（虚线为自由电子近似的能级密度）

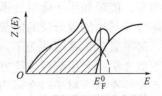

(b) 交叠能带的能级密度曲线

图 1-17 能级密度曲线

中 BC 段]；当布氏区完全填满时，$Z(E)$ 为零，如图中 C 点。如果能带交叠，总的 $Z(E)$ 曲线是各区 $Z(E)$ 曲线的叠加，见图 1-17（b）。其中虚线是第一、第二布氏区的状态密度；实线是叠加的状态密度；影线部分是已填充的能级。测定长波长（100×10^{-10} m 左右）的软 X 射线谱可以确定费密面以下的状态密度曲线。

四、能带和原子能级

前面导出的能带概念，是从假设电子是自由的观点出发，然后把传导电子视为准自由电子，即采用了布里渊区理论。如果用相反的思维过程，即先考虑电子完全被原子核束缚，然后再考虑近似束缚的电子，是否也可以得到能带概念呢？结论是肯定的。这种方法称为紧束缚近似。该方法便于了解原子能级与固体能带间的联系。

设想一晶体，它的原子排列是规则的，原子间距较大，以致可以认为原子间无相互作用。此时，每个原子的电子都处在其相应原子能级上。现在把原子间距继续缩小到晶体正常原子间距，并研究其能级的变化。相邻原子间同一能级的电子云开始重叠时，该能级就要分裂。分裂的能级数与原子数相等。图 1-18 为两个钠原子接近时能级变化示意图。图中横向虚线表示孤立原子能级位置，实线表示晶体能级位置。两个钠原子相互接近时，其 3s 电子轨道首先开始分裂。如果这两个原子的 3s 电子自旋方向相反，则结合成一个电子对，进入 3s 分裂后的能量较低的轨道，并使系统能量下降。当很多原子聚集成固体时，原子能级分裂成很多亚能级，并导致系统能量降低。由于这些亚能级彼此非常接近，故称它们为能带。当原子间距进一步缩小时，以致电子云的重叠范围更加扩大，能带的宽度也随之增加。能级的分裂和展宽总是从价电子开始的。因为价电子位于原子的最外层，最先发生作用。内层电子的能级只是在原子非常接近时，才开始分裂。图 1-19 是原子构成晶体时，原子能级分裂示意图。

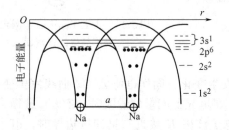

图 1-18 两个钠原子接近时，能级变化示意图

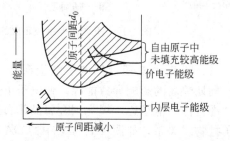

图 1-19 原子构成晶体时，原子能级的分裂

原子基态价电子能级分裂而成的能带称为价带，对应于自由原子内部壳层电子能级分裂成的能带分别以相应的光谱学符号命名，一般称 s 带、p 带、d 带等。通常原子内部电子能级分裂成能带的往往不标出，因为它们对固体性能几乎没有什么影响。相应于价带以上的能带（即第一激发态）称为导带。我们讨论固体性质往往分析的是价带和导带被电子占有的情况。这里应指出的是，能带和原子能级并不永远有简单的对应关系。某些晶体原子处于平衡点阵时，价电子能级和其他能级分裂的能带展宽的程度，足以使它们相互交叠，这时能带结构将发生新变化，简单对应关系便消失了。

采用紧束缚近似方法，利用解薛定谔方程的数学方法可以得出和布里渊区理论一致的结果。两种方法是互相补充的。对于碱金属和铜、银、金，由于其价电子更接近自由电子的情况，则用准自由电子近似方法（布里渊区理论）处理较为合适。当元素的电子比较紧密地束缚于原来所属的原子时，如过渡族金属的 d 电子或其他晶体则应用紧束缚近似方法更合适。

第四节 晶 格 振 动

在讨论晶体结构时，把原子看成在格点上固定不动，这种静止晶格的观点不能解释像比热容、热膨胀等的平衡性质，也不能解释像电导、热导等的输运性质，更不能解释离子晶体中的红外吸收以及各种辐射与晶体相互作用的过程。因为实际上原子是在平衡位置附近作微振动的。

设在立方晶体的原胞中只含有一个原子，当波沿着 [100]、[110] 和 [111] 三个方向之一传播时，整个原子平面作同位相运动，其位移方向或是平行于波矢的方向，或是垂直于波矢的方向，现引用一单个坐标 x 来描述平面 n 离开它平衡位置的位移，这样问题就成为一维的了。对应每个波矢，存在三种振动波，一个纵向振动波，两个横向振动波，如图 1-20 所示。为了讨论方便，本节主要以一维原子链为例，采用牛顿力学对运动方程、边界条件进行分析，引出格波、色散关系等重要概念。把一维结果推广到三维空间，得到晶格振动量子化的结论。

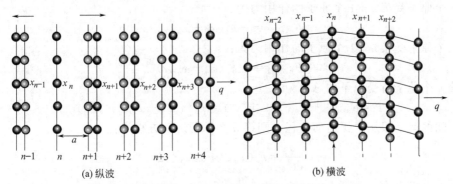

(a) 纵波   (b) 横波

图 1-20　波通过晶体时原子面的位移

虚线表示原子的平衡位置，实线表示位移的原子，坐标 x 表示原子面的位移

一、一维原子链的振动

1. 一维单原子晶格的线性振动

（1）振动以格波的形式传播　设每个原子都具有相同的质量 m，晶格常数（平衡时原子间距）为 a，见图 1-21，热运动使原子离开平衡位置 x。x_n 表示第 n 个原子离开平衡位置的位移，第 n 个原子相对第 $n+1$ 个原子间的位移为：

$$\delta = x_n - x_{n+1} \tag{1-52}$$

同理，第 n 个原子相对第 $n-1$ 个原子间的位移是：

$$\delta = x_n - x_{n-1} \tag{1-53}$$

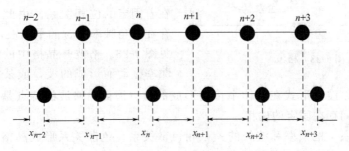

图 1-21　一维单原子链的振动

若两原子相对位移为 δ，则两原子间势能由 $U(a)$ 变为 $U(a+\delta)$，展为泰勒级数

$$U(a+\delta)=U(a)\left(\frac{\mathrm{d}U}{\mathrm{d}r}\right)_a\delta+\frac{1}{2}\left(\frac{\mathrm{d}^2U}{\mathrm{d}r^2}\right)_a\delta^2+\cdots$$

如果 δ 很小，则高次项可忽略。

由于 $\left(\frac{\mathrm{d}U}{\mathrm{d}r}\right)_a=0$，令 $\left(\frac{\mathrm{d}^2U}{\mathrm{d}r^2}\right)_a=k_s$，$U(a+\delta)=U(a)+\frac{1}{2}k_s\delta^2$。

所以
$$F=\frac{\mathrm{d}U}{\mathrm{d}r}=-k_s\delta \tag{1-54}$$

式(1-54)说明，在原子相对位移很小时，原子间的作用力可以用弹性力描述，即原子间的作用力是和位移成正比但方向相反的弹性力，且两个最近邻原子间才有作用力，即原子间作用是短程弹性力，可用图 1-22 的模型表示原子间的作用。

图 1-22　原子间的振动模型

第 n 个原子受第 $n+1$ 个原子的作用力为：
$$F_{n,n+1}=-k_s(x_n-x_{n+1}) \tag{1-55}$$

第 n 个原子受第 $n-1$ 个原子的作用力为：
$$F_{n,n-1}=-k_s(x_n-x_{n-1}) \tag{1-56}$$

则第 n 个原子所受原子的总力为：
$$F=F_{n,n+1}+F_{n,n-1}\quad\text{或}\quad F=k_s(x_{n+1}+x_{n-1}-2x_n) \tag{1-57}$$

原子间的运动服从牛顿运动方程，则第 n 个原子运动方程为：
$$m\frac{\mathrm{d}^2x_n}{\mathrm{d}t^2}=k_s(x_{n+1}+x_{n-1}-2x_n) \tag{1-58}$$

对于无限晶格中所有原子都可列出相似的方程，它的解是一个简谐振动：
$$x_n=A\cos(\omega t-qna)\quad n\text{ 为 }1,2,3,4,\cdots,N \tag{1-59}$$

用复数表示：
$$x_n=A\exp i(\omega t-qna)\text{ 或 }x_n=A\mathrm{e}^{i(\omega t-qna)}$$

式中，A 为振幅；ω 为角频率；qa 是相邻原子的位相差，$q=2\pi/\lambda$；qna 是第 n 个原子振动的位相差。式(1-59)说明，所有原子以相同的频率 ω 和相同的振幅 A 振动。

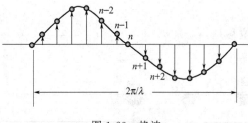

图 1-23　格波

如果第 n' 个和第 n 个原子的位相之差为 $(qn'a-qna)=2\pi s$（s 为整数），即 $qn'-qn=2\pi s/a$ 时，原子因振动而产生的位移相等，因此晶格中各个原子间的振动相互间存在着固定的位相关系。由此可知，在晶格中存在着角频率为 ω 的平面波，称此波为格波，见图 1-23。格波是晶格中的所有原子以相同频率振动而形成的波，或某一个原子在平衡位置附近的振动以波的形式在晶体中传播形成的波。因此，格波的特点是晶格中原子的振动，且相邻原子间存在固定的位相。

（2）色散关系　把频率和波矢的关系叫色散关系。色散关系形成晶格的振动谱。将式(1-59)的简谐振动方程的复数形式代入式(1-58)，解得

$$\omega^2 = \frac{2k_s}{m}\left[1-\cos(qa)\right]$$

或 $$\omega = 2\left(\frac{k_s}{m}\right)^{\frac{1}{2}}\left|\sin\left(\frac{qa}{2}\right)\right| \tag{1-60}$$

式(1-60)为一维单原子晶格中格波的色散关系。

当 $q=0$ 时，$\omega=0$；当 $\sin\left(\frac{qa}{2}\right)=\pm1$ 时，ω 有最大值，且 $\omega_{max}=\left(\frac{k_s}{m}\right)^{\frac{1}{2}}$。色散关系如图 1-24 所示，此关系为一周期函数。根据周期函数的单值性及波的传播方向性，$|q|\leqslant\pi/a$，由于其周期为 $2\pi/a$，因此有

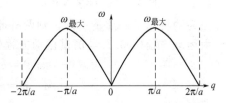

图 1-24　一维单原子链的振动频谱

$$\omega(q)=\omega\left(q+\frac{2\pi}{a}\right) \tag{1-61}$$

式(1-61)说明，波矢 q 空间具有平移对称性，平移的周期正好是该范围的长度，这一长度等于一维第一布里渊区的边长（$2\pi/a$）。

现对 q 的正负号进行说明：正的 q 对应在某方向前进的波，负的 q 对应于相反方向进行的波。

上述对称性从物理学角度看，就是在范围 $[-\pi/a, \pi/a]$ 之外的任何 q 给不出新的振动方式，只是重复此范围的 q 值所对应的频率。

例如：波矢 $q'=\pi/2a$ 原子的振动同样可以当作波矢 $q=5\pi/2a$ 的原子的振动，其原因是 $q-q'=2\pi/a$。二者的振动波如图 1-25 所示。

通过上面分析可知，格波与连续介质波有相同点也有不同点。相同点是振动方程形式类似。区别点是连续介质波中 x 表示空间任意一点，而格波只取呈周期性排列的格点的位置；一个格波解表示所有原子同时作频率为 ω 的振动，不同原子间有位相差，相邻原子间位相差为 aq；二者的重要区别在于波矢的含义，原子以 q 与 $q+2\pi s/a$ 振动的状态一样，所以同一振动状态对应多个波矢，或多个波矢为同一振动状态。

由布里渊区边界 $q=\frac{\pi}{a}=\frac{2\pi}{\lambda}$，得 $a=\frac{\lambda}{2}$，满足形成驻波的条件，$q=\pm\pi/a$ 正好是布里渊区边界，满足布拉格反射条件，反射波与入射波叠加形成驻波，见图 1-26，由此再现了晶格色散关系的重要特点，即周期性。

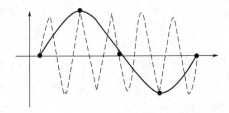

图 1-25　波长为 $4a$ 和 $4a/5$ 的格波

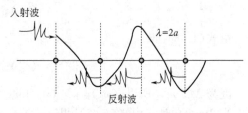

图 1-26　晶格中的布拉格反射

2. 一维双原子晶格的线性振动

在一维无限长直线链上周期性相间排列着两种原子，见图 1-27，M 原子位于 $\cdots2n-2$、$2n$、$2n+2$、$\cdots$ 位置上，m 原子位于 $\cdots2n-1$、$2n+1$、$2n+3$、$\cdots$ 位置上，$M>m$，每个原胞由两个原子 M、m 组成，原子间距为 $2a$，同一维单原子链类似，运动方程为：

$$m\frac{d^2 x_{2n+1}}{dt^2}=k_s(x_{2n+2}-2x_{2n+1}+x_{2n}) \tag{1-62}$$

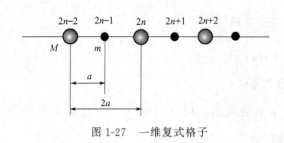

图 1-27 一维复式格子

$$M \frac{d^2 x_{2n+1}}{dt^2} = k_s (x_{2n+3} + x_{2n+1} - 2x_{2n+2})$$

方程的解是以角频率为 ω 的简谐振动

$$
\begin{aligned}
x_{2n} &= B e^{i[\omega t = q(2n)a]} \\
x_{2n+1} &= A e^{i[\omega t = q(2n+1)a]} \\
x_{2n+2} &= B e^{i[\omega t = q(2n+2)a]} \\
x_{2n+3} &= A e^{i[\omega t = q(2n+3)a]}
\end{aligned}
\tag{1-63}
$$

因为两种原子的质量不同，则两种原子的振幅也不同。

由运动方程(1-62) 与简谐振动方程(1-63) 得

$$
\begin{aligned}
-m\omega^2 A &= k_s (e^{iqa} + e^{-iqa})B - 2k_s A \\
-M\omega^2 B &= k_s (e^{iqa} + e^{-iqa})A - 2k_s A
\end{aligned}
\tag{1-64}
$$

式(1-64) 可改写为

$$
\begin{aligned}
(2k_s - m\omega^2)A - (2k_s \cos qa)B &= 0 \\
-(2k_s \cos qa)A + (2k_s - M\omega^2)B &= 0
\end{aligned}
\tag{1-65}
$$

若 A、B 有异于零的解，则行列式(1-65) 必须等于零，得

$$\omega^2 = \frac{k_s}{mM} \{ (m+M) \pm [m^2 + M^2 + 2mM\cos(2qa)]^{\frac{1}{2}} \} \tag{1-66}$$

式(1-66) 说明，频率与波矢之间存在着两种不同的色散关系，即对一维复式格子，可以存在两种独立的格波，而对于一维简单晶格，只能存在一种格波。两种不同的格波各有自己的色散关系，即

$$\omega_1^2 = \frac{k_s}{mM} \{ (m+M) - [m^2 + M^2 + 2mM\cos(2qa)]^{\frac{1}{2}} \} \tag{1-67}$$

$$\omega_2^2 = \frac{k_s}{mM} \{ (m+M) + [m^2 + M^2 + 2mM\cos(2qa)]^{\frac{1}{2}} \} \tag{1-68}$$

基于和一维单原子链相似的考虑，q 值限制在一维复式格子的第一布里渊区，即

$$-\frac{\pi}{2a} \leqslant q \leqslant \frac{\pi}{2a}$$

但振动频谱与一维单原子链不同，一个 q 值对应两个频率叫 ω_1 和 ω_2。

当 $2qa = \pi$(或 $-\pi$) 时，由式(1-67) 得

$$(\omega_1)_{最大} = \left(\frac{2k_s}{M} \right)^{\frac{1}{2}} \tag{1-69}$$

由式(1-68) 得

$$(\omega_2)_{最小} = \left(\frac{2k_s}{m} \right)^{\frac{1}{2}} \tag{1-70}$$

因为 $M > m$，所以 $(\omega_2)_{最小} > (\omega_1)_{最大}$。

当 $2qa = 0$ 时，由式(1-67) 得 $(\omega_1)_{最小} = 0$

由式(1-68) 得

$$(\omega_2)_{最大} = \left(\frac{2k_s}{\mu} \right)^{\frac{1}{2}} \tag{1-71}$$

式中，$\mu = \frac{mM}{m+M} mM/(m+M)$ 是两种原子的折合质量。

色散关系如图 1-28 所示。因此，双原子复式格子的两种格波的振动频率，ω_1 支格波的频率总比 ω_2 支格波的低。ω_2 支格波可以用红外光来激发，所以也叫光学支格波（简称光学

波）；ω_1 支格波可以用超声波来激发，也叫声频支格波（简称声学波）。

3. 声学波和光学波

（1）**声学波** 由式（1-65）得

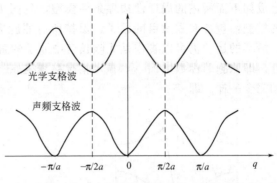

图 1-28 一维双原子链复式格子的振动频谱

$$\left(\frac{A}{B}\right)_1 = \frac{2k_s\cos(qa)}{2k_s - m\omega_1^2} \quad (1-72)$$

因为 $\omega_1^2 < \dfrac{2k_s}{M}$ 和 $\cos(qa) > 0$，得

$$\left(\frac{A}{B}\right)_1 > 0 \quad (1-73)$$

式（1-73）说明，相邻两种不同原子的振幅都有相同的正号或负号，即对于声学波，相邻原子都是沿着同一方向振动，当波长很长时，即 $\omega_1 \to 0$，$\cos qa \to 1$，有

$$\left(\frac{A}{B}\right)_1 = 1 \quad (1-74)$$

式（1-74）说明，原胞内两种原子的运动完全一致，振幅和相位都没有差别，实际上长声学波代表原胞质心的振动。声学波的振动形式见图 1-29。

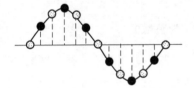

图 1-29 一维双原子链的声学波

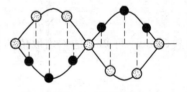

图 1-30 光学波

（2）**光学波** 由式（1-65）得

$$\left(\frac{A}{B}\right)_2 = \frac{2k_s - M\omega_2^2}{2k_s\cos(qa)} \quad (1-75)$$

因

$$\omega_2^2 > \frac{2k_s}{m} \text{和} \cos(qa) > 0$$

得

$$\left(\frac{A}{B}\right)_2 < 0 \quad (1-76)$$

式（1-76）说明，对于光学波，同一晶胞内相邻两种不同原子的振动方向是相反的。当 q 很小时，即为波长很长的光学波（长光学波）时，$\cos(qa) \gg 1$，又 $\omega_2^2 = \dfrac{2k_s}{m}$，由式（1-65）得

$$\left(\frac{A}{B}\right)_2 = -\frac{M}{m} \text{或} mA + MB = 0 \quad (1-77)$$

式（1-77）说明，原胞的质心保持不动，由此也可以定性地看出，光学波代表原胞中两个原子的相对振动。光学波的振动形式见图 1-30。

如果带异性电荷的离子间发生相对振动，则会产生一定的电偶极矩，可以和电磁波相互作用，且只和波矢相同的格波相互作用，如果有与格波相同频率的电磁波作用，发生共振。共振点见图 1-31。

4. 周期性边界条件

在前面推出的运动方程仅适用于无限长的链，实际上，晶格是有限的，若仍要利用上述运动方程，就需将有限晶格变成无限晶格，波恩和卡门把边界对内部原子的振动状态的影响考虑成如下面所述的周期性边界条件模型，见图 1-32。即包含 N 个原胞的环状链作为有限链的模型；包含有限数目的原子，保持所有原胞完全等价。如果原胞数 N 很大使环半径很大，沿环的运动仍可以看作是无限长链中原子的直线运动。和以前的区别仅是需考虑链的循环性。即原胞的标数增加 N，振动情况必须复原。即第 n 个原子的振动和第 n+N 个原子的振动完全一样。即

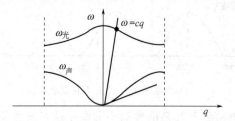

图 1-31 离子晶体中长光学波与光子的偶合

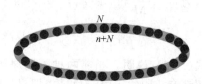

图 1-32 周期性边界条件模型

$$x_n = x_{n+N} \tag{1-78}$$

有
$$x_n = A e^{i[\omega t - qna]}$$

$$x_{n+N} = A e^{i[\omega t - q(n+N)a]} = A e^{i[\omega t - qna]} e^{i[-qNa]}$$

将其代入式(1-78)，得

$$e^{i[-qNa]} = 1 \tag{1-79}$$

有
$$Nqa = 2\pi s \ \text{或} \ q = 2\pi s/Na \ (s \ \text{为整数}) \tag{1-80}$$

由式(1-80)可知 q 是均匀取值的，且相邻间隔为

$$q_{s+1} - q_s = \frac{2\pi}{Na} \tag{1-81}$$

由于一维单原子链的 q 介于 $[-\pi/a, \pi/a]$ 之间，即 q 限制在长度为 $2\pi/a$ 的第一布里渊区内，则

$$s = \frac{2\pi}{a} \Big/ \frac{2\pi}{Na} = N \tag{1-82}$$

因此，由 N 个原胞组成的链，q 可以取 N 个不同的值，每个 q 对应着一个格波，共有 N 个不同的格波，N 是一维单原子链的自由度数，即得到链的全部振动状态数或振动模。

同理：可得两种复式格子的 q 取值个数也为晶格的原胞数 N。

将上述一维结果推广到三维，若晶体有 N 个原胞，每个原胞含有 n 个原子，则晶体的自由度数为 3nN。由于波矢数目等于原胞数目，格波数目等于晶体自由度数，所以三维晶体的格波波矢数目等于 N，振动状态数目等于 3nN，3nN 个格波又可归结为 3n 支格波，每支含 N 个具有相同的色谱关系的格波，3n 支中 3 支是声学波，其余 3(n-1) 支是光学波。上述结果总结列于表 1-3 中。

表 1-3 格波数与晶体的维数和晶胞内原子数的关系

类别	原胞内含原子数	原胞数	自由度数	q 数	格波数	
					声学格波数	光学格波数
单原子链	1	N	N	N	N	
双原子链	2	N	2N	N	N	N
三维晶体	n	N	3nN	N	3N	3(n-1)N

二、晶格振动的量子化——声子

1. 声子概念的由来

晶格振动是晶体中诸原子（离子）集体在作振动，其结果表现为晶格中的格波。一般而

言，格波不一定是简谐波，但可以展成为简谐平面波的线性叠加。当振动微弱时，即相当于简谐近似的情况，格波为简谐波。此时，格波之间的相互作用可以忽略，可以认为它们的存在是相互独立振动的模式。每一独立模式对应一个振动态（q）。晶格的周期性给予格波以一定的边界条件，使得独立的模式即独立的振动态是分立的，即 q 均匀取值。因此，可以用独立简谐振子的振动来表述格波的独立模式。声子就是晶格振动中的独立简谐振子的能量量子。这就是声子概念的由来。

2. 格波能量量子化

（1）三维晶格振动能量　若晶体中有 N 个原胞，每个原胞内含 1 个原子系统的三维晶格振动具有 $3N$ 个独立谐振子，由于晶体中的格波是所有原子都参与的振动，所以含 N 个原胞的晶体振动能量为 $3N$ 个格波能量之和；在简谐近似下，每个格波是一个简谐振动，晶体总振动能量等于 $3N$ 个简谐振子的能量之和。

（2）格波能量量子化　简谐振子的能量用量子力学处理时，每一个简谐振子的能量 E_i 为

$$E_i = \left(n_i + \frac{1}{2} \right) \hbar \omega_i \quad (n_i = 0, 1, 2, \cdots) \tag{1-83}$$

则晶格总能量 E 为

$$E = \sum_{i=1}^{3n} \left(n_i + \frac{1}{2} \right) \hbar \omega_i \tag{1-84}$$

式中，ω_i 是格波的角频率；$\frac{1}{2}\hbar\omega_i$ 代表零点能量。式（1-84）说明，晶格振动的能量是量子化的，晶格振动的能量量子 $\hbar\omega_i$ 称为声子。

3. 声子的性质

（1）声子的粒子性　声子和光子相似，光子是电磁波的能量量子，电磁波可以认为是光子流，光子携带电磁波的能量和动量。同样弹性声波可以认为是声子流，声子携带声波的能量和动量。若格波频率为 ω，波矢为 q，则声子的能量为 $\hbar\omega_i$，动量为 $\hbar q$。由于声子的粒子性，声子和物质相互作用服从能量和动量守恒定律，如同具有能量 $\hbar\omega$ 和动量 $\hbar q$ 的粒子一样。

（2）声子的准粒子性　准粒子性的具体表现：声子的动量不确定，波矢改变一个周期（倒格矢量）或倍数，代表同一振动状态，所以不是真正的动量。

准粒子性的另一表现是系统中声子的数目不守恒，一般用统计方法进行计算，用具有能量为 E_i 的状态出现的概率来表示。

（3）声子概念的意义　可以将格波与物质的相互作用过程理解为，声子和物质（如，电子、光子、声子等）的碰撞过程，使问题大大简化，得出的结论也正确。

利用声子的性质可以确定晶格振动谱。最重要的实验方法是中子的非弹性散射，即利用中子的德布洛依波与格波的相互作用。其他实验方法有 X 射线衍射、光的散射等。现以中子的非弹性散射为例进行说明。

实验原理：中子与声子的相互作用过程中服从能量和动量守恒定律。设中子的质量为 M_n，入射中子束的动量 $p = \hbar k$，而散射后中子的动量为 $p' = \hbar k'$，则在散射过程中能量守恒方程式为

$$\frac{\hbar^2 k^2}{2M_n} = \frac{\hbar^2 k'^2}{2M_n} \pm \hbar \omega(q) \tag{1-85}$$

式中，正号表示在相互作用过程中，产生一个声子；负号表示在相互作用过程中，吸收

一个声子。动量守恒方程式为

$$\hbar k = \hbar k' \pm \hbar q$$

或

$$k = k' \pm q \qquad (1\text{-}86)$$

如果入射中子的能量很小，不足以激发声子，因此只能吸收声子，此时取负号，有

$$\frac{\hbar^2}{2M_n}(k'^2 - k^2) = -\hbar\omega(q) \qquad (1\text{-}87)$$

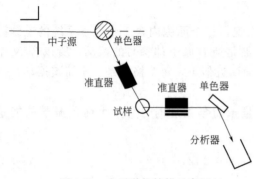

图 1-33 中子谱仪结构示意图

因此，只要测出在各个方向上散射中子的能量与入射中子的能量之差，就可求出 $\omega(q)$，并根据散射中子束及入射中子束的几何关系求出 $k' - k$，确定 q 值。

实验过程：固定入射中子流的动量和能量，测量不同方向散射的中子流的动量和能量。中子谱仪结构示意见图 1-33，中子源是反应堆中产生出来的慢中子流。单色器是利用单晶的布拉格反射公式 $2d_{h_1h_2h_3}\sin\theta = n\lambda$ 产生单色的中子流。两个准直器分别用来选择入射和散射中子流的动量方向，分析器用来确定散射中子流的动量大小，原理与单色器的相同。

第五节　非晶态金属、半导体的电子状态

非晶态固体的电子状态十分复杂，不同的非晶态系统，其电子状态特征也不同。由于非晶态材料过去接触不多，故先介绍一下一般特征，然后再指出它与晶态固体在电子态方面的区别。

一、非晶态金属、半导体及其特点

非晶态金属可以有许多方法制备：溅射、蒸镀、化学气相沉积以及中子辐照晶体表面等都可得到非晶态金属。1960 年 Klement、Willence 和 Duwez 首次报告以迅速凝固熔融的合金制得金属玻璃。之所以称之为"玻璃"是因为它们存在玻璃化转变温度，以 T_g 表示。当温度接近 T_g 时，其黏度和比热容都发生奇异的转变。金属玻璃的典型制造方法是，熔化的金属液体从喷嘴中喷向高速转动的极冷的转子表面，当这些液体打到轮子表面后，甩出去便形成细长的带状的固体，这就是金属玻璃（临界冷却速度 $>10^7\,\mathrm{K/s}$）。

金属玻璃通常含有过渡族金属。一种是含有过渡族中靠后一类元素（如 $\mathrm{Pd_{80}Si_{20}}$），即电子填充能带多于半满的金属元素与类金属元素如 B、Si、P 等结合。另一种是过渡族金属中前、后的元素结合，如 $\mathrm{Ni_{0.5}Nb_{0.5}}$。它们的结构已用 X 射线衍射、扩展的 X 射线吸收边精细结构（EXAFS）和穆斯堡尔效应进行广泛的研究。另一类非晶态材料是非晶态半导体。例如，掺氢的非晶态硅半导体，表示为 $\alpha\text{-Si：H}$。目前研究最多也是较成熟的两大类是非晶态硅系半导体和硫系半导体。它们的制备方法从原理上是一致的。但不同物质形成非晶的能力不同，因此要求不同的临界冷却速度。由于非晶态硅半导体所需临界冷却速度很大，因此，采用了辉光放电、溅射等气相沉积方法，并制得薄膜。对于硫系非晶态半导体所需临界冷却速度比较低，用速冷方法就可以形成块状玻璃，当然也可制成薄膜。例如 $\mathrm{As_2Te_3}$ 玻璃，只需从熔态直接在冰水、水或液态氮中淬火（即速冷，其速度为 $10^2\sim10^4\,\mathrm{℃/s}$）。其他非晶态半导体还有 $\alpha\text{-As}$、$\alpha\text{-Sb}$ 及 Ⅲ～Ⅴ 族非晶态半导体。

由于非晶态与晶态结构不同，导致这些固体材料具有一些特殊的性能，例如，某些金属玻璃具有高的机械强度与韧性等综合性能；某些显示了比晶态更高的抗腐蚀性能；某些铁磁玻璃具有高的矫顽力。至于非晶态半导体更具有奇妙的物理性能，并有一些非晶态半导体获得了应用，如早期复印机中应用的 As_2Te_3，太阳电池应用的 $\alpha\text{-}Si:H$。它们在固体电池、光发射二极管、激光材料及软磁材料中都有应用。

二、电子状态

在讨论晶体中的电子状态时，运用了晶体结构的基本特征，即结构的周期性（可以说是长程有序），使电子平均自由程远大于晶格点阵常数，然后运用单电子近似，得出晶体中电子能带结构并用它说明晶体的物理性质，从而取得了成功。但是，非晶态材料在结构上的特点是原子排列只有近程有序（不存在长程有序，故也称非晶态物质为无序系统），而且缺陷较多，致使电子运动平均自由程很小，运动比较缓慢，同时电子间相互作用较大。宏观上非晶态金属的电阻温度系数在不同温度范围内具有不同的符号（正或负电阻温度系数）；非晶态半导体具有特殊的光学和电学性能。为说明和预测这些特殊性能，促使物理学家对无序系统的电子状态提出两个基本的物理概念：定域化和迁移率边。

（1）定态态和扩展态 满足周期性边界条件的波函数意味着电子在晶体各个原胞中出现的概率是相同的。也就是说，电子可以在整个晶体内运动，称这种电子态为扩展态。波函数延伸到整个晶体之中，如图 1-34(a) 所示。对于非晶态材料，形成一种无序势场，由于不存在长程有序性，因此，点阵对运动着的电子势产生强烈的散射作用，此时波函数的形式将被改变。如果散射作用很强，对于某一给定的能量，有的函数随着距离 r 增加，波函数呈指数衰减，即波函数 $\varphi(r)$ 是定域的（或称局域的），其物理图像如图 1-34(b) 所示。称这种电子态为定域态，这是安德森（P. W. Anderson）在 1958 年首先提出的，故又称安德森定域化。在什么条件下才发生定域化呢？这取决于固体势场情况。安德森引入一个参数 $p=V_0/B$，

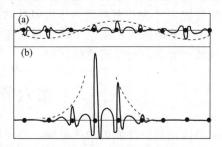

图 1-34 扩展态（a）和定域态（b）

p 为定域化参数，V_0 为势场平均值的变化，B 是固体能带宽度。电子状态定域化就是电子被定域在一定能级范围。按安德森的意见，当 $p\geqslant5.5$，整个能带将发生定域化。莫特（M. F. Mott）等把 $p=2$ 作为定域化的临界条件，即当无规势场的强度（以 V_0 表示）比能带本身宽度大一倍时，这个能带被定域化。其结果，在 $T=0K$ 时，电子在这些定域能级之间不扩散。在 $T>0K$ 时，电子只能在这些定域能级之间发生热辅助跃迁（包括隧道贯穿作用）。

（2）迁移率边 如果定域化参数 V_0/B 不是足够大地使整个能带中的电子态都被局域化，莫特于 1967 年第一次指出，在带尾的态将被局域化，局域态和扩展态将以明确的能量分开。这个分界的能量被称为迁移率边，通常以 E_C 表示导带中的这个能量。所谓迁移率，就是单位电场作用下的平均漂移速度。称 E_C 为迁移率边，其原因是扩展态和局域态的分界处其迁移率有突变。图 1-35 表示能带能量较低的能量端以影线表示的能量范围 $[N(E)$ 表示能带的态密度$]$。图中的定态域 E_C-E_A 是不易计算的。

对于非晶态导带，迁移率边的存在意味着最低态已成为陷阱，导电将是借助于电子激发到迁移率边 E_C 以上，如果费密能位于 E_C 以上，那么导电将是金属行为。如果位于 E_C 以下，材料将是绝缘体，导电或者以跳跃方式或者以激发载流子到 E_C。在 E_C 以上能量范围

是没有定域化的区域，它仍然和正常的导带和价带一样。

根据以上两个基本概念，可以绘出非晶态半导体的能带模型如图 1-36 所示。图中 v. b. 代表价带，c. b. 为导带，E_C、E_V 分别为导带和价带的迁移率边。导带和价带中间部分为能隙中的态密度。

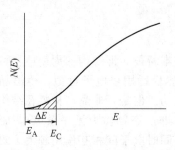

图 1-35　非晶态材料导带示意图
影线部分是定态域

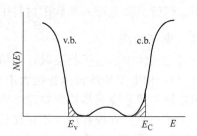

图 1-36　非晶态半导体能带模型
影线部分是定态域

由于非晶态半导体中存在大量的缺陷，这些缺陷在能隙深处造成缺陷定域带，此时费密能级位于定域带中央。定域带中电子的传导首先是费密能级附近电子的热辅助跃迁或是越过费密能级的热激活运动。所以，E_F 所处位置及其附近的态密度分布 $N(E_F)$，对非晶态半导体有重要作用。如果费密能级附近 $N(E_F)$ 高，则轻微的掺杂或升高温度都不会影响费密能级的位置，N 为费密能级处于被钉扎状态而不易人为控制。

关于非晶态材料的电子状态理论还不成熟，正在发展之中，我们介绍的目的在于扩大知识领域，加深对能带理论的理解。

第六节　分子运动理论

结构是材料性能的物质基础，不同结构的聚合物材料具有不同的物理性能。也即是说，材料的宏观性能是建立在其微观结构基础之上的，它们之间的关系是通过分子的运动表现出来的。即使是同一结构的高聚物材料，在不同的条件下，会由于分子有不同的运动而显示出不同的物理性能。比如，聚甲基丙烯酸甲酯，在室温时是坚硬的玻璃体，当加热到 100℃ 左右时，则变成柔软的弹性体。可以知道，尽管高聚物的链结构没有发生变化，但由于温度改变了高聚物在外场作用下的分子运动模式，使材料的物理性能发生了明显的变化。所以，高聚物的分子运动是微观结构与宏观性能之间的桥梁。只有深刻理解聚合物的分子运动，才能真正揭示结构与性能之间的内在联系。

一、高聚物分子运动的特点

高聚物的结构是多层次的，这导致其分子运动的多重性和复杂性。与小分子相比，高分子的运动具有一些不同的特点。

(1) 运动单元的多重性　高分子在结构上具有很大的差异，其运动单元也具有多重性，除了整个高分子主链可以运动外，链内各个部分，如分子链上的支链、链段、链节、侧基等都可以产生相应的各种运动，一般而言，按照运动单元的大小，可以把高分子的上述运动单元大致分为大尺寸和小尺寸两类运动单元，前者指整链，后者指链段、链节和侧基等。高聚物运动单元的多重性取决于结构，而运动单元的转变依赖于外场条件。改变外场条件就能改变分子运动状态，从而导致高聚物力学状态的改变。因此在讨论高聚物的物理和力学性能时，必须依据高聚物的结构和所处的条件。

（2）分子运动的时间依赖性 在一定的温度和外场（力场、电场、磁场）作用下，聚合物从一种平衡状态通过分子运动转变为与外场相适应的另一种平衡状态的过程，称为松弛过程。分子运动完成这个过程总是需要时间的，不可能瞬间完成，所需要的时间即称为松弛时间。运动单元越大，运动中所受到的阻力越大，松弛时间越长。高分子材料在外场作用下，一些物理量，如体积、模量、介电系数等的变化都是时间的函数，将随时间的延续达到新的平衡态值。小分子的松弛时间是很短的，如小分子液体在室温时的松弛时间只有 $10^{-10} \sim 10^{-8}$ s。因此在通常的时间标尺上，观察不到小分子运动的松弛过程，也就是说对小分子物质可以不考虑过程的时间，认为是瞬间完成的。但对高聚物则不然，高分子的分子量很大，分子内和分子间的相互作用很强，本体黏度很高，因此高分子的运动不可能像小分子那样迅速完成。不难理解，松弛时间与分子尺寸有关，分子越大，运动速度越小。对柔性高分子，链段的运动速度与大小相当的小分子近似。由于高分子运动单元的多重性，因此实际的高聚物的松弛时间不是一个单一的值，在一定的范围内可以认为是一个连续的分布，常用松弛时间谱来表示。高聚物的松弛时间谱的分布是很宽的，可以从几秒钟（对应于小的链段）一直到几个月，甚至几年（对应于整链）。所以，在一般外场作用的时间标尺下，必有相当于或大于外场作用时间的松弛时间。因此高聚物实际上总是处于非平衡态。在给定的外场条件和观测时间内，我们只能观察到某种单元的运动。例如，当外场作用时间与链段运动的松弛时间相当，但又远小于整链运动的松弛时间，就只能观察到链段运动，而不能观察到整链运动。因此，在讨论高聚物的物理力学性能时必须注意它的松弛特点，也就是说这些性能与观察时间有关。

（3）分子运动的温度依赖性 高分子的运动强烈依赖于温度，升高温度能加速高分子的运动。这一方面是由于增加了分子热运动的能量，另一方面是使高聚物体积膨胀，增加了分子间的自由体积。对任何一种松弛过程，其温度依赖性都服从阿仑尼乌斯（Arrhenius）方程，松弛时间可表示为：

$$\tau = \tau_0 \, e^{\Delta H/(RT)}$$

式中，R 为气体常数；T 为热力学温度；ΔH 为松弛过程所需活化能；τ_0 为一常数。

对于一给定的高聚物，ΔH 大致为一常数，松弛活化能主要依赖于温度。一些松弛时间较长的运动单元，在较低的温度下难以观察到其运动，通过升高温度则可观察到它们的运动。因此，随温度的升高，将能依次观察到各种运动单元的运动。可以看出，高聚物的物理和力学性能不仅依赖于观察时间，而且依赖于温度。

二、高聚物的力学状态

在一定的外场条件下，高聚物相应的分子运动状态称为高聚物的力学状态，也称为物理状态。为揭示高聚物的力学状态与分子运动的关系，根据高分子运动的时间依赖性和温度依赖性，最简单的实验方法是测量高聚物的形变与温度的关系。如在等速升温条件下，对高聚物试样施加一恒定作用力，观测在一定的作用时间（一般为10s）内试样发生的形变与温度的关系，即可得到温度-形变曲线（或称为热-机曲线）。用类似的方法，可测出温度-模量曲线，此外，高聚物的介电性能、体积、应力松弛、动态力学性能等也同高分子各种运动单元的运动有关，通过对这些性能的测试，也可以研究高分子的各种运动。

1. 线型非晶高聚物的力学状态

从图1-37中可以看出，对线型非晶高聚物，其温度-形变曲线可以分为五个区域。

区域1，在较低的温度下，高聚物的形变很小，类似于坚硬的玻璃体，所以称为玻璃态。此时分子的能量很低，不足以克服单键内旋转位垒，链段运动和分子运动都被冻结。但

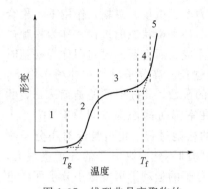

图1-37 线型非晶高聚物的
温度-形变曲线
1—玻璃态;2—玻璃态向高弹态的
转变区;3—高弹态;4—高弹态向
黏流态的转变区;5—黏流态

是一些较小的运动单元,如链节、侧基等仍能运动,同时原子的共价键能够振动,即主链的键长和键角有微小的形变。玻璃态的形变就是由这些运动模式引起的。由于这些运动只能在较小的范围内进行,而且几乎是在瞬间完成的,因此从宏观上看玻璃态高聚物的形变很小,形变与时间无关,形变与应力的关系服从虎克定律,与一般固体的弹性相似,属虎克弹性或普弹性。

区域2,随着温度的升高,链段的松弛过程表现得相当明显,高聚物的变形能力提高,是玻璃态向高弹态的转变区,也称为玻璃化转变区。

区域3,温度升高到一定值后,在此后的一个温度区间内,形变达到相对的稳定,此时高聚物成为柔软的固体,弹性形变值可达原长的5～10倍,外力除去后形变容易回复,这一力学状态称为高弹态。这时,分子的热运动能力足以使链段开始自由运动,但还不能使分子链的缠结解开,因此整链仍然不能运动。此时产生的形变除普弹形变外,主要是高弹形变:在外力作用下,分子链通过链段的运动,从原来的分子构象过渡到与外力适应的分子构象。例如受拉力作用时,分子链可以从卷曲的分子构象转变为伸展的分子构象,因而宏观上表现出很大的形变。除去外力后,分子链又可以通过链段自发的解取向回复到原来的分子构象,宏观上表现为形变的回复。分子构象的改变是需要时间的,因此一般高弹性具有松弛特征。

区域4,进一步升高温度,高聚物开始产生不可回复的形变,开始向流体转变。这一力学状态是高弹态向黏流态的转变区。这一区域中,分子链的松弛过程表现得很明显,高聚物既表现出橡胶的高弹态,又表现出流动性,因此也称为橡胶流动态。

区域5,此时温度很高,高聚物成为黏性液体,可以发生黏性流动,这一力学状态称为黏流态。此时,分子链间的缠结开始解开,整链开始滑移。

从转变区可以确定两个特征温度(通常可用切线法作出):玻璃化温度 T_g 和流动温度 T_f。因此,线型非晶高聚物的三种力学状态可用玻璃化温度和流动温度来划分,温度低于 T_g 时为玻璃态,温度在 $T_g \sim T_f$ 之间为高弹态,温度高于 T_f 为黏流态。

高聚物的三种力学状态和两个转变温度具有重要的实际意义。常温下处于玻璃态的非晶高聚物可以作为塑料,其最高使用温度为 T_g,因为当温度接近 T_g 时高聚物会发生软化,失去尺寸稳定性和力学强度。所以,作为塑料使用的非晶高聚物应有较高的玻璃化温度,如聚氯乙烯的 T_g 为87℃,聚甲基丙烯酸甲酯的 T_g 为105℃。而橡胶要求具有高弹性,因此常温下处于高弹态的高聚物可以作为橡胶。通常作为橡胶的非晶高聚物应具有远低于室温的 T_g,如天然橡胶的 T_g 为−73℃。高聚物的黏流态则是高聚物成型加工的最重要的状态。

2. 结晶高聚物的力学状态

部分结晶高聚物的非晶区也能发生玻璃化转变,但这种转变必然要受到晶区的限制。当温度低于晶区的熔点时,晶区阻碍整链运动,但非晶区的链段仍能运动。因此部分结晶高聚物除了具有熔点外,也具有玻璃化温度。当温度高于其玻璃化温度而低于熔点时,非晶区从玻璃态转变为高弹态,这时高聚物变成了柔韧的皮革态,如图1-38中的曲线3所示。但随着结晶度的提高,非晶区的链段运动更为困难,形变变小。当结晶度高于40%时,一般认为晶区彼此衔接,形成贯穿整个高聚物材料的连续结晶相,此时晶相承受的应力要比非晶区大得多,观察不到明显的玻璃化转变。此时,在低于熔点的温度下,结晶高聚物的形变很小，与非晶高聚物的玻璃态形变相似。当温度高于熔点时，结晶高聚物可处于高弹态或黏流态，这取决于高聚物的分子量。如果高聚物的分子量足够大，其熔点已趋近于定值，但流动温度仍随分子量的增大而升高。因此高分子量的结晶聚合物熔融后只发生链段运动而处于高弹态，直到温度升至流动温度时，才发生整链运动而进入黏流态，如图 1-38 中曲线 2 所示。对分子量不太大的结晶高聚物，其非晶态的流动温度低于晶态的熔点，熔融后即进入黏流态，容易加工成型，如图 1-38 中曲线 1 所示。因此，为了便于成型加工，在满足材料强度的前提下，控制结晶高聚物的分子量较低一些为好。

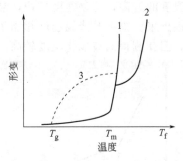

图 1-38　结晶高聚物的温度-形变曲线
1—分子量较小；2—分子量较大；
3—轻度结晶高聚物

3. 交联高聚物的力学状态

在交联高聚物中，分子链间的交联键限制了整链运动，只要不产生降解反应，则不会出现黏流态，因此是不能流动的。至于能否出现高弹态，则与交联密度有关。当交联密度较小时，网链（两交联点间的链长）较长，在外力作用下，网链仍能通过单键内旋转改变构象，仍能表现出明显的玻璃化转变，因而这类交联高聚物有两种力学状态，即玻璃态和高弹态；随着交联密度的提高，链段运动受到更多的交联键的限制而变得困难，使玻璃化温度升高，高弹形变减小。因此，交联密度大的体型高聚物，在高温下仍能保持玻璃态的特点，可作为塑料，也即通常所说的热固性塑料。而另一方面，在成型橡胶制品时，则应控制适当低的交联度，以保持其宝贵的高弹性，同时避免分子链的滑移。

三、高聚物的玻璃化转变及其影响因素

1. 高聚物的玻璃化转变及其多维性

非晶态高聚物或部分结晶高聚物的非晶区，当温度升高到玻璃化温度或从高温熔体降温到玻璃化温度时，可以发生玻璃化转变。玻璃化转变的实质是链段运动随温度的降低被冻结或随温度的升高被激发的结果。在玻璃化转变的前后，分子的运动单元的运动模式有很大的差异。因此，当高聚物发生玻璃化转变时，其物理和力学性能必然发生急剧的变化。除形变与模量外，高聚物的比容、比热容、热膨胀系数、热导率、折射率、介电常数等都表现出突变或不连续的变化。

用以表征高聚物的玻璃化转变过程的一个最重要的物理量是玻璃化温度，它是在改变温度的条件下，通过对上述性能的观测得到的。常用的玻璃化温度的测量方法有静态热机械法（如膨胀计法、温度-形变曲线法等）、动态力学性能测试、量热法等。其中，又以高聚物的比容在玻璃化温度的测量中具有特别的重要性。

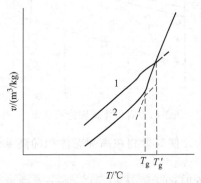

图 1-39　非晶高聚物的比容-温度曲线
1—快速冷却；2—慢速冷却

图 1-39 中所示为非晶高聚物的比容-温度曲线，表示从远高于 T_g 的温度冷却到指定温度，并使比容变化达到平衡时的测量值。曲线斜率发生转折所对应的温度，就是玻璃化温度。有时实验数据不产生尖锐的转折，习惯上是把两根直线部分外延，取延长线的交点作为 T_g。实验表明，T_g 具有温度依赖性，如果测试时冷却或升温的速度越快，则 T_g 也越高。这是由分子运动的松弛特性所决定的，在较低的温度下，链段的运动很缓慢，在实验的观测时间尺度下观察不到它的运动，随

着温度的升高，运动速度加快，当链段的运动速度与检测的时间标尺匹配时，玻璃化转变即表现出来。提高升降温速度相当于缩短观测时间，只有在较高的温度下才能观察到链段的运动，因此测得的玻璃化温度较高。因此在对玻璃化温度进行比较时，需指出测试的条件。

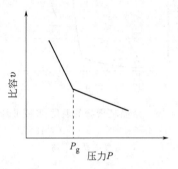

图 1-40　高聚物的比容-压力曲线

此外，玻璃化温度不过是表征玻璃化转变的一个指标，它是在固定压力、频率等条件下，通过改变温度来观测比容的变化观察到的。如果保持温度不变，而改变其他实验条件（如压力、外场作用频率、分子量等），也同样可以观察到玻璃化转变现象，这也就是玻璃化转变的多维性。但由于玻璃化温度的测试条件比较容易达到，因此玻璃化温度的应用最为普遍。

比如，在等温条件下观察高聚物的比容随流体静压力的变化，如图 1-40，在比容-压力曲线上会出现转折，这时高聚物发生了玻璃化转变，对应的压力称为玻璃化转变压力（P_g）。显然，温度越高，玻璃化转变压力也越大。

2. 高聚物的玻璃化转变理论

对于玻璃化转变现象，目前还没有完善的理论可以作出完全符合实验事实的正确解释，已经提出的理论很多，其中应用较广的是自由体积理论，此外，还有热力学理论和动力学理论等。在这里我们仅介绍自由体积理论，其他的玻璃化转变理论请查阅相关文献或专著。

自由体积理论最初是由 Fox 和 Flory 提出的。这一理论认为，液体或固体，其整个体积包括两个部分：一部分是分子本身所占据的体积，称为占有体积；另一部分是分子间的空隙，称为自由体积，以大小不等的"空穴"的形式无规分布在整个材料中。正是自由体积提供了分子运动的空间，使分子链可以通过转动和振动调整构象。

自由体积理论认为，当高聚物冷却时，先是自由体积逐渐减少，到玻璃化温度时，自由体积将达到一最低值，高聚物进入玻璃态，此时，链段运动被冻结，自由体积也被冻结，并保持一恒定值，在此温度下已没用足够的空间进行分子链构象的调整了。因此，高聚物的玻璃态可视为等自由体积状态。在玻璃态时，高聚物的宏观体积随温度升高而产生的膨胀，来源于占有体积的膨胀，包括分子振动幅度的增加和键的变化。当温度升高到玻璃化转变点，自由体积也开始膨胀，链段运动既获得了足够的运动能力，也得到必要的自由体积，从而从冻结状态进入运动状态。所以，在玻璃化温度以上，高聚物

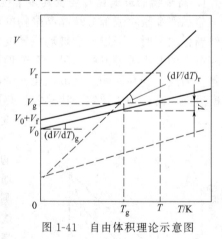

图 1-41　自由体积理论示意图

体积的膨胀是由于占有体积和自由体积两方面因素引起的，使高聚物在高弹态体积随温度升高产生的膨胀比玻璃态要大。

如图 1-41，如果以 V_0 表示玻璃态高聚物在绝对零度时的占有体积，V_g 表示在玻璃态时高聚物的总体积，则：

$$V_g = V_{f,g} + V_0 + \left(\frac{dV}{dT}\right)_g T \quad (T \leqslant T_g)$$

式中，$V_{f,g}$ 就是玻璃态高聚物的自由体积。

则在玻璃化温度时，可得：

$$V_g = V_{f,g} + V_0 + \left(\frac{dV}{dT}\right)_g T_g$$

自由体积分数可表示为：

$$f_g = \frac{V_{f,g}}{V_g}$$

类似的，在高弹态时，$T > T_g$，高聚物的体积为：

$$V_\Gamma = V_g + \left(\frac{dV}{dT}\right)_\Gamma (T - T_g)$$

此时，温度 T 时的自由体积为：

$$V_{f,\Gamma} = V_{f,g} + (T - T_g)\left[\left(\frac{dV}{dT}\right)_\Gamma - \left(\frac{dV}{dT}\right)_g\right]$$

自由体积分数可表示为：

$$f_\Gamma = \frac{V_{f,\Gamma}}{V_\Gamma}$$

在玻璃化温度附近，可认为 $V_\Gamma = V_g$，则上式可表示为：

$$f_\Gamma = \frac{V_{f,\Gamma}}{V_\Gamma} = \frac{V_{f,g}}{V_g} + \frac{T - T_g}{V_g}\left[\left(\frac{dV}{dT}\right)_\Gamma - \left(\frac{dV}{dT}\right)_g\right]$$

$$= f_g + \frac{T - T_g}{V_g}\left[\left(\frac{dV}{dT}\right)_\Gamma - \left(\frac{dV}{dT}\right)_g\right]$$

其中高弹态与玻璃态的膨胀率的差 $\left(\frac{dV}{dT}\right)_\Gamma - \left(\frac{dV}{dT}\right)_g$ 就是 T_g 以上自由体积的膨胀率。

定义单位体积的膨胀系数（或自由体积分数的膨胀系数）为 α，则在 T_g 上、下高聚物的膨胀系数分别为：

$$\alpha_\Gamma = \frac{1}{V_g}\left(\frac{dV}{dT}\right)_\Gamma$$

$$\alpha_g = \frac{1}{V_g}\left(\frac{dV}{dT}\right)_g$$

则 T_g 附近的自由体积分数的膨胀系数 α_f 为：

$$\alpha_f = \alpha_\Gamma - \alpha_g$$

所以，高弹态某温度 T 时的自由体积分数为：

$$f_\Gamma = f_g + \alpha_f (T - T_g)$$

自由体积理论认为在玻璃态时自由体积不随温度变化，且所有的高聚物自由体积分数都相等，也就是说高弹态高聚物的自由体积随温度降低而减少，到玻璃化温度时，不同高聚物的自由体积分数将下降到同一数值 f_g。

目前，对自由体积还没有明确而统一的定义，常用的是 WLF 定义的自由体积（自由体积分数为 0.025）和 Simha-Boyer 定义的自由体积（自由体积分数为 0.113）。这两者的差异是由于自由体积的定义不同引起的。WLF 自由体积是从分子运动角定义的，SB 自由体积是从几何角定义的。但两者都认为玻璃态下，自由体积不随温度变化。

3. 影响玻璃化温度的因素

由于玻璃化温度是非晶态塑料的最高使用温度，也是橡胶材料的最低使用温度，因此很有必要研究影响玻璃化温度的因素，并找出改变玻璃化温度的方法。从玻璃化转变的实质看，玻璃化温度是高分子链段运动刚被冻结（或激发）的温度，因此，凡是有利于链段运动的因素都有利于降低玻璃化温度，凡是不利于链段运动的因素都会引起玻璃化温度的升高。

（1）分子链结构的影响 链段运动是通过主链上单键的内旋转来实现的。因此从化学结构上看，决定高聚物玻璃化温度的主要因素有两个：主链本身的柔性和高分子间的作用力。已经知道，在玻璃化温度时高聚物的自由体积分数相等，因此高分子链的柔性越高，分子间作用力越小，高聚物的玻璃化温度越低。

① 主链结构　高分子主链的柔顺性是由单键的内旋转实现的。当主链完全由饱和单键，如—C—C—、—C—N—、—C—O—和—Si—O—等组成时，如果分子链上没有极性的或具有位阻效应的大体积取代基存在，则由这些单键组成的高聚物都是柔顺的，其 T_g 很低。如聚乙烯的 T_g 为 $-68℃$，聚甲醛的 T_g 为 $-83℃$。

在高聚物中引入芳环或芳杂环等刚性结构，分子链上可以自由旋转的单键数目减少，分子链刚性增加。而且环状结构的含量越多，分子链越刚，T_g 越高。在耐热性高聚物的分子结构设计中，可以充分利用这一点。如聚碳酸酯的 T_g 为 $150℃$。聚芳砜、聚醚醚酮、聚苯醚等都含有较高密度的刚性基团，因而都有很高的玻璃化温度，可以作为耐热的工程塑料使用。

主链含有孤立双键的高聚物，虽然双键本身不能内旋转，但与双键相连的单键具有更高的柔性，因此这类高聚物都具有良好的柔性，T_g 很低。如聚异戊二烯的 T_g 为 $-73℃$。此外，双键的几何异构也会导致高分子链柔顺性的差异，反式构型的柔顺性不如顺式构型，如反式聚 1,4-丁二烯的 T_g 为 $-83℃$，而顺式聚 1,4-丁二烯的 T_g 为 $-108℃$。

高分子主链上基团的极性将增大分子间的作用力，甚至可能形成氢键，降低分子链的活动性，使 T_g 升高。

② 侧基、侧链　侧基对 T_g 的影响可以从侧基的极性、体积、侧基或侧链的柔顺性以及对称性来讨论。

如果侧基在高分子链上的分布是不对称或为单取代时，则侧基的极性越大，分子内和分子间的作用力也越大，高聚物的 T_g 越高。特别是当侧基可以形成氢键时，将极大的提高 T_g。如聚丙烯酸由于—COOH 间可以形成氢键，因此其 T_g 比相应的酯类要高得多。

增加分子链上极性基团的密度也能提高高聚物的 T_g。但当极性基团的数目超过一定值后，由于极性基团间的静电斥力超过吸引力，反而使高分子链间距离增大，T_g 降低。如氯化聚乙烯的 T_g 与含氯量的关系如表 1-4 所示。

表 1-4　氯化聚乙烯的 T_g 与含氯量的关系

含氯量/%	61.9	62.3	63.0	63.8	64.4	66.8
T_g/℃	75	76	80	81	72	70

刚性大体积侧基的存在，会使高分子链单键内旋转的空间位阻增大，导致 T_g 升高。比如聚乙烯、聚丙烯、聚苯乙烯和聚乙烯基咔唑的玻璃化温度，随分子链上侧基体积的增大而升高，玻璃化温度从聚乙烯的 $-68℃$ 增至聚乙烯基咔唑的 $208℃$。

但要注意的是，侧基并不总是使 T_g 升高的。一般来说，长而柔的侧基或侧链反而会降低 T_g。这是因为侧基柔性的增加补偿了由于侧基体积增加所产生的影响。如表 1-5 所示的聚甲基丙烯酸酯的 T_g 随侧基的增长而降低。

表 1-5　侧基柔性对聚甲基丙烯酸酯 T_g 的影响

侧基	—CH_3	—C_2H_5	—C_3H_7	—C_4H_9	—C_5H_{11}	—C_6H_{13}	—C_8H_{17}	—$C_{12}H_{23}$
T_g/℃	105	65	35	20	-5	-5	-20	-65

如果是双取代，则要考虑对称性。若侧基的分布是对称的，会降低内旋转位垒，链的柔顺性增大，使 T_g 比相应的单取代高聚物的 T_g 低。如聚偏二氯乙烯的 T_g 比聚氯乙烯的低。

③ 离子型高聚物 离子高聚物间的离子键对 T_g 的影响很大，例如在聚丙烯酸中加入金属离子可大幅度提高 T_g。当加入 Na^+ 时，T_g 从 106℃升高到 280℃，加入 Cu^{2+} 时，T_g 提高到 500℃。一般，离子的半径越小，或所带电荷越多，则 T_g 越大。

④ 交联 一般说来，轻度交联对链段运动的活动性影响很小，因而对玻璃化温度的影响也不大。但随着交联密度的增大，链段的活动性减小，玻璃化温度逐渐提高。当交联度达到一定值时，T_g 接近或超过分解温度。

（2）分子量的影响 分子量的增加使 T_g 升高，特别是当分子量较低时，这种影响更为明显。当分子量超过一定程度以后，T_g 随分子量的增加就不明显了。这是因为在分子链的两端各有一个端链，其活动能力要比一般链段大。分子量越低，端链的比例越高，所以 T_g 越低。分子量增大到一定程度后，端链的比例可以忽略不计，此时 T_g 与分子量的关系就不大了。

端基对 T_g 的影响也表现在支化高分子中。支化高分子的端基比线型高分子多，因此相同相对分子量的支化高分子的 T_g 比线型的低。

（3）增塑剂的影响 增塑剂对 T_g 的影响是非常显著的。增塑剂一般为小分子的低挥发性物质，在工业中有着重要的实际意义。目前在塑料生产中大量使用增塑剂的主要是聚氯乙烯制品，是聚氯乙烯塑料中不可缺少的重要组分。增塑剂的加入不仅使聚氯乙烯有良好的成型加工性，也使制品可以满足不同的性能要求，可以使聚氯乙烯从坚硬塑料，变化为柔软的薄膜材料。

增塑剂的加入使玻璃化温度降低的原因可以归结为两个：一是增塑剂上的极性官能团与聚氯乙烯上的氯原子产生相互作用，减少了聚氯乙烯分子间的相互作用，相当于把氯原子屏蔽起来，结果使物理交联点减少；二是增塑剂分子比聚氯乙烯小得多，它们的活动比较容易，可以方便的为链段运动提供所需的空间。

（4）外界条件的影响

① 升温速度和外力作用时间 一般，在常用的测试方法中，玻璃化转变不是热力学的平衡状态，因此在测量 T_g 时，随着升降温速度的减慢，所得数值偏低。按照自由体积理论，随着温度的降低，分子通过链段运动进行位置的调整，腾出多余的自由体积，并使它们逐渐扩散出去。但由于温度降低，黏度增加，这种位置调整不能及时进行，致使高聚物的体积总比该温度下应具有的平衡体积大，在比容-温度曲线上则偏离平衡线，发生拐折。一般说来，升温速度降低 10℃/min，T_g 降低 3℃。

由于玻璃化转变的松弛特点，外力作用时间不同将引起转变点的移动，用动态方法测得的玻璃化温度通常要比静态的膨胀计测得的高，而且随着测量时外力作用时间的缩短（力作用频率的升高）而升高。

② 外力 外力能促进链段沿外力作用方向运动，使 T_g 降低。应力越大，T_g 越低。

③ 流体静压力 如果高聚物受到流体静压力，则其内部的自由体积将被压缩，玻璃化温度会升高。静压力越大，玻璃化温度越高。

四、结晶高聚物的熔融

1. 结晶高聚物的熔融与熔点

物质从结晶态变为液态的过程称为熔融。熔融过程中，体系自由能对温度和压力的一阶导数发生不连续的变化，转变温度与保持平衡的两相的相对数量无关，按照热力学的定义，这种转变为一级相转变。

如图 1-42 所示，在通常的升温速度下，结晶高聚物的熔融过程与小分子晶体熔融过程

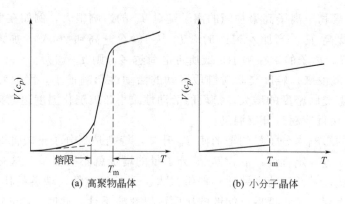

图 1-42　晶体熔融过程中的体积-温度曲线

既相似，又有差别。相似之处在于热力学函数，如体积、比热容等都会发生突变；不同之处在于聚合物熔融过程有一个较宽的熔融温度范围，比如 10℃ 左右，这个温度范围通常称为熔程。在这个温度范围内，高聚物晶体发生边熔融边升温的现象。而小分子晶体的熔融通常发生在 0.2℃ 左右的狭窄温度范围内。

高聚物的结晶结构基本上是多层片晶的结构，片晶之间为非晶态。在聚乙烯的熔融过程中，发现在很宽的温度范围内，结晶部分和非晶部分的厚度基本不变，达到一定温度以后，继续升温使结晶层平均厚度明显降低，非晶层的厚度大大增加。这说明片晶的熔融是从表面开始的，逐渐进行到晶体的内部。

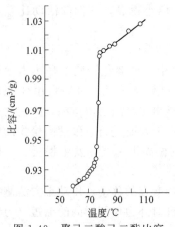

图 1-43　聚己二酸己二酯比容-
温度曲线图

为了弄清楚结晶聚合物熔融过程的热力学本质，实验过程中，每变化一个温度，如升温 1℃，便维持恒温至温度不再改变（大约 24h）后才测定比容值。结果表明，在这样的条件下，结晶聚合物的熔融过程十分接近跃变过程，熔融发生在 3～4℃ 较窄的温度范围内，而且在熔融过程的终点，曲线也出现明确的转折，如图 1-43 所示。对于不同条件下获得的同一种聚合物的不同试样进行类似的测试，得到了相同的转折温度。这些实验事实有力的证明，结晶高聚物的熔融过程是热力学的一级相转变过程，与低分子晶体的熔融现象只有程度上的差别，而没有本质的区别。也就是说，通过缓慢升温可以消除高聚物由于结晶条件不同而造成的结构内部的差异。

对缓慢升温过程的研究表明，结晶高聚物熔融时出现的边熔融边升温的现象是由于结晶高聚物中含有完善程度不同的晶体的缘故。通常结晶时，随着温度的降低，熔体的黏度迅速增加，分子链的活动性降低，来不及作充分的位置调整，使得结晶停留在不同的阶段。熔融时比较不完善的晶体在较低的温度下熔融，而比较完善的晶体则需要在较高的温度下才能熔融，因而在通常的升温速度下，便出现较宽的熔融温度范围。而在缓慢升温条件下，不完善的晶体在较低的温度下被破坏时，允许更完善、更稳定的晶体生成，也就是说，在缓慢升温的条件下，提供了更充分结晶的机会。最后，所有较完善的晶体在较高的温度下和较窄的温度范围内被熔融。

原则上，结晶熔融时发生不连续变化的各种物理量都可以用来测定熔点，如密度、折射率、热容等。除观察熔融过程中比容随温度变化的膨胀计法外，利用结晶熔融过程中的热效应也可以测定熔点，这就是差热分析法，以及在它基础上发展起来的的差示扫描量热法。此外，还有利用结晶熔融时，双折射消失的偏光显微镜法，利用结晶熔融时 X 射线衍射谱图上特征谱带消失的 X 射线衍射法，红外光谱法以及核磁共振法等。

2. 影响熔点的因素

从高分子链的结构看，影响高聚物熔点的因素主要有分子间力和链的柔性。

在热力学上，熔点定义为熔融热 ΔH_u 与熔融熵 ΔS_u 之比：

$$T_m = \frac{\Delta H_u}{\Delta S_u}$$

因此，为提高熔点，可以提高熔融热或降低熔融熵。ΔH_u 标志着分子或链段离开晶格所需吸收的能量，主要取决于分子间的束缚力；ΔS_u 标志着熔融前后分子混乱程度的变化，主要取决于分子链的柔性。

要提高熔点，首先考虑的是提高分子间的作用力。提高分子间作用力的主要方法是在高分子链上引入极性基团，在分子间形成氢键。例如，主链基团可以是酰氨基—CONH—、酰亚氨基—CONCO—、氨基甲酸酯基—NHCOO—，侧链基团可以是羟基—OH、氨基—NH$_2$、硝基—NO$_2$、三氟甲基—CF$_3$。这些基团对分子间作用力的贡献都比—CH$_2$—大，所以含这些基团的聚合物的熔点都比聚乙烯高。

图 1-44 是几类聚合物熔点的变化趋势。以聚乙烯为参照标准，聚脲、聚酰胺和聚氨酯三类聚合物都能形成分子间氢键，熔点都比聚乙烯高。其中，又以聚脲的曲线最高，聚酰胺的曲线居中。这是因为—NH—CO—NH—比—NH—CO—多了一个—NH—，形成氢键的可能性增大，氢键密度增加。而聚氨酯的曲线低于聚酰胺，是由于—NHCOO—比—CONH—多了一个—O—，链的柔性增加，部分抵消了形成氢键提高熔点的效应。这些聚合物中，随着结构单元中碳原子数目的增加，熔点都呈下降趋势。这是由于结构单元长度增加，极性基团的密度降低，使链的结构越来越接近聚乙烯。对于脂肪

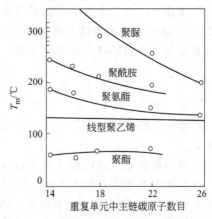

图 1-44 脂肪族聚合物熔点的变化趋势

族聚酯，虽然主链上也有极性的酯基，但其熔点却低于聚乙烯，一般认为这是由于酯基中C—O键的内旋转位垒较 C—C 小，链的柔性好，其熔融熵 ΔS_u 很大造成的。

进一步研究表明，对于同系高聚物，如聚酯和聚酰胺，这种熔点随重复单元长度的变化呈锯齿形。这种现象的产生是由于分子间形成氢键的概率与重复单元中碳原子的奇偶性有关。如图 1-45 中所示为聚氨基酸熔点随碳原子数目的变化，偶数碳原子的熔点低，奇数碳原子的熔点高。这是因为前一种情况形成半数氢键，而后一种情况可以形成全数氢键。同样，对于二元酸和二元胺合成的聚酰胺，若二元酸、二元胺中碳原子都为偶数，能够形成全部氢键，故熔点高；若全为奇数，形成半数氢键，熔点低；偶酸奇胺，形成半数氢键，熔点低。

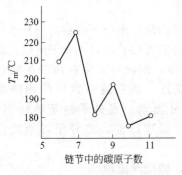

图 1-45 聚氨基酸中碳原子数目与熔点的关系

分子链刚性增大，结晶高聚物的熔融熵降低，将使熔点升高。因此，通过在主链上引入环状结构、共轭双

键，或在侧链上引入体积庞大的刚性基团均可达到提高熔点的目的。一般对位芳香族高聚物比相应的间位芳香族高聚物熔点高，这是因为对位基团围绕其主链旋转 180°后的构象似乎不变，而间位的则不同，因此间位的熔融熵 ΔS_u 高，熔点低。相反，在高聚物主链上引入醚键、非共轭双键等基团，可以明显的增加分子链的柔性，使熔点明显降低。

此外，在不同的结晶温度下，高聚物的晶体大小、结晶形态、结晶度等可能产生极大的不同，这对熔点会产生很大的影响。

在较高的结晶温度下，分子链的活动能力强，能够较充分的进入晶格中规整排列，使球晶充分生长，形成的晶体较完善，因而熔点较高且熔融范围窄；当结晶温度较低时，分子链的活动能力差，晶体的生长受到限制，生成的晶体不够完善，因此熔点低且熔融范围宽。

当拉伸结晶高聚物时，在应力方向上结晶度提高，并产生晶片的取向，使熔点上升。从热力学分析，当高聚物的结晶过程或熔融过程要自动进行时，必须满足下面的热力学条件：

$$\Delta G = \Delta H - T\Delta S < 0$$

当高聚物结晶时，是从无序到有序状态，此时的 $\Delta S < 0$，要使 $\Delta G < 0$，则必须 $\Delta H < 0$，且 $|\Delta H| < T|\Delta S|$。结晶的热效应很小，因此要满足上述条件只能减小 T 或减小 $|\Delta S|$。在拉伸的条件下，使分子链结晶前沿拉伸方向产生一定的定向排列，因此减小了熵值，使相转变的 $|\Delta S|$ 减小，易于满足上述的热力学条件，有利于结晶的进行。在应力作用下达到熔点时，晶相与非晶相达到了热力学平衡，此时 $\Delta G = 0$，即

$$T_m = \frac{\Delta H}{\Delta S}$$

可见，随 ΔS 减小，熔点提高。

高聚物在结晶过程中受到压应力时，会使晶片厚度增加，从而增加晶体的完善性，使熔点升高。

结晶高聚物在成型过程中，往往要作退火或淬火处理，以控制制品的结晶度。与此同时，片晶的厚度和完善程度不同，熔点也不一样。通常，退火处理可以提高结晶度，晶粒进一步完善，片晶厚度增加，熔点高；淬火处理时，制品的结晶度和熔点都比自然冷却的要低。一般片晶厚度对熔点的影响与晶体的表面能有关，晶体表面上的分子链不对熔融热作完全的贡献，片晶厚度越小，单位体积晶体的表面能越高，熔点越低。

五、高聚物的黏流态转变及其影响因素

1. 高聚物黏性流动的机理

当温度升高到黏流温度以上，高聚物处于黏流态，产生整链运动。研究表明，整链运动是通过链段运动来实现的。

像小分子液体一样，高聚物熔体也存在自由体积，所不同的是，小分子的空穴与分子尺寸相当，因此有足够大的空间供小分子进行扩散运动，这种运动可以看作是小分子向空穴的跃迁。但在高聚物熔体中，空穴远比分子链小，而与链段相当，因此只发生链段的扩散运动。所以，高分子的整链运动不是简单的整个分子链的跃迁，而是通过链段的相继跃迁来实现的。所以，从流动机理来看，柔性高分子更容易流动。当分子链足够刚时，只有整链作为运动单元，基本无法流动了，在加热到流动温度以前，高分子可能就已经分解了。

高聚物的流动，除了分段位移以外，还有一种流动机理，即化学流动。

化学流动对体型高聚物有特殊的意义。一些高聚物在高温下会形成交联结构而失去流动性，但这些高聚物却能在辊轧机上混炼或在螺杆挤出机上挤出，这说明它们仍可流动。这是

由于高聚物在大的应力作用下发生了机械裂解，形成分子量较小的自由基。这些自由基由于分子量较小，在外力作用下易于流动，在移动中，这些自由基进行再结合形成体型结构。这种由复杂的力化学反应引起的高聚物的特殊流动称为化学流动。

实际上，高聚物流动时，分段位移和化学流动可能同时发生，而且它们之间的比例可在很宽的范围内变化。当高聚物的黏度较低时，分段位移是流动的主要机理。然而，在黏度高、外力作用足够快的情况下，化学流动就显得很重要。

2. 影响高聚物流动温度的因素

由于高聚物分子量的多分散性，一般高聚物都没有明确的流动温度，而只有一个较宽的软化温度范围。例如，天然橡胶的流动温度为 $120\sim160℃$。

下面简单讨论影响流动温度的因素。

（1）分子量　当分子量较低时，高聚物只有一种运动单元，其 T_g 与 T_f 重合。分子量超过某一限度后，高聚物出现高弹态，此时 T_g 与分子量基本无关，但 T_f 随分子量的增加而继续上升。

分子量对这两个温度影响不同的原因是玻璃化转变是链段运动，黏流态转变是整链运动。显然，分子量越大，整链运动越困难，因而流动温度越高。

上述规律具有重要的实际意义。对橡胶而言，实际应用要求它具有宽广的高弹温度区域 $T_g\sim T_f$，所以作为橡胶高聚物，其分子量一般很高（几十万到几百万）。但作为塑料的高聚物则不同，为了便于成型，要求流动温度尽可能低，因此一般的原则是，在不影响塑料制品强度的前提下，适当降低高聚物的分子量。

（2）分子间作用力　分子间作用力越大，分段位移越困难，流动温度越高。有些高聚物，由于分子间作用力很大，以致流动温度超过分解温度。

（3）外力　增大外部应力能部分抵消分子链链段的无序热运动，从而促进分子链在力作用方向上的分段运动，因此流动温度随应力的增加而降低。这对选择高聚物的成型加工压力有实际意义。聚合物成型加工工艺中的冷压成型，实际上也是这一原则的应用。同样，延长外力作用时间，也有助于分子链的分段运动，使流动温度降低。

本　章　小　结

本章进一步巩固大学普通物理的量子物理基础：微观粒子的波粒二象性、德布罗意波、波函数等概念和描述微观粒子运动规律的薛定谔方程，并以这些为基础介绍了认识晶体中电子运动状态的三个阶段。金属费密-索末菲自由电子理论与经典自由电子理论的根本区别是，前者认识了固体中电子运动规律服从费密-狄拉克分布函数；而能带理论是在量子自由电子学说的基础上充分考虑了晶体周期势场的结果。正是采用了准自由电子近似，利用 K 空间和晶体倒易点阵，建立了布里渊区理论。利用紧束缚近似简单地阐明了能带与原子能级的关系。应当从物理本质上理解晶体中电子能量结构的导带、价带和禁带（能隙）产生的原因，并利用能带理论的初步知识说明材料的一些物理性质（聚合物能带的计算采用键轨道模型和分子轨道理论）。非晶态金属和半导体的电子理论只要了解一下即可。由于课程内容限制，能带理论的单电子问题更严格、更精确的描述——电子密度泛函理论以及实用的能带计算方法——赝势方法皆略去。

最后，本章从高聚物分子运动的特点和相关理论出发，介绍了线型非晶高聚物、结晶高聚物和交联高聚物的几个力学状态和转变区。进而讨论了玻璃化转变的自由体积理论，高聚物玻璃化转变、结晶高聚物熔融及黏流转变的结构影响因素。这对于高聚物结构与性能的理论探讨和高分子材料的实际应用都具有很重要的意义。

复 习 题

1. 一电子通过 5400V 电位差的电场。

(1) 计算它的德布罗意波波长 (1.67×10^{-11} m)；

(2) 计算它的波数；

(3) 计算它对 Ni 晶体 (111) 面（面间距 $d = 2.04 \times 10^{-10}$ m）的布拉格衍射角（$2°18'$）。

2. 有两种原子，基态电子壳层是这样填充的 (1) $1s^2$、$2s^2 2p^6$、$3s^2 3p^3$；(2) $1s^2$、$2s^2 2p^6$、$3s^2 3p^3 3d^{10}$、$4s^2 4p^6 4d^{10}$。请分别写出 $n=3$ 的所有电子的四个量子数的可能组态。

3. 如电子占据某一能级的概率为 1/4，另一能级被占据的概率为 3/4。

(1) 分别计算两个能级的能量比费密能高出多少 kT？

(2) 应用你计算的结果说明费密分布函数的特点。

4. 计算 Cu 的 E_F^0 （$n = 8.5 \times 10^{-28}/\text{m}^3$）。

5. 计算 Na 在 0K 时自由电子的平均动能（Na 的相对原子质量 $A_r = 22.99$，$\rho = 1.013 \times 10^3 \, \text{kg/m}^3$）。

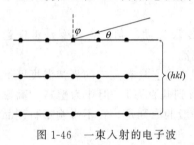

图 1-46　一束入射的电子波

6. 已知晶面间距为 d，晶面指数为 (hkl) 的平行晶面的倒易矢量为 r_{hkl}^*，一电子波与该晶面系成 θ 角入射（见图 1-46），试证明产生布拉格反射的临界波矢量 K 的轨迹满足方程 $|K| \cos\varphi = |r_{hkl}^*|/2$。

7. 试用布拉格反射定律说明晶体电子能谱中禁带产生的原因。

8. 试用晶体能带理论说明元素的导体、半导体、绝缘体的导电性质。

9. 过渡族金属物理性能的特殊性与电子能带结构有何联系？

10. 试比较非晶态固体电子能带结构与晶态固体能带结构的差异并说明差异产生的主要原因。

11. 试用玻璃化转变的自由体积理论解释非晶态高聚物熔体冷却时体积变化的现象。

12. 高聚物的流动机理是什么？试说明分子量对玻璃化温度和流动温度的影响趋势。

13. 为什么增塑更有利于玻璃化温度的降低，而共聚对熔点的影响更大？

14. 高聚物的结晶融化过程与玻璃化转变过程有什么本质的不同？高聚物结构和外界条件对这两个转变过程的影响有那些相同点和不同点？

第二章　材料的热学性能

材料在使用过程中，将对环境温度作出响应，表现出不同的热学性能。材料的热学性能包括热容、热膨胀、热传导、热稳定性、熔化和升华等。本章就这些热性能和材料的宏观、微观本质关系加以探讨，以便在选材、用材、改善材质、设计新材料、新工艺方面打下物理理论基础。同时，材料组织结构、状态发生变化时，常伴随产生一定的热效应，因此，热学性能分析可成为研究材料相变常用方法。

材料的各种热性能的物理本质，均与晶格热振动有关。固体材料由晶体或非晶体组成。晶体点阵中的质点（原子、离子）总是围绕其平衡位置作微小振动，这种振动称为晶格热振动。晶格热振动是三维的，可以根据空间力系将其分解成三个方向的线性振动。设每个质点的质量为 m，在任一瞬间该质点在 x 方向的位移为 x_n，其相邻质点的位移为 x_{n-1}，x_{n+1}，根据牛顿第二定律，该质点的运动方程为

$$m \frac{\mathrm{d}^2 x_n}{\mathrm{d}t^2} = \beta(x_{n+1} + x_{n-1} - 2x_n) \tag{2-1}$$

式中，β 为微观弹性模量。

上述方程是简谐振动方程，其振动频率随 β 的增大而提高。不同的质点有不同的热振动频率。某材料内有 N 个质点，就有 N 个频率的振动组合在一起。温度高时动能加大，所以振幅和频率均加大。各质点热运动时动能的总和，即为该物体的热量，即

$$\sum_{i}^{N} (动能)_i = 热量 \tag{2-2}$$

由于材料中质点间有着很强的相互作用力，因此一个质点的振动会使邻近质点随之振动。因相邻质点间的振动存在着一定的位相差，使晶格振动以弹性波的形式（又称格波）在整个材料内传播。弹性波是多频率振动的组合波。

由实验测得弹性波在固体中的传播速度 $v = 3 \times 10^3 \mathrm{m/s}$，晶体的晶格常数 a 约为 10^{-10} m数量级，而声频振动的最小周期为 $2a$，故它的最大振动频率为

$$\gamma_{\max} = \frac{v}{2a} = 1.5 \times 10^{13} (\mathrm{Hz})$$

如果振动着的质点中包含频率甚低的格波，质点彼此之间的位相差不大，则格波类似于弹性体中的应变波，称为"声频支振动"。格波中频率甚高的振动波，质点间的位相差很大，邻近质点的运动几乎相反时，频率往往在红外光区，称为"光频支振动"。

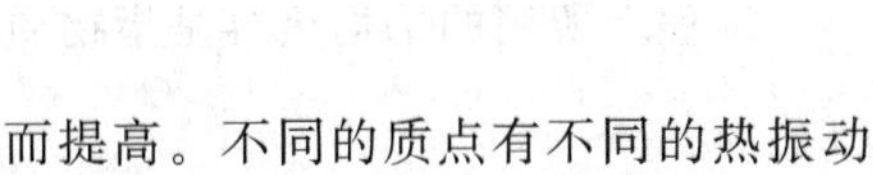

(a) 声频支　　(b) 光频支

图 2-1　一维双原子点阵中的格波

图 2-1 表示晶胞中包含了两种不同的原子，各有独立的振动频率，即使它们的频率都与晶胞振动频率相同，由于两种原子的质量不同，振幅也不同，所以两原子间会有相对运动。声频支可以看成是相邻原子具有相同的振动方向。光频支可以看成相邻原子振动方向相反，形成了一个范围很小，频率很高的振动。如果是离子型晶体，就是正、负离子间的相对振动，当异号离子间有反向位移时，便构成了一个偶极子，在振动过程中，此偶极子的偶极矩是周期性变化的。据电动力学可知，它会发生电磁波，其强度取决于振幅大小。在室温下，所发射的这种电磁波是微弱的，如果从外界辐射相

应频率的红外光，则立即被晶体强烈吸收，从而激发晶体振动。这表明离子晶体具有很强的红外光吸收特性，这也就是该支格波被称为光频支的原因。

由于光频支是不同原子相对振动引起的，所以如果一个分子中有 n 个不同的原子，则会有 $(n-1)$ 个不同频率的光频波。如果晶格有 N 个分子，则有 $N(n-1)$ 个光频波。

第一节 材料的热容

一、热容概念

热容是分子或原子热运动的能量随温度而变化的物理量，其定义是物体温度升高 1K 所需要增加的能量。不同温度下，物体的热容不一定相同，所以在温度 T 时物体的热容为：

$$c_T = \left(\frac{\partial Q}{\partial T}\right)_T \ (\text{J/K}) \tag{2-3}$$

显然，物体的质量不同，热容不同。为便于比较，我们可用比热容，即单位质量物质在没有相变和化学反应的条件下升高 1K 所需的热量，单位是 J/(K·kg)，用小写 c 表示。如果物质量用 1mol 表示，则为摩尔热容，单位是 J/(K·mol)。

$$c = \frac{1}{m} c_T$$

工程上所用的平均热容是指物质从温度 T_1 到 T_2 所吸收的热量的平均值：

$$c_{\text{均}} = \frac{Q}{T_2 - T_1} \frac{1}{m} \tag{2-4}$$

平均热容是比较粗略的，$T_1 - T_2$ 的范围愈大，精度愈差，应用时要特别注意适用的温度范围。

另外，物体的热容还与它的热过程有关，假如加热过程是在恒压条件下进行的，所测定的热容称为定压热容（c_p）；假如加热过程保持物体容积不变，所测定的热容称为定容热容（c_V）。由于恒压加热过程中，物体除温度升高外，还要对外界做功，所以温度每提高 1K 需要吸收更多的热量，即 $c_p > c_V$

$$c_p = \left(\frac{\partial Q}{\partial T}\right)_p = \left(\frac{\partial H}{\partial T}\right)_p \quad \text{或} \quad c_p = \frac{1}{m}\left(\frac{\partial H}{\partial T}\right)_p \tag{2-5}$$

$$c_V = \left(\frac{\partial Q}{\partial T}\right)_V = \left(\frac{\partial E}{\partial T}\right)_V \quad \text{或} \quad c_V = \frac{1}{m}\left(\frac{\partial E}{\partial T}\right)_V \tag{2-6}$$

式中，Q 为热量；E 为内能；H 为焓。

c_p 的测定比较简单，但 c_V 更有理论意义，因为它可以直接从系统的能量增量计算。根据热力学第二定律可以导出 c_p 和 c_V，的关系

$$c_p - c_V = \frac{\alpha_V^2 V_m T}{\beta} \tag{2-7}$$

式中，$\alpha_V = \frac{dV}{V dT}$ 是体膨胀系数；$\beta = \frac{-dV}{V dp}$ 是压缩系数；V_m 摩尔容积。

对于物质的凝聚态，c_p 和 c_V 的差异可以忽略，但在高温时，二者的差别就增大了（见图 2-2）。

二、晶态固体热容的经验定律和经典理论

在 20 世纪已发现了两个有关晶体热容的经验定律。一是元素的热容定律——杜隆-珀替定律：恒压下元素的原

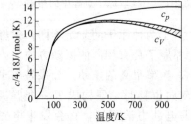

图 2-2 NaCl 摩尔热容温度曲线

子热容为 25J/(K·mol)；另一个是化合物的热容定律——奈曼-柯普定律（Neumann-Kopp）：化合物分子热容等于构成此化合物各元素原子热容之和。

实际上，大部分元素的原子热容都接近 25J/(K·mol)，特别在高温时符合得更好。但轻元素的原子热容需改用下列数值：

元素	H	B	C	O	F	Si	P	S	Cl
c_p[J/(K·mol)]	9.6	11.3	7.5	16.7	20.9	15.9	22.5	22.5	20.4

经典的热容理论可对此经验定律作如下解释。

根据晶格振动理论，在固体中可以用谐振子代表每个原子在一个自由度的振动，按照经典理论，能量按自由度均分，每一振动自由度的平均动能和平均位能都为 $(1/2)kT$，一个原子有三个振动自由度，平均动能和位能的总和就等于 $3kT$，1mol 固体中有 N 个原子，总能量为：

$$E = 3NkT = 3RT \tag{2-8}$$

式中，$N = 6.023 \times 10^{23}/\text{mol}$，为阿伏伽德罗常数；$T$ 为热力学温度，K；k 为玻尔兹曼常数，$k = R/N = 1.381 \times 10^{-23}\text{J/K}$；$R = 8.314\text{J/(K·mol)}$，为气体普适常数。

按热容定义：

$$c_V = \left(\frac{\partial E}{\partial T}\right)_V = \left[\frac{\partial\left(3NkT\right)}{\partial T}\right]_V = 3Nk = 3R \approx 25\text{J/(K·mol)} \tag{2-9}$$

由式(2-9)可知，热容是与温度无关的常数，这就是杜隆-珀替定律。对于双原子的固态化合物，1mol 中的原子数为 $2N$，故摩尔热容为 $c_V = 2 \times 25\text{J/(K·mol)}$，三原子固态化合物的摩尔热容 $c_V = 3 \times 25\text{J/(K·mol)}$，依此类推。

由图 2-2 可以看出，杜隆-珀替定律在高温时与实验结果是很符合的，而在低温时，热容的实验值并不是一个恒量，它随温度降低而减小，在接近绝对零度时，热容值按 c_V、$c_p \propto T^3$ 的规律趋于零。因此，低温条件下经典热容理论与实际不符。

三、晶态固体热容的量子理论回顾

普朗克在研究黑体辐射时，提出振子能量的量子化理论。他认为在一物体内，即使温度 T 相同，但在不同质点上所表现的热振动（简谐振动）的频率 ν 也不尽相同。因此，在物体内，质点热振动时所具有的动能也是有大有小，即使同一质点，其能量也有时大，有时小。但无论如何，它们的能量是量子化的，都是以 $h\nu$ 为最小单位。$h\nu$ 称为量子能阶，通过实验测得普朗克常数 h 的平均值为 $6.626 \times 10^{-34}\text{J·s}$。所以各个质点的能量只能是 0，$h\nu$，$2h\nu$，$\cdots$，$nh\nu$，$n = 0, 1, 2, \cdots$ 称为量子数。

如果上述频率 ν 改为圆频率 ω 计，则

$$h\nu = h\frac{\omega}{2\pi} = \hbar\omega$$

式中，$\hbar$ 也称为普朗克常量，$\hbar = 1.055 \times 10^{-34}\text{J·s}$。

频率为 ω 的谐振子的能量也具统计性，按照统计热力学的原理，在温度为 T、谐振子的频率为 ω 时，它所具有的能量为 $n\hbar\omega$ 值的概率与 $e^{-\frac{n\hbar\omega}{kT}}$ 成正比，即

$$\frac{N_n}{\sum\limits_{i=0}^{\infty} N_i} = \frac{e^{-\frac{n\hbar\omega}{kT}}}{\sum\limits_{i=0}^{\infty} e^{-\frac{i\hbar\omega}{kT}}}$$

根据麦克斯韦-波尔兹曼分配定律可推导出：在温度 T 时，一个振子的平均能量 $\overline{E}$ 为：

$$\overline{E} = \frac{\sum\limits_{n=0}^{\infty} n\hbar\omega e^{-\frac{n\hbar\omega}{kT}}}{\sum\limits_{n=0}^{\infty} e^{-\frac{n\hbar\omega}{kT}}} \tag{2-10}$$

将上式中多项式展开后，取前几项，化简得

$$\overline{E} = \frac{\hbar\omega}{e^{\frac{\hbar\omega}{kT}} - 1} \tag{2-11}$$

在高温时，$kT \gg \hbar\omega$，所以 $\overline{E} = \dfrac{\hbar\omega}{e^{\frac{\hbar\omega}{kT}} - 1} = kT$。即每个振子单向振动的总能量与经典理论一致。例如晶格热振动的最大频率 ω_{max} 在红外区，即大约为 $6 \times 10^{13}\, rad/s$，所以，$(h\nu)_{max} = 9.93 \times 10^{-21}\, J$。室温时 $kT = 4.14 \times 10^{-21}\, J$，$kT < \hbar\omega$，因此 $\overline{E}$ 与 kT 相差较大。只有当温度稍高时，kT 将比 $\hbar\omega$ 大得多，可按经典理论计算热容。

由于 1mol 固体中有 N 个原子，每个原子的热振动自由度是 3，所以 1mol 固体的平均能量为

$$\overline{E} = \sum_{i=1}^{3N} \overline{E}_{\omega_i} = \sum_{i=1}^{3N} \frac{\hbar\omega_i}{e^{\frac{\hbar\omega_i}{kT}} - 1} \tag{2-12}$$

因而固体的摩尔热容为：

$$c_V = \left(\frac{\partial E}{\partial T}\right)_V = \sum_{i=1}^{3N} k \left(\frac{\hbar\omega_i}{kT}\right)^2 \frac{e^{\frac{\hbar\omega_i}{kT}}}{\left(e^{\frac{\hbar\omega_i}{kT}} - 1\right)^2} \tag{2-13}$$

这就是按照量子理论求得的热容表达式，但是由上式计算 c_V 必须知道谐振子的频谱，这是非常困难的事。实际上，可采用简化的爱因斯坦模型和德拜模型。

1. 爱因斯坦模型

爱因斯坦在 1906 年引入点阵振动能量量子化概念，将晶体点阵上的每个原子都认为是一个独立的振子，原子之间彼此无关，并且都是以相同的角频 ω 振动，则式（2-13）变为

$$\overline{E} = 3N \times \frac{\hbar\omega}{e^{\frac{\hbar\omega}{kT}} - 1} \tag{2-14}$$

$$c_V = \frac{\partial \overline{E}}{\partial T} = 3Nk \left(\frac{\hbar\omega}{kT}\right)^2 \frac{e^{\frac{\hbar\omega}{kT}}}{\left(e^{\frac{\hbar\omega}{kT}} - 1\right)^2} = 3Nk f_E \left(\frac{\hbar\omega}{kT}\right) \tag{2-15}$$

$f_E \left(\dfrac{\hbar\omega}{kT}\right)$ 称为爱因斯坦比热容函数。选取适当的角频 ω，可以使理论上的 c_V 值与实验值吻合得很好。

令 $\theta_E = \dfrac{\hbar\omega}{k}$，$\theta_E$ 称为爱因斯坦温度，则 $f_E\left(\dfrac{\hbar\omega}{kT}\right) = f_E\left(\dfrac{\theta_E}{T}\right)$。下面讨论式（2-15）。

① 当温度 T 很高即 $T \gg \theta_E$ 时，有 $\dfrac{\theta_E}{T} \ll 1$，则 $e^{\frac{\theta_E}{T}} \approx 1 + \dfrac{\theta_E}{T}$，此时

$$e^{\frac{\hbar\omega}{kT}} = e^{\frac{\theta_E}{T}} = 1 + \frac{\theta_E}{T} + \frac{1}{2!}\left(\frac{\theta_E}{T}\right)^2 + \frac{1}{3!}\left(\frac{\theta_E}{T}\right)^3 + \cdots \approx 1 + \frac{\theta_E}{T}$$

则

$$c_V = 3Nk\left(\frac{\theta_E}{T}\right)^2 \frac{e^{\frac{\theta_E}{T}}}{\left(\frac{\theta_E}{T}\right)^2} \approx 3Nk = 3R \tag{2-16}$$

此即经典的杜隆-珀替公式。也就是说，量子理论所导出的热容值如按爱因斯坦的简化模型计算，在高温时与经典公式一致，与实验结果相符合。

② 当在低温时，即 $T \ll \theta_E$，$e^{\frac{\theta_E}{T}} \gg 1$，

$$c_V = 3Nk\left(\frac{\theta_E}{T}\right)^2 e^{-\frac{\theta_E}{T}} \tag{2-17}$$

式中，c_V 随 T 变化的趋势与实验相符，但比实验更快地趋近于零。

③ 当 $T \to 0K$ 时，c_V 也趋近于零，又与实验相符。

式(2-17) 表明：c_V 值按指数随温度而变化，而不是从实验中得出的按 T^3 变化的规律。这就使得在低温区域，按爱因斯坦模型计算出的 c_V 值与实验值相比，下降太多。这主要是由于爱因斯坦模型的基本假设有问题，实际固体中，各原子的振动不是彼此独立地以同样频率振动，原子振动间有耦合作用，温度低时这一效应尤其显著。此外，爱因斯坦也没有考虑低频率振动，忽略低频率振动之间频率的差别是此模型在低温不准的原因。

德拜模型在这一方面作了改进，故能得到更好的结果。

2. 德拜模型

德拜考虑了晶体中原子的相互作用。由于晶格中对热容的主要贡献是弹性波的振动，也就是波长较长的声频支在低温下的振动占主导地位。由于声频波的波长远大于晶体的晶格常数，可以把晶体近似为连续介质。所以，声频支的振动也近似地看作是连续的，具有从 0 到 ω_{max} 的谱带。高于 ω_{max} 不在声频支而在光频支范围，对热容贡献很小，可以忽略不计。ω_{max} 由分子密度及声速决定。由上述假设导出了热容的表达式

$$c_V = 3Nk f_D\left(\frac{\theta_D}{T}\right) \tag{2-18}$$

式中，$\theta_D = \frac{\hbar\omega_{max}}{k} \approx 0.76 \times 10^{-11}\omega_{max}$ 称为德拜特征温度；$f_D\left(\frac{\theta_D}{T}\right) = 3\left(\frac{T}{\theta_D}\right)^3 \times \int_0^{\frac{\theta_D}{T}} \frac{e^x x^4}{(e^x - 1)^2}dx$，称为德拜比热容函数，$x = \frac{\hbar\omega}{kT}$。

根据式(2-18) 还可以得到如下的结论。

① 当温度较高时，即 $T \gg \theta_D$，$c_V \approx 3Nk$。

② 当温度很低时，即 $T \ll \theta_D$，计算得

$$c_V = \frac{12\pi^4 Nk}{5}\left(\frac{T}{\theta_D}\right)^3 \tag{2-19}$$

这表明当 $T \to 0$ 时，c_V 以与 T^3 成比例地趋于零，这就是著名的德拜 T^3 定律。它和实验的结果十分符合，且温度越低，近似越好。

随着科学的发展，实验技术和测量仪器不断完善，人们发现了德拜理论在低温下还不能完全符合事实。显然还是由于晶体毕竟不是一个连续体的假设，但是在一般的应用场合下，德拜模型已是足够精确了，德拜模型也解释不了超导现象。

以上所说有关热容的量子理论，对于原子晶体和一部分较简单的离子晶体，如 Al、Ag、C、KCl、Al_2O_3 在较宽广的温度范围内都与实验结果符合得很好，但并不完全适用于其他化合物。因为较复杂的分子结构往往会有各种高频振动耦合。至于多晶、多相的无机材料，情况更复杂得多。

四、不同材料的热容

1. 金属材料的热容

无论是纯金属还是合金在极低温度和极高温度下，材料的热容都必须考虑自由电子对热容的贡献，因为在低温下，电子的热容不像离子那样急剧减小，反而起着主导作用，而在高温时，电子像金属离子那样显著地参加到热运动中，所以，这两种情况下，金属材料的热容由点阵振动和自由电子运动两部分组成，即

$$c_V = c_V^l + c_V^e = \alpha T^3 + \gamma T \tag{2-20}$$

式中，c_V^l 和 c_V^e 分别代表点阵振动和自由电子运动的热容；α 和 γ 分别为点阵振动和自由电子运动的热容系数。

在常温时，自由电子运动的热容与点阵振动的热容相比可忽略不计，所以，此时材料的热容仅考虑点阵振动 c_V^l。

合金组织结构比纯金属要复杂，它们由合金相（固溶体、化合物和中间相）或它们的多相组成，在形成合金相时总能量可能增加（主要为相形成热），但是，组成相的每个原子的热振动能，在高温（大于德拜特征温度 θ_D）下几乎与原子在纯单质物质中同一温度的热振动能一样，且合金的热容具有可加性，即合金的摩尔热容等于组成的各元素原子热容与其质量百分比的乘积之和，符合奈曼-柯普定律：

$$c = \sum n_i c_i \tag{2-21}$$

式中，n_i、c_i 分别为合金相中元素 i 的原子数、摩尔热容。

利用此式计算的数值与实验所得数值相差不大于 4%，这说明对金属材料进行热处理，虽然能改变材料的组织，但并不影响高温下（大于德拜特征温度 θ_D）的热容，在低于德拜特征温度 θ_D 时，奈曼-柯普定律就不再适用了。

2. 无机材料的热容

无机材料是由晶体及非晶体组成的，德拜热容理论同样适用于无机材料。对于绝大多数氧化物、碳化物，热容都是从低温时的一个低的数值增加到 1273K 左右的近似于 25J/(K·mol) 的数值。温度进一步增加，热容基本上没有什么变化。图 2-3 中几条曲线不仅形状相似，而且数值也很接近。大多数氧化物和硅酸盐化合物在 573K 以上的热容用奈曼-柯普定律计算的数值有较好的结果。

无机材料的热容与材料结构的关系是不大的，如图 2-4 所示。CaO 和 SiO_2 1:1 的混合物与 $CaSiO_3$ 的热容温度曲线基本重合。虽然固体材料的摩尔热容不是结构敏感的，但是单位体积的热容却与气孔率有关。多孔材料因为质量轻，所以热容小，因此提高轻质隔热砖的

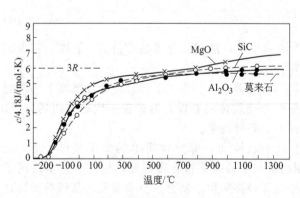

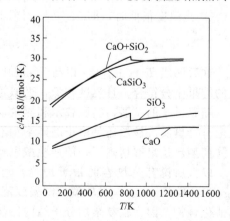

图 2-3　不同温度下某些陶瓷材料的热容　　　　图 2-4　无机材料的热容与材料结构的关系

温度所需要的热量远低于致密的耐火砖。所以，加热炉用多孔的硅藻土砖、泡沫刚玉等，因为重量轻可减少热量损耗，加快升降温速度。

材料热容与温度关系应由实验精确测定。根据某些实验结果加以整理，可得如下的经验公式

$$c_p = a + bT + cT^{-2} + \cdots \tag{2-22}$$

式中，c_p 的单位为 4.18J/(mol·K)，一些无机材料在一定温度范围内的 a，b，$c\cdots$ 系数可以查得。

当材料发生相变时，如固态多晶型转变、铁电转变、铁磁顺磁转变、有序无序转变等，根据相变时性能的变化，这其中可分为一级相变和二级相变。一级相变的特征是体积发生突变，有相变潜热，例如，铁的 α→γ 转变、珠光体相变、马氏体转变等，它们的热焓与热容变化如图 2-5(a) 所示，在临界点 T_c 热焓曲线出现跃变，热容曲线发生不连续变化，热容为无穷大；二级相变无体积发生突变、无相变潜热，它在一定温度范围逐步完成，例如，铁磁顺磁转变、有序无序转变等，它们的焓无突变，仅在靠近转变点的狭窄温度区间内有明显增大，导致热容的急剧增大，达转变点时，焓达最大值，热容相应达有限极大值，如图 2-5(b) 所示。

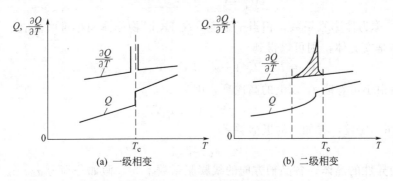

(a) 一级相变　　　　(b) 二级相变

图 2-5　热焓和热容与温度的关系

3. 高分子材料的热容

高聚物多为部分结晶或无定形结构，热容不一定符合理论式。大多数高聚物的比热容在玻璃化温度以下比较小，温度升高至玻璃化转变点时，分子运动单元发生变化，热运动加剧，热容出现阶梯式变化，也正是基于此，可以根据热容随温度的变化规律，来测量高聚物的玻璃化温度。结晶高聚物的热容在熔点处出现极大值，温度更高时热容又降低。一般而言，高聚物的比热容比金属和无机材料大，因为，高分子材料的比热容由化学结构决定，温度升高，使链段振动加剧，而高聚物是长链，使之改变运动状态较困难，因而，需提供更多的能量。某些材料在 27℃ 的比热容见表 2-1 所示。

表 2-1　某些材料在 27℃ 的比热容

材　料	比热容/[J/(kg·K)]	材　料	比热容/[J/(kg·K)]
Al	0.215	Ti	0.125
Cu	0.092	W	0.032
B	0.245	Zn	0.093
Fe	0.106	水	1.0
Pb	0.038	He	1.24
Mg	0.243	N	0.249
Ni	0.106	聚合物	0.20~0.35
Si	0.168	金刚石	0.124

第二节　材料的热膨胀

一、热膨胀系数

物体的体积或长度随温度的升高而增大的现象称为热膨胀。假设物体原来的长度为 l_0，温度升高 ΔT 后长度的增加量为 Δl，实验得出

$$\frac{\Delta l}{l_0} = \alpha_l \Delta T \tag{2-23}$$

式中，α_l 称为线膨胀系数，也就是温度升高 1K 时，物体的相对伸长。

因此，物体在温度 T 时的长度 l_T 为

$$l_T = l_0 + \Delta l = l_0\,(1 + \alpha_l \Delta T) \tag{2-24}$$

实际上，固体材料的 α_i 值并不是一个常数，而是随温度稍有变化，通常随温度升高而加大。无机材料的线膨胀系数一般都不大，数量级约为 $10^{-6} \sim 10^{-5}/\mathrm{K}$。

类似地，物体体积随温度的增长可表示为

$$V_T = V_0\,(1 + \alpha_V \Delta T) \tag{2-25}$$

式中，α_V 称为体膨胀系数，相当于温度升高 1K 时物体体积相对增长值。

假如物体是立方体，则可以得到

$$V_T = l_T^3 = l_0^3(1 + \alpha^i \Delta T)^3 = V_0(1 + \alpha_l \Delta T)^3 \tag{2-26}$$

由于 α 值很小可忽略 α_l^2 以上的高次项，则

$$V_T = V_0(1 + 3\alpha_l \Delta T) \tag{2-27}$$

与式(2-26) 比较，有如下的近似关系：

$$\alpha_V \approx 3\alpha_l \tag{2-28}$$

对于各向异性的晶体，各晶轴方向的线膨胀系数不同，假如分别为 α_a、α_b、α_c，则

$$V_T = l_{aT} l_{bT} l_{cT} = l_{a0} l_{b0} l_{c0}(1 + \alpha_a \Delta T)(1 + \alpha_b \Delta T)(1 + \alpha_c \Delta T)$$

同样忽略 α 二次方以上的项，得

$$V_T = V_0[1 + (\alpha_a + \alpha_b + \alpha_c)\Delta T] \tag{2-29}$$

所以

$$\alpha_V = \alpha_a + \alpha_b + \alpha_c \tag{2-30}$$

必须指出，由于膨胀系数实际并不是一个恒定的值，而是随温度变化的（图 2-5），所以上述的 α 值，都是指定温度范围内的平均值，因此与平均热容一样，应用时要注意适用的温度范围。膨胀系数的精确表达式为：

$$\alpha_l = \frac{\partial l}{l\,\partial T} \qquad \alpha_V = \frac{\partial V}{V\,\partial T} \tag{2-31}$$

热膨胀系数是材料的重要性能，在材料的分析、应用过程中，是我们考虑的重要因素之一。例如在高温钠蒸灯灯管的封接工艺上，为保持电真空，选用的封装材料 α_l 值在低温和高温下均需要与灯管材料相近，高温钠蒸灯灯管所用的透明 Al_2O_3 的 α_l 为 $8 \times 10^{-6}\,\mathrm{K}^{-1}$，选用的封装导电金属铌的 α_l 为 $7.8 \times 10^{-6}\,\mathrm{K}^{-1}$，二者相近。在多晶、多相材料以及复合材料中，由于各相及各方向的 α_l 不同所引起的热应力问题已成为选材、用材的突出矛盾。例如石墨垂直于 c 轴方向的 $\alpha_l = 1.0 \times 10^{-6}\,\mathrm{K}^{-1}$，平行于 c 轴方向的 $\alpha_l = 27 \times 10^{-6}\,\mathrm{K}^{-1}$，所以，石墨在常温下极易因热应力较大而强度不高，但在高温时内应力消除，强度反而升高。材料的热膨胀系数大小直接与热稳定性有关，一般 α_l 小的，热稳定性就好。例如 Si_3N_4 的 $\alpha_l = 2.7 \times 10^{-6}\,\mathrm{K}^{-1}$，在陶瓷材料中是偏低的，因此它的热稳定性好。

二、固体材料热膨胀机理

材料的热膨胀是由于原子间距增大的结果，而原子间距是指晶格结点上原子振动的平衡位置间的距离。材料温度一定时，原子虽然振动，但它平衡位置保持不变，材料就不会因温度升高而发生膨胀；而温度升高时，会导致原子间距增大。我们可以用如图 2-6 双原子模型进行示意，设有两个原子，其中一个在 b 点固定不动，另一个以 a 点为中心振动，振幅位置如虚线 1 和 2 所示。当温度由 T_1 升高到 T_2 时，振幅增大且振动的平衡位置 a 也向右偏移，如图 2-6 的下图所示，从而导致原子间距增大，材料发生膨胀。

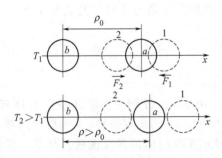

图 2-6 双原子模型

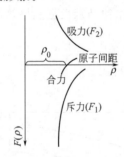

图 2-7 原子间作用力与原子间距的关系

原子间存在相互作用力，这种作用力来自异性电荷的库仑吸力和同性电荷的库仑斥力及泡利不相容原理引起的斥力，吸力和斥力都和原子间距有关，它们的关系可用图 2-7 表示。

由于斥力随原子间距的变化比吸力大，所以，合力的曲线与斥力曲线形状相似。设 ρ_0 为点阵的平衡，当 $\rho > \rho_0$ 时，$F_1 < F_2$，两个原子相互吸引，合力变化比较缓慢；当 $\rho < \rho_0$ 时，$F_1 > F_2$，两个原子相互排斥，合力变化比较显著。因而，两个原子相互作用的势能呈一个不对称曲线变化，如图 2-8 所示。从势能曲线可以看出，当原子振动通过平衡位置时只有动能，一旦偏离平衡位置，势能增加动能减小。某一温度下，曲线上每一最大势能都对应着原子两个最远和最近位置，如温度为 T_5 时的最大势

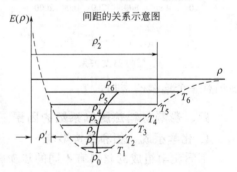

图 2-8 原子间势能与温度关系

能对应着最远距离 $\rho_{2'}$ 和最近距离 $\rho_{1'}$，线段 $\rho_{1'} \rho_{2'}$ 的中心 ρ_5 即为原子振动中心，由于势能曲线的不对称性，不同温度下的振动中心分别为 ρ_1、ρ_2、ρ_3、ρ_4……所以，温度上升，振动中心右移，原子间距增大，材料产生热膨胀。

三、热膨胀和其他性能的关系

1. 热膨胀和熔点的关系

当固态晶体温度升高至熔点时，原子热运动将突破原子间结合力，使原有的固态晶体结构被破坏，物体从固态变成液态，所以，固态晶体的膨胀有极限值。格律乃森给出了固体膨胀的极限方程为：

$$T_m \alpha_V = \frac{V_{T_m} - V_0}{V_0} = C \tag{2-32}$$

式中，V_{T_m} 为熔点时的固态晶体体积；V_0 为 0K 时的固态晶体体积；T_m 为熔点温度；对于立方和六方结构的金属，C 为常数，约在 $0.06 \sim 0.076$ 之间。一般纯金属从 0K 加热到 T_m 的膨胀量约为 6%。

线膨胀系数与熔点的关系有一个经验表达式：

$$\alpha_l T_m = 0.022 \tag{2-33}$$

因此，固态晶体的熔点愈高，其膨胀系数就愈低，这也间接反映了晶体原子间结合力大小的信息。

2. 热膨胀与热容的关系

热膨胀是固体材料受热以后晶格振动加剧而引起的容积膨胀，而晶格振动的激化就是热运动能量的增大，每升高单位温度时能量的增量也就是热容的定义。显然，热膨胀系数与热容密切相关。格律乃森根据晶格热振动理论导出了热膨胀系数与热容的关系为

$$\alpha_V = \frac{r c_V}{K_0 V} \tag{2-34}$$

$$\alpha_l = \frac{r c_V}{3 K_0 V} \tag{2-35}$$

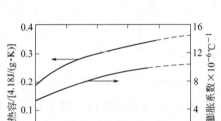

图 2-9　Al₂O₃ 的热容、热膨胀
系数与温度关系

式中，α_l 和 α_V 分别为线膨胀系数和体膨胀系数；V 为体积；c_V 为定容热容；r 为格律乃森常数；K_0 为绝对零度时的体积弹性模量。对于一般材料，r 值在 $1.5 \sim 2.5$ 之间。

从格律乃森定律可以看出，热膨胀系数与定容热容成正比，它们和温度有着相似的变化规律。图 2-9 为 Al₂O₃ 的热膨胀系数和热容与温度的关系，可以看出，这两条曲线近于平行，变化趋势相同。其他的物质也有类似的规律：在 0K 时，α 与 C 都趋于零，由于高温时，有显著的热缺陷等原因，使 α 仍有一个连续的增加。

四、影响材料热膨胀系数的因素

1. 化学组成、相和结构影响

不同化学组成的材料有不同的热膨胀系数，但成分相同，组成相不同，热膨胀系数也不同。合金固溶体的膨胀系数与溶质元素的膨胀系数和含量有关，组元之间形成无限固溶体时，固溶体的膨胀系数将介于两组元膨胀系数之间，且随溶质原子浓度的变化呈直线式变化，例如，铁中加入锰、锡，使铁固溶体膨胀系数增大，而加入铬、钒，又使铁固溶体膨胀系数变小。多相合金的膨胀系数仅取决于组成相的性质和数量，对各相大小、分布及形状不敏感，介于各组成相膨胀系数之间，多相体的膨胀系数可由特诺（Turner）公式给出：

$$\alpha_V = \frac{\sum_i \alpha_{V_i} w_{mi} k_i / \rho_i}{\sum_i w_{mi} k_i / \rho_i} \tag{2-36}$$

$$\alpha_l = \frac{\sum_i \alpha_{l_i} w_{mi} k_i / \rho_i}{\sum_i w_{mi} k_i / \rho_i} \tag{2-37}$$

式中，α_{V_i}、α_{l_i}、w_{mi}、k_i、ρ_i 分别代表第 i 相的体膨胀系数、线膨胀系数、质量分数、体弹性模量和密度。

例如，钢的热膨胀特性取决于组成相特性，奥氏体膨胀系数最高，铁素体、渗碳体次之，马氏体最低，钢中合金元素的影响主要取决于形成碳化物还是固溶于铁素体中，前者使

钢的热膨胀系数增大，后者使其减小。

对于相同成分的物质，如果结构不同，膨胀系数也不同。通常结构紧密的晶体，膨胀系数较大，而类似于无定形的玻璃，则往往有较小的膨胀系数，例如石英晶体的膨胀系数为 $12 \times 10^{-6} K^{-1}$，而石英玻璃则只有 $0.5 \times 10^{-6} K^{-1}$。结构紧密的多晶二元化合物都具有比玻璃大的膨胀系数，这是由于玻璃的结构较疏松，内部空隙较多，所以当温度升高，原子振幅加大，原子间距离增加时，部分地被结构内部的空隙所容纳，而整个物体宏观的膨胀量就少些。

对于非等轴晶系的晶体，各晶轴方向的膨胀系数不等，最显著的是层状结构材料，因为层内有牢固的联结，而层间的联结要弱得多。例如，层状结构的石墨，在平行于 c 轴方向的膨胀系数为 $27 \times 10^{-6} K^{-1}$，而垂直于 c 轴方向的膨胀系数为 $1 \times 10^{-6} K^{-1}$；在结构上高度各向异性的材料，其体膨胀系数都很小，可作为一种优良的抗热震材料（如堇青石）而得到广泛的应用。

某些结晶高聚物在沿分子链方向上具有负的热膨胀系数，即温度升高，它不但不膨胀，反而收缩。比如聚乙烯沿 a，b 和 c 轴方向上的线膨胀系数分别为 $\alpha_a = 20 \times 10^{-5} K^{-1}$，$\alpha_b = 6.4 \times 10^{-5} K^{-1}$，$\alpha_c = -1.3 \times 10^{-5} K^{-1}$，高聚物负膨胀系数一般在 $-1 \times 10^{-5} \sim -5 \times 10^{-5} K^{-1}$ 范围内。最近已制备出厘米直径的高聚物宏观晶体：聚（对甲苯磺酸)-2,4-己二炔-1,6-二醇酯，它的轴向膨胀系数在低温时为 $-2 \times 10^{-5} K^{-1}$。非晶态高聚物的拉伸取向，将导致拉伸方向上膨胀系数的骤降和垂直方向上膨胀系数的增加，从而呈现热膨胀的各向异性。

2. 化学键的影响

材料的膨胀系数与化学键强度密切相关，对分子晶体而言，其分子间是弱的范德华力相互作用，因此膨胀系数大，约在 $10^{-4} K^{-1}$ 数量级。而由共价键相连接的材料，如金刚石，相互作用很强，热膨胀系数就要小得多，只有 $10^{-6} K^{-1}$。对高聚物来说，长链分子中的原子沿链方向是共价键相连接的，而垂直于链的方向，近邻分子间的相互作用是弱的范德华力，因此结晶高聚物和取向高聚物的热膨胀具有很大的各向异性。聚苯乙烯热膨胀各向异性较小，而聚碳酸酯和聚氯乙烯的就较为显著。这是因为后者有了少量的结晶，晶区间紧绷的连接分子在抑制非晶区的热膨胀方面是特别有效的。高聚物的热膨胀系数比金属、陶瓷的膨胀系数约高一个数量级。一些常见材料的膨胀系数列于表 2-2 中。

表 2-2　一些常见材料的膨胀系数

材　料	20℃的膨胀系数 /$\times 10^{-6} K^{-1}$	高聚物	20℃的膨胀系数 /$\times 10^{-5} K^{-1}$
铝	23.8	低密度聚乙烯	20.0~22.0
铜	17.0	高密度聚乙烯	11.0~13.0
α-铁	11.5	聚苯乙烯	6.0~8.0
三氧化二铝	8.8	天然橡胶	22.0
电瓷	3.5~4.0		

3. 相变的影响

材料发生相变时，由一种结构转变为另一种结构，材料的性质将发生变化，膨胀系数也要变化。一级相变和二级相变的膨胀系数、膨胀量与温度的关系如图 2-10（a）和（b）所示。

根据材料相变时膨胀量的变化特征，我们可以利用热膨胀试验来研究金属材料的相变临界温度等问题。

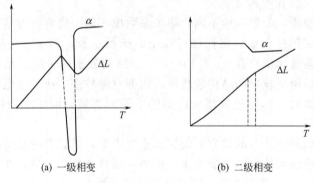

(a) 一级相变   (b) 二级相变

图 2-10　膨胀量、膨胀系数与温度的关系

第三节　材料的热传导

当固体材料一端的温度比另一端高时，热量就会从热端自动地传向冷端，这个现象就称为热传导。不同的材料在导热性能上可以有很大的差别，有些材料是极为优良的绝热材料，有些又是热的良导体。在热能工程、燃汽轮机叶片的散热以及航天器外层的隔热等问题上，都需要考虑材料的导热性能。

一、固体材料热传导的规律

当固体材料两端存在温度差时，将有热量从温度高的一端流向温度低的一端，如果垂直于热流方向（x 向）的截面积为 ΔS，沿 x 轴方向的温度梯度为 $\dfrac{\mathrm{d}T}{\mathrm{d}x}$，在 Δt 时间内沿 x 轴正方向传过 ΔS 截面上的热量为 ΔQ，则实验表明，对于各向同性的物质有如下的关系式

$$\Delta Q = -\lambda \frac{\mathrm{d}T}{\mathrm{d}x}\Delta S \Delta t \tag{2-38}$$

式中，λ 为热导率；$\dfrac{\mathrm{d}T}{\mathrm{d}x}$ 称作 x 方向上的温度梯度。式中负号表示热流是沿温度梯度向下的方向流动，即 $\dfrac{\mathrm{d}T}{\mathrm{d}x}<0$ 时，$\Delta Q>0$，热量沿 x 轴正方向传递；$\dfrac{\mathrm{d}T}{\mathrm{d}x}>0$ 时，$\Delta Q<0$，热量沿 x 轴负方向传递。

热导率 λ 的物理意义是指单位温度梯度下，单位时间内通过单位垂直面积的热量，它的单位为 W/(m·K)或 J/(m·s·K)。

式(2-38) 也称作傅里叶定律，它只适用于稳定传热的条件，即传热过程中，材料在 x 方向上各处的温度 T 是恒定的，与时间无关，即 $\dfrac{\Delta Q}{\Delta t}$ 是常数。

假如是不稳定传热过程，即物体内各处的温度随时间而变化，例如一个与外界无热交换、本身存在温度梯度的物体，随着时间的推移温度梯度趋于零，也就是热端温度不断降低，冷端温度不断升高，最终达到一致的平衡温度，该物体内单位面积上温度随时间的变化率为

$$\frac{\partial T}{\partial t} = \frac{\lambda}{\rho c_p} \times \frac{\partial^2 T}{\partial x^2} \tag{2-39}$$

式中，ρ 为密度；c_p 为恒压热容。

二、固体材料热传导的微观机理

众所周知，气体的传热是依靠分子的碰撞来实现的，在固体中组成晶体的质点处在一定

的位置上，相互间有一定的距离，质点只能在平衡位置附近作微小的振动，不能像气体分子那样杂乱地自由运动，所以也不能像气体那样依靠质点间的直接碰撞来传递热能，固体中的导热主要是由晶格振动的格波和自由电子的运动来实现的。在金属中由于有大量的自由电子，而且电子的质量很轻，所以能迅速地实现热量的传递。因此，金属一般都具有较大的热导率。虽然晶格振动对金属导热也有贡献，但只是很次要的。在非金属晶体，如一般离子晶体的晶格中，自由电子很少，因此，晶格振动是它们的主要导热机制。

假设晶格中一质点处于较高的温度下，它的热振动较强烈，平均振幅也较大，而其邻近质点所处的温度较低，热振动较弱。由于质点间存在相互作用力，振动较弱的质点在振动较强质点的影响下，振动加剧，热运动能量增加。这样，热量就能转移和传递，使整个晶体中热量从温度较高处传向温度较低处，产生热传导现象。假如系统对周围是热绝缘的，振动较强的质点受到邻近振动较弱质点的牵制，振动减弱下来，使整个晶体最终趋于一平衡状态。

在上述过程中，可以看到热量是由晶格振动的格波来传递的，而格波可分为声频支和光频支两类，下面我们就这两类格波的影响分别进行讨论。

1. 声子和声子热导

在温度不太高时，光频支格波的能量是很微弱的，因此，在讨论热容时就忽略了它的影响。同样，在导热过程中，温度不太高时，也主要是声频支格波有贡献。为了便于讨论，我们还要引入"声子"的概念。

根据量子理论，一个谐振子的能量是不连续的，能量的变化不能取任意值，而只能是最小能量单元——量子能量的整数倍。一个量子所具有的能量为 $h\nu$，晶格振动中的能量同样也应该是量子化的。

我们把声频支格波看成是一种弹性波，类似于在固体中传播的声波。因此，就把声频波的量子称为声子。它所具有能量仍然应该是 $h\nu$，经常用 $\hbar\omega$ 来表示，$\omega=2\pi\nu$ 是格波的角频率。

把格波的传播看成是质点-声子的运动，就可以把格波与物质的相互作用理解为声子和物质的碰撞，把格波在晶体中传播时遇到的散射看作是声子同晶体中质点的碰撞，把理想晶体中热阻（表征材料对热传导的阻隔能力）归结为声子-声子的碰撞。也正因为如此，可以用气体中热传导的概念来处理声子热传导的问题。因为气体热传导是气体分子碰撞的结果，晶体热传导是声子碰撞的结果。它们的热导率也就应该具有相似的数学表达式。气体的热传导公式为

$$\lambda=\frac{1}{3}c\bar{v}l \tag{2-40}$$

将上述结果移植到晶体材料上，可导出声子碰撞传热的同样公式。式中 c 是声子的体积热容；$\bar{v}$ 是声子平均速度；l 是声子的平均自由程。

声频支声子的速度可以看作是仅与晶体的密度和弹性力学性质有关，与角频率无关。但是热容 c 和自由程 l 都是声子振动频率 ν 的函数，所以固体热导率的普遍形式可写成

$$\lambda=\frac{1}{3}\int c(\nu)\nu l(\nu)\mathrm{d}\nu \tag{2-41}$$

下面就声子的平均自由程 l 加以说明。如果我们把晶格热振动看成是严格的线性振动，则晶格上各质点是按各自的频率独立地作简谐振动。也就是说，格波间没有相互作用，各种频率的声子间不相干扰，没有声子-声子碰撞，没有能量转移。声子在晶格中是畅通无阻的。晶体中的热阻也应该为零（仅在到达晶体表面时，受边界效应的影响），这样，热量就以声

子的速度在晶体中得到传递。然而，这与实验结果是不符合的。实际上，在很多晶体中热量传递速度很迟缓，这是因为晶格热振动并非是线性的，格波间有着一定的耦合作用，声子间会产生碰撞，使声子的平均自由程减小。格波间相互作用愈强，也就是声子间碰撞概率愈大，相应的平均自由程愈小，热导率也就愈低。因此，这种声子间碰撞引起的散射是晶格中热阻的主要来源。

另外，晶体中的各种缺陷、杂质以及晶粒界面都会引起格波的散射，也等效于声子平均自由程的减小，从而降低热导率。

平均自由程还与声子振动频率有关。不同频率的格波，波长不同。波长长的格波容易绕过缺陷，使自由程加大，所以频率 ν 为音频时，波长长，l 大，散射小，因此热导率大。

平均自由程还与温度有关。温度升高，声子的振动能量加大，频率加快，碰撞增多，所以 l 减小。但其减小有一定限度，在高温下，最小的平均自由程等于几个晶格间距；反之，在低温时，最长的平均自由程长达晶粒的尺度。

2. 光子热导

固体中除了声子的热传导外，还有光子的热传导。这是因为固体中分子、原子和电子的振动、转动等运动状态的改变，会辐射出频率较高的电磁波。这类电磁波覆盖了一较宽的频谱。其中具有较强热效应的是波长在 $0.4\sim40\mu m$ 间的可见光与部分近红外光的区域。这部分辐射线就称为热射线。热射线的传递过程称为热辐射。由于它们都在光频范围内，其传播过程和光在介质（透明材料、气体介质）中传播的现象类似，也有光的散射、衍射、吸收和反射、折射，所以可以把它们的导热过程看作是光子在介质中传播的导热过程。

在温度不太高时，固体中电磁辐射能很微弱，但随着温度的升高，辐射越来越强，由于辐射能量与温度的四次方成正比，所以，温度 T 时黑体单位容积的辐射能 E_T 为

$$E_T = 4\sigma n^3 T^4/v \tag{2-42}$$

式中，σ 是斯蒂芬-波尔兹曼常数，$5.67\times10^{-8}\,W/(m^2 \cdot K^4)$；$n$ 是折射率；v 是光速（$3\times10^{10}\,cm/s$）。

由于辐射传热中，容积热容相当于提高辐射温度所需的能量，所以

$$c_V = \left(\frac{\partial E}{\partial T}\right) = \frac{16\sigma n^3 T^3}{v} \tag{2-43}$$

同时，辐射线在介质中的速度 $v_r = \dfrac{v}{n}$，以及式（2-42）代入式（2-40），可得到辐射能的传导率 λ_r

$$\lambda_r = \frac{16}{3}\sigma n^2 T^3 l_r \tag{2-44}$$

l_r 是辐射线光子的平均自由程。

实际上，光子传导的 c_V 和 l_r 都依赖于频率，所以更一般的形式仍应是式（2-40）。

对于介质中辐射传热过程，可以定性地解释为：任何温度下的物体既能辐射出一定频率的射线，同样也能吸收类似的射线。在热稳定状态，介质中任一体积元平均辐射的能量与平均吸收的能量相等。当介质中存在温度梯度时，两相邻体积元之间温度高的体积元辐射的能量大，吸收的能量小；温度较低的体积元正好相反，吸收的能量大于辐射的能量，因此，要产生能量的转移，整个介质中热量从高温处向低温处传递。λ_r 就是描述介质中这种辐射能的传递能力的参量，它取决于辐射能传播过程中光子的平均自由程 l_r。对于辐射线是透明的介质，热阻很小，l_r 较大；对于辐射线不透明的介质，l_r 很小；对于完全不透明的介质，$l_r=0$，在这种介质中，辐射传热可以忽略。总之，辐射导热过程和光在介质中的传播过程

类似，材料的辐射导热性能取决于它们的光学性能。一般地，单晶和玻璃对于辐射线是比较透明的，因此在 $773\sim1273K$ 辐射传热已很明显，而大多数烧结陶瓷材料是半透明或透明度很差的，其 l_r 要比单晶和玻璃的小得多，因此，一些耐火氧化物在 1773K 高温下辐射传热才明显。

光子的平均自由程除与介质的透明度有关外，对于频率在可见光和近红外光的光子，其吸收和散射也很重要。例如，吸收系数小的透明材料，当温度为几百度（℃）时，光辐射是主要的；吸收系数大的不透明材料，即使在高温时光子传导也不重要。在无机材料中，主要是光子的散射问题，这使得 l_r 比玻璃和单晶都小，只是在 1500℃ 以上，光子传导才是主要的，因为高温下的陶瓷呈半透明的亮红色。

所以，根据热传导机制，我们通过近似计算知道，纯金属中自由电子导热和声子导热之比 $\lambda_e/\lambda_1\approx30$，可见，金属中热传导是以自由电子导热为主，合金热传导以自由电子导热和声子导热为主，绝缘体热传导以声子导热为主，也即绝缘体热传导约为金属热传导的三十分之一，高分子材料的热传导以链段运动传热为主，而高分子链段运动比较困难，所以，其导热能力较差；当温度较高时，就需考虑光子的导热。

三、影响热导率的因素

1. 温度的影响

一般来说，晶体材料在常用温度范围内，热导率随温度的上升而下降。因为在以声子导热为主的温度范围，由式(2-40)可知，决定热导率的因素有材料的热容、声子平均速度 $\bar{v}$ 和声子的平均自由程 l，而声子速度 v 可看作常数（只有温度很高时，才会减小），在温度很低时，声子的平均自由程 l 增大到晶粒的大小，达到了上限，且 l 值基本上无多大变化，所以此阶段热导率 λ 就由热容 c 决定，在低温下热容与温度 T^3 成正比，因此 λ 也近似与 T^3 成比例地变化，随着温度的升高，λ 迅速增大；然而温度继续升高，l 值要减小，c 随温度 T 的变化也不再与 T^3 成比例，并在德拜温度以后，趋于一恒定值，而 l 值因温度升高而减小，成了主要影响热容的因素。因此，λ 值随温度升高而迅速减小。这样，在某个低温处，λ 值出现极大值，在更高的温度后，由于热容 c 已基本上无变化，l 值也逐渐趋于下限，所以随温度的变化 λ 也变得缓和了。例如氧化铝的热导率随温度的变化过程，如

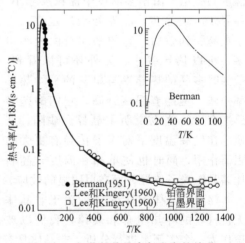

图 2-11　氧化铝热导率与温度的关系

图 2-11 所示，λ 值在温度约 40K 处出现极大值，而在常用温度范围内，热导率随温度的上升而下降。

物质种类不同，热导率随温度变化的规律也有很大不同。例如，各种气体随温度上升热导率增大。这是因为温度升高，气体分子的平均运动速度增大，虽然平均自由程因碰撞概率加大而有所缩小，但前者的作用占主导地位，因而热导率增大；对纯金属来说，由于温度升高而使平均自由程减小的作用超过温度的直接作用，因而纯金属热导率随温度的上升而下降，而合金的热导率则不同，由于异类原子的存在，平均自由程受温度的影响相对较小，温度本身的影响起主导作用，使声子导热作用加强，因此，合金的热导率随温度上升而增大；多晶氧化物材料在实用的温度范围内，随温度的上升，热导率下降，对于含气孔的不密实的

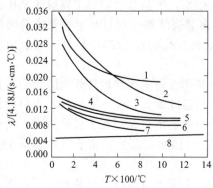

图 2-12　理论密度多晶氧化物的热导率曲线
1—CaO；2—尖晶石；3—NiO；
4—莫来石；5—锆英石；6—TiO_2；
7—橄榄石；8—ZrO_2（稳定）

耐火材料，如黏土砖、硅藻土砖、红砖等，气孔导热占一定比例，随着温度的上升，热导率略有增大；高聚物的热导率与温度的关系比较复杂，但总的来说，热导率随温度的增加而增加。对非晶高聚物，$0.5\sim5K$ 范围内，λ 与 T^2 成正比；在 $5\sim15K$，λ 与 T 几乎无关；高于 $15K$，λ 与 T 的关系比低温时来得平缓。某些半结晶或高度结晶的高聚物，λ 甚至会出现峰值。

2. 显微结构的影响

（1）结晶构造的影响　声子传导与晶格振动的非谐性有关。晶体结构愈复杂，晶格振动的非谐性程度愈大。格波受到的散射愈大，因此，声子平均自由程较小，热导率较低。例如，图 2-12 中镁铝尖晶石的热导率比 Al_2O_3 和 MgO 的热导率都低，莫来石的结构更复杂，所以其热导率比尖晶石的还低得多。

（2）各向异性晶体的热导率　非等轴晶系的晶体热导率呈各向异性。石英、金红石、石墨等都是在膨胀系数低的方向热导率最大。温度升高时，不同方向的热导率差异趋势减小。这是因为温度升高，晶体的结构总是趋于更好的对称。

（3）多晶体与单晶体的热导率　对于同一种物质，多晶体的热导率总是比单晶小，图 2-13 表示了几种单晶和多晶体热导率与温度的关系。由于多晶体中晶粒尺寸小，晶界多，缺陷多，晶界处杂质也多，声子更易受到散射，它的平均自由程小得多，所以热导率小。另外还可以看到，低温时多晶的热导率与单晶的平均热导率一致，但随着温度升高，它们的差异迅速变大。这也说明了晶界、缺陷、杂质等在较高温度下对声子传导有更大的阻碍作用，同时也使单晶在温度升高后比多晶在光子传导方面有更明显的效应。

（4）非晶体的热导率　关于非晶体无机材料的导热机理和规律，我们以玻璃作为一个实例来进行分析。非晶体具有近程有序、远程无序的结构，在讨论它的导热机理时，近似地把它当作晶粒很小的"晶体"组成，这样，就可以用声子导热的机构来描述它的导热行为和规律，因此它的声子的平均自由程在不同温度下基本上是常数，其值近似等于几个晶格间距。

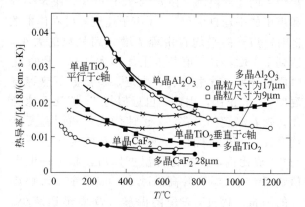

图 2-13　几种不同晶型的无机材料
热导率与温度的关系

根据声子导热的式(2-40)可知，在较高温度下玻璃的导热主要由热容随温度变化关系决定，在较高温度以上则需考虑光子导热的贡献。

① 在中低温（$400\sim600K$）以下　光子导热的贡献可忽略不计。声子导热随温度的变化由声子热容随温度变化的规律决定，即随着温度的升高，热容增大，玻璃的热导率也相应地上升。这相当于图 2-14 中的 OF 段。

② 从中温到较高温度　图 2-14 非晶体热导率曲线（$600\sim900K$）随着温度的不断升高，声子热容不再增大，逐渐为一常数，因此，声子导热也不再随温度升高而增大，因而玻璃的

热导率曲线出现一条与横坐标接近平行的直线，这相当于图中的 Fg 段。如果考虑此时光子导热在总的导热中的贡献已开始增大，则为图 2-14 中的 Fg' 段。

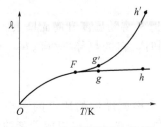

图 2-14　非晶体热导率曲线

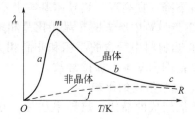

图 2-15　晶体和非晶体材料的热导率曲线

③ 高温以上（超过 900K）　随着温度的进一步升高，声子导热变化仍不大，这相当于图 2-14 中的 gh 段。但由于光子的平均自由程明显增大，根据式(2-44)，光子热导率 λ_r 将随温度的三次方增大。此时光子热导率曲线由玻璃的吸收系数、折射率以及气孔率等因素决定。这相当于图 2-14 中 $g'h'$ 段。对于那些不透明的非晶体材料，由于它的光子导热很小，不会出现这一段线。

为了验证以上玻璃导热的机理以及热导率的理论曲线，Lee 等实验测定了石英玻璃的热导率曲线。其结果与图 2-16 相符。

把晶体和非晶体的热导率曲线（图 2-14 的 Og 线）画成图 2-15 进行分析对照，可以从理论上解释二者热导率变化规律的差别。

① 非晶体的热导率（不考虑光子导热的贡献）在所有温度下都比晶体的小。这主要是因为像玻璃这样一些非晶体的声子平均自由程，在绝大多数温度范围内都比晶体的小得多。

② 晶体和非晶体材料的热导率在高温时比较接近。主要是因为当温度升到 c 点或 g 点时，晶体的声子平均自由程已减小到下限值，像非晶体的声子平均自由程那样，等于几个晶格间距的大小；而晶体与非晶体的声子热容也都接近为 $3R$；光子导热还未有明显的贡献，因此晶体与非晶体的热导率在较高温时就比较接近。

③ 非晶体热导率曲线与晶体热导率曲线的一个重大区别，是前者没有热导率的峰值点 m。这也说明非晶体物质的声子平均自由程在几乎所有温度范围内均接近为一常数。

对许多不同组分玻璃的热导率实验测定结果见图 2-16，它们的热导率曲线几乎都与热导率的理论曲线（图 2-15）相似。

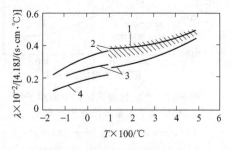

图 2-16　几种不同组分玻璃的热导率曲线
1—钠玻璃；2—熔融 SiO_2；
3—耐热玻璃；4—铅玻璃

虽然这几种玻璃的组分差别较大，但其热导率的差别却比较小。这说明玻璃组分对其热导率的影响，要比晶体材料中组分的影响小。这一点是由非晶体材料所特有的无序结构所决定的，这种结构使得不同组成的玻璃的声子平均自由程都被限制在几个晶格间距的量数。

此外，从图 2-16 还可以发现铅玻璃具有最小的热导率。这说明，玻璃组分中含有较多的重金属离子（如 Pb），将降低热导率。

在无机材料中，有许多材料往往是晶体和非晶体同时存在的。对于这种材料，热导率随温度变化的规律仍然可以用上面讨论的晶体和非晶体材料热导率变化的规律进行预测和解释。在一般情况下，这种晶体和非晶体共存材料的热导率曲线，往往介于晶体和非晶体热导率曲线之间。可能出现三种情况。

① 当材料中所含有的晶相比非晶相多时，在一般温度以上，它的热导率将随温度上升而稍有下降。在高温下热导率基本上不随温度变化。

② 当材料中所含的非晶相比晶相多时，它的热导率通常将随温度升高而增大。

③ 当材料中所含的晶相和非晶相为某一适当的比例时，它的热导率可以在一个相当大的温度范围内基本上保持常数。

3. 化学组成的影响

不同组成的晶体，热导率往往有很大差异。这是因为构成晶体的质点的大小、性质不同，它们的晶格振动状态不同，传导热量的能力也就不同。一般来说，组成元素的原子量愈小，晶体的密度愈小，弹性模量愈大，德拜温度愈高，则热导率愈大。这样，轻元素的固体或结合能大的固体热导率较大，如金刚石的 $\lambda = 1.7 \times 10^{-2} W/(m \cdot K)$，较轻的硅、锗的热导率分别为 $1.0 \times 10^{-2} W/(m \cdot K)$ 和 $0.5 \times 10^{-2} W/(m \cdot K)$。

图 2-17 表示某些氧化物和碳化物中阳离子的相对原子质量与热导率的关系。可以看到，凡是原子量较小的，即与氧及碳的原子量相近的氧化物和碳化物的热导率比原子量较大的要大一些，因此，在氧化物陶瓷中 BeO 具有最大的热导率。

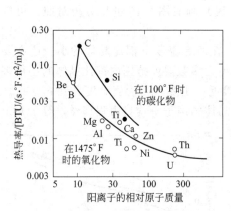

图 2-17 氧化物和碳化物中阳离子的
相对原子质量对热导率的影响

$1BTU = 1055.06J；t℃ = \dfrac{5}{9}(t℉ - 32)；$

$1ft^2 = 0.092903m^2；1in = 0.0254m$

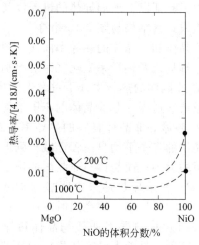

图 2-18 MgO-NiO 固溶体热导率与
组成的关系

晶体中存在的各种缺陷和杂质会导致声子的散射，降低声子的平均自由程，使热导率变小。固溶体的形成同样也降低热导率，而且溶质元素的质量和大小与溶剂元素相差愈大，取代后结合力改变愈大，则对热导率的影响愈大。这种影响在低温时随着温度的升高而加剧。当温度高于德拜温度的一半时，与温度无关。这是因为极低温度下，声子传导的平均波长远大于点缺陷的线度，所以并不引起散射。随着温度升高，平均波长减小，在接近点缺陷线度后散射达到最大值，此后温度再升高，散射效应也不变化，从而与温度无关。

图 2-18 表示了 MgO-NiO 固溶体热导率与组成的关系。在杂质浓度很低时，杂质效应十分显著。所以在接近纯 MgO 或纯 NiO 处，杂质含量稍有增加，λ 值迅速下降。随着杂质含量的增加，这个效应不断减弱。另外，从图中还可以看到，杂质效应在 473K 比 1273K 要强。若低于室温，杂质效应会更强烈。

对于金属材料，上述影响声子导热的因素同样也影响电子导热过程，所以，一般纯金属的热导率都比合金的高。

4. 复相材料的热导率

常见的复相材料，如陶瓷，其典型微观结构是晶相分散在连续的玻璃相中，这类材料的热导率可按下式计算

$$\lambda = \lambda_c \times \frac{1 + 2V_d\left(1 - \frac{\lambda_c}{\lambda_d}\right)\Big/\left(\frac{2\lambda_c}{\lambda_d} + 1\right)}{1 - V_d\left(1 - \frac{\lambda_c}{\lambda_d}\right)\Big/\left(\frac{2\lambda_c}{\lambda_d} + 1\right)} \tag{2-45}$$

式中，λ_c，λ_d 分别为连续相和分散相物质的热导率；V_d 为分散相的体积分数。

图 2-19 粗实线表示 MgO-Mg$_2$SiO$_4$ 系统实测的热导率曲线，细实线是按式（2-45）的计算值。可以看到，在 MgO 和 Mg$_2$SiO$_4$ 含量较高的两端，计算值与实验值是很吻合的。这是由于 MgO 含量高于 80%，或 Mg$_2$SiO$_4$ 含量高于 60% 时，它们都成为连续相，而在中间组成时，连续相和分散相的区别就不明显了。这种结构上的过渡状态，反映到热导率的变化曲线上使曲线呈 S 形。

在无机材料中，一般玻璃相是连续相，因此，普通的瓷和黏土制品的热导率更接近其成分中玻璃相的热导率。

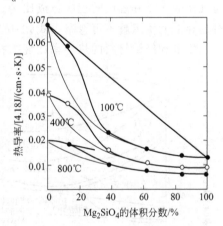

图 2-19　MgO-Mg$_2$SiO$_4$ 的热导率曲线

5. 气孔的影响

无机材料常含有气孔，气孔对热导率的影响较为复杂。一般来说，当温度不是很高，气孔率、气孔尺寸也不大，又均匀地分散在陶瓷介质中时，这样的气孔可看作为一分散相，陶瓷材料的热导率仍然可以按式（2-45）计算，只是因为与固体相比，它的热导率很小，可近似看作为零。因此，Eucken 根据式（2-45），由于 $\lambda_{pore}(=\lambda_d) \approx 0$，$Q = \frac{\lambda_c}{\lambda_d}$ 很大，则该式成为

$$\lambda = \lambda_s(1 - p) \tag{2-46}$$

式中，λ_s 是固相的热导率；p 是气孔的体积分数。

更精确一些的计算是在上式的基础上，再考虑气孔的辐射传热，导出公式

$$\lambda = \lambda_c(1 - p) + \frac{p}{\frac{1}{\lambda_c}(1 - p_L) + \frac{P_L}{4G\varepsilon\sigma dT^3}} \tag{2-47}$$

式中，p 是气孔的面积分数；P_L 是气孔的长度分数；ε 是辐射面的热发射率；σ 是斯蒂芬-玻尔兹曼常数，5.67×10^{-8} W/(m^2 · K^4)；G 是几何因子。顺向长条气孔，$G = 1$；横向圆柱形气孔，$G = \pi/4$；球形气孔，$G = 2/3$；d 是气孔的最大尺寸。

当热发射率 ε 较小，或温度低于 500℃ 时，可直接使用式（2-46）。

在不改变结构状态的情况下，气孔率的增大，总是使 λ 降低（见图 2-20）。这就是多孔、泡沫硅酸盐、纤维制品、粉末和空心球状轻质陶瓷制品的保

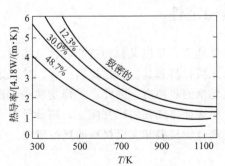

图 2-20　气孔率对 Al$_2$O$_3$ 陶瓷热导率的影响

温原理。从构造上看，最好是均匀分散的封闭气孔，如是大尺寸的孔洞，且有一定贯穿性，则易发生对流传热，在这种情况下不能单独使用上述公式。

对于射线高度透明的材料，它们的光子传导效应是较大的，但是含有微小气孔的多晶陶瓷，其光子自由程显著减小，这是因为这些微气孔形成了散射中心，导致透明度强烈降低。因此，大多数无机材料的光子传导率要比单晶和玻璃的小1～3个数量级，光子传导效应只有在温度大于1773K时才是重要的；另一方面，少量的大气孔对热导率影响较小，而且当气孔尺寸增大时，气孔内气体会因对流而加强传热，当温度升高时，热辐射的作用增强，它与气孔的大小和温度的三次方成比例。这效应在温度较高时，随温度的升高加剧。这样气孔对热导率的贡献就不可忽略，式(2-46)也就不适用了。

粉末和纤维材料的热导率比烧结材料的低得多。这是因为在其间气孔形成了连续相。材料的热导率在很大程度上受气孔相热导率所影响。这也是粉末、多孔和纤维类材料有良好热绝缘性能的原因。

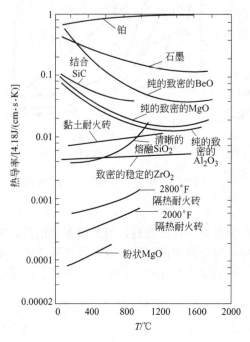

图 2-21　各种无机材料的热导率

一些具有显著的各向异性的材料和膨胀系数较大的多相复合物，由于存在大的内应力会形成微裂纹，气孔以扁平微裂纹出现并沿晶界发展，使热流受到严重的阻碍。这样，即使气孔率很小，材料的热导率也明显地减小，对于复合材料实验测定值也比按式(2-46)的计算值要小。对于金属和合金，自由电子对热传导的贡献是支配因素，但它们的点缺陷、微观结构和加工过程均影响金属材料的热导率，因此，冷加工金属、固溶强化金属和两相合金的热导率较低。

根据以上的讨论可以看到，影响材料热导率的因素还是比较复杂的。因此，实际材料的热导率一般还得依靠实验测定。图3-21所示为某些无机材料的热导率，其中石墨和BeO具有最高的热导率，低温时接近金属铂的热导率。致密稳定的 ZrO_2 是良好的高温耐火材料，它的热导率相当低。通常，低温时有较高热导率的材料，随着温度升高，热导率降低，而低热导率的材料正相反。

第四节　材料的热稳定性

热稳定性是指材料承受温度的急剧变化而不致破坏的能力，所以又称为抗热震性。相对而言，金属材料的热稳定性好于无机材料和高分子材料，无机材料和其他脆性材料一样，热稳定性比较差，在加工和使用过程中，经常会受到环境温度起伏的热冲击，因此，热稳定性是无机材料的一个重要性能；而高分子材料热稳定性的要求，更多地体现在耐热性能上，高分子材料不耐高温，是它的主要不足处。因此，本节主要讨论高分子材料和无机材料的热稳定性。

一、高分子材料的热稳定性
与金属材料和无机非金属材料相比，高分子材料具有很多优异的性能，但也存在着一些不足之处。如何提高聚合物的耐热性能一直是摆在高分子科学家面前的重要问题之一。

高分子材料在受热过程中将发生两类变化：一是物理变化，包括软化、熔融等；二是化学变化，包括交联、降解、环化、氧化、水解等。它们是高聚物受热后性能发生恶化的主要原因。通常用玻璃化温度 T_g、熔融温度 T_m、热分解温度 T_d 等温度参数来表征这些变化，反映材料的耐热性能。需要指出的是，从材料使用的角度来看，耐高温的要求不仅仅是能耐多高温度的问题，还必须同时给出材料在高温下的使用时间、使用环境以及性能变化的允许范围，也即"温度-时间-环境-性能"这几个条件并列，才能准确反映材料的耐热性能指标。

1. 高聚物的结构与耐热性关系

聚合物的结构对高分子材料的热稳定性有着重要影响，欲提高高聚物的耐热性，从高分子结构方面考虑，主要是加强分子链之间的相互作用力或强化高分子链本身，归结起来，主要有三个结构因素：增加高分子链的刚性、使高聚物结晶以及进行交联，这也即是所谓的马克三角定律。

（1）增加高分子链的刚性　要使分子链呈现刚性，可以采用使分子链带上庞大侧基的办法，如聚苯乙烯。但是，把大基团接在主链上虽然使分子链成为刚性链，但其仍然较为容易溶解和溶胀，这是一个弱点。而在高分子主链中尽量减少单键，引进共轭重键或环状结构，包括脂环、芳环或杂环等，对增加分子链的刚性，提高聚合物的耐热性特别有效。把环状结构引入高分子主链上会产生两种影响：一是增加分子链的刚性，使得分子链的振动和转动都更加困难；二是增加分子链间的相互作用，使分子链间的相对位移也更困难。近年来合成的一系列耐高温聚合物都有这样的结构特点，如芳香族聚酯、芳香族聚酰胺、聚酰亚胺、聚苯醚等都是性能优良的耐高温聚合物材料。

（2）提高高聚物的结晶能力　结晶是增加高分子链相互作用的有效方法。对高分子凝聚态结构的研究表明，高分子的结晶能力与高分子链的规整程度有很大的关系，链的规整程度越高，结晶能力越强。当然其他的一些因素，如分子间的作用力也将影响导它的结晶能力。

高分子链的对称性越高，越容易结晶。聚乙烯和聚四氟乙烯，其主链两侧都是氢原子或氟原子，对称性非常好，因而它们的结晶能力非常强，以致无法得到它们完全非晶的固体样品。对称取代的烯类高聚物，如聚偏二氯乙烯、聚异丁烯，主链上没用不对称碳原子，也具有较好的结晶能力。

对于单取代烯类高分子，结构单元上含有不对称碳原子，如果其构型是完全无规的，分子链不具有任何对称性和规整性，结构单元不能有序的在空间排列，从而失去了结晶能力。采用自由基聚合法合成的聚苯乙烯、聚甲基丙烯酸甲酯就是典型的非晶高聚物。而用定向聚合法合成的相应聚合物，具有全同或间同立构，因而具有一定的结晶能力。结晶能力的大小与聚合物的规整度有关，规整度越高则结晶能力越大。

支化和交联既破坏链的规整性，又限制链的活动能力，因此总是降低高聚物的结晶能力。随着交联程度的提高，高聚物可完全失去结晶能力。分子间作用力通常降低分子链的柔性，因而不利于晶体的生成；但是，一旦形成结晶，则分子间的作用力又有利于结晶结构的稳定。

（3）进行交联　交联高聚物由于分子链间化学键的存在阻碍了分子链的运动，从而提高了高聚物的耐热性。例如辐射交联的聚乙烯，耐热性可提高到250℃，超过了聚乙烯的熔融温度。交联结构的高聚物不溶不熔，除非在分解温度以上才能使结构破坏。因此，具有交联结构的热固性塑料一般都具有较好的耐热性。

但是，要指出的是，以上所提出的提高高分子材料耐热性的三个方面一般只适用于塑料，而不适用于橡胶。橡胶首先要求高弹性，而提高分子链刚性、结晶和交联都会使橡胶失去高弹性。既要保持高弹性，又要求高强度和耐高温，这在结构上应如何反映，目前尚缺乏一致的看法。现在通常的做法是牺牲部分高弹性，来提高橡胶的强度和耐热性。

2. 高聚物的热分解与耐热性的关系

在更高的温度下，高聚物可能发生两种相反的化学变化，即降解和交联。在许多高聚物中，降解和交联这两种反应在一定条件下几乎同时发生并达到平衡，这时在材料的宏观性能上观察不到什么变化。然而，如果其中某一反应占优势时，高聚物或因降解而破坏，或因交联过度而发硬、变脆。所以要提高聚合物的耐热性，还不能单纯的从提高玻璃化温度和熔点来考虑，还必须同时考虑高聚物在高温下的稳定性。

高聚物的热降解和交联与化学键的断裂和生成有关。因此，高分子中化学键的键能越大，材料就越稳定，耐热分解能力也就越强。通过对各种高聚物热分解的研究，发现高聚物的热稳定性与高分子链结构有紧密联系，在此基础上提出了一些提高聚合物热稳定性的措施。

① 在高分子链中避免弱键。主链中靠近叔碳原子和季碳原子的键容易断裂，如一些高聚物分解温度的顺序为：聚乙烯＞支化聚乙烯＞聚异丁烯＞聚甲基丙烯酸甲酯。高聚物的立体异构对它的分解温度影响不大。当高分子链中的碳原子被氧原子取代（如聚甲醛、聚氧化乙烯）时，热稳定性降低。此外，高分子链中氯原子的存在会降低聚合物的热稳定性，因此聚氯乙烯的热稳定性很差。而如果高分子链中的氢原子被氟原子取代，则可大大提高聚合物的热稳定性。比如聚四氟乙烯的耐热分解能力仅次于聚酰亚胺。用 Si、Al、Ti 等元素部分或全部取代主链上的碳原子所形成的元素有机高分子通常都具有良好的热稳定性，比如目前研究和应用都很普遍的有机硅高分子。

② 在高分子主链中尽量避免一长串连接的亚甲基—CH_2—，并尽量引入较大比例的环状结构。目前合成的多数耐高温聚合物都具有这样的结构特点，如聚碳酸酯、聚苯醚、聚芳酰胺等。

③ 合成"梯形"、"螺形"或"片状"高分子。所谓梯形和螺形分子结构是指高分子的主链不是一条单链，而是形成像"梯子"或"双股螺线"的结构。因为这类高分子中，一个键断裂并不会降低分子量。而且即使几个键同时断裂，只要不是断在同一个梯格或螺圈里，也不会导致分子量降低。只有当同一个梯格或螺圈里的两个键同时断裂，分子链才会降低，而这样的概率当然是比较低的。至于片状结构，即相当于石墨结构，当然具有很大耐热性。这类聚合物的最大缺点是难于加工成型，为了兼顾加工性，往往牺牲某些稳定性，因此常常合成分段梯形的聚合物。

二、无机材料的热稳定性

从无机材料受热损坏的形式来看，可分成两种类型：一种是材料发生瞬时断裂，抵抗这类破坏的性能称为抗热冲击断裂性；另一种是在热冲击循环作用下，材料表面开裂、剥落，并不断发展，最终碎裂或变质，抵抗这类破坏的性能称为抗热冲击损伤性。

1. 热稳定性的表示方法

由于应用场合的不同，对材料热稳定性的要求各异。例如对于一般日用瓷器，只要求能承受温度差为 200K 左右的热冲击，而火箭喷嘴就要求瞬时能承受高达 3000～4000K 的热冲击，而且还要经受高气流的机械和化学作用。目前对于热稳定性虽然有一定的理论解释，但尚不完善，还不能建立反映实际材料或器件在各种场合下热稳定性的数学模型。因此，实际上对材料或制品的热稳定性评定，一般还是采用比较直观的测定方法。例如，日用瓷通常是以一定规格的试样，加热到一定温度，然后立即置于室温的流动水中急冷，并逐次提高温度和重复急冷，直至观测到试样发生龟裂，则以产生龟裂的前一次加热温度来表征其热稳定性。对于普通耐火材料，常将试样的一端加热到 1123K 并保温 40min，然后置于 283～293K 的流动水中 3min 或在空气中 5～10min，并重复这样的操作，直至试件失重 20% 为止，以这样操作的次数来表征材料的热稳定性。某些高温陶瓷材料是以加热到一定温度后，在水中急冷，然后测其抗折强度的损失率来评定它的热稳定性。如制品具有较复杂的形状，则在可能的情况下，可直接用制品来进行测定，这样就免除了形状和尺寸带来的影响。如高压电瓷的悬式绝缘子等，就是这样来考核的。测试条件应参照使用条件并更严格一些，以保证实际使用过程中的可靠性。总之，对于无机材料尤其是制品的热稳定性，尚需提出一些评定的因子。从理论上得到的一些评定热稳定性的因子，对探讨材料性能的机理显然还是有意义的。

2. 热应力

不改变外力作用状态，材料仅因热冲击造成开裂和断裂而损坏，这必然是由于材料在温度作用下产生的内应力超过了材料的力学强度极限所致。对于这种内应力的产生和计算，先从下述的简单情况来讨论。假如有一长为 l 的各向同性的均质杆件，当它的温度从 T_0 升到 T' 后，杆件膨胀 Δl，若杆件能自由膨胀，则杆件内不会因膨胀而产生应力；若杆件的二端是完全刚性约束的，则热膨胀不能实现，杆件与支撑体之间就会产生很大的应力。杆件所受的抑制力，相当于把样品自由膨胀后的长度 $(l+\Delta l)$ 仍压缩为 l 时所需的压缩力，因此，杆件所承受的压应力，正比于材料的弹性模量和相应的弹性应变 $-\Delta l/l$，因此，材料中的内应力 σ 可由下式计算

$$\sigma = E\left(-\frac{\Delta l}{l}\right) = -E\alpha(T'-T_0) \tag{2-48}$$

若上述情况是发生在冷却过程中，即 $T_0 > T'$，则材料中内应力为张应力（正值），这种应力才会使杆件断裂。

这种由于材料热膨胀或收缩引起的内应力称为热应力。若材料由多相组成，则不同的相具有不同的膨胀系数，当温度变化时，由于结构中各相膨胀收缩的量不同而相互牵制产生热应力，例如，上釉陶瓷制品中坯、釉间产生的应力。另外，即使各向同性的材料，当材料中存在温度梯度时也会产生热应力，例如，一块玻璃平板从 373K 的沸水中掉入 273K 的冰水浴中，假设表面层在瞬间降到 273K，则表面层趋于 $\alpha\Delta T=100\alpha$ 的收缩，然而，此时内层还保留在 373K，并无收缩，这样，在表面层就产生了一个张应力。而内层有一相应的压应力，其后由于内层温度不断下降，材料中热应力逐渐减小，见图 2-22。

当平板表面以恒定速率冷却时，温度分布呈抛物线，表面温度 T_s 比平均温度 T_a 低，表面产生张应力 σ_+，中心温度 T_c 比 T_a 高，所以中心是压应力 σ_-。假如样品处于加热过程，则情况正好相反。

实际无机材料受三向热应力，三个方向都会有胀缩，而且互相影响。下面分析一陶瓷薄板的热应力状态，见图 2-23。

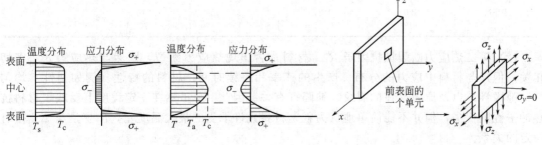

图 2-22　玻璃平板冷却时温度和应力分布示意图　　　　图 2-23　薄板的热应力图

此薄板 y 方向的厚度较小,在材料突然冷却的瞬间,垂直 y 轴各平面上的温度是一致的;但在 x 轴和 z 轴方向上,瓷体的表面和内部的温度有差异。外表面温度低,中间温度高,它约束前后两个表面的收缩 ($\varepsilon_x = \varepsilon_z = 0$),因而产生应力 $+\sigma_x$ 和 $+\sigma_z$,y 方向由于可以自由胀缩,$\sigma_y = 0$。

根据广义虎克定律

$$\varepsilon_x = \frac{\sigma_x}{E} - \mu\left(\frac{\sigma_y}{E} + \frac{\sigma_z}{E}\right) - \alpha\Delta T = 0 \quad \text{(不允许 } x \text{ 方向胀缩)}$$

$$\varepsilon_z = \frac{\sigma_z}{E} - \mu\left(\frac{\sigma_x}{E} + \frac{\sigma_y}{E}\right) - \alpha\Delta T = 0 \quad \text{(不允许 } z \text{ 方向胀缩)}$$

$$\varepsilon_y = \frac{\sigma_y}{E} - \mu\left(\frac{\sigma_x}{E} + \frac{\sigma_z}{E}\right) - \alpha\Delta T$$

解得
$$\sigma_x = \sigma_z = \frac{\alpha E}{1-\mu}\Delta T \tag{2-49}$$

在 $t=0$ 的瞬间,$\sigma_x = \sigma_z = \sigma_{max}$,如果恰好达到材料的极限抗拉强度 σ_f,则前后二表面将开裂破坏,代入上式

$$\Delta T_{max} = \frac{\sigma_f(1-\mu)}{E\alpha} \tag{2-50}$$

对于其他非平面薄板状的材料制品

$$\Delta T_{max} = S \times \frac{\sigma_f(1-\mu)}{E\alpha} \tag{2-51}$$

式中,μ 为迁移率;S 为形状因子。

据此限制骤冷时的最大温差。注意此式中仅包含材料的几个本征性能参数,并不包括形状尺寸数据,因而可以推广用于一般形态的陶瓷材料及制品。

3. 抗热冲击断裂性能

(1) 第一热应力断裂抵抗因子 R 根据上述的分析,只要材料中最大热应力值 σ_{max},(一般在表面或中心部位) 不超过材料的强度极限 σ_f,材料就不会损坏。

显然,ΔT_{max} 值愈大,说明材料能承受的温度变化愈大,即热稳定性愈好,所以定义 $R = \frac{\sigma_f(1-\mu)}{\alpha E}$ 为表征材料热稳定性的因子,称为第一热应力断裂抵抗因子或第一热应力因子,R 的经验值见表2-3。

表 2-3 R 的经验值

材　能	σ_f/MPa	μ	$\alpha/\times10^{-6}\text{K}^{-1}$	E/GPa	$R/℃$
Al_2O_3	345	0.22	7.4	379	96
SiC	414	0.17	3.8	400	226
RSSN	310	0.24	2.5	172	547
HPSN	690	0.27	3.2	310	500
LAS₄	138	0.27	1.0	70	1460

(2) 第二热应力断裂抵抗因子 R' 材料是否出现热应力断裂,固然与热应力 σ_{max} 密切相关,但还与材料中应力的分布、产生的速率和持续时间,材料的特性(例如塑性、均匀性、弛豫性)以及原先存在的裂纹、缺陷等有关。因此,R 虽然在一定程度上反映了材料抗热冲击性的优劣,但并不能简单地认为就是材料允许承受的最大温度差,R 只是与 ΔT_{max} 有一定的关系。

热应力引起的材料断裂破坏,还涉及材料的散热问题,散热使热应力得以缓解。与此有

关的因素包括以下几方面。

① 材料的热导率 λ 愈大，传热愈快，热应力持续一定时间后很快缓解，所以对热稳定有利。

② 传热的途径，即材料或制品的厚薄，薄的传热通道短，容易很快使温度均匀。

③ 材料表面散热速率，如果材料表面向外散热快（例如吹风），材料内、外温差变大，热应力也大，如窑内进风会使降温的制品炸裂，所以引入表面热传递系数 h。h 定义为：如果材料表面温度比周围环境温度高 1K（或 1℉），在单位表面积上单位时间带走的热量。

如令 r_m 为材料的半厚度（cm），则令 $hr_m/\lambda=\beta$ 为毕奥（Bjot）模数，β 无单位。显然，β 大对热稳定不利。h 的实测值见表 2-4。

表 2-4　h 实测值

条件	$h/[J/(s \cdot cm^2 \cdot ℃)]$	条件	$h/[J/(s \cdot cm^2 \cdot ℃)]$
空气流过圆柱体		1000～0℃	0.0147
流率 287kg/(s·m²)	0.109	500～0℃	0.00398
流率 120kg/(s·m²)	0.050	水淬	0.4～4.1
流率 12kg/(s·m²)	0.0113	喷气涡轮机叶片	0.021～0.08
流率 0.12kg/(s·m²)	0.0011		

在无机材料的实际应用中，不会像理想骤冷那样，瞬时产生最大应力 σ_{max}，而是由于散热等因素，使 σ_{max} 滞后发生，且数值也折减。设折减后实测应力 σ，令 $\sigma^*=\dfrac{\sigma}{\sigma_{max}}$，称之为无因次表面应力，其随时间的变化规律见图 2-24，从图中可看见，不同 β 值下最大应力的折减程度也不一样，β 愈小的折减愈多，即可能达到的实际最大应力要小得多，且随 β 值的减小，实际最大应力的滞后也愈厉害。对于通常在对流及辐射传热条件下观察到的比较低的表面传热系数，S. S. Manson 发现 $[\sigma^*]_{max}=0.31\beta$，即

$$[\sigma^*]_{max}=0.31\frac{r_m h}{\lambda} \tag{2-52}$$

由图 2-24 还可出，骤冷时的最大温差只适用于 $\beta \geqslant 20$ 的情况。例如水淬玻璃的 $\lambda=0.017J/(cm \cdot s \cdot K)$，$h=1.67J/(cm^2 \cdot s \cdot K)$，则根据 $\beta \geqslant 20$，算得 r_m 必须大于 0.2cm，才能用式(2-50)。也就是说，玻璃厚度小于 4mm 时，最大热应力会下降。这也说明薄玻璃杯不易因冲开水而炸裂的原因。

将式(2-50) 与式(2-52) 合并如下

$$[\sigma^*]_{max}=\frac{\sigma_f}{\dfrac{E\alpha}{(1-\mu)}\Delta T_{max}}=0.31\frac{r_m h}{\lambda}$$

$$\Delta T_{max}=\frac{\lambda\sigma_f(1-\mu)}{E\alpha}\times\frac{1}{0.31r_m h}$$

令上式中 $\dfrac{\lambda\sigma_f(1-\mu)}{E\alpha}=R'$ 为第二热应力断裂抵抗因子，单位为 J/(cm·s)，则

$$\Delta T_{max}=R'S\times\frac{1}{0.31r_m h} \tag{2-53}$$

上面的推导是按无限平板计算的，$S=1$，其他形状的试样，应乘以 S 值。不同形状的 S 值可以查资料得到。

图 2-25 表示某些材料在 673K（其中 Al_2O_3 分别按 373K 及 1273K 计算）时，ΔT_{max}-$r_m h$ 的计算曲线。

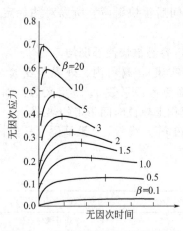

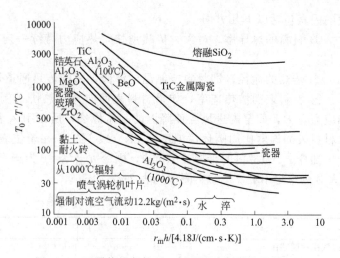

图 2-24　具有不同 β 的无限平板的
无因次表面应力随时间的变化

图 2-25　不同传热条件下，材料淬冷断裂的最大温差

从图中可以看到，一般材料在 $r_m h$ 值较小时，$\Delta T_{\max}$ 与 $r_m h$ 成反比；当 $r_m h$ 值较大时，$\Delta T_{\max}$ 趋于一恒定值。要特别注意的是，图中几种材料的曲线是交叉的，BeO 最突出。它在 $r_m h$ 很小时具有很大 $\Delta T_{\max}$，即热稳定性很好，仅次于石英玻璃和 TiC 金属陶瓷；而在 $r_m h$ 很大时（如>1），抗热震性就很差，仅优于 MgO。因此，不能简单地排列出各种材料抗热冲击断裂性能的顺序。

（3）冷却速率引起材料中的温度梯度及热应力　在一些实际场合中往往关心材料所允许的最大冷却（或加热）速率 $\dfrac{\mathrm{d}T}{\mathrm{d}t}$。

对于厚度为 $2r_m$ 的无限平板，在降温过程中，内、外温度的变化见图 2-26 所示。其温度分布呈抛物线形。

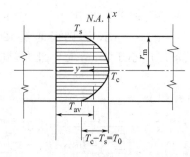

图 2-26　无限平板剖面上的温度分布图

$$T_c - T = kx^2$$

$$-\frac{\mathrm{d}T}{\mathrm{d}t} = 2kx \qquad -\frac{\mathrm{d}^2 T}{\mathrm{d}x^2} = 2k \qquad (2\text{-}54)$$

在平板的表面

$$T_c - T_s = kr_m^2 = T_0 \qquad (2\text{-}55)$$

将式（2-55）代入上式得：

$$-\frac{\mathrm{d}^2 T}{\mathrm{d}x^2} = 2 \times \frac{T_0}{r_m^2}$$

将式（2-55）代入式（2-39）中，得

$$\frac{\partial T}{\partial t}=\frac{\lambda}{\rho c_p}\frac{-2T_0}{r_m^2} \tag{2-56}$$

$$T_0=T_c-T_s=\frac{\frac{dT}{dt}r_m^2\times0.5}{\lambda/(\rho c_p)} \tag{2-57}$$

式中，$\frac{\lambda}{\rho c_p}$ 称为热扩散系数。

上式 T_0 是指由于降温速率不同，导致无限平板上中心与表面的温差。其他形状的材料，只是系数不同，而不是这里的 0.5。

表面温度 T_s 低于中心温度 T_c 引起表面张应力，其大小正比于表面温度与平均温度 T_{av} 之差。由图 2-26 可看出

$$T_{av}-T_s=\frac{2}{3}(T_c-T_s)=\frac{2}{3}T_0 \tag{2-58}$$

由式(2-49)知，在临界温差时

$$T_{av}-T_s=\frac{\sigma_f(1-\mu)}{E\alpha} \tag{2-59}$$

将上面二式代入式(2-56)，得允许的最大冷却速率为

$$-\left(\frac{dT}{dt}\right)_{max}=\frac{\lambda}{\rho c_p}\frac{\sigma_f(1-\mu)}{E\alpha}\frac{3}{r_m^2} \tag{2-60}$$

式中，ρ 为材料的密度，kg/m^3；c_p 为热容。

热扩散系数 $\alpha\equiv\frac{\lambda}{\rho c_p}$ 表征材料在温度变化时，内部各部分温度趋于均匀的能力。α 愈大，愈有利于热稳定性。所以，定义

$$R''\equiv\frac{\sigma(1-\mu)}{\alpha E}\frac{\lambda}{\rho c_p}=\frac{R'}{c_p\rho}=R_a$$

为第三热应力因子。这样，式(2-60)就具有下列的形式

$$-\left(\frac{dT}{dt}\right)_{max}=R''\times\frac{3}{r_m^2} \tag{2-61}$$

这是材料所能经受的最大降温速率。陶瓷在烧成冷却时，不得超过此值，否则会出现制品炸裂。有人计算了 ZrO_2 的 $R''=0.4\times10^{-4}m^2\cdot K/s$，当平板厚 10cm 时，能承受的降温速率为 0.0483K/s（172K/h）。

4. 抗热冲击损伤性

上面讨论的抗热冲击断裂是从热弹性力学的观点出发，以强度-应力为判据，认为材料中热应力达到抗张强度极限后，材料就产生开裂，一旦有裂纹成核就会导致材料的完全破坏。这样导出的结果对于一般的玻璃、陶瓷和电子陶瓷等都能适用。但是对于一些含有微孔的材料（如黏土质耐火制品、建筑砖等）和非均质的金属陶瓷等却不适用。这些材料在热冲击下产生裂纹时，即使裂纹是从表面开始，在裂纹的瞬时扩张过程中也可能被微孔、晶界或金属相所阻止，而不致引起材料的完全断裂。明显的例子是在一些筑炉用的耐火砖中，往往含有 10%～20% 气孔率时反而具有最好的抗热冲击损伤性。而气孔的存在是会降低材料的强度和热导率的。因此，R 和 R' 值都要减小。这一现象按强度应力理论就不能解释。实际上，凡是以热冲击损伤为主的热冲击破坏都是如此。因此，对抗热震性问题就发展了第二种处理方式，这就是从断裂力学观点出发，以应变能-断裂能为判据的理论。

在强度应力理论中，计算热应力时认为材料外形是完全受刚性约束的。因此，整个坯体中各处的内应力都处在最大热应力状态。这实际上只是一个条件最恶劣的力学假设。它认为

材料是完全刚性的,任何应力释放,例如位错运动或黏滞流动等都是不存在的,裂纹产生和扩展过程中的应力释放也不予考虑,因此,按此计算的热应力破坏会比实际情况更严重。按照断裂力学的观点,对于材料的损坏,不仅要考虑材料中裂纹的产生情况(包括材料中原有的裂纹情况),还要考虑在应力作用下裂纹的扩展、蔓延。如果裂纹的扩展、蔓延能抑制在一个很小的范围内,也可能不致使材料完全破坏。

通常在实际材料中都存在一定大小、数量的微裂纹,在热冲击情况下,这些裂纹产生、扩展以及蔓延的程度与材料积存弹性应变能和裂纹扩展的断裂表面能有关。当材料中可能积存的弹性应变能较小,则原先裂纹的扩展可能性就小;裂纹蔓延时断裂表面能需要大,则裂纹蔓延的程度小,材料热稳定性就好。因此,抗热应力损伤性正比于断裂表面能,反比于应变能释放率。这样就提出了两个抗热应力损伤因子 R''' 和 R'''':

$$R''' \equiv E/(\sigma^2(1-\mu)) \tag{2-62}$$

$$R'''' \equiv E \times 2\gamma_{\mathrm{eff}}/(\sigma^2(1-\mu)) \tag{2-63}$$

式中,$2\gamma_{\mathrm{eff}}$ 为断裂表面能,$\mathrm{J/m^2}$(形成两个断裂表面);R''' 实际上是材料的弹性应变能释放率的倒数,用来比较具有相同断裂表面能的材料;R'''' 用来比较具有不同断裂表面能的材料。R''' 或 R'''' 值高的材料抗热应力损伤性好。

根据 R''' 和 R'''',热稳定性好的材料有低的 σ 和高的 E,这与 R 和 R' 的情况正好相反。原因就在于二者的判据不同。在抗热应力损伤性中,认为强度高的材料,原有裂纹在热应力的作用下容易扩展蔓延,对热稳定性不利,尤其在一些晶粒较大的样品中经常会遇到这样的情况。

D. P. H Hasselman 曾试图统一上述二种理论。他将第二断裂抵抗因子 $R' = \dfrac{\sigma(1-\mu)}{E\alpha}$ 中的 σ 用弹性应变能释放率 G 表示,$G = \dfrac{\pi c \sigma^2}{E}$,$\sigma = \sqrt{\dfrac{GE}{\pi c}}$ 代入,得:

$$R' = \frac{\sqrt{GE}}{\sqrt{\pi c}} \times \frac{\lambda}{E\alpha}(1-\mu) = \frac{1}{\sqrt{\pi c}}\sqrt{\frac{G}{E}} \times \frac{\lambda}{\alpha}(1-\mu)$$

式中,$\sqrt{\dfrac{G}{E}} \times \dfrac{\lambda}{\alpha}$ 表达裂纹抗破坏的能力。Haselman 提出的热应力裂纹安定性因子 R_{st} 定义如下

$$R_{\mathrm{st}} = \left(\frac{\lambda^2 G}{\alpha^2 E_0}\right)^{\frac{1}{2}} \tag{2-64}$$

式中,E_0 是材料无裂纹时的弹性模量。R_{st} 大,裂纹不易扩展,热稳定性好。这实际上与 R 和 R' 的考虑是一致的。

图 2-27 为理论上预期的裂纹长度以及材料强度随 ΔT 的变化。假如原有裂纹长度 l_0 相应的强度为 σ_0,当 $\Delta T < \Delta T_c$ 时,裂纹是稳定的;当 $\Delta T = \Delta T_c$ 时,裂纹迅速地从 l_0 扩展到 l_f,相应地,σ_0 迅速地降到 σ_f。由于 l_f 对 ΔT_c 是亚临界的,只有 ΔT 增长到 $\Delta T'_c$ 后,裂纹才准静态地、连续地扩展。因此,在 $\Delta T_c < \Delta T < \Delta T'_c$ 区间,裂纹长度无变化,相应地强度也不变。$\Delta T > \Delta T'_c$,强度同样连续地降低。这一结论为很多实验所证实。

图 2-28 是直径 5mm 的氧化铝杆,加热到不同温度后投入水中急冷,在室温下测得的强度曲线。可以看到与理论预期结果是符合的。然而,精确地测定材料中存在的微小裂纹及其分布以及裂纹扩展过程,目前在技术上还有不少困难。因此还不能对此理论作出直接的验证。另外,材料中原有裂纹的大小远非是一致的,而且影响热稳定性的因素是多方面的,还关系到热冲击的方式、条件和材料中热应力的分布等,而且材料的一些物理性能在不同的条

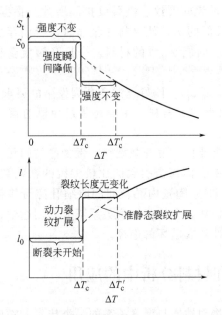
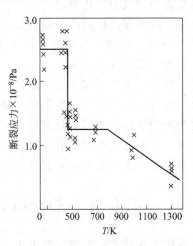

图 2-27　裂纹长度及材料强度与温差的函数关系　　图 2-28　不同温度氧化铝杆在水中急冷后的强度

件下也是有变化的，即使是应力 σ 与 ΔT 的关系也完全有不同于图 2-28 所示的形式。因此，这个理论还在待于进一步发展。目前它在热应力损伤方面获得了应用。

5. 提高抗热冲击断裂性能的措施

提高陶瓷材料抗热冲击断裂性能的措施，主要根据是上述抗热冲击断裂因子所涉及的各个性能参数对热稳定性的影响。

① 提高材料强度 σ，减小弹性模量 E，使 σ/E 提高。这意味着提高材料的柔韧性能吸收较多的弹性应变能而不致开裂，因而提高了热稳定性。

无机材料却是 σ 不低，但 E 大，尤其普通玻璃更是如此；而金属材料则是 σ 大 E 小，例如钨的断裂强度比陶瓷高几十倍。

同一种材料，如果晶粒比较细，晶界缺陷小，气孔少且分散均匀，则往往强度高，抗热冲击性好。

② 提高材料的热导率 λ，使 R' 提高。λ 大的材料传递热量快，使材料内外温差较快地得到缓解、平衡，因而降低了短时期热应力的聚集。金属的 λ 一般较大，所以比无机材料的热稳定好。在无机材料中只有 BeO 瓷可与金属类比。

③ 减小材料的热膨胀系数 α，α 小的材料，在同样的温差下，产生的热应力小。例如石英玻璃的 σ 并不高，仅为 109MPa，其 σ/E 比陶瓷稍高一些。但 α 只有 $0.5 \times 10^{-6} K^{-1}$，比一般陶瓷低一个数量级，所以热应力因子 R 高达 3000，其 R' 在陶瓷类中也是较高的，故石英玻璃的热稳定性好。

Al_2O_3 的 $\alpha = 8.4 \times 10^{-6} K^{-1}$，$Si_3N_4$ 的 $\alpha = 2.75 \times 10^{-6} K^{-1}$，因此虽然二者的 σ 与 E 差不多，但后者的热稳定性优于前者。

④ 减小表面热传递系数 h，表 2-4 所列 h 值差别很大。为了降低材料的表面散热速率，周围环境的散热条件特别重要。例如在烧成冷却工艺阶段，维持一定的炉内降温速率，制品表面不吹风，保持缓慢地散热降温是提高产品质量及成品率的重要措施。

⑤ 减小产品的有效厚度 r_m。以上所列，是针对密实性陶瓷材料、玻璃等的，目的是提高抗冲击断裂性能。但对多孔、粗粒、干压和部分烧结的制品，要从抗热冲击损伤性来考

虑。如耐火砖的热稳定不够，表现为层层剥落。这是表面裂纹、微裂纹扩展所致。根据 R''' 及 R'''' 因子，应减小 G，这就要求材料具有高的 E 及低的 σ_f，使材料在胀缩时，所储存的用以开裂的弹性应变能小；另一方面，则要选择断裂表面能 γ_{eff} 大的材料，一旦开裂就会吸收较多的能量使裂纹很快止裂。

这样，降低裂纹扩展的材料特性（高 E 和 γ_{eff}，低 σ_f），刚好与避免断裂发生的要求（R 和 R' 高）相反。因此，对于具有较多表面孔隙的耐火砖类材料，主要还是避免既有裂纹的长程扩展所引起的深度损伤。

近期的研究工作证实了显微组织对热震损伤的重要性。发现微裂纹，例如晶粒间相互收缩引起的裂纹，对抵抗灾难性破坏有显著的作用。由表面撞击引起的比较尖锐的初始裂纹，在不太严重的热应力作用下就会导致破坏。Al_2O_3-TiO_2 陶瓷内晶粒间的收缩孔隙可使初始裂纹变钝，从而阻止裂纹扩展，显著地降低了热震损伤。在抗张强度关系不大的用途中，利用各向异性热膨胀，有意引入裂纹，乃是避免灾难性热震破坏的途径。

第五节　热分析方法及其在材料分析中的应用

热分析方法是在程序控制温度下，测量物质的物理性质与温度关系的一类技术，物理性质包括温度、热量、质量、尺寸、力学特性、声学特性、光学特性、电学特性及磁学特性等，材料在加热或冷却过程中发生相变，伴随一些物理量的显著变化，所以，热分析方法常用来研究材料相变过程的热效应。根据物质发生变化的物理参数不同，相应的热分析方法主要有：普通热分析法、差热分析（DTA）、示差扫描量热法（DSC）、热重分析（TG）和热膨胀分析等。随着实验仪器的进步，现在还常用综合热分析法，就是在相同的热处理条件下，利用单一的热分析仪组合在一起而构成的综合热分析仪，对实验材料同时实现多种热分析的方法，它能够同时提供更多的表征材料热特性的信息，其中 TG-DTA 和 TG-DSC 的组合，是较普遍采用的综合热分析方法。

一、常用热分析方法
1. 普通热分析法
普通热分析法是测量材料在加热或冷却过程中热效应所产生的温度和时间的关系的一种分析方法。由于材料固态相变时，产生的热效应较小，所以，普通热分析法测量的精度不高，实际中常用差热分析等方法。
2. 差热分析（differential thermal analysis，简称 DTA）
差热分析是在程序控制温度下，将被测材料与参比物在相同条件下加热或冷却，测量试样与参比物之间温差（ΔT）随温度（T）时间（t）的变化关系。在 DTA 试验中所采用的参比物应为热惰性物质，即在整个测试的温度范围内它本身不发生分解、相变、破坏，也不与被测物质产生化学反应，同时参比物的比热容、热传导系数等应尽量与试样接近。如硅酸盐材料经常采用高温煅烧的 Al_2O_3、MgO 或高岭石作参比物。钢铁材料常用镍作为参比物。
3. 差示扫描量热法（differential scanning calorimetry，简称 DSC）
差示扫描量热法是在程序温度控制下用差动方法测量加热或冷却过程中，在试样和标样的温度差保持为零时，所要补充的热量与温度和时间的关系的分析技术，一般分为功率补偿差示扫描量热法和热流式差示扫描量热法。前者通过功率补偿使试样和参比物的温度处于动态的零位平衡状态；后者要求试样和参比物的温度差与传输到试样和参比物间的热流差成正比关系。目前常采用的是热流式差示扫描量热法。

4. 热重法（themogrivimetry，简称 TG）

当试样在热处理过程中，随温度变化有水分的排除或热分解等反应时放出气体，则在热天平上产生失重，当试样在热处理过程中，随温度变化有 Fe^{2+} 氧化成 Fe^{3+} 等氧化反应时，则在热天平上表现出增重。热重法就是在程序控制温度下测量材料的质量与温度关系的一种分析技术，把试样的质量作为时间或温度的函数记录分析，得到的曲线称为热重曲线。通过热重分析可以区别和鉴定不同的物质。

采用如图 2-29(a) 所示可更换的不同测试样品支架，由电脑程序软件执行操作，来实现差热分析和示差扫描量分析。首先在确定的程序温度下，对样品坩埚和参比坩埚进行 DTA 或 DSC 空运行分析，得到两个空坩埚的 DTA 或 DSC 的分析结果——形成 Baseline 分析文件；然后在样品坩埚中加入适量的样品，再在 Baseline 文件的基础上进行样品测试，得到样品＋坩埚的测试文件；最后由测试文件中扣除 Baseline 文件，即得到纯粹样品的 DTA 或 DSC 分析结果。

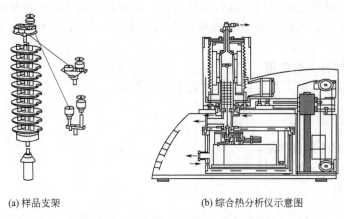

(a) 样品支架　　　　(b) 综合热分析仪示意图

图 2-29　德国耐驰生产的 STA449C 综合热分析仪一台

二、热分析的应用

差热分析、热重、差示扫描量热和热机械分析是热分析的四大支柱，用于研究物质的物理现象（结晶性质的变化、融化、升华、吸附等）和化学现象（脱水、分解、氧化、还原等），几乎在所有自然科学中得到应用。它能快速的提供被研究物质的热稳定性、热解（高温分解）中间产物和组分，最终产物和组分、混合物热分解时产生的熔变以及物质各种类型相转变的检测和反应动力学的研究。不但可以用作定性定量分析，特别在定量计算方面快速而有用。

热分析应用较广的原因，在于它能够对各种物质提供极其丰富的信息资料。如熔点、玻璃化温度、软化点、沸点、熔化热、汽化热、结晶热、比热容、纯度、爆燃温度、暴热、蛋白质变态的测量、水分分布、相平衡、相图制作、晶体微细分布、间质多晶体、液晶、固相反应、聚合反应、置换反应、离解反应、异构化反应、电子位移反应、分解反应和化学反应动力学过程，都能得到较为满意的结果。其主要应用初步概括为下面几个方面。

1. 物质的鉴定

热分析谱图可作为物质的指纹图，这早已被地质学家、陶瓷学家和冶金学家所证实。其特点是多种混合物不经分离很快获得各个特征扫描图谱。有人曾根据打字蜡纸上蜡的熔融温度的微小变化，鉴定出不同批号的蜡纸。科学院上海有机化学研究所通过对比的方法鉴定出马王堆汉墓女尸在二千多年前的服装材料。第五届国际热分析会议上有报告对古埃及的纸张与现代纸张进行对比、鉴定来推测纸张的年代。

2. 进行热力学研究

用热分析方法可测定各种热力学函数，如各种潜热、比热容、生成热、反应热、爆燃热等。以及对各种合金，浓溶液相图的研究。

3. 动力学研究

研究物质在程序温度过程中的反应速度、反应活化能和反应级数等。例如研究高分子的热降解、热老化，或薄膜、纤维的热收缩动力学。热分析仪器若和其他仪器，如 X 射线衍射、红外光谱、质谱以及气相色谱联用，还可以进行反应机理的研究。

4. 结构与物理性能关系的研究

例如络合物稳定性与其结构关系、高分子的物理性能与一般结构和超分子结构的关系、生物大分子的结构与生物功能的关系等，都可采用热分析方法进行研究。

三、热分析在材料科学上的应用

热分析在材料科学上的应用，就其本质而言，是将其在前述的几种基础学科上的应用推广到材料科学上而已，可以在高分子材料、无机非金属材料以及金属材料分析中获得广泛应用。

1. 在高分子材料上的应用

热分析在高分子材料上的应用主要有以下几个方面：

① 物性测定；

② 材料鉴定；

③ 混合物组成的含量测定；

④ 吸附，吸收和解吸过程的研究；

⑤ 反应性研究；

⑥ 动力学研究。

2. 在金属材料上的应用

在金属与合金材料的应用上，热分析的主要应用领域有：

① 研究金属或合金的相变，测定相变临界温度、相变热以及作合金的相图等；

② 研究合金的析出过程；

③ 研究过冷的亚稳态非晶金属的形成及其稳定性；

④ 研究磁学性质（居里温度）的变化；

⑤ 研究化学反应性，如常用来确定化学热处理的最佳工艺条件，研究金属或合金的氧化及与气体的反应及抗腐蚀性；

⑥ 测定比热容。研究方法与一般热分析相似，只是由于大多数金属和合金有着较高的熔点，导电和导热性也较高，且化学活性随温度升高而增加，因此对热分析仪与实验方法的要求与一般热分析有些差别。例如要求仪器工作温度高（室温～1500℃或以上）；分析过程中需用纯惰性气体保护以防止金属或合金的高温氧化；使用惰性坩埚。虽然可用铂坩埚，但以氧化钍、氧化铍或氧化铝制的陶瓷坩埚为最适宜。此外，由于没有高温区的热分析标准物，给测量高温区的温度和热量带来了困难；对于中温以下的测量，其测量误差也较大。

3. 在无机非金属材料上的应用

通常硅酸盐材料是指水泥、玻璃，陶瓷、耐火材料和建筑材料等，其中最常见的是硅酸盐水泥和玻璃。当硅酸盐水泥与水混合发生反应后，会凝固硬化经一定时间能达到应有的最高机械强度。

一般 DTA 或 DSC 在硅酸盐水泥化学中的应用有：

① 焙烧前的原料分析，如确定原料中所含的碳酸钙和碳酸镁的含量；

② 研究精细研磨的原料逐渐加到 1500℃ 形成水泥熟料的物理化学过程；

③ 研究水泥凝固后不同时间内水合产物的组成及生成速率；

④ 研究促进剂和阻滞剂对水泥凝固特性的影响。

4. 实例分析

（1）建立合金相图　用热分析法可以测定液-固、固-固相变临界温度，从而建立合金相图。差热分析法在这方面用得较多。例如，取某一成分的 A-B 合金，测出其冷却过程的 DTA 曲线，见图 2-30(a)。试样从液态熔液开始冷却，当温度冷到 x 处时开始凝固，释放出熔化热使曲线陡直上升，随后逐渐下降，接近共晶温度时，曲线接近基线。在共晶温度处，试样发生共晶反应放出大量热量，曲线上出现一个窄而陡直的放热峰，待共晶反应完成后，曲线又重新回到基线。

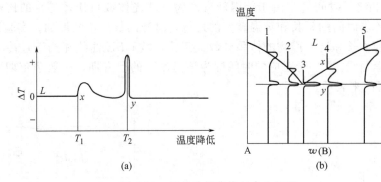

图 2-30　差热分析曲线与合金相图

根据测出的 DTA 曲线的特征，取曲线上宽峰的起始点 T_1 和窄峰的峰值 T_2 为该成分合金的凝固温度和共晶转变温度。按照上述方法测出不同成分 A-B 合金的 DTA 曲线，分别找出各自的凝固温度和共晶转变温度，然后，在成分和温度坐标中，标出不同成分 A-B 合金的凝固温度和共晶转变温度，分别将它们连成光滑曲线，即可获得液相线和共晶线，如图 2-30(b) 所示。为消除冷却过程中过冷现象的影响，还可采用测加热过程的 DTA 曲线，只是曲线上特征峰方向相反。

（2）有序-无序转变的研究　铁磁合金 Ni_3Fe 既存在有序-无序转变，又存在铁磁-顺磁转变，它们属于二级相变，热容都将出现峰值。图 2-31 为 Ni_3Fe 合金加热过程中定压比热的变化曲线，曲线（a）表示原始状态为无序固溶体（即先加热后快冷成无序状态），其在加热过程中，合金在 350～470℃ 发生部分有序化并放出潜热，使 c_p 降低；加热到 470～590℃ 又发生吸热的无序转变，c_p 升高，两个转变过程的热效应大小由对应的阴影面积确定。若在加热过程中，不发生有序-无序转变，则 c_p 曲线按虚线变化。曲线（b）表示原始态为有序态的 c_p 随温度变化曲线，加热到 470℃，发生无序化吸热过程，使 c_p 升高，温度升至 590℃ 时变成完全无序，c_p 又恢复到正常变化。Ni_3Fe 合金的有序-无序转变热效应远大于铁磁-顺磁转变热效应，所以，590℃ 时的磁性转变热效应峰几乎被无序化的热效应所掩盖；曲线（b）的热效应峰下的实线是 Ni_3Fe 合金由铁磁转变为顺磁

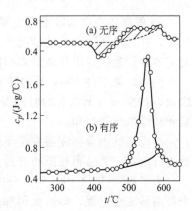

图 2-31　Ni_3Fe 合金定压比热随温度的变化

的 c_p 变化曲线。

(3) 研究钢的等温转变

① 等温转变动力学曲线　热膨胀分析也常用来分析材料在加热（冷却）过程中的相变情况，虽然，过程中尺寸变化量很小，但人们可以采用一定的放大原理（如机械放大、光学放大、电磁放大），再配上自动控制仪表及计算机控制，制成各类全自动快速膨胀仪，来方便准确地测量加热（冷却）过程中试样的尺寸变化。

例如，测定钢的过冷奥氏体等温转变动力学曲线。选用退火试样，将其奥氏体化后，立即冷却至等温温度，与此同时，自动记录仪表由记录膨胀和温度的关系立即改为记录膨胀和时间的关系，这样便可得到图 2-32 所示的曲线。AC 是加热膨胀曲线，在这一阶段中完成奥氏体化处理过程，从 C 点开始迅速地向等温炉中移动。OC 是冷却线的一部分，从 O 点开始计算试样的等温时间。OE 是等温转变时的膨胀曲线，B 和 E 是曲线的拐折点，分别对应转变的开始时间 t_1 和终了时间 t_2。由于等温转变产物（珠光体或贝氏体等）的比热容大于奥氏体，所以随着等温时间的延长和等温转变的进行，试样的长度不断增加。实验证明，在等温过程中，试样的伸长和转变产物的体积分数成正比，故 OBE 曲线相当于过冷奥氏体等温分解的转变动力学曲线。OB 所对应的时间即为该温度下的孕育期，一般孕育期取转变量达到 1% 时所需的时间来表示。

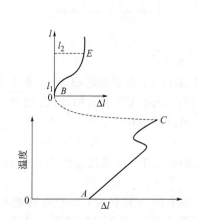

图 2-32　钢奥氏体化及等温转变膨胀曲线

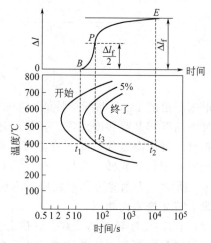

图 2-33　绘制 TTT 图方法示意图

② 等温转变产物数量确定和 TTT 图绘制　根据转变产物的数量和试样的膨胀成正比的关系，在等温转变完全的情况下，将转变终了所对应的膨胀量算作 100%，便可从曲线上所对应的膨胀量确定出任意等温时间的转变量。

例如，某钢种 400℃ 等温转变动力学曲线，如图 2-33 所示。图中 Δl_f 为等温转变的总膨胀量，转变 50% 所需要的时间即 $\Delta l_f / 2$ 所对应的时间。同理，用这种方式可确定其他转变数量和相应的转变时间。

奥氏体的中温转变通常是不完全的，对于这种情况可借助金相方法，对任一等温转变产物进行定量，然后再按照转变量与时间成正比的关系，标出不同转变量所对应的时间。

为了得到 TTT 图，应在马氏体转变点 M_s 和加热温度 A_{c1} 之间，每隔 25℃ 左右测定一个等温转变全过程，即可获得如图 2-33 上图所示转变动力学曲线，再在等温转变的动力学曲线上确定出转变开始点、终了点和转变量为 25%、50%、75% 所对应的时间，将不同等温温度转变开始、终了和转变不同数量所对应的时间标在温度时间坐标上，并分别连成光滑曲线，即得到 TTT 图。为了作图方便，时间轴常取对数坐标，完整 TTT 图应标注钢的成分、晶粒度、加热温度 A_{C1}、A_{C3} 和 M_s 点，以及奥氏体转变的体积分数。

（4）马氏体转变点 M_s 的测定　奥氏体转变为马氏体时所产生的体积效应最大，故膨胀法测 M_s 点是一种很有效的方法。不过对多数钢种来说，测定 M_s 点需要很高的冷却速度，因此仪器应具有淬火机构和快速记录装置，通常采用光学膨胀仪和电感式全自动快速膨胀仪进行测量。图 2-34 中的 $ABDE$ 为试样淬火过程中测得的膨胀曲线，B、D 点是膨胀曲线和直线部分的切点，分别对应马氏体开始转变点 M_s 和转变终了点 M_f。

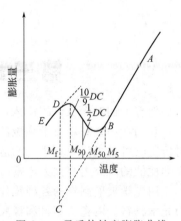

图 2-34　马氏体转变膨胀曲线

如果要求测定马氏体的转变量，应考虑两方面的因素，一方面由于温度下降引起的试样体积收缩，另一方面奥氏体转变为马氏体产生的膨胀效应。即在 M_s 与 M_f 的温度区间，膨胀曲线是由膨胀与收缩二者综合作用的结果。从图 2-34 可以看出，如果不发生相变，膨胀曲线将大致沿着 ABC 的轨迹变化（这里近似地认为马氏体和奥氏体的膨胀系数差不多，如果考虑二者膨胀系数差异还需对 BC 轨迹进行修正）。曲线 BD 减去曲线 BC，即为马氏体转变的体积效应（仅是膨胀仪测得的体积效应）。线段 DC 对应于马氏体最大的转变量，假如 DC 表示 100% 的马氏体，则 $9/10DC$，$1/2DC$ 可分别表示 90% 和 50% 的马氏体，其对应温度为 M_{90} 和 M_{50}，实际马氏体转变量的百分数可以用 X 射线或金相法标定。

本　章　小　结

本章介绍了热容、热膨胀的概念及其物理意义，不同材料的热容、热膨胀是不一样的。热容和热膨胀都能反映原子间结合力的信息，两者之间有一定的关系，要掌握影响材料热膨胀的因素。材料热膨胀系数各向异性及组成相热膨胀系数的差异，要引起材料的热应力，不同材料的匹配，要注意它们的热膨胀系数间关系。掌握材料热传导的基本理论及影响材料热传导的因素。了解热稳定性对无机材料、高分子材料的重要性，并掌握提高无机材料抗热冲击断裂的措施。学会利用热分析方法来研究材料，并掌握热分析方法在材料研究应用的几个典型实例。

复　习　题

1. 计算室温（298K）时莫来石瓷的摩尔热容值，并与杜隆-珀替定律计算的结果比较。
2. 请说明固体材料的热膨胀系数不因内含均匀分散的气孔而改变。
3. 试解释为什么玻璃的热导率常常低于晶态固体几个数量级。
4. 根据材料结构比较高聚物、金属和无机材料的热容大小。
5. 提高无机材料热稳定的措施有哪些？

第三章 材料的光学性能

随着人们对光认识的深入，由光学材料制作的各种新光学器件及新的发光材料层出不穷，它们在一些高新技术领域的广泛应用，已越来越受到人们的关注。人们已不仅仅局限于对传统的可见光认识，研究的范围已扩大到从微波、远红外到紫外、X 射线等，因而对材料光学性能的研究内容大大丰富。

用光学玻璃制作的各种镜片人们已相当熟悉了，实际上，金属、陶瓷、塑料等都可以作为光学材料。陶瓷、塑料和橡胶在一般情况下对可见光不透明，但是塑料、橡胶和半导体材料硅、锗却对红外线透明，且因为硅、锗折射率大，而被用来制作红外透镜；陶瓷、塑料因对微波透明而被用来制作微波炉中的食品器皿；金、银对红外线的反射能力最强，所以，常被用来作为红外辐射腔内的镀层。

对于透光材料，折射率和色散这两个光学参数是其应用的基本性能，它们涉及光在透明介质中的折射、散射、反射和吸收等现象，材料的颜色、光泽等也与材料表面的光学性能有关。

发光材料的开发与应用，给人类生活带来了巨大变化。以稀土元素的化合物为基质掺杂稀土离子的发光粉，成倍地提高了发红光的亮度，并能够与蓝光、绿光的发光亮度相匹配，制作出了彩色显像管；另外，激光技术出现以后，信息技术、光通信及光机电一体化技术得到快速发展，对材料的光学性能提出了更高要求。因此，了解材料的光学性能显得非常重要。

第一节 光通过介质的现象

光波照射到一介质上时，要发生反射、折射、吸收、散射等一系列现象，这既是光传播路径的变化，也是光能量的重新分配。介质材料的不同，这些现象产生的程度也不一样，所以，人们根据需要，就要选择不同的材料与光发生作用来满足不同的要求。为此，我们需要对光与材料作用发生的各种现象有所了解。

一、光的折射

1. 光折射概念

当光依次通过两种不同介质时，光的行进方向要发生改变，如图 3-1 所示，这种现象称为折射。折射的实质是由于介质密度不同，光在其中传播速度就不同。

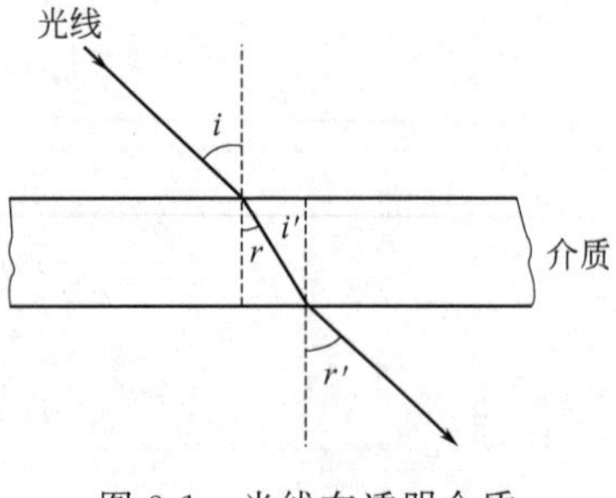

当光从真空进入较致密的材料时，光的传播速度会降低。介质对光的折射性质用材料的折射率 n 表示，光在真空中的传播速度与在致密材料中传播速度的比值就称为材料的绝对折射率，即

图 3-1 光线在透明介质材料中传播的示意图

$$n = \frac{v_{真空}}{v_{材料}} = \frac{c}{v_{材料}} \tag{3-1}$$

实际上，光线在两种介质的界面处都会发生折射和反射现象，也即光从一种介质（如空气）传播到另一种介质

中时，由图 3-1 可见，与界面法线所形成的入射角 i、折射角 r 与两种材料的折射率 n_1、n_2 有下述关系：光的入射角为 i'，出射角为 r'，则物质的折射率（折射指数）n 为：

$$n_{21}=\frac{\sin i}{\sin r}=\frac{\sin r'}{\sin i'}=\frac{v_1}{v_2}=\frac{n_2}{n_1} \tag{3-2}$$

式中，v_1、v_2 分别为光在材料 1 及 2 中的传播速度；n_1、n_2 分别为光在材料 1 及 2 的绝对折射率；n_{21} 为材料 2 相对于材料 1 的相对折射率。但实际上，折射率都是相对于空气测定的，介质相对于真空和空气的折射率相差甚微，可以统称为折射率。折射率与两种介质的性质和入射光的波长有关。

介质的折射率 n 永远是大于 1 的正数。如空气的 $n=1.0003$，固体氧化物 $n=1.3\sim2.7$，硅酸盐玻璃 $n=1.5\sim1.9$。不同组成、不同结构的介质的折射率是不同的。表 3-1 列出了各种玻璃和晶体的折射率。

表 3-1 各种玻璃和晶体的折射率

材　　料	平均折射率	双折射	材　　料	平均折射率	双折射
玻璃组成			锆英石 $ZrSiO_4$	1.95	0.055
由正长石($KAlSi_3O_8$)组成的	1.51		正长石($KAlSi_3O_8$)	1.525	0.007
由钠长石($NaAlSi_3O_8$)组成的	1.49		钠长石($NaAlSi_3O_8$)	1.529	0.008
由霞石正长岩组成的	1.50		钙长石($CaAl_2Si_2O_8$)	1.585	0.008
氧化硅玻璃	1.458		硅线石($Al_2O_3 \cdot SiO_2$)	1.65	0.021
高硼硅酸玻璃(90% SiO_2)	1.458		莫来石($3Al_2O_3 \cdot 2SiO_2$)	1.64	0.010
钠钙硅玻璃	1.51~1.52		金红石(TiO_2)	2.71	0.287
硼硅酸玻璃	1.47		碳化硅	2.68	0.043
重燧石光学玻璃	1.6~1.7		氧化铅	2.61	
硫化钾玻璃	2.66		硫化铅	3.912	
晶体			方解石($CaCO_3$)	1.65	0.17
四氯化硅	1.412		硅	3.49	
氟化锂	1.392		碲化镉	2.74	
氟化钠	1.326		硫化镉	2.50	
氟化钙	1.434		钛酸锶	2.49	
刚玉(Al_2O_3)	1.76	0.008	铌酸锂	2.31	
方镁石 MgO	1.74		氧化钇	1.92	
石英	1.55	0.009	硒化锌	2.62	
尖晶石 $MgAl_2O_4$	1.72		钛酸钡	2.40	

2. 影响折射率的因素

（1）离子半径　物质分子由于产生极化作用引起折射，极化是有方向性的，所以材料的折射率 n 与材料的极化有关，一般情况下离子的极化率愈大，材料的折射率也愈大。介质的极化现象与介电常数 ε 有关，当光的电磁场作用到介质上时，介质的原子受到外加电场的作用而极化，正电荷沿着电场方向移动，负电荷沿着反电场方向移动，这样正负电荷的中心发生相对位移。外电场越强，原子正负电荷中心距离越大。由于这种光波电磁场和介质原子的电子体系的相互作用而产生的极化，"拖住"了电磁波的步伐，使光波的传播速度减小。当离子半径增大时，其 ε 增大，因而 n 也随之增大，因此，可以用大离子得到高折射率，如 PbS 的 $n=3.912$，用小离子得到低折射率，如 $SiCl_4$ 的 $n=1.412$。

（2）材料的结构　折射率除与离子半径有关外，还和离子的排列密切相关。当光通过非晶态（无定形体）和立方晶体时，光速不因传播方向改变而变化，材料只有一个折射率，称之为均质介质。但是当光通过除立方晶体以外的其他晶型介质时，一般都要分为振动方向相互垂直、传播速度不等的两个波，它们分别形成两条折射光线，这个现象称为双折射，形成双折射的介质称之为非均质，即双折射是非均质晶体的特性，这类晶体的所有光学性能都和双折射有关。双折射光线中，平行于入射面的光线的折射率，称为常光折射率 n_0，不论入射光的入射角如何变化，n_0 始终为一常数，因而常光折射率严格服从折射定律。另一条与之垂直的光线所构成的折射率，则随入射线方向的改变而变化，称为非常光折射率 n_e，它不遵守折射定律，随入射光的方向而变化。当光沿晶体光轴方向入射时，只有 n_0 存在，与光轴方向垂直入射时，n_e 达最大值，此值是为材料特性。

无定形高聚物的分子链段呈无规则分布，光速不因传导方向的改变而变化，只有一个折射率，宏观上没有双折射现象，表现为光学各向同性。高分子链是高度不对称的，在分子的轴向和横向有不同的极化率，因而折射率也不相同，表现为光的双折射。但是，取向和结晶高聚物由于宏观上的结构不对称性而将光分解为振动方向互相垂直、传播方向不相等的两条折射光线，表现出双折射现象。所以，取向高聚物可以用取向方向和垂直于取向方向的折射率之差来表征取向程度。高分子球晶在正交偏振片中因双折射而呈现出消光黑十字，可由此判断球晶的外观形状和大小。

从分子链的化学组成看，折射率一般按下列顺序增高

$$-CF_2-，\quad -O-，\quad \overset{\overset{\displaystyle O}{\|}}{-C-}，\quad -CH_2-，\quad \text{（苯环）}-，\quad -CCl_2-，\quad -CBr_2-$$

表 3-2 列出了一些高聚物的折射率，可与上述规律相对照。

表 3-2　高聚物的折射率

高聚物	折射率(25℃, $\lambda=589.3nm$)	高聚物	折射率(25℃, $\lambda=589.3nm$)
聚四氟乙烯	$1.3\sim1.4$	顺式聚 1,4-异戊二烯	1.519
聚二甲基硅氧烷	1.404	聚己二酸己二酯	1.53
聚 4-甲基-1-戊烯	1.46	聚氯乙烯	1.544
聚醋酸乙烯酯	1.467	聚碳酸酯	1.585
聚甲醛	1.48	聚苯乙烯	1.59
聚甲基丙烯酸甲酯	1.488	聚对苯二甲酸乙二酯	1.64
聚异丁烯	1.509	聚二甲基对亚苯基	1.661
聚乙烯	$1.51\sim1.54$	聚偏二氯乙烯	1.63
聚丙烯	$1.495\sim1.510$	聚丁二烯	1.515

（3）材料所受的应力　对各向同性的材料施加拉应力时，垂直于拉应力方向的 n 大，平行于拉应力方向的 n 小，单向压缩具有相反的效果，而且折射率的变化与施加的应力成比例，所以，不同方向折射率的差别可以用来作为测量应力的方法。

3. 同质异构体

在同质异构材料中，高温时的晶型折射率较低，低温时的晶型折射率较高。相同化学组成的玻璃比晶体的折射率低。例如常温下的石英玻璃，$n=1.46$，数值最小；石英晶体 $n=1.55$，数值最大；高温时的鳞石英 $n=1.47$；方石英 $n=1.49$。至于普通钠钙硅酸盐玻璃 $n=1.51$，比石英的折射率小。提高玻璃折射率的有效措施是掺入铅和钡的氧化物。例如含 90%（体积）PbO 的铅玻璃 $n=2.1$。

二、光的反射

1. 反射及反射系数

当光线照射到透明材料的平整界面上时，除了一部分透入介质外，还有一部分在表面发生反射，其反射角与入射角相等，如图 3-2 所示。若入射光的单位能量流为 W 时，则

$$W = W' + W'' \tag{3-3}$$

式中，W'、W'' 分别为单位时间内通过单位面积的反射光和折射光的能量流。根据波动理论：

$$W \propto A^2 v S \tag{3-4}$$

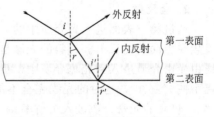

图 3-2 光在材料界面的反射示意图

由于反射波的传播速度 v 和横截面积 S 都与入射波相同，所以，

$$\frac{W'}{W} = \left(\frac{A'}{A}\right)^2 \tag{3-5}$$

式中，A'、A 分别为反射波与入射波的振幅。把光波振动分为垂直于入射面的振动和平行于入射面的振动，Fresnel 推导出

$$\left(\frac{W'}{W}\right)_{\perp} = \left(\frac{A'_s}{A_s}\right)^2 = \frac{\sin^2(i-r)}{\sin^2(i+r)} \tag{3-6}$$

$$\left(\frac{W'}{W}\right)_{//} = \left(\frac{A'_P}{A_P}\right)^2 = \frac{\tan^2(i-r)}{\tan^2(i+r)} \tag{3-7}$$

自然光在各个方向振动的机会均等，可以认为垂直于入射面的振动和平行于入射面的振动各占一半的能量，所以总的能量流之比为

$$\frac{W'}{W} = \frac{1}{2}\left[\frac{\sin^2(i-r)}{\sin^2(i+r)} + \frac{\tan^2(i-r)}{\tan^2(i+r)}\right] \tag{3-8}$$

当入射角度很小，即近乎垂直入射时

$$\frac{\sin^2(i-r)}{\sin^2(i+r)} = \frac{\tan^2(i-r)}{\tan^2(i+r)} = \frac{(i-r)^2}{(i+r)^2} = \frac{\left(\frac{i}{r}-1\right)^2}{\left(\frac{i}{r}+1\right)^2} = \left(\frac{n_{21}-1}{n_{21}+1}\right)^2$$

$$\frac{W'}{W} = \left(\frac{n_{21}-1}{n_{21}+1}\right)^2 = R \tag{3-9}$$

式中，R 为反射系数。根据能量守恒定律

$$\frac{W''}{W} = 1 - \frac{W'}{W} = 1 - R \tag{3-10}$$

式中，$1-R$ 为透射系数。

在垂直入射的情况下，光在界面上反射的多少取决于两种介质的相对折射率 n_{21}。如果介质 1 为空气，可以认为 $n_1 = 1$，则 $n_{21} = n_2$。如果 n_1 和 n_2 相差很大，那么界面反射损失就严重；如果 $n_1 = n_2$，则 $R = 0$，表明在垂直入射的情况下，几乎没有反射损失。

例如，一块折射率 $n = 1.5$ 的玻璃，光反射系数为 $R = 0.04$，透过部分为 $1-R = 0.96$。如果透射光又从另一界面射入空气，即透过两个界面，此时透过部分为 $(1-R)^2 = 0.922$。如果连续透过 x 块平板玻璃，则透过部分应为 $(1-R)^{2x}$。所以，由许多块玻璃组成透镜系统，反射损失更可观。为了减小这种界面损失，常常采用折射率和玻璃相近的胶将它们粘起来，这样，除了最外和最内的表面是玻璃和空气的相对折射率外，内部各界面都是玻璃和胶的较小的相对折射率，从而大大减小了界面的反射损失。

当光线垂直入射时，玻璃表面反射光强约占入射光强的 4%，高分子材料中的有机玻璃在可见光波段与普通玻璃一样透明，在红外区也有相当的透射率，所以它可作各种装置的光学窗口；聚乙烯对可见光不透明，但对远红外光透明，可作远红外波段的窗口和保护膜。一定厚度的氧化铝、氧化铍陶瓷对可见光的透射率达 85%～90%，可作高压钠灯管；耐高温的透明陶瓷在航天领域也常常被用作透射窗口材料。

2. 全反射

通过第一表面进入到介质中的入射光并不能完全透过，除了吸收外，还要在第二表面处发生在界面的内反射。材料的光泽是外反射、内反射和散射的综合体现。由于在第二表面光线由光密介质进入到光疏介质中，折射角 r' 恒大于入射角 i'，所以可实现在 i' 小于 90°的前提下使 $r' \geqslant 90°$，这时的光线完全不能透出，这种现象称作全反射。更一般地，光束从折射率 n_1 较大的光密介质进入折射率 n_2 较小的光疏介质，即 $n_1 > n_2$，则折射角大于入射角，因此只要入射角达到某一值时，就可以发生全反射。

令 $r' = 90°$，由折射率的定义得到全反射的临界条件为：

$$\sin i'_c = \frac{n_2}{n_1} \qquad\qquad (3-11)$$

根据全反射原理，只要使传播光线对两个表面的入射角 $i' \geqslant i'_c$，它就不会穿过第二表面进入空气中。不同介质的临界角大小不一，普通玻璃对空气的临界角为 42°，水对空气的临界角为 48.5°。利用全反射原理，人们制作了一种新型光学元件——光导纤维（或称光纤），可实现在纤维弯曲处不发生光透射损失。

三、材料对光的吸收

1. 光的吸收

光是一种能量流，在光通过物质传播时，会引起物质的价电子跃迁或使原子振动，从而使光能的一部分转变为热能，导致光能的衰减，这种现象称为光的吸收。设有一块厚度为 x 的平板材料，如图 3-3 所示，光从中透过时，入射光强度为 I_0，透射光强度为 I，选取其中一薄层 $\mathrm{d}x$，并认为光通过此薄层时被吸收了 $\mathrm{d}I$。实验证明，$\mathrm{d}I$ 正比于在此处的光强度 I 和薄层的厚度 $\mathrm{d}x$，即

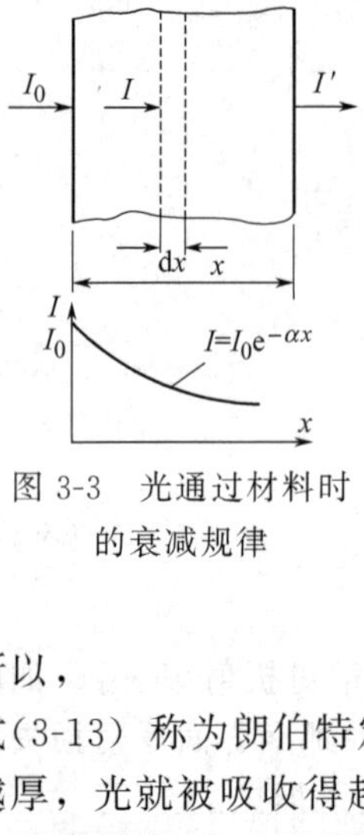

$$\mathrm{d}I = -\alpha I \mathrm{d}x \qquad\qquad (3-12)$$

图 3-3　光通过材料时的衰减规律

式中，α 是物质的吸收系数，cm^{-1}，它是材料的特征量，与材料的性质和光的波长有关，负号表示光强随 x 的增加而减弱。

对式（3-12）积分，得

$$\int_{I_0}^{I} \frac{\mathrm{d}I}{I} = -\alpha \int_0^x \mathrm{d}x \qquad \ln \frac{I}{I_0} = -\alpha x$$

所以，

$$I = I_0 e^{-\alpha x} \qquad\qquad (3-13)$$

式（3-13）称为朗伯特定律。它表明光强度随厚度的变化符合指数衰减规律。α 越大、材料越厚，光就被吸收得越多，因而透过的光强度就越小。不同的材料 α 差别很大，空气的 $\alpha \approx 10^{-5}\,\mathrm{cm}^{-1}$，玻璃的 $\alpha = 10^{-2}\,\mathrm{cm}^{-1}$，金属的 α 则达几万到几十万，所以金属实际上是不透明的。

2. 光吸收与光波长的关系

任何物质都只对特定的波长范围透明。金属对光能吸收很强烈，这是因为金属的价电子处于未满带，吸收光子后即呈激发态，用不着跃迁到导带即能发生碰撞而发热。从图 3-4 中可见，在电磁波谱的可见光区，金属和半导体的吸

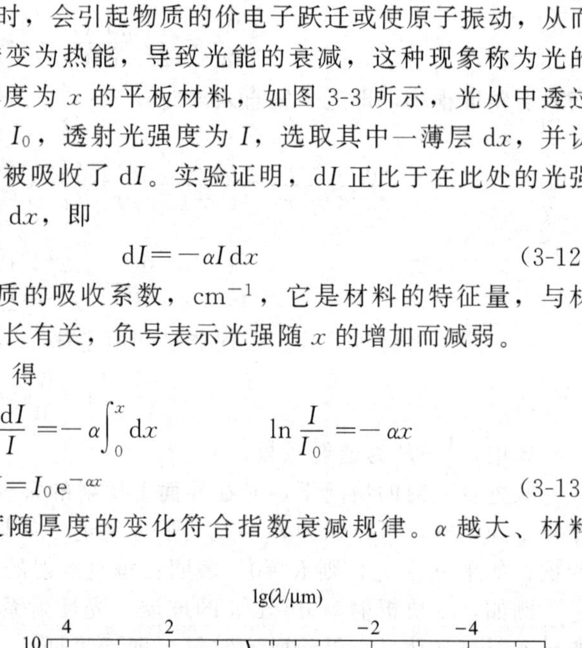

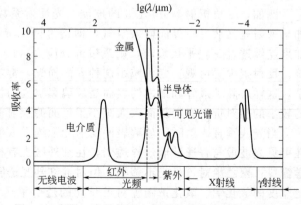

图 3-4　金属、半导体和电介质的吸收率随波长的变化

收系数都是很大的，而电介质材料，包括大多数有机材料和大多数玻璃、陶瓷等无机材料在可见光范围内没有特征的选择吸收，因此具有透明性。究其原因，这是由于绝缘材料的价电子所处的能带为满带，而光子的能量又不足以使价电子跃迁到导带，因此在可见光波长范围内的吸收系数很小。

光子的能量随波长减小而增大，进入紫外光波长区时，光子能量升高，当光子能量达到绝缘材料的禁带宽度时，电子吸收光子的能量就能从满带跃迁到导带，导致吸收系数在紫外光区急剧增大。此紫外吸收端的波长可根据材料的禁带宽度 E_g 求得：

$$E_g = h\nu = h\frac{c}{\lambda}$$

所以，
$$\lambda = \frac{hc}{E_g} \tag{3-14}$$

式中，h 为普朗克常数，为 $6.63 \times 10^{-34} J \cdot s$；$c$ 为光速。

从式中可以看出，禁带宽度大的材料，紫外吸收端的波长比较小。如果希望材料在可见光区的透过范围大，那么，在紫外吸收端的波长就要小，即禁带宽度 E_g 要大；如果 E_g 很小，可能在可见区就会被吸收而不透明。

电介质材料的 E_g 一般在 10eV 左右。以 NaCl 为例，它的 $E_g = 9.6eV$，根据式(3-14)发生吸收峰的波长为：

$$\lambda = \frac{hc}{E_g} = \frac{6.626 \times 10^{-27} \times 3 \times 10^8}{9.6 \times 1.602 \times 10^{-12}} = 0.129 \ (\mu m)$$

此波长位于极远紫外区，说明对 NaCl 而言，要从极远的紫外光开始对光的吸收。

需要指出的是图 3-4 中电介质在红外光区也有一个吸收峰，而红外光因波长长而能量低，按理不能使满带电子发生跃迁，那么，此区间的吸收峰又是如何产生的呢？在红外区的吸收峰是因为离子的弹性振动与光子辐射发生谐振消耗能量所致，材料发生振动的固有频率由离子间结合力决定。要使谐振点的波长尽可能远离可见光区，即吸收峰处的频率应尽可能小，那么，与之共振的材料热振频率 ν 就要小。此频率 ν 与材料其他常数呈下列关系

$$\nu^2 = 2\beta\left(\frac{1}{M_c} + \frac{1}{M_a}\right) \tag{3-15}$$

式中，β 是与力有关的常数，由离子间结合力决定；M_c 和 M_a 分别为阳离子和阴离子质量。

所以，为了有较宽的透明频率范围，最好有高的电子能隙值和弱的原子间结合力以及大的离子质量。对于高原子量的一价碱金属卤化物，这些条件都是最优的。

吸收还可分为选择吸收和均匀吸收。同一物质对各种波长的光吸收程度可以不一样，对有的波长的光吸收系数可以非常大，而对另一波长的吸收系数又可以非常小，这种现象称为选择吸收。透明材料的选择吸收使其呈不同的颜色。如果介质在可见光范围对各种波长的吸收程度相同，则称为均匀吸收。在此情况下，随着吸收程度的增加，颜色从灰变到黑。任何物质都有这两种形式的吸收，只是出现的波长范围不同而已。

把能发射连续光谱的白光源（例如卤钨灯）所发的光经过分光仪器（例如分光光度计）分解出单色光束，并使之相继通过待测材料，可以测量吸收系数与波长的关系，得到吸收光谱。

四、材料对光的散射

1. 光的散射概念

材料中如果有光学性能不均匀的结构，例如含有透明小粒子、光性能不同的晶界相、气

孔或其他夹杂物，都会引起一部分光束偏离原来的传播方向而向四面八方散开来，这种现象称为光的散射。散射的原因主要是光波遇到不均匀结构产生的次级波，与主波方向不一致，与主波合成出现干涉现象，使光偏离原来的方向，从而引起散射。由于散射，光在前进方向上的强度减弱了，对于相分布均匀的材料，其减弱的规律与吸收规律具有相同的形式：

$$I = I_0 e^{-sx} \tag{3-16}$$

式中，I_0 为光的原始强度；I 为光束通过厚度为 x 的试件后，由于散射在光前进方向上的剩余强度；s 为散射系数，与散射（质点）的大小、数量以及散射质点与基体的相对折射率等因素有关。如果将吸收定律与散射规律的式子统一起来，则可得到：

$$I = I_0 e^{-(a+s)x} \tag{3-17}$$

材料对光的散射是光与物质相互作用的基本过程之一，当光波的电磁场作用于物质中的原子、分子等微观粒子时将激起粒子的受迫振动，受迫振动的粒子就成为发光中心，向各个方向发射球面次波。由于固态中的分子排列很密集，彼此之间的集合力很强，各个原子、分子的受迫振动互相关联，合作形成共同的等相面，因而合成的次波主要沿着原来光波的方向传播，其他方向非常微弱。通常我们把发生在光波方向上的散射归入透射。需要指出的是，发生在光波前进方向上的散射对介质中的光速有决定性的影响。

光的散射表现形式多种多样，根据散射前后光子能量（或光波波长）变化与否，可以分为弹性散射和非弹性散射两大类。

2. 弹性散射

光的波长（或光子能量）在散射前后不发生变化的，称为弹性散射。根据经典力学的观点，这个过程被看成光子和散射中心的弹性碰撞，散射结果只是把光子弹射到不同的方向上去，并没有改变光子的能量，散射光的强度 I_s 与入射光的波长 λ 的关系可因散射中心尺度的大小而具有不同的规律，一般有如下关系：

$$I_s \propto \lambda^{-\sigma}$$

式中，参量 σ 与散射中心尺度大小 d 有关。按 λ 与 d 的大小比较，弹性散射可以分为三种。

(1) 廷德尔（Tyndall）散射　当散射中心的尺度 d 远大于光波的波长 λ 时，$\sigma \to 0$，散射光强与入射光波长无关。例如，粉笔灰颗粒的尺寸对所有可见光波长均满足这一条件，所以，粉笔灰对白光中所有单色成分都有相同的散射能力，看起来是白色的。天上的白云，是由水蒸气凝成比较大的水滴所组成的，线度也在此范围，所以散射光也呈白色。

(2) 米氏（Mie）散射　当散射中心尺度 d 与入射光波长相当时，σ 在 $0 \sim 4$ 之间，具体数值与散射中心尺寸有关。这个尺度范围的粒子散射光性质比较复杂，例如存在散射光强度随 d/λ 值的变化而波动和在空间分布不均匀等问题。

(3) 瑞利（Rayleidl）散射　当散射中心尺度 d 远小于入射光的波长 λ 时，$\sigma = 4$，即散射强度与波长的 4 次方成反比。这一关系称为瑞利散射定律。

按照瑞利定律，微小粒子（$d \ll \lambda$）对波长的散射不如短波有效。在可见光的短波侧 $\lambda = 400nm$ 处，紫光的散射强度要比长波侧 $\lambda = 720nm$ 处红光的散射强度大约大 10 倍。因此不难理解，晴天早晨的太阳为何呈鲜红色而中午却变成白色。由于大气及尘埃对光谱上蓝紫色的散射比红橙色强，一天内不同时刻阳光到达观察者所通过的大气层厚度不同，阳光透过大气层越厚，蓝紫色成分损失越多，因此到达观察者的阳光中紫蓝色的比例就越少。

必须指出，瑞利散射并非气体介质所特有。固体光学材料在制备过程中形成的气泡、条纹、杂质颗粒、错位等都可成为散射中心，在许多情况下，当线度 a_0 满足 $a_0 \ll \lambda$ 的条件时，就可引起瑞利散射。人们通常根据散射光的强弱判断材料光学均匀性的好坏。对各种介质弹性光散射性质的测量和分析，可以获取胶体溶液、浑浊介质、晶体和玻璃等光学材料的物理化学性质，确定流体中散射微粒的大小和运动速率。利用激光在大气中的散射可以测量大气中悬浮微粒的密度和监测大气污染的程度等。

图 3-5 中是 Na_D 谱线（$\lambda = 0.589\mu m$）的光通过含有 1%（体积）的 TiO_2 散射质点的玻璃时，质点尺寸对散射系数影响的曲线，TiO_2 散射质点的相对折射率 $n_{21} = 1.8$，当质点的直径为：

$$d = \frac{4.1\lambda}{2\pi(n-1)} = 0.48 \text{（}\mu m\text{）}$$

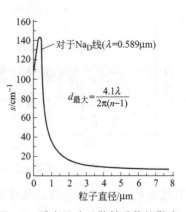

图 3-5　质点尺寸对散射系数的影响

时，散射系数出现峰值，即散射最强。显然，光的波长不同，最大散射系数对应的质点直径也不同。从图 3-5 中可以看出，曲线由左右两条不同形状的曲线所组成，各自有着不同的规律。若散射质点的体积浓度不变，当 $d < \lambda$ 时，则随着 d 的增加，散射系数 s 也随之增大；当 $d > \lambda$ 时，则随着 d 的增加，s 反而减小；当 $d \approx \lambda$ 时，s 达最大值。所以可根据散射中心尺寸和波长的相对大小，分别用不同的散射规律进行处理，可求出 s 与其他因素的关系。

当 $d > \lambda$ 时，反射、折射引起的总体散射起主导作用。此时，由于散射质点和基体的折射率的差别，当光线碰到质点与基体的界面时，就要产生界面反射和折射。由于连续的反射和折射，总的效果相当于光线被散射了。对于这种散射，可以认为散射系数正比于散射质点的投影面积：

$$s = KN\pi R^2 \tag{3-18}$$

式中，N 为单位体积内的散射质点数；R 为散射质点的平均半径；K 为散射因子取决于基体与质点的相对折射率。当两者相近时，由于无界面反射，$K \approx 0$。由于 N 不好计算，设散射质点的体积含量为 V，则：

$$V = \frac{4}{3}\pi R^3 N \tag{3-19}$$

则式（3-18）式变为：

$$s = \frac{3KV}{4R} \tag{3-20}$$

故

$$I = I_0 e^{-3KVx/4R}$$

由式中可见，$d > \lambda$ 时，R 越小，V 越大，则 s 越大，这符合图 3-5 实验规律。同时 s 随相对折射率的增大而增大。

当 $d < 1/3\lambda$ 时，可近似地采用 Rayleigh 散射来处理，此时散射系数：

$$s = 32\pi^4 R^3 V \lambda^{-4}\left(\frac{n^2-1}{n^2+2}\right)^2 \tag{3-21}$$

总之，不管在上述哪种情况下，散射质点的折射率与基体的折射率相差越大，将产生越严重的散射。

$d \approx \lambda$ 的情况属于 Mie 散射为主的散射，因这个尺度范围的粒子散射比较复杂，不在这里讨论。

3. 非弹性散射

当光束通过介质时，入射光子与介质发生非弹性碰撞，使散射光的波长（或频率）发生改变，这种散射称为非弹性散射。与弹性散射相比，非弹性散射通常要弱几个数量级，常常被忽略。

图 3-6 为散射光谱图，图中与入射光频率相同的弹性散射谱线为瑞利散射线，其两旁布

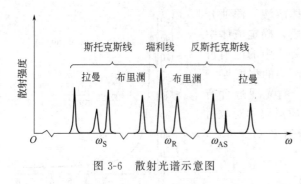

图 3-6　散射光谱示意图

里渊散射线、拉曼散射线都为非弹性散射，且它们对称地分布在瑞利散射线的两侧。与瑞利线相距较远的是拉曼散射线，它们与瑞利线的频率差一般在 $10 \sim 10^2 \, m^{-1}$ 量级，与瑞利线相距较近的是布里渊散射线，它们与瑞利线的频率差可因散射介质能级结构的不同而在 $10^2 \sim 10^6 \, m^{-1}$ 量级之间。在瑞利散射线低频侧的布里渊散射线、拉曼散射线又统称为斯托克斯（Stockes）线，而在瑞利散射线高频侧的布里渊散射线、拉曼散射线统称为反斯托克斯（anti-Stockes）线。

从波动观点来看，光的非弹性散射机制是光波电磁场与介质内微观粒子固有振动之间的耦合，从而激发介质微观结构的振动或导致振动的消失，以致散射光波频率相应出现"红移"（频率降低）或"蓝移"（频率增高）。通常能产生拉曼散射的介质多由相互束缚的正负离子所组成，正负离子的周期性振动导致偶极矩的周期性变化，这种振动偶极矩与光波电磁场的相互作用引起能量交换，发生光波的非弹性散射。所以，拉曼散射可以认为是分子或点阵振动的光学声子（光学模）对光波的散射。没有振动偶极矩的体系也可以通过光波感生极化而产生拉曼散射，但散射强度较弱。布里渊散射是点阵振动引起的密度起伏或超声波对光波的非弹性散射，也可以说是点阵振动的声学声子（声学模）与光波之间能量交换的结果。由于声学声子的能量低于光学声子的能量，所以，布里渊散射的频移比拉曼散射小，它们紧靠在瑞利散射线的两旁，只能用高分辨率的双单色仪的光谱仪才能分辨出来。

从能量观点来看，拉曼散射过程可以用简单的能级跃迁图来说明，如图 3-7 所示。图 3-7(a) 表示瑞利散射过程，当处于低能级 E_1（或高能级 E_2）的介质分子受到频率为 ν_0 的入射光子作用时，介质分子吸收这个光子，跃迁到某个虚能级，随后这个虚能级上的分子便向下跃迁回到它原来的能级，发射出一个与入射光子频率相同的光子（方向可能改变），这就是瑞利散射过程。图 3-7(b) 表示拉曼散射的斯托克斯过程，它与瑞利散射的唯一区别是分子从虚能级向下跃迁时回到了较高能级 E_2，并伴随一个光子发射，这个光子的频率与入射光子频率相比红移了 $\Delta\nu$，其数值相当于两个能级的能量差，即

$$h\Delta\nu = E_2 - E_1 \tag{3-22}$$

图 3-7(c) 表示的是拉曼散射的反斯托克斯过程，其特点是：如果介质分子原来处于较高能级 E_2，在吸收频率为 ν_0 的入射光子跃迁到一个较高的虚能级后，分子向回跃迁到了低能级 E_1，并同时发射了一个频率蓝移的散射光子，频移量 $\Delta\nu$ 仍符合式(3-22)。

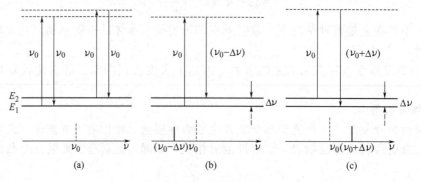

图 3-7　分子散射的量子图

　　需要说明的是，这里所说的虚能级，实际上应当理解为电磁场和介质的共同状态，也就是在相互作用过程中形成的复合态。但是量子力学图像里只给出介质的状态，所以把共同状态称为虚态或虚能级。一般虚能级并不真正代表介质体系的真实能级。实验发现，当入射光的频率选择到使虚能级正好与介质的某个能级重合时，拉曼散射的强度会大大加强，这种情形称为共振拉曼散射。此外，通过用强激光进行的拉曼散射实验发现，当入射光强超过某阈值时，拉曼散射强度可以获得增益，这时的强度会突然增加几个数量级，并且在瑞利散射线的两侧还会出现多条等间隔分布的散射谱线，分别称为一级、二级……拉曼散射谱线，这种现象称为受激拉曼散射，其机制类似于激光的形成。与受激拉曼散射相对应，一般拉曼散射可称为自发拉曼散射。布里渊散射也有类似的共振和受激过程。

　　由于拉曼散射和布里渊散射中散射光的频率与散射物质的能态结构有关，研究非弹性光散射已经成为获得固体结构、点阵振动、声学动力学以及分子的能级特征等信息的有效手段。此外，受激拉曼散射还为开拓新的相干辐射波长和可调谐相干光源开辟了新的途径。

五、色散

　　材料的折射率随入射光的频率的减小（或波长的增加）而减小的性质，称为材料的色散。对于所考虑的任何入射光波长，材料的色散为

$$色散 = \frac{dn}{d\lambda} \tag{3-23}$$

　　色散值可以由色散曲线来确定，图 3-8 是一些材料的色散曲线。实用的测量色散方法是用固定波长的折射率来表达，而不是去确定完整的色散曲线。如光学玻璃或晶体材料的折射率测定均使用特定的光，并记为 n_p，用其描述材料的色散。最常用的数值是倒数相对色散，即色散系数

$$\gamma = \frac{n_D - 1}{n_F - n_C} \tag{3-24}$$

　　式中，n_D、n_F 和 n_C 分别是以钠的 D 谱线（5893Å）、氢的 F 谱线（4861Å）和 C 谱线（6563Å）为光源，测得的折射率。描述光学玻璃的色散还用平均色散（$n_F - n_c$）。

　　由于光学玻璃或多或少都具有色散现象，因而使用这种材料制成的单片透镜成像不够清晰，在自然光的透过下，在像的周围环绕了一圈色带。克服的方法是用不同牌号的光学玻璃，分别磨成凸透镜和凹透镜组成复合镜头，来消除色差，这叫做消色差镜头。

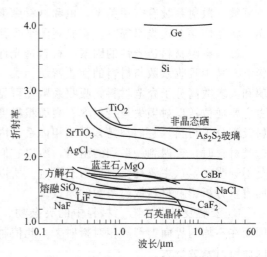

图 3-8　晶体和玻璃的色散曲线

　　色散的原因可采用阻尼受迫振子的模型解释。介质原子的电结构可以被看做是正负电荷之间由一根无形的弹簧束缚在一起的振子，在光波电磁场的作用下，正负电荷发生相反方向的位移，并跟随光波频率作受迫振动。光波引起介质中束缚电荷受迫振动的同时，受迫振动的振子（束缚电荷）又可以作为新的电磁波波源，向外发射"电磁次波"（或称散射波）。在固体材料中这种散射中心的密度很高，多个振子波的相互干涉使得次波只沿原来入射光波的方向前进。按照波的叠加原理，次波和入射光波叠加的结果使合成波的位相与入射波不同。因为光速是等位相状态的传播速度，次波的叠加改变了波的位相，也就改变了光波的速度，而次波的位相就是振子受迫振动的位相，它既与光波电矢量振动的频率有关，又和振子固有

频率有关。因此，介质中的光速与光波频率（波长）有关，同时与材料的固有振动频率有关，而材料的折射率反映了光在材料中的传播速度，所以材料的折射率与入射光的频率有关。

六、光学性能的应用及其影响因素

1. 透光性

（1）透光性概念　材料可以使光透过的性能称为透光性，透光性是个综合指标，即光能通过材料后，剩余光能所占的百分比。光的能量（强度）可以用照度来表示。

强度为 I_0 的光束垂直地入射到一介质表面，由于介质表面与空间介质之间存在相对折射率 n_{21}，因而在表面上有反射损失 L_1：

$$L_1 = RI_0 = \left(\frac{n_{21}-1}{n_{21}+1}\right)^2 I_0 \qquad (3-25)$$

透进材料中的光强度为 $I_0(1-R)$，这一部分光穿过厚度为 x 的材料后，又消耗于吸收损失 L_2 和散射损失 L_3。到达材料的另一表面时，光强度剩下 $I_0(1-R)\mathrm{e}^{-(a+s)x}$。再经过表面反射，一部分光能反射进材料内部，其数量为：

$$L_4 = I_0 R(1-R)\mathrm{e}^{-(a+s)x} \qquad (3-26)$$

另一部分光能透过界面至空间，其光强度为：

$$I = I_0(1-R)^2 \mathrm{e}^{-(a+s)x} \qquad (3-27)$$

显然，I/I_0 才是真正的透光率。当然 I 中还有一部分光能未包括，这就是 L_4 反射回去的光，再经两个内表面二、三次反射之后，从表面透出的光能。这部分光能显然与材料的吸收系数、散射系数有密切关系，也和材料厚度以及光束入射角有关。如果考虑这部分透出的光，将会使整个透光率提高。实验观测结果往往偏高就是这个原因。

（2）影响材料透光性的因素　材料透光性主要受材料的吸收系数、反射系数及散射系数影响，其中吸收系数与材料的性质密切相关，金属材料因吸收系数太大而不透光，陶瓷、玻璃和大多数高分子介电材料，吸收系数在可见光范围内是比较低的，在影响透光性因素中不占主要地位；反射损失与折射率、表面粗糙度有关，我们在界面反射部分细述；对于无机材料及高分子材料，它们都是多晶多相体系，内含杂质、气孔、晶界、微裂纹等缺陷，光通过这类材料时，会遇到一系列的阻碍，所以它们不像纯晶体、玻璃体那样透光，大多数看上去是不透明的，这主要是受散射因素影响。所以，散射系数是影响材料透光率的主要因素，下面着重分析影响材料散射系数的因素。

① 宏观及显微缺陷　材料中的夹杂物、掺杂、晶界等对光的折射性能与主晶相不同，因而在不均匀界面上形成相对折射率。此值越大则界面上反射系数越大，散射因子也越大，因而散射系数变大。

② 晶粒排列方向　如果材料不是各向同性的立方晶体或玻璃态，则存在有双折射问题，与晶轴成不同角度的方向上的折射率均不相同。在多晶材料中，晶粒之间的取向不一致，使晶粒之间产生折射率的差别，引起晶界处的反射及散射损失。图 3-9 所示为一个典型的不同晶粒取向的双折射引起的晶界损失。图中两个相邻晶粒的光轴互相垂直，设光线沿左晶粒的光轴方向射入，则在左晶粒中只存在常光折射率 n_0。右晶粒的光轴垂直于左晶粒的光轴，也就垂直于晶界处的入射光。由于此晶体有双折射现象，因而不但有常光折射率 n_0，还有非常光折射率 n_e。左晶粒的 n_0 与右晶粒的 n_0 相对折射率为 $n_0/n_0=1$，$R=0$，无反射损失，但左

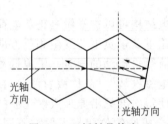

图 3-9　双折射晶体在
晶粒界面产生连续
的反射和折射

光轴
方向

光轴方向

晶粒的 n_0 与右晶粒的 n_e 相对折射率 $n_0/n_e \approx 1$，此值导致反射和散射损失。

例如，α-Al$_2$O$_3$ 晶体的 $n_0=1.760$，$n_e=1.768$，假设相邻晶粒的光轴互相垂直，则晶界面的反射系数

$$R=\left(\frac{n_{21}-1}{n_{21}+1}\right)^2=[(1.768/1.760-1)/(1.768/1.760+1)]^2=5.14\times10^{-6}$$

若材料厚度 2mm，晶粒平均直径 $10\mu m$，理论上应具有 200 个晶界，除去晶界反射损失后，剩余的部分为 $(1-R)^{200}=0.99897$，损失并不大。从散射损失来分析，$n_{21}\approx1$，所以 $K\approx0$，$s=KV/R\approx0$，散射损失也很小。所以，Al$_2$O$_3$ 陶瓷可用来制作透明灯管。

而金红石晶体的 $n_0=2.854$，$n_e=2.567$，因而其反射系数 $R=2.8\times10^{-3}$。若材料厚度 3mm，晶粒平均直径 $3\mu m$，理论上应具有 1000 个晶界，则剩余的部分为 $(1-R)^{1000}=0.06$，且由于 n_{21} 较大，因此 K 较大，s 也较大，散射损失较大，故金红石晶体不透光。

所以，如果使晶界玻璃相与主晶相折射率相差不大，就可望得到透光性较好的透明陶瓷材料。但这是相当不容易做到的。多晶体陶瓷的透光率远不如同成分的玻璃大，因为相对来说，玻璃内不存在晶界反射和散射这两种损失。高分子材料也是如此。立方晶系 MgO、Y$_2$O$_3$ 等材料，没有双折射现象，透明度较高。

③ 气孔引起的散射损失　存在于晶粒之间以及晶界玻璃相内的气孔，从光学上讲构成了第二相，其折射率 n_1 可视为 1，与基体材料之 n_2 相差较大，所以相对折射率 $n_{21}=n_2$ 也较大。由此引起的反射损失、散射损失远较杂质、不等向晶粒排列等因素引起的损失为大。例如，仍以 α-Al$_2$O$_3$ 陶瓷材料气孔体积分数为 0.2%，$d=4\mu m$，试验测得散射因子 $K=2\sim4$，因气孔直径大于可见光的波长（$\lambda=0.39\sim0.79\mu m$），所以计算散射损失时可采用公式(3-20)，即

$$s=\frac{3KV}{4R}=\frac{3\times2\times0.002}{4\times0.002}=1.5\ (\text{mm}^{-1})$$

若材料厚度 $x=3$mm，则 $I=I_0e^{-1.5\times3}=0.011I_0$，即剩余光能只有 1% 左右。可见气孔对透光率影响很大。

若气孔是 $d=0.01\mu m$ 的微小气孔，气孔体积含量达 0.63%，因 $d<\lambda/3$，所以散射损失可用公式(3-21)计算，即

$$s=32\pi^4R^3V\lambda^{-4}\left(\frac{n^2-1}{n^2+2}\right)^2$$
$$=\frac{32\pi^4\times(0.005\times0.001)^3\times0.0063}{(0.6\times0.001)^4}\times\left(\frac{1.76^2-1}{1.76^2+2}\right)^2=0.0032\ (\text{mm}^{-1})$$

若材料厚度 $x=2$mm，则 $I=I_0e^{-0.0032\times2}=0.994I_0$，散射损失不大，仍是透光性材料。可见，气孔的大小对散射影响也很大。可以采用真空干压成型等静压工艺消除较大的气孔，减小气孔对光的散射。

（3）提高无机材料透光性的措施

① 提高原材料纯度　为提高材料透光性，材料纯度应尽可能高。因为在材料中杂质形成的异相，其折射率与基体不同，等于在基体中形成分散的散射中心，使 s 提高。杂质的颗粒大小影响到 s 的数值，尤其当其尺度与光的波长相近时，s 达到峰值。所以，杂质浓度以及与基体之间的相对折射率都会影响到散射系数的大小。

从材料的吸收损失角度，不但基体材料，而且杂质在使用光的波段范围内，吸收系数 α 均不得出现峰值。这是因为不同波长的光，对材料及杂质的 α 值均有显著影响。特别是在紫外波段，吸收率有一峰值，所以，要求材料及杂质具有尽可能大的禁带宽度 E_g。这样可使吸收峰处光的波长尽可能短一些，因而不受吸收影响的光的频带宽度可放宽。

② 掺加外加剂　表面看起来，掺加主成分以外的其他成分，如上所述，似乎会影响材料的透光率，但是，这里掺加外加剂的目的是降低材料的气孔率，特别是降低材料烧成时的闭孔（大尺寸的闭孔称为孔洞），正如前面分析的那样，气孔对材料透光性的影响程度远大于杂质等其他结构因素。成瓷或烧结后晶粒长大，把坯体中的气孔赶至晶界，成为存在于晶界玻璃相中的气孔和相界面上的孔洞，这些气孔很难逸出。另外，烧结阶段在晶粒内部还生成一个一个的圆形闭孔，与外界隔绝得很好，这些小气孔虽然对材料强度无多大影响，但对其光学性能特别是透光率影响颇大。R. L. Coble 提出在 Al_2O_3 中加入少量 MgO 来抑制晶粒长大，在新生成晶粒表面形成一层黏度较低的 $MgO \cdot Al_2O_3$ 尖晶石，一方面，在烧结后期阻碍 Al_2O_3 晶粒的迅速长大；另一方面，又使气泡有充分时间逸出，从而使透明度增大。MgO 虽有排除气孔的作用，但掺得过多也会引起透光率下降。适宜的掺量一般约为 Al_2O_3 总重的 $0.05\% \sim 0.5\%$。

为了进一步提高 Al_2O_3 陶瓷的透光性，近年来，除了加入 MgO 以外，还加入 Y_2O_3、La_2O_3 等外加剂。这些氧化物溶于尖晶石中，形成固溶体。根据 Lorentz-Lorenz 公式，离子半径越大的元素，电子位移极化率越大，因而折射率也越大。上述氧化物中，Mg^{2+} 的半径为 0.65Å，Y^{3+} 的为 0.93Å，La^{3+} 的为 1.15Å。由 MgO 及 Al_2O_3 组成的尖晶石的折射率（1.72）偏离了 Al_2O_3 和 MgO 的折射率。将 Y_2O_3 固溶于尖晶石后，将使尖晶石的折射率接近于主晶相的折射率（1.76），从而减少了晶界的界面反射和散射。

③ 工艺措施　一般，采取热压法要比普通烧结法更便于排除气孔，因而是获得透明陶瓷较为有效的工艺，热等静压法效果更好。几年前，有人采用热锻法使陶瓷织构化，从而改善其性能。这种方法就是在热压时采用较高的温度和较大的压力，使坯体产生较大的塑性变形，由于大压力下的流动变形，使得晶粒定向排列，结果大多数晶粒的光轴趋于平行，这样在同一个方向上，晶粒之间的折射率就变得一致了，从而减少了界面反射。用热锻法制得的 Al_2O_3 陶瓷是相当透明的。

2. 界面反射和光泽

(1) 镜反射和漫反射　光的镜反射是指光照射在光洁度非常高的材料表面时，反射光线具有明确的方向性，我们把这种反射称之为镜反射，前面所述的光的反射就是这种情况。

利用这个性能材料可达到各种光学应用目的，例如雕花玻璃器皿，含铅量高，折射率高，因而反射率约为普通钠钙硅酸盐玻璃的两倍，达到装饰效果。同样，宝石的高折射率使之具有强折射和高反射性能。玻璃纤维作为通信的光导管时，有赖于光束总的内反射。这是用一种可变折射率的玻璃或用涂层来实现的。有的光学应用中，希望得到强折射和低反射相结合的玻璃产品。这可以通过在镜片上涂一层折射率为中等、厚度为光波长 1/4 的涂层来实现。所指光的波长可采用可见光谱的中部波长（即 $0.60\mu\text{m}$ 左右）。这样，当光线射至带有涂层的玻璃上时，其一次反射波刚好被涂层与玻璃接触平面反射的大小相等、位相相反的二次反射波所抵消。在大多数显微镜和许多其他光学系统中都采用这种涂层的物镜。同样的系统被用来制作"不可见"的窗户。

反之，光照射在粗糙的材料表面时，反射线没有方向性，这种反射称之为漫反射，如图 3-10 所示。陶瓷中大多数表面不是十分光滑，因此当光照射到它们的表面时，发生相当的漫反射。漫反射的原因是由于材料表面粗糙，在局部地方的

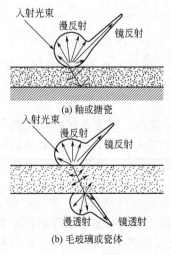

图 3-10　镜反射和漫反射

入射角参差不一，反射光的方向也各不相同，致使总的反射能量分散在各个方向上，形成漫反射。材料表面越粗糙，镜反射所占的能量分数越小。

（2）光泽　要对光泽下个准确的定义是困难的，但它与镜反射和漫反射的比例密切相关。研究发现，表面光泽与反射影像的清晰度和完整性，亦即与镜反射光带的宽度和它的强度有密切的关系，这些因素主要由折射率和表面光洁度决定。为了获得高的表面光泽，需要采用铅基的釉或搪瓷组分，烧到足够高的温度，使釉铺展而形成完整的光滑表面。在这过程中，通常由于晶体形成时会造成表面粗糙、表面起伏或者气泡爆裂造成凹坑，使获得高光泽的釉和搪瓷带来一定的困难。

相反，为了减小表面光泽，可以采用低折射率玻璃或增加表面粗糙度，例如采用研磨或喷砂的方法，表面化学腐蚀的方法以及由悬浮液、溶液或者气相沉积一层细粒材料的方法产生粗糙表面。

3. 不透明性（乳浊）和半透明性

（1）不透明性　陶瓷坯体有气孔，而且色泽不均匀，颜色较深，缺乏光泽，因此常用釉加以覆盖。釉的主体为玻璃相，有较高的表面光泽和不透明性。搪瓷珐琅也施不透明以覆盖底层的铁皮，若釉透明，底层的铁皮就要显露出来。乳白玻璃也是利用光的散射效果，使光线柔和，釉、搪瓷、乳白玻璃和瓷器的外观和用途在很大程度上取决于它们的反射和透射性能。图 3-10 所示为釉或搪瓷以及玻璃板或瓷体中小颗粒散射的总效果。影响该效果的光学特性是：镜反射光的分数（它决定光泽）；直接透射光的分数；入射光漫反射的分数以及入射光漫透射的分数。要获得高度乳浊（不透明性）和覆盖能力，就要求光在达到具有不同光学特性的底层之前被漫反射掉。这可以通过在基质玻璃中引入第二相粒子（乳浊剂）来达到。为了有高的半透明性，光应该被散射。透射的光是扩散开的，但是大部分入射光应当透射过去而不是被漫反射掉。正如前面所述，决定总散射系数从而影响两相系统乳浊度的主要因素是第二相颗粒尺寸、相对折射率以及第二相颗粒的体积百分比。为了得到最大的散射效果，颗粒及基体材料的折射率数值应当有较大的差别，颗粒尺寸应当和入射波长大约相等，并且颗粒的体积分数要高。

（2）乳浊剂的成分　构成釉及搪瓷的主要成分是硅酸盐玻璃，其折射率限定在 $1.49\sim$ 1.65。作为一种有效的散射剂，加进玻璃内的乳浊剂必须具有和上述数值显著不同的折射率。此外，乳浊剂还必须能够在硅酸盐玻璃基体中形成小颗粒，不与玻璃相起反应。

乳浊剂是在熔制时形成的惰性产物，或者是在冷却或再加热时从熔体中结晶出来的。后者是经常使用的，是获得所希望颗粒尺寸的最有效方法。釉、搪瓷和玻璃中常用的乳浊剂及其平均折射率见表 3-3，由此表可以看出，最有效的乳浊剂是 TiO_2，由于它能够成核并结晶成非常细的颗粒，所以广泛地用于要求高乳浊度的搪瓷釉中。

表 3-3　适用于硅酸盐玻璃介质（$n_{玻}=1.5$）的乳浊剂

乳浊剂	$n_{分散}$	$n_{晶}/n_{玻}$	乳浊剂	$n_{分散}$	$n_{晶}/n_{玻}$
惰性添加物			玻璃中成核、结晶成的		
SnO_2	$1.99\sim2.09$	1.38	NaF	1.32	0.87
$ZrSiO_4$	1.94	1.30	CaF_2	1.43	0.93
ZrO_2	$2.13\sim2.20$	1.47	$CaTiSiO_5$	1.9	1.27
ZnS	2.4	1.6	ZrO_2	2.2	1.47
TiO_2	$2.50\sim2.90$	1.8	$CaTiO_3$	2.35	1.57
熔制反应的惰性产物			TiO_2（锐钛矿）	2.52	1.68
气孔	1.0	0.67	TiO_2（金红石）	2.76	1.84
$As_2O_5Ca_4Sb_4O_{13}F_2$	2.2	1.47			

表 3-3 中所列的乳浊剂大都是折射率显著高于玻璃折射率的晶体，氟化物的折射率较低，磷灰石的折射率与玻璃的相近，它们须与其他乳浊剂合用才有较好的乳浊效果。因为它们在玻璃中的乳浊机理有些不同，其中所含的氟或磷酐有促进其他晶体在玻璃中析出的作用，因而显示乳浊效果。含锌的釉也有达到较好乳浊效果的，可能是析出了锌铝尖晶石的晶粒。但需注意的是，含锌化合物在釉中溶解度高，即使有乳浊作用，烧成温度范围也是窄的。

TiO_2 的折射率特别高，但在釉和玻璃中都没有用作乳浊剂，这是由于高温，特别是在还原气氛下，会使釉着色。但在搪瓷中，TiO_2 却是良好的乳浊剂。由于烧搪瓷的温度仅为 973～1073K 的低温范围，不会出现变色情况，因而在搪瓷工业中 TiO_2 是一种有良好遮盖能力的乳浊剂。

Sb_2O_5 在釉和玻璃中有较大的溶解度，一般也不用它们作为乳浊剂，但却是搪瓷的主要乳浊剂之一。CeO_2 也是良好的乳浊剂，效果很好，但由于稀有而昂贵，限制了它的推广使用。ZnS 在高温时易溶于玻璃中，降温时从玻璃中析出微小的 ZnS 结晶而具乳浊效果，在某些乳白玻璃中常有使用。

SnO_2 是另一种广泛使用的优质乳浊剂，在釉及珐琅中普遍使用，已有几十年的历史。在多种不同组成的釉中，含量一定的 SnO_2 能保证良好的乳浊效果，其缺点是烧成时如遇还原气氛，则会还原成 SnO 而溶于釉中，乳浊效果消失，并且比较稀少，价格较贵，使得它的应用受到一定限制。近年较深入地研究了锆化合物乳浊剂，推广使用效果很好。它的优点是乳浊效果稳定，不受气氛影响。通常使用天然的锆英石（$ZrSiO_4$）而不用它的加工制品 ZrO_2，这样成本要低得多。

(3) 乳浊机理　入射光被反射、吸收和透射所占的分数取决于釉层的厚度、釉的散射和吸收特性。对于无限厚的釉层，其反射率 m_∞ 等于釉层的总反射（入射光被漫反射和镜面反射）与入射光强度比。对于没有光吸收的釉层，$m_\infty = 1$。吸收系数大的材料，其反射率低。好的乳浊剂必须具有低的吸收系数，亦即在微观尺度上，具有良好的透射特性。m_∞ 取决于吸收系数和散射系数之比：

$$m_\infty = 1 + \alpha/s - (\alpha^2/s^2 + 2\alpha/s)^{1/2} \qquad (3\text{-}28)$$

也就是说，釉层的反射同等程度地由吸收系数和散射系数所决定。但是，在实际的釉、搪瓷的应用中，釉层厚度是有限的。釉层底部与基底材料的界面，也会有反射上来的光线增加到总反射率中去。用高的反射率、厚的釉层和高的散射系数或它们的某些结合，可以得到良好的乳浊效果。

(4) 改善乳浊性能的工艺措施

① 制成熔块釉　釉和珐琅都是把原料细磨成浆，施于制品上入窑煅烧的。制作珐琅时，先把绝大部分原料熔融淬冷，再湿磨成琅浆。釉也有先把部分原料制成熔块，再配其他生料湿磨成釉浆，这称为熔块釉。但也有全用生料的生料釉，乳浊釉浆制备方法不同，乳浊效果差别很大。熔块釉析出的小晶粒的大小与光波波长接近，散射强烈，因而有更好的乳浊效果。搪瓷制品由于烧成温度低，所用原料基本上事先熔融淬冷后磨细，因而保证乳浊剂粒子绝大部分都是从熔体中析出的微小颗粒，从而获得良好的乳浊效果。

② 乳浊釉的烧成制度　以锆英石为乳浊剂，全部进入熔块的乳浊釉为例，将釉施于坯体上，从 973K 开始到 1573K 温度区间，以 100K/h 的速度均匀升温，且每升高 50K 取一次试样，再均匀冷却，发现釉的乳浊程度随着温度上升而增加，到一定温度后达到最大，以后又下降，最终变成透明。如果将细磨的釉粉填充于瓷舟中，放在温度 873～1573K 的梯温电炉中煅烧，所得结果与上相仿。瓷舟中部乳浊程度最高，向两端逐渐减弱，在高温端则变成

透明的玻璃体，低温端是未烧结的粉料。从 923K 开始，釉粉烧结成块，用电子显微镜可以察看到微小的晶核，甚至在约 900K 的未烧结釉粉中也可以找到这种晶核。将已发现了晶核的烧结釉块或未烧结的釉粉置于乳浊最适宜的温度下，保温一段时间，就能达到很好的乳浊效果。

而经过高温完全熔透的那部分釉块，即使放在最适宜的乳浊温度下保温长时间，也只是在表面有少量结晶，釉失去光泽，没有明显的乳浊效果。以上说明了晶核容易在两相界面生成，在熔体内部析出相当困难。没有晶核的存在，即使外界条件再好也不能生长出导致显著乳浊效果的晶粒。釉料是经过细磨成浆，施于器物表面再焙烧的，因而颗粒与空气充分接触，有许许多多的界面，大大有利于晶核的生成，所以有显著的乳浊效果。

（5）半透明性　乳白玻璃和半透明瓷器（包括半透明釉）的一个重要光学性质是半透明性。即除了由玻璃内部散射所引起的漫反射以外，入射光中漫透射的分数对于材料的半透明性起着决定作用。对于乳白玻璃来说，最好是具有明显的散射而吸收最小，这样就会有最大的漫透射。最好的方法是在选种玻璃中掺入和基质材料的折射率相近的 NaF 和 CaF_2。这两种乳浊剂的主要作用不是乳浊剂本身的析出，而是起矿化作用，促使其他晶体从熔体中析出，从而获得良好的乳浊效果。

单相氧化物陶瓷的半透明性是它的质量标志，在这类陶瓷中存在的气孔往往具有固定的尺寸，因而半透明性几乎只取决于气孔的含量。对于含有小气孔率的高密度单相陶瓷，半透明度是衡量残留气孔率的一种敏感的尺度，因而也是瓷品的一种良好的质量标志。

一些重要的工艺瓷，像骨质瓷和硬瓷，半透明性是主要的鉴定指标。通常构成瓷体的相是折射率接近 1.5 的玻璃、莫来石和石英。在致密的玻化瓷的显微组织中，细针状莫来石结晶出现在具有较大的石英晶体的玻璃基体之中。这种石英晶体是未溶解的或部分溶解的。因此，虽然莫来石的晶粒尺寸是在微米级范围，但石英的晶粒尺寸要大得多。由于晶粒尺寸和折射率的差别，莫来石在陶瓷体内对于散射和降低半透明性起着主要的作用。因此，提高半透明性的主要方法是增加玻璃含量，减少莫来石的量。提高长石对黏土的比例可实现此要求。

如前所述，气孔在瓷体中的存在会降低半透明性。只有把制品烧到足够的温度，使黏土颗粒间的孔隙形成的细孔完全排除，致密化过程得以充分进行，才能得到半透明的瓷件。

4. 材料的颜色

高分子材料的颜色与其本身的结构、表面特征及所含其他物质有关。聚合物的玻璃态通常是无色透明的；配位高分子因金属离子配位键的电子跃迁能量恰好在可见光频率范围内，故对光波产生选择性吸收而呈现出颜色。部分结晶的高聚物中既有晶区，又有非晶区，当光在其中传播时，遇到不均匀结构产生的次级波与主波方向不一致时，会与主波合成产生干涉现象，使光线偏离原来的方向而引起散射现象，减弱投射光的强度。光散射使材料透明性下降而呈现出乳白色。聚合物的颜色通常主要还是通过加入颜料、染料来实现的，或是由于含有某些杂质所引起的。对于非晶高聚物，如果加入具有相容性的染料，则得到透明的有色材料；如果加入不相容的颜料，则得到不透明的有色材料。非晶高聚物的透明性与聚合物和染料等其他添加剂的相容性有关。热力学相容的共混体系，或热力学不相容但有较高程度的相容性以致微相尺寸小于光波波长的共混物，具有透明性；而微相尺寸大于光波波长的不相容共混物发生光散射，而使其呈乳白色，不具有透明性。因此，根据简单的透明性观察可对共混物的相容性作出判断。

硅酸盐工业中，有色陶瓷、玻璃、搪瓷、水泥主要也是加入颜料，如玻璃工业中的彩色玻璃和物理脱色剂，搪瓷上用的彩色珐琅罩粉和水泥生产中的彩色水泥。陶瓷使用颜料的范围最广，色釉、色料和色坯中都要使用颜料，低温颜料色彩丰富，高温颜料因为高温下稳定的着色化合物不太多，故色彩比较单调。

根据可见光的互补原理，透明性物质呈现颜色，表明具有对应的互补部分光波的选择性吸收，引起选择性反射和透射，从而呈现出多种颜色。如果对所有波长的光线都有很强的吸收，即均匀吸收，材料则呈现灰色乃至黑色。

(1) 颜料的着色剂　陶瓷坯釉中起着色作用的有着色化合物（简单离子着色或复合离子着色）、胶体粒子。其显色的原因是由于着色剂对光的选择性吸收而引起选择性反射或选择性透射，从而显现颜色。

从本质上说，某种物质对光的选择性吸收，是吸收了连续光谱中特定波长的光量子，以激发吸收物质本身原子的电子跃迁。当然，在固体状态下，由于原子的相互作用、能级分裂，发射光谱谱线变宽。同样道理，吸收光谱的谱线也要加宽，成为吸收带或有较宽的吸收区域。这样，剩下的就是较窄的（即色调较纯的）反射或透射光。

① 分子着色剂　在分子着色剂中，主要起作用的是本身可着色的简单离子，或是通过复合着色的复合离子。对于简单离子来说，当外层电子是惰性气体型或铜型时，本身比较稳定，因此需要较大的能量才能激发电子进入上层轨道，这就需要吸收波长较短的量子来激发外层电子，因而造成了紫外区的选择性吸收，对可见光则无影响，因此往往是无色的。过渡元素的次外层有未成对的 d 电子，镧系元素的第三外层含未成对的 f 电子，它们较不稳定，能量较高，只需较少的能量即可激发，故能选择吸收可见光，从而呈现不同的颜色。常见的着色剂中，过渡元素 Co^{2+}，吸收橙、黄和部分绿光，呈带紫的蓝色；Cu^{2+} 吸收红、橙、黄及紫光，让蓝、绿光通过；Cr^{2+} 着黄色；Cr^{3+} 吸收橙、黄着成鲜艳的紫色。锕系与镧系相同，系放射性元素，如铀 U^{6+}，吸收紫、蓝光，着带绿荧光的黄绿色。复合离子如其中有显色的简单离子则会显色，如全为无色离子，但相互作用强烈，产生较大的极化，也会由于轨道变形，而激发吸收可见光。如 V^{5+}，Cr^{6+}，Mn^{7+}，O^{2-} 均无色，但 VO_3^- 显黄色，CrO_4^{2-} 呈黄色，MnO_4^- 显紫色。

化合物的颜色多取决于离子的颜色，离子有色则化合物必然有色。通常为使高温色料（如釉下彩料等）的颜色稳定，一般都先将显色离子合成到人造矿物中去。最常见的是形成尖晶石形式 $AO \cdot B_2O_3$，这里 A 是二价离子，B 是三价离子。因此只要离子的尺寸合适，则二价、三价离子均可固溶进去。由于堆积紧密，结构稳定，所制成的色料稳定度高。此外，也有以钙钛矿型矿物为载体，把发色离子固溶进去而制成陶瓷高温色料的。

② 胶态着色剂　胶态着色剂最常见的有胶体金（红）、银（黄）、铜（红）以及硫硒化镉等几种。但金属与非金属胶体粒子有完全不同的表现，金属胶体粒子的吸收光谱或者说呈现的色调，取决于粒子的大小，而非金属胶体粒子则主要取决于它的化学组成，粒子尺寸的影响很小。

以金属胶态着色剂着色的玻璃或釉，它的色调取决于胶体粒子的大小，而颜色的深浅则取决于粒子的浓度。但在非金属胶态溶液，如金属硫化物中，则颗粒尺寸增大对颜色的影响甚小，而当粒子尺寸达到 100nm 或以上时，溶液开始混浊，但颜色仍然不变。在玻璃中的情况也完全相同，最好的例子就是以硫硒化镉胶体着色的著名的硒红宝石，总能得到色调相同、颜色鲜艳的大红玻璃，但当颗粒的尺寸增大至 100nm 或以上时，玻璃开始失去透明。通常含胶态着色剂的玻璃要在较低的温度下，以一定的制度进行热处理显色，以形成所需要的大小和数量的胶体粒子，才能出现预期的颜色。假如冷却太快，则制品将是无色的，必须经过再一次的热处理，方能显现出应有的颜色。

(2) 陶瓷的色调　陶瓷坯釉、色料等的颜色，除主要取决于高温下形成的着色化合物的颜色外，加入的某些无色化合物如 ZnO、Al_2O_3 等对色调的改变也有作用。烧成温度的高低，特别是气氛的影响，关系更大。某些色料应在规定的气氛下才能产生指定的色调，否则将变成另外的颜色。如钧红釉是我国一种著名的传统铜红釉，在强还原气氛下烧成，便能获得由于金属铜胶体粒子析出而着成的红色。但如果控制不好，还原不够或又重新氧化，偶然也会出现红蓝相间，杂以多种中间色调的"窑变"制品，绚丽斑斓，异彩多姿，其装饰效果反而超过原来单纯的红色。温度的高低，对颜料所显颜色的色调影响不大，但与浓淡、深浅则直接有关。通常制品只有在正烧的条件下才能得到预期的颜色效果，生烧往往颜色浅淡，而过烧则颜色昏暗。成套餐具、成套彩色卫生洁具、锦砖等产品出现的色差，往往是烧成时的温差引起的，这种色差会影响配套。

第二节　材料的受激辐射和激光

20 世纪 60 年代出现了一种崭新的光源：激光。这种光的色彩极为单纯，发射方向单一，辐射能量在空间和时间上高度集中，因而可以达到比太阳强 10^{10} 倍的亮度。激光器为科学研究和计量检测提供了强有力的手段，而且大大推动了信息、医学、工业、能源和国防领域的现代化过程。激光之所以具有传统光源无法比拟的优越性，其根本关键在于它利用了材料的受激辐射。

一、受激辐射

已经知道，材料的光吸收和光发射都是光和物质相互作用的基本过程。20 世纪初爱因斯坦在研究"黑体辐射能量分布"这一当时的物理学难题时曾提出，光与物质的相互作用中除了光吸收和光发射外，还有第三个基本过程，即受激辐射，并据此推导出黑体辐射的能量分布公式，合理的解释了实验规律。为了与受激辐射相区别，把光发射称为自发辐射。下面对爱因斯坦关于黑体辐射的理论要点进行简要介绍。

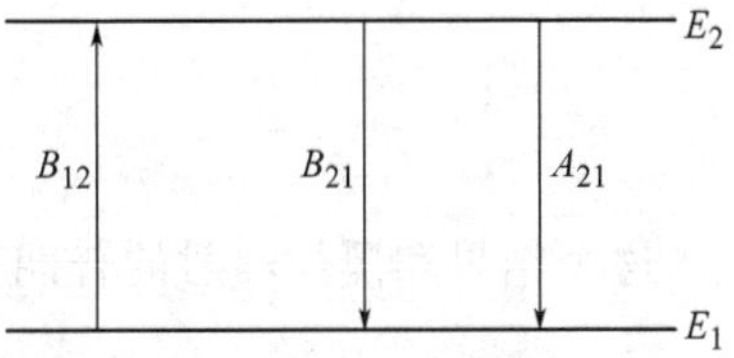

为简单起见，以原子为例，并且只讨论物质与发光有关的两个能级 E_1 和 E_2，如图 3-11 所示。

图 3-11　光与物质相互作用的三个基本过程

自发辐射过程是指，如果原子已经处于高能级，那么它就可能自发、独立地向低能级跃迁并发射一个光子，其能量为：

$$h\nu = E_2 - E_1 \tag{3-29}$$

各个原子发射的自发辐射光子，除了能量（频率）受上式限制外，其发射方向和偏振态都是随机和无规的。若以 N_2 代表处于高能级 E_2 的原子密度，则在单位体积内单位时间发生自发辐射的原子数 $(dN_2/dt)|_{sp}$（等于自发辐射的光子数）与高能级的原子数 N_2 成正比，故：

$$(dN_2/dt)|_{sp} = -A_{21}N_2 \tag{3-30}$$

式中，系数 A_{21} 称为自发辐射跃迁系数，也称为自发辐射系数。因此，A_{21} 即为没有辐射场存在时从高能级向低能级的跃迁系数。它仅与原子的性质有关，而与是否存在辐射场无关。负号表明自发辐射导致 N_2 随时间减少。

如果原子处于低能级，当能量满足 $h\nu = E_2 - E_1$ 的光子趋近它时，原子则可能吸收一个光子并跃迁到高能级。由于这个吸收过程只有存在适当频率的外来光子时才会发生，故可称为受激吸收。单位体积内单位时间发生受激吸收的原子数 $(dN_1/dt)|_{sp}$（等于被吸收的光子

数），不但与低能级的原子密度 N_1 成正比，还和辐射场的能量密度 $\rho(\nu, T)$ 成正比，所以有

$$(dN_1/dt)|_{sp} = -B_{12}\rho(\nu, T)N_1 \tag{3-31}$$

式中，B_{12} 为受激吸收系数；$B_{12}\rho(\nu, T)$ 则为受激吸收概率。吸收结果导致高能级原子数增加，故

$$(dN_2/dt)|_{sp} = -(dN_1/dt)|_{sp} \tag{3-32}$$

受激辐射过程是，当一个能量满足 $h\nu = E_2 - E_1$ 的光子趋近高能级 E_2 的原子时，入射的光子诱导高能级原子发射一个和自己性质完全相同的光子来。换句话说，受激辐射的光子和入射光子具有相同的频率、方向和偏振状态。受激辐射是受激吸收的逆过程，它的发生使高能级的原子数减少。单位体积内单位时间发生受激辐射的原子数 $(dN_2/dt)|_{sp}$（等于受激辐射产生的光子数）应与高能级的原子数 N_2 及辐射场能量密度 $\rho(\nu, T)$ 成正比，即

$$(dN_2/dt)|_{sp} = -B_{21}\rho(\nu, T)N_2 \tag{3-33}$$

式中，B_{21} 为受激辐射系数，而 $B_{21}\rho(\nu, T)$ 为受激辐射概率。

由于在热平衡状态下，只有当辐射体发射的光子数（包括自发辐射和受激辐射）等于吸收的光子数时，才能保持辐射场的能量密度不变，因此

$$[A_{21} + B_{21}\rho(\nu, T)]N_2 = B_{12}\rho(\nu, T)N_1 \tag{3-34}$$

与此同时，热平衡条件下，原子密度按能量的分布应满足玻尔兹曼分布定律

$$\frac{N_2}{N_1} = \frac{g_2}{g_1} e^{-\frac{h\nu}{k_B T}} \tag{3-35}$$

式中，k_B 为玻尔兹曼常数；g_1 和 g_2 分别为高、低能级的简并度。由式（3-34）式（3-35）可求得辐射场能量密度

$$\rho(\nu, T) = \frac{A_{21}/B_{21}}{\frac{g_1 B_{12}}{g_2 B_{21}} e^{\frac{h\nu}{k_B T}} - 1} \tag{3-36}$$

这个结果和黑体辐射的普朗克定律的形式一致，反映实验定律的普朗克公式形式为

$$\rho(\nu, T) = \frac{8\pi h\nu^3}{c^3} \frac{1}{e^{\frac{h\nu}{k_B T}} - 1} \tag{3-37}$$

比较式（3-36）和式（3-37）可以得到

$$\frac{A_{21}}{B_{21}} = \frac{8\pi h\nu^3}{c^3} \tag{3-38}$$

$$g_1 B_{12} = g_2 B_{21} \tag{3-39}$$

这就是著名的三个爱因斯坦系数 A_{21}、B_{21} 和 B_{12} 的关系式。

因此可以说，爱因斯坦的黑体辐射理论首次预言了受激辐射的存在，明确提出了光子和受激辐射概念，以清晰的物理图像解释了黑体辐射的规律。在近半个世纪以后，人们才制造出第一台激光器，真正观察到了受激辐射。

二、激活介质

为什么人们长期没有观察到受激辐射的存在呢？这是由于通常人们所接触到的体系都是热平衡体系或接近热平衡的体系。按照玻尔兹曼分布公式，能量差在光频波段的两个能级中，高能级的原子密度总是远小于低能级的原子密度，而受激辐射所产生的光子数与受激吸收的光子数之比等于高、低能级粒子数之比，所以受激辐射微乎其微，以至于长期没有被察觉。通过计算也可以证明，与自发辐射相比，在热平衡条件下，受激辐射也完全可以忽略。怎样才能使受激辐射占主导地位呢？关键在于设法突破玻尔兹曼分布，使高能级的粒子数大

于低能级的粒子数，这个条件称为"粒子数反转"。这里的"粒子"泛指任何具体介质中的微观粒子，而不局限于原子。显然，在高、低能级均无简并的情况下，粒子数反转即要求 $N_2 > N_1$。在热平衡条件下，光波通过物质体系时总是或多或少的被吸收，因而越来越弱，但实现了粒子数反转的体系却恰恰相反。由于受激辐射放出的光子数多于被吸收的光子数，辐射场将越来越强。换句话说，实现粒子数反转的介质具有对光的放大作用，称为"激活介质"。

一般，光波通过介质时，光强度随距离 l 呈指数衰减

$$I = I_0 e^{-\alpha l}$$

由于一般介质的吸收系数 α 为正数，所以 $I \leqslant I_0$。对于粒子数反转介质而言，吸收系数为负数。如令 $g = -\alpha$，g 为正数，称为增益系数，则有

$$I = I_0 e^{gl} \qquad (3\text{-}40)$$

故有可能 $I \geqslant I_0$。所以，实现粒子数反转的介质又称为"负吸收介质"或"增益介质"，即对光波有放大作用的介质。由于受激辐射光子的性质与入射光子完全一样，激活介质放大的结果，就能使特定频率、特定方向、特定偏振态的光得到增强。当增益足以克服损耗时，即形成激光辐射。

增益介质可以是固体（晶体、玻璃）、气体（原子气体、离子气体或分子气体）和液体。要使普通介质变成激活介质，必须进行有效的激励，把低能级的粒子尽可能多的激发到高能级。激励方式根据介质种类的不同而异，包括气体放电激励、电子束激励、强光激励、载流子注入、化学激励、气体动力学激励、核能激励和激光激励等。形成激光的激励方式可能与材料光发射所采用的方式类似，但要求的激励强度不同，一般发光并不要求达到粒子数反转。

三、光学谐振腔和模式

激活介质仅仅是获得激光的一个要素，要真正产生激光还必须使受激辐射在频率、方向和偏振态上集中起来。光学谐振腔就是发挥这一作用的部件，谐振腔通常由放置在激活介质两端的两面反射镜所构成，反射镜的内表面镀有对特定波长具有高反射率的介质膜或金属膜。谐振腔通常起四个作用。

1. 提供光的正反馈

为了使光强不断被放大，让一定波长的自发辐射光在两个反射镜之间来回反射并反复通过激活介质，以诱发受激辐射。由激活介质和光学谐振腔组成的器件称为受激辐射的光放大器。谐振腔有多种形式的结构，例如可由两个平面反射镜、两个凹面反射镜或一平一凹两反射镜相向放置而构成等。两凹镜曲率中心重合的谐振腔称为"共心腔"，两凹镜焦点重合的则称为"共焦镜"，这些结构的谐振腔内相向传播的两列光波可以形成驻波，故属于"驻波腔"；另外，还可以由几个反射镜按一定光路排列起来，使光波在排列而成的闭合回路中循行，这属于"行波腔"。

2. 限制或选择光束的方向

因为只有那些基本上沿着镜面法线方向运行的光束，才会被镜面反射回来而经激活介质反复放大形成强光束，而其他方向的光波都会很快逸出腔外，不能积累到很高的强度，所以说，谐振腔限制了激光束的方向。

3. 选择光的模式和振荡频率

被谐振腔来回反射的光束彼此叠加起来，将形成光强在空间的稳定分布。可以有很多种稳定分布形式，其中沿光波传播方向的稳定分布称为"纵模"，而垂直于传播方向的稳定分

布称为"横模"。根据光波的干涉原理，在谐振腔内往返一周的光学距离等于光波波长整数倍的那些光波，可以同相位叠加而得到加强，并形成驻波形式的稳定分布。因此，不同的模式分别对应于不同的频率。这种驻波的频率满足：

$$\nu_q = q\frac{c}{2d} \tag{3-41}$$

式中，d 为反射镜的间距；c 为光速；q 为纵模指数（$10^4 \sim 10^6$ 数量级）。一般谐振腔内可有多个纵模满足上述条件，相邻纵模的频率间隔为 $c/2d$。

谐振腔的横模是光波电磁场在腔内往返传播损耗最少而得以保存的横向分布稳定形式，它们可以从电磁场的自洽理论推出。图 3-12 为方形镜和圆形镜共焦腔的横模光强分布照片。通常可以将输出激光束经扩束后投射到屏幕上来观察这些花样。图中每个光斑花样的下方注明了横模的记号，TEM 表示横向电磁场（光波为横波）。对于方形镜，下标代表光强分布在 x 和 y 两个方向上的节点（光强为零）数；对于圆形镜，则代表光强分布在径向和角向的节点数。若使用一组数字 m，n，q 统一表示横模和纵模，则激光的模式可标记为 TEM_{mnq}。

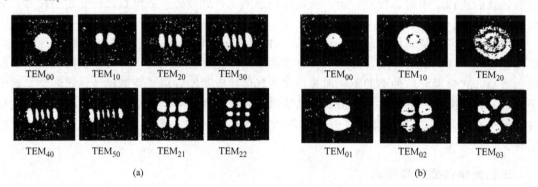

图 3-12　共焦腔的横模光强分布照片

将腔内激光束的一部分耦合到腔外作为输出光束，提供人们使用。为此，通常两面反射镜中总有一面的反射率选得稍低，使得在反射时一部分透射到腔外，而另一面则具有尽可能高的反射率，理想情况是 100% 反射。

四、激光振荡条件

激光器经过适当的激励后是否能产生激光振荡，取决于激励过程中对光强的增益和损耗

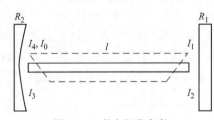

图 3-13　激光振荡条件

两个因素。一方面，激活介质的光放大作用对一定的波长有增益作用；另一方面，介质的散射和吸收会造成光的损耗。反射镜的反射率不足 100%（有一定透射）对腔内光波也是一种损耗。显然，仅当增益超过损耗时才会实现激光振荡。因此，可以综合考虑这两方面的因素，给出一个实现激光振荡的最低条件，称为振荡的"阈值条件"。设两个反射镜的反射率分别为 R_1 和 R_2，镜面间距（即谐振腔长）为 l，如图 3-13 所示。由于增益作用，从镜面 2 出发强度为 I_0 的光波通过激活介质一次激励后光强就变为：

$$I_1 = e^{gl} I_0 \tag{3-42}$$

式中，$g = \beta - \alpha$，β 为激活介质的增益系数，α 为介质的损耗系数（包括吸收和散射），g 为净增益系数。如果 $gl \ll 1$，则有近似式：

$$gl = \ln \frac{I_1}{I_0} = \frac{I_1 - I_0}{I_0} = \frac{\Delta I}{I_0} \tag{3-43}$$

由此可知，gl 代表每次光波通过介质后光强增加的百分比，称为"单程增益"。然后光被镜面 1 反射，强度变为：

$$I_2 = R_1 e^{gl} I_0 \tag{3-44}$$

这里反射镜的损耗已经反映在 R_1 中了。接着光波再次通过激活介质，其光强变成：

$$I_3 = e^{gl} R_1 e^{gl} I_0 \tag{3-45}$$

然后又被镜面 2 反射，光强为：

$$I_4 = R_2 e^{gl} R_1 e^{gl} I_0 \tag{3-46}$$

显然，激光振荡器要求在完成腔内一个往返周期的运行之后，光强大于出发时的值，至少不小于该值，即 $I_4 \geq I_0$，这样，我们就得到激光振荡的阈值条件：

$$R_2 R_1 e^{2gl} = 1 \tag{3-47}$$

如果反射镜没有损耗，即 $R_1 = R_2 = 1$，则上式要求 $g = 0$，即：

$$\beta = \alpha \tag{3-48}$$

因此，阈值条件代表增益和损耗相抵的条件。

必须指出，激活介质的增益系数与介质内粒子数反转的水平有关。因此，不难理解阈值条件对粒子数反转水平有一个基本要求，其数值可以进行计算。

综上所述，为了产生激光，必须选择增益系数超过一定阈值的激活介质，在激光谐振腔的配合下，使沿腔轴（镜面法线）方向传播的光线不断增强，并成为色彩极单纯（特定模式）、方向性极好、能量密度极高的激光束。从输出反射镜透射出来的光束就是人们可以利用的激光。而最初引起受激辐射的光子，其实就是介质自发辐射光子中朝腔轴方向发射的那些光子。

第三节　材料的红外光学性能

一、红外线的基本性质

红外线同可见光一样在本质上都是电磁波，它的波长范围很宽（$0.7 \sim 1000 \mu m$），按波长又可分为三个光谱区：近红外（$0.7 \sim 15 \mu m$），中红外（$15 \sim 50 \mu m$），远红外（$50 \sim 1000 \mu m$）。红外线同样具有波粒二象性，遵守光的反射定律和折射定律，在一定条件下也会发生干涉和衍射效应。

红外线与可见光不同之处是人的肉眼看不见红外线，且在大气层中对红外波段存在一系列吸收很低的透明波段，如 $1 \sim 1.1 \mu m$，$1.6 \sim 1.75 \mu m$，$2.1 \sim 2.4 \mu m$，$3.4 \sim 4.2 \mu m$ 等波段，大气层的透过率在 80% 以上；$8 \sim 12 \mu m$ 波段，大气层的透过率为 60%～70%。这些特点使得红外线在军事、工程技术和生物医学上得到许多应用。

二、红外材料的性能

红外材料应具有对不同波长红外线的透过率、折射率和色散，当然，材料的强度和硬度、抗腐蚀和防潮解能力、密度、热导率、热膨胀系数、比热容等在红外光学器件（如透镜、棱镜、滤光片和整流罩等）的制备和使用中也是需要考虑的。

材料的光谱透过率与材料的结构，特别是化学键和原子量有关。任何材料只能在某一波段具有较高的透过率。对于纯的晶态材料，若不考虑杂质吸收的话，其透射短波限 λ_s 取决于电子吸收，即引起电子从价带激发到导带的光吸收。因而，一般说来，短波截止波长大致相当于该晶体禁带宽度能量对应的光频率。其长波透射限 λ_1 主要取决于声子吸收，即晶格振动吸收，它可以是一次谐波振动吸收，也可以是高次谐波振动吸收。声子吸收和晶体结构、构成晶体元素的平均分子量及化学键特性有关。在晶体结构类型相同的情况下，平均分子量越大，则声子吸收出现的波长越长，材料的红外透射长波截止波长 λ_1 也越长。

对于金刚石、锗、硅等具有金刚石结构的晶体，由于在红外区域没有活跃的一次谐波晶格振动，高次谐波吸收也较弱，因而是一类透过率较高、透射波段也较宽的优秀的红外光学材料，使用也较为普遍。

折射率和色散是红外光学材料的另一重要特性。首先，折射率与反射率损失密切相关，折射率越大，反射损失也越高。其次，对于不同的用途，对折射率有不同的要求。例如，对于制造窗口和整流罩的光学材料，为了减少反射损失，要求折射率低一些；而用于制造高放大率、宽视场角光学系统中的棱镜、透镜及其他光学部件的材料则要求折射率要高一些。有时为了消色差或其他像差，不但需要使用不同折射率的材料作为复合透镜，而且对色散也有一定要求。作为分光光度计中色散元件的棱镜，它的性能直接与材料的折射率和色散有关。

除了透过率、折射率和色散外，材料的力学性能、抗腐蚀、防潮解等性能对于一个好的光学器件也是非常重要的。比如，氯化钠晶体虽然是很好的红外光学材料，但却容易潮解，不宜在野外使用；锗也是很好的红外光学材料，但当温度升高时，透过率显著下降，而且它比较脆，软化温度也太低，因此用作整流罩是不合适的。同样，虽然金刚石的各种性能都很优异，可是它不能做成大尺寸的器件，而且价格过于昂贵，所以很少有人用它来作实际的光学材料。此外，要格外注意的是材料受热时的子辐射特性，为了避免探测器中出现假信号，受热材料在工作波段内的子辐射应当很小，这在搜索跟踪系统中尤其要引起重视。

在红外光学系统中，一些常用的部件对材料性能有不同的要求。对于探测器窗口材料，要求在探测器的响应波段内窗口必须有很高的透过率（因此要求吸收率和反射率要很低），这样就能很好的透过从目标来的辐射，而自身辐射却很小。对于制冷探测器，窗口必须要能很好的与玻璃或其他探测器外壳材料相封接，因此热膨胀系数要匹配，并且窗口的透过率不应随温度显著变化。一般窗口要暴露在空气中，因此，它应该不怕潮，化学稳定性要好，较长时间内不发霉、发毛，否则由于散射等影响将使透过率降低。另外，窗口材料应当易于加工和切割成各种形状。为了减少反射损失，可选择折射率低的材料作窗口材料，若必须选折射率高的材料，则要易于镀增透膜。同时，窗口一般较薄，材料应有足够的强度。

对整流罩材料的要求是在探测器响应波段内，整流罩必须有很高的透过率，自辐射应很小，以免产生假信号。有些材料在室温有很好的透过率，但高温时，由于自由载流子吸收增加，透过特性显著恶化（例如锗），这种材料就不能作整流罩。整流是安装在飞机、导弹、飞船等高速飞行体的光学系统的前部，由于空气动力加热，整流罩的温度是很高的，因此，要求整流罩的熔点、软化温度要高，并且材料的热稳定性要好，要能经受得住热冲击。整流罩的硬度要大，这样，一方面有利于加工、研磨和抛光，另一方面不至于被飞扬的尘土和沙石所擦伤。由于整流罩暴露在空气中，因此化学稳定性要好，要能防止大气中的盐溶液或腐蚀性气体的腐蚀，并且不怕潮解。应当特别指出的一点是：一般的窗口尺寸较小，而整流罩的尺寸往往较大（直径几十毫米到几百毫米），并且折射率要连续，以免发生散射。因此，常常要求整流罩用单晶或折射率在晶粒间界没有突变的均匀的多晶制成。整流罩的曲率往往很大，因此要有足够的强度，以便于加工、装配，并能经受住震动和气浪。

对透镜和棱镜材料的要求是透镜和棱镜材料要纯净均匀，对折射率的要求较严，其他要求与窗口材料差不多。不过，对热膨胀系数的要求，只有在浸没透镜中才是很重要的，因为假使探测器制冷，若热膨胀系数匹配不好，浸没透镜和探测器可能脱开，使反射损失增加。对棱镜材料的一个突出要求是它的透射波段要宽，色散要大。

高分子材料价格便宜、耐酸碱和耐腐蚀性能良好，不溶于水，在近红外和远红外有良好的透过率，这是它的优点。但是高分子材料结构复杂，分子的振动和转动吸收带以及晶格振动吸收带正好在中红外波段，因此中红外波段塑料的透过率很低，并且塑料的软化温度较低，强度不高，只能在较低温度下作窗口和保护膜等，少数塑料可作透镜，但不能作整流罩。塑料的用途主要在远红外区域，中近红外使用较少。最常用的塑料是有机玻璃，即聚甲基丙烯酸甲酯，它透可见光和近红外，常用作保护膜、增透膜和窗口材料。

聚乙烯不透可见光，但远红外的透过率很高，是一种常温下使用的远红外光学材料。

高密度聚丙烯比聚乙烯坚硬，在中红外某些波段有一定的透过率。图 3-14 为聚丙烯在 $15\sim21\mu m$ 波段的透过率，并与未镀增透膜的热压 ZnSe 作了比较。在 $17\sim21\mu m$ 波段内，聚丙烯的透过率是不错的，因此它常常用来作为这一波段的高真空红外装置（或充气装置）的窗口，能经受 6atm（1atm＝101325Pa）而不变形。

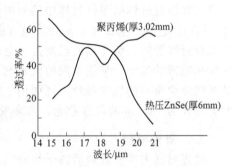

图 3-14　聚丙烯和 ZnSe 的透过率曲线

聚四氟乙烯是另一种常用的塑料，其近、中、远红外透过特性如图 3-15 和图 3-16 所示，可以看出，它有很高的远红外透过率，在很薄时，也有相当好的近红外和中红外透过率。它不溶于水，耐腐蚀，使用温度从 $-269\sim260℃$，广泛用作保护膜材料和远红外光学材料。

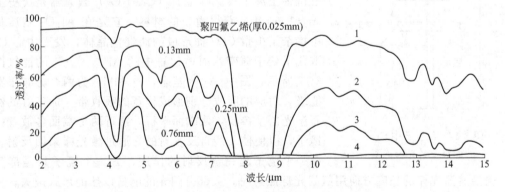

图 3-15　聚四氟乙烯近、中红外透过率曲线

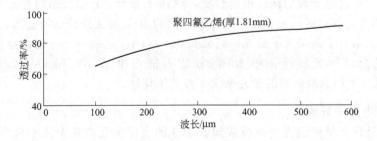

图 3-16　聚四氟乙烯远红外透过率曲线

第四节　光学的特殊效应的应用

一、荧光物质

发光是一种物体把吸收的能量不经过热的阶段，直接转换为特征辐射的现象，颜色、强度和发光持续时间是发光的三个主要特征。最初发光分为荧光和磷光两种，荧光是指激发时发出的光，其发光时间小于 10^{-8} s，磷光是指激发停止后发出的光，其发光时间大于 10^{-8} s。但现在荧光、磷光的时间界限已不是很显著。光发射主要受其中的杂质影响，甚至低浓度的杂质即可起到激活剂的作用。

半导体、绝缘体、有机物和生物中都有不同形式的发光。荧光材料广泛地用在荧光灯、阴极射线管及电视的荧光屏以及闪烁计数器中。涂有荧光剂的荧光灯其工作原理是，由于在汞蒸气和惰性气体的混合气体中的放电作用，使得大部分电能转变成汞谱线的单色光的辐射（2537Å）。这种辐射激发了涂在放电管壁上的荧光剂，造成在可见光范围的宽频带发射。用于阴极射线管时，荧光剂的激发是由电子束提供的，在彩色电视应用中，对应于每一种原色的频率范围的发射，采用不同的荧光剂。在用于这类电子扫描显示屏幕仪器时，荧光剂的衰减时间是个重要的性能参数，例如用于雷达扫描显示器的荧光剂是 Zn_2SiO_4，激活剂用 Mn，发射波长为 530nm 的黄绿色光，其衰减至 10% 的时间为 2.45×10^{-2} s。

二、激光材料

激光材料由基质和激活离子组成，基质的作用主要是为激活离子（发光中心）提供一个合适的晶格场，使之产生受激发射，应用最广的基质是氧化物及氟化物晶体，如 Al_2O_3、$Y_3Al_5O_{15}$、$YAlO_3$、BaF、SrF、$YLiF$ 等；作为发光中心的少量掺杂离子称为激活离子，主要是过渡族金属离子、三价稀土离子等。红宝石（$CrAl_2O_3$）激光器是历史上首先（1960 年）获得激光的材料，它是在 Al_2O_3 基质晶体中掺杂了少量 Cr^{3+} 而形成的淡红色晶体，发光中心 Cr^{3+} 取代了处于畸变八面体位置中的 Al^{3+}。Cr^{3+} 的能级图如 3-17 所示，图中 $^4A_2$ 为基态，$^4F_1$ 和 $^4F_2$ 为两个分布很宽的能级，对应的吸收分别形成很宽的吸收带。加工好的红宝石激光器呈棒状，两端面平行，靠近两个端面各放置一面镜子，以便使一些自发发射的光通过激光棒来回反射。其中一个镜子起完全反射的作用，另一个镜子只是部分反

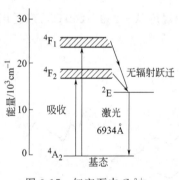

图 3-17　红宝石中 Cr^{3+}
的能级及激光示意图

射。当沿着激光棒的长度方向用氙闪光灯照射时，大部分闪光的能量以热的形式散失，一小部分被激光棒吸收，Cr^{3+} 的 d 电子可以从 $^4A_2$ 基态激发到 $^4F_1$ 和 $^4F_2$ 激发态。这些激发态寿命很短（10^{-9} s），通过无辐射跃迁迅速衰变，降到 ^2E 能级。^2E 激发态的寿命很长，约为 5×10^{-3} s，这表明有足够的时间形成粒子数反转。然后由 ^2E 能级跃迁返回基态，多余的能量以激光形式释放出来，于是产生了激光，其波长为 6934Å。这是一个三能级运转的激光系统。另一个重要的晶体激光物质是掺 Nd 的钇铝石榴石单晶（$Y_3Al_5O_{12}$），其辐射波长为 $1.06\mu m$，这是一个四能级运转的激光系统。在此不详述。

三、通信用光导纤维

光导纤维是由光学玻璃光学石英或塑料制成的直径为几微米至几十微米的细丝（即纤芯），在纤芯外面覆盖直径 $100 \sim 150\mu m$ 的包层和涂覆层，如图 3-18 所示，其中光纤芯子折

射率大，光纤的包层折射率小。大多数临界角设计在 $70°\sim80°$ 以上，因此与光轴夹角在 $20°\sim10°$ 以下的光线射入纤维内部时，将在内外两层之间产生多次全反射而在芯子内传到另一端，如图 3-19 所示。因而一玻璃纤维能围绕各个弯曲之处传递光线而不必顾虑能量损失。然而，实际使用中常将多根纤维聚集在一起组成纤维束（或光缆）。当图像从纤维束一端射入时，每根纤维只传递入射到它上面的光线的一个像素，如果使纤维两端的每条纤维的排列次序完全相同，则整幅图像就被光缆以具有等于单根纤维直径那样的清晰度传递过去，在另一端仅看到近于均匀光强的整个面积。

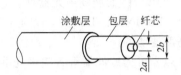
图 3-18 光纤结构

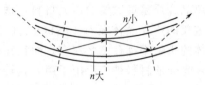
图 3-19 光在光纤中传播

光导纤维传输图像时的损耗，来源于各个纤维之间的接触点，发生纤维之间同种材料的透射，对图像起模糊作用；此外，纤维表面的划痕、油污和尘粒，均会导致散射损耗。这个问题可以通过在纤维表面包覆一层折射率较低的玻璃来解决，如图 3-3 所示。在这种情况下，反射主要发生在由包覆层保护的纤维与包覆层的界面上，而不是在包覆层的外表面上，因此，包覆层的厚度大约是光波长的两倍左右以避免损耗。对纤维及包覆层的物理性能要求是相对热膨胀与黏性流动行为、相对软化点与光学性能的匹配。由之组成的纤维束内的包覆玻璃可在高温下熔融，并加以真空密封，以提高器件效能，构成整体的纤维光导组件。

四、电光、磁光及声光材料

1. 电光材料

材料在电场作用下其光学特性发生变化的现象称为电光效应，其中材料的折射率与电场强度成直线关系变化的电光效应为波克尔效应，与电场强度平方成直线关系变化的电光效应为克尔效应。

电光材料质量要求很高，在使用的波长范围内对光的吸收和散射要小，折射率随温度的变化不大，同时电光系数、折射率、电阻率要大。重要的电光材料有 $LiNbO_3$，$LiTaO_3$，$Ca_2Nb_2O_7$，$Sr_xBa_{1-x}Nb_2O_6$，KH_2PO_4，$K(Ta_xNb_{1-x})O_3$ 及 $BaNaNb_5O_{15}$。在这些晶体中，其基本结构单元是 Nb 或 Ta 离子由氧离子八面体配位。由于折射率随电场而变，电光晶体可以应用在光学振荡器、频率倍增器、激光频振腔中的电压控制开关以及用在光学通信系统中的调制器。

2. 磁光材料

材料在磁场作用下其光学特性发生变化的现象称为磁光效应，其中材料的偏振光面发生偏转的称为磁光法拉第效应，偏振光面偏转角随磁场强度而变化的称为磁光克尔效应。当实验光对磁光敏感功能材料具有较好的穿透特性时，可应用法拉第效应制成敏感元器件；当实验光不能穿透磁光，而只能在材料表面反射时，则只可应用磁光克尔效应制成敏感元器件。

磁光材料是在可见光和红外光波段具有磁光效应的光信息功能材料，亚铁磁性石榴石、尖晶石铁氧体、钡铁氧体、稀土过渡族金属薄膜 Cd-Co、Cd-Fe、Te-Te、锰铋型合金薄膜以及锗、硅、硫化铅、锑化铟半导体等都具有磁光效应。利用材料的磁光效应可制成许多磁光器件，如调制器、隔离器、旋转器、相移器、Q 开关等快速控制激光参数的器件，也可用于激光雷达测距光通信激光放大等系统中的光路中。

3. 声光材料

材料在声波作用下其光学特性发生变化的现象称为声光效应，超声波引起的声光效应尤为显著，这是因为超声波能够引起物质密度的周期性密疏变化，从而使在该物质中传输的光改变行进方向。

声光材料可以分为玻璃材料和晶体材料两大类。玻璃介质的优点是易于生产，可获得形状各异的大尺寸块体，光学均匀性好、光损耗小、价格低，其主要缺点是在可见光区，难以获得折射率大于 2.1 的透明玻璃。一般只适于声频低于 100MHz 的声光器件。

单晶介质是最重要的声光材料，适宜制造声频高于 100MHz 的高效声光器件。

重要的声光晶体还有 $LiNbO_3$、$LiTaO_3$、$PbNbO_3$、$PbMoO_4$、TeO_2、$HgCl_2$，所有这些晶体的折射率都在 2.2 左右，而且在可见光区都是高度透明的。

声光介质材料被广泛用于声光偏转器声光调制器和声光可谐滤波器等各类声光器件。

第五节　非线性光学性能

我们前面讨论的光学现象的重要公式常表现出线性特点，在解释介质的折射散射和双折射等现象时，均假定介质的电极化强度 P 与入射光波中的电场 E 成简单的线性关系，即

$$P = \varepsilon_0 \chi E \tag{3-49}$$

式中，χ 为介质的极化率。由此可以得出，单一频率的光入射到非吸收的透明介质中时，其频率不发生任何变化；不同频率的光同时入射到介质中时，各光波之间不发生相互耦合，也不产生新的频率；当两束光相遇时，如果是相干光，则产生干涉，如果是非相干光，则只有光强叠加，即服从线性叠加原理。因此，这些特性称为线性光学性能，线性光学性能主要应用于普通光学器件。

非线性光学性能材料的发展与激光技术密切相关。1961 年 Franken 在将激光束入射到石英晶体（α-SiO_2）的实验中，首次发现了两束出射光，一束是原来入射的波长为 694.3nm 红宝石激光，另一束是新产生的波长为 347.2nm 紫外光，频率恰好是入射激光频率的两倍，且具有激光的所有性质，这是世界上首次发现的激光倍频现象，它不仅标志着非线性光学的诞生，也有力地推动了非线性光学在激光技术各个领域的发展，并正在对各科学领域，特别是高技术领域起着越来越重要的作用。例如，若没有激光变频、调制、记忆、存储等技术，今天的激光技术就不可能在高技术领域得到这样广泛的应用。

非线性光学的原理应用大都必须通过非线性光学晶体材料体现出来。近四十多年来，在无机、有机非线性光学晶体材料及玻璃非线性光学材料方面做了大量工作，研制出一批性能优异的非线性光学材料，应用于激光各技术领域。

本节主要介绍非线性光学技术领域中应用最广泛也是最重要的激光变频技术及非线性光学晶体。

一、非线性光学性能概念

光波作为一种电磁波使介质极化是一种谐振过程。在较低的电场强度下，极化偶极或极化强度正比于电场强度，但在电场强度很高（如激光）时，两者具有非线性关系。

一个微观上的原子或分子，其极化强度 P 一般表示为

$$P = \varepsilon_0 (\alpha E + \beta E^2 + \gamma E^3 + \cdots) \tag{3-50}$$

对于宏观材料极化强度 P 一般表示为

$$P = \varepsilon_0 (\chi^{(1)} E + \chi^{(2)} E^2 + \chi^{(3)} E^3 + \cdots) \tag{3-51}$$

式中，ε_0 为真空中的介电系数；α 和 $\chi^{(1)}$ 分别为微观和宏观的线性极化率；β、$\chi^{(2)}$、γ、$\chi^{(3)}$ 等为微观和宏观的高阶极化系数或称为非线性系数。

普通光波的场强很弱，只需考虑上式右边的一次项，略去高阶项，P 与 E 的关系是线性的，相应的光学现象为线性光学现象，如光的折射、反射、双折射和衍射等。当用激光做光源时，上式的非线性项就不能忽略，便会出现非线性光学现象。因为在光波场强很大时，物质原子或分子内电子的运动除了围绕其平衡位置作微小的线性振动外，还会受到偏离线性的附加振动，物质的极化与光波电场不再保持线性关系，介电系数往往变为时间或空间的函数；非线性极化系数的大小与分子结构有关，凡是有利于极化过程进行的以及提高极化程度的结构因素都使非线性系数增加，同时偶次项系数不为零要满足电荷重心不对称的结构条件，凡是具有对称性结构的材料无论它们多么容易极化，极化程度多么高，偶次项都为零，奇次项则不受对称性限制。这种非线性极化引起物质光学性质的变化，使入射光的频率、振幅、偏振及传播方向均发生变化，即发生非线性效应。

如果用频率分别为 ω_1 和 ω_2 的两束光在非线性光学晶体内发生耦合作用，当 $\omega_1 = \omega_2 = \omega$ 时，$\omega_3 = \omega_1 + \omega_2 = 2\omega$，所产生的谐波称为倍频光，$\chi$ 值越大，倍频能力越强；当 $\omega_3 = \omega_1 + \omega_2$ 时，所产生的谐波为和频光，和频光可将红外波段激光有效地转换到可见光区；当 $\omega_3 = \omega_1 - \omega_2$ 时，所产生的谐波为差频光，可用来获得红外和远红外以及毫米波段的相干光源。

当一束频率为 ω_p 的强激光（泵浦光）射入非线性光学晶体时，若在晶体中再加入频率低于 ω_p 的弱信号光（频率为 ω_s），由于差频效应，晶体中将产生频率为 $\omega_p - \omega_s = \omega_i$ 的极化波，辐射出频率为 ω_i 的光波。当此波在晶体中传播时，又与泵浦光混频，产生频率为 $\omega_p - \omega_i = \omega_s$ 的极化波，辐射出频率为 ω_s 的光波。若原来频率为 ω_s 的信号波与新产生频率为 ω_s 的光波之间能满足相位匹配条件，则原来弱的 ω_s 信号光波在损耗泵浦光功率的作用下得到了放大，该过程是光参量放大原理。

在光参量放大过程中，能量的转换很低。为了获得较强的信号光，把非线性光学晶体置于光学谐振腔内，使频率为 ω_s 和 ω_i 的极化波不断从泵浦光吸收能量，产生增益，增益超过腔体损耗时形成振荡，这过程为光参量振荡。光参量振荡是一种可调谐激光光源，它的调谐范围宽，可以获得由紫外（330nm）到中红外区（16.4μm）连续可调谐的辐射波。

二、非线性光学晶体性质及制备

非线性光学晶体应具有以下性质：晶体的非线性光学系数大，透光波段宽，透明度高，晶体能够实现相位匹配，具有高的光转换效率，晶体具有较高的抗光损伤阈值，晶体的物化学性能稳定，硬度大、不潮解，可生长光学质量均匀的、大尺寸晶体，易加工、成本低。

一种材料同时满足这些条件还是相当苛刻的，对于非线性光学材料的研究主要集中在无机材料和有机小分子晶体，现在已经发现具有非线性光学效应的晶体有上千种，但具有实用价值或有一定应用背景的仅有二三十中。目前已研制出一系列新型紫外非线性光学晶体材料，如偏硼酸钡（β-BaB_2O_4）、三硼酸锂（LiB_3O_5）及新型紫外频率转换有机材——L-精氨酸磷酸盐晶体。

高分子非线性光学材料因具有的很多优势近年来也引起了人们的兴趣，预计在光电调制、信号处理等诸多方面都具有应用价值。高分子二阶非线性光学材料的制备主要是把本身具有较大的 β 值的不对称共轭结构单元连接到高分子链侧或直接与高分子材料掺杂，比如：

$$NC-\langle\bigcirc\rangle-N=N-\langle\bigcirc\rangle-N(CH_2COOCH_3)_2$$

$$O_2N-\langle\bigcirc\rangle-CH=CH-\langle\bigcirc\rangle-N(CH_3)_2$$

$$(CH_3CH_2)_2N-\langle\bigcirc\rangle-N=N-\langle\bigcirc\rangle-CH=C(CN)_2$$

它们与高分子材料键接或复合，通过电晕或直流电场将其制成驻极体使整块材料具有宏观不对称性，即得到二阶非线性光学材料。三阶非线性系数对电结构对称性没有要求，因此关键是设计分子结构以使其电子易于流动和具有很大程度的极化，目前研究得较广的是聚双炔类高聚物。

三、非线性光学性能的应用

目前直接利用激光基质材料获得的激光波段相当有限，从紫外到红外的大部分光谱区仍属激光空白区，能获得大功率激光波段更少，因而远不能满足科学研究和实际应用的需要。将现有的激光器光通过某些非线性光学材料转变成新波段的激光，是目前扩展激光波段，特别是固体激光波段的切实可靠的方法。

1. 激光变频晶体

激光变频是光参量作用过程，它是光波和光学介质之间最终没有能量和动量交换的过程，激光倍频、和频、差频、光参量振荡和光参数放大等均属于则一类过程，其动量和能量是守恒的，而能量交换只表现在参与非线性相互作用的各个光波之间，因而这就要求各个参与相互作用的光波应满足位相匹配条件，光学介质对光波不产生共振吸收的作用。

当激光通过非线性光学晶体时，所产生的二次非线性光学效应，是将频率为 ω 的入射光变换成频率为 2ω 的出射光，称为二次谐波发生（SHG），二次谐波又称为倍频。例如，将 Nd：YAG 激光器输出的波长为 $1.06\mu m$ 的激光，通过 KTP 晶体后，产生波长为 $0.532\mu m$ 的倍频光，即绿光，可用于眼科医疗、水下摄影和激光测距等方面。若通过其他非线性光学材料还可产生频率为 3ω、4ω 的三次谐波发生（THG）和四次谐波发生（FOHG）等，此处不赘述。

同样可利用激光和频、差频进行波段转换。借助可调谐激光，通过非线性光学晶体和频发生，可大大拓宽激光辐射光谱区范围。采用 Nd：YAG 激光和它的二次、三次和四次谐波作为固定频率的辐射源，例如，Nd：YAG 二次谐波辐射（532nm）与燃料激光二次辐射 BBO 晶体混晶已发生了波段为 $201.1\sim212nm$ 的紫外辐射。

和频发生也可将红外辐射有效地转换为可见光区。例如 $LiIO_3$ 晶体已用于将红外辐射 $(1\sim5\mu m)$ 上转换为可见光，$LiNbO_3$ 晶体可将波长 $\lambda=1.5\sim4.5\mu m$ 红外辐射上转换可见光。

2. 光折变晶体

上述晶体的线性和非线性光学性质，讨论的都是晶体仅受光照的情况，实际上，静电场、应力场、磁场、温度场等外场对晶体的光学性质都有重要影响，从而产生电光、弹光、磁光、热光及光折变等效应。外场对宏观光学性质的影响，主要反映在折射率的变化上，这种变化虽然很小，但足以改变光在晶体中传播的许多特性。通过控制外场来控制光的传播方向、位相、强度及偏振态等，从而使输出光成为有用的信号光，应用于现代光学技术和信息技术中。

晶体的折射率随光频电场作用而发生变化的效应，称为光折变效应，这是一种更复杂的非线性光学效应。光折变材料可作为全息记忆系统的存储介质，其特点是信息的写入是折射率的变化方式，故读出效率很高；信息的记忆与消除方便，而且能反复使用，无损读出，可进行实时记录；分辨率高，存储量大，信息可分层存储，在几毫米厚的晶体中可存储 10^3 个全息图。各种材料的存储信息时间有很大不同，如 $KTa_{1-x}Nb_xO_3$ 晶体为 10h 时，而 Fe：$LiNbO_3$ 晶体可达数月时间。近几年来，光折变晶体通过四波混频而获得的非线性光学相位共轭和其他动态记录介质得到迅猛的发展。光折变材料四波混频的相位共轭的发生需要另外的泵浦光源，如果一对棱镜排成一行从而形成包括光折变 $BaTiO_3$ 晶体在内的一个共振腔，这一光折变相位匹配器能够自泵浦。

本 章 小 结

以光子与固体相互作用为基础，全面理解材料的透射率、反射率、折射率以及材料对光的吸收、散射和色散，同时理解材料的透光性、半透明、乳浊、不透明以及材料颜色、光泽的物理意义，并掌握表征这些光性质的物理参数的影响因素，掌握提高材料透光性的措施。理解金属、无机非金属材料和高分子材料的光学性能特点。理解材料的受激辐射和激光机理及其应用，了解红外光学性能及其应用；了解光学性能在荧光物质、通信用光导纤维、激光器、电光、磁光及声光材料中应用的理论基础。了解非线性光学性能基本概念。

复 习 题

1. 一入射光以较小的入射角 i 和折射角 r 穿过一透明玻璃板。证明透过后的光强系数为 $(1-R)^2$。设玻璃对光的衰减不计。

2. 一透明 Al_2O_3 板厚度为 1mm，用以测定光的吸收系数。如果光通过板厚之后，其强度降低了 15%，计算吸收及散射系数的总和。

3. 试总结提高无机材料透光性的措施。

4. 试述影响折射率的因素。

5. 试述改善乳浊性能的工艺措施。

6. 着色剂有几种？试述着色机理。

第四章　材料的导电性能

材料的导电性能是材料物理性能的重要组成部分，导体材料在电子及电力工业中得到广泛的应用，同时，表征材料导电性的电阻率是一种对组织结构敏感的参量，所以，可通过电阻分析来研究材料的相变。本章主要讨论材料的导电机理，影响材料导电因素以及导电性能参数的测量和应用。还对材料的超导电性能、热电性能以及半导体性能等作简要介绍。

第一节　材料的导电性

一、电阻与导电的基本概念

当在材料的两端施加电压 V 时，材料中有电流 I 流过，这种现象称为导电，电流 I 值可用欧姆定律表示，即

$$I = \frac{V}{R} \tag{4-1}$$

式中，R 为材料电阻，其值不仅与材料的性质有关，而且还与其长度 L 及截面积 S 有关，因此

$$R = \rho \frac{L}{S} \tag{4-2}$$

式中，ρ 称为电阻率，它在数值上等于单位长度和单位面积上导电体的电阻值，可写为

$$\rho = R \frac{S}{L} \tag{4-3}$$

由于电阻率只与材料本性有关，而与导体的几何尺寸无关，因此评定材料导电性的基本参数是 ρ 而不是 R。电阻率的单位为 $\Omega \cdot m$。在研究材料的导电性能时，还常用电导率 σ，电导率 σ 为电阻率的倒数，即

$$\sigma = \frac{1}{\rho} \tag{4-4}$$

电导率的单位为 S/m。式（4-3）和式（4-4）表明，ρ 愈小，σ 愈大，材料导电性能就越好。

根据导电性能的好坏，常把材料分为导体、半导体和绝缘体。导体的 ρ 值小于 10^{-2} $\Omega \cdot m$；绝缘体的 ρ 值大于 10^{10} $\Omega \cdot m$；半导体的 ρ 值介于 $10^{-2} \sim 10^{10}$ $\Omega \cdot m$ 之间。

虽然物质都是由原子所构成的，但其导电能力相差很大，这种现象与物质的结构及导电本质有关。

二、导电的物理特性

1. 载流子

电流是电荷在空间的定向运动。任何一种物质，只要有电流就意味着有带电粒子的定向运动，这些带电粒子称为载流子。金属导体中的载流子是自由电子，无机材料中的载流子可以是电子（负电子、空穴）、离子（正、负离子，空位）。载流子为离子或离子空穴的电导称为离子式电导，载流子为电子或电子空穴的电导称为电子式电导。电子电导和离子电导具有不同的物理效应，由此可以确定材料的导电性质。

（1）霍尔效应　电子电导的特征是具有霍尔效应。沿试样 x 轴方向通入电流 I（电流密度 j_x），z 轴方向加一磁场 H_z，那么在 y 轴方向将产生一电场 E_y，这一现象称为霍尔效应。所产生的电场为：

$$E_y = R_H j_x H_z \tag{4-5}$$

R_H 为霍尔系数。若载流子浓度为 n_i，则：

$$R_H = \pm \frac{1}{n_j q} \tag{4-6}$$

其正负号同载流子带电符号相一致，q 为电子电荷。对于金属，载流子是带负电的电子，R_H 为负，对于半导体，载流子可以是带正电的空穴，故 R_H 为正。又由 $j = nq\mu E = \sigma E$，可得载流子的迁移率 μ 与霍尔系数 R_H 间的关系为

$$\mu = R_H \sigma \tag{4-7}$$

测量过程中，为防止外界干扰，通常加以屏蔽。为了消除直流法中热磁效应以及磁阻效应所带来的误差，测量时可以改变电流或磁场方向以及采用交流法等。

霍尔效应的产生是由于电子在磁场作用下，产生横向移动的结果，离子的质量比电子大得多，磁场作用力不足以使它产生横向位移，因而纯离子电导不呈现霍尔效应。利用霍尔效应测定霍尔系数可检验材料是否存在电子电导及电荷符号、计算载流子浓度。

（2）电解效应　离子电导的特征是存在电解效应。离子的迁移伴随着一定的质量变化，离子在电极附近发生电子得失，产生新的物质，这就是电解现象。法拉第电解定律指出：电解物质与通过的电量成正比，即：

$$g = CQ = \frac{Q}{F} \tag{4-8}$$

式中，g 为电解物质的量；Q 为通过的电量；C 为电化当量；F 为法拉第常数。

2. 迁移率和电导率的一般表达式

物体的导电现象，其微观本质是载流子在电场作用下的定向迁移。设单位截面积为 S，单位体积内载流子数为 n，每一载流子的荷电量为 q，则单位体积内参加导电的自由电荷为 nq。如果介质处在外电场中，则作用于每一个载流子的力等于 qE。在这个力的作用下，每一载流子在 E 方向发生漂移，其平均速度为 ν。容易看出，单位时间通过单位面积 S 的电荷量为 $j = nq\nu$，j 即为电流密度，显然，$j = \dfrac{I}{S}$，因为在单位时间内通过单位截面的电荷量就等于 j。若长度为 ν、截面为 S 的体积内的载流子总电荷量为 $nq\nu$，根据欧姆定律及 $R = \rho \dfrac{L}{S}$，可得：

$$j = \frac{E}{\rho} = E\sigma \tag{4-9}$$

式（4-9）为欧姆定律最一般的形式。因为 ρ、σ 只取决于材料的性质，所以电流密度 J 与几何因子无关，这就给讨论电导的物理本质带来了方便。由（4-9）式可以得到电导率为：

$$\sigma = \frac{j}{E} = \frac{nq\nu}{E} \tag{4-10}$$

令 $\mu = \dfrac{\nu}{E}$，并定义其为载流子的迁移率，其物理意义为载流子在单位电场中的迁移速度，则：

$$\sigma = nq\mu \tag{4-11}$$

由此，电导率的一般表达式为：

$$\sigma = \Sigma\sigma_i = \Sigma n_i q_i \mu_i \qquad (4\text{-}12)$$

式(4-12)反映电导率的微观本质，即宏观电导率 σ 与微观载流子的浓度 n，每一种载流子的电荷量 q 以及每种载流子的迁移率的关系。

三、导电机理

对材料导电性物理本质的认识是从金属开始的，首先提出了经典自由电子导电理论，后来随着量子力学的发展，又提出了量子自由电子理论和能带理论。

1. 金属及半导体的导电机理

(1) 经典电子理论　经典电子理论认为，在金属晶体中，离子构成了晶格点阵，并形成一个均匀的电场，价电子是完全自由的，称为自由电子。它们弥散分布于整个点阵之中，就像气体分子充满整个容器一样，因此称为"电子气"。它们的运动遵循经典力学气体分子的运动规律，自由电子之间及它们与正离子之间的相互作用仅仅是类似于机械碰撞而已。在没有外加电场作用时，金属中的自由电子在点阵的离子间无规律运动着，因此不产生电流。当对金属施加外电场时，自由电子沿电场方向作定向运动，从而形成了电流。在自由电子定向运动过程中，要不断与点阵结点的正离子要发生碰撞，将动能传给点阵骨架，而自己的能量降为零，然后再在电场的作用下重新开始加速运动，经加速运动一段距离后，又和点阵离子碰撞，这就是产生电阻的原因。从这种认识出发，设电子两次碰撞之间运动的平均距离（自由程）为 l，电子平均运动的速度为 v，单位体积内的自由电子数为 n，则电导率为

$$\sigma = \frac{ne^2 l}{2m\bar{v}} = \frac{ne^2}{2m}\bar{t} \qquad (4\text{-}13)$$

式中，m 是电子质量；e 是电子电荷；t 为两次碰撞之间的平均时间。

从式(4-13)中可以看到，金属的导电性取决于自由电子的数量、平均自由程和平均运动速度。自由电子数量越多导电性应当越好。但事实却是二、三价金属的价电子虽然比一价金属的多，但导电性反而比一价金属还差。另外，按照气体动力学的关系，ρ 应与热力学温度 T 的平方根成正比，但实验结果 ρ 与 T 成正比。这些都说明这一理论还不完善。此外，这一理论也不能解释超导现象的产生。

(2) 量子自由电子理论　量子自由电子理论同样认为金属中正离子形成的电场是均匀的，金属中每个原子的内层电子基本保持着单个原子时的能量状态，而所有价电子却按量子化规律具有不同的能量状态，即具有不同的能级。价电子与离子间没有相互作用，且为整个金属所有，可以在整个金属中自由运动，但不是直线运动，而是像光线那样，按照波动力学的规律运动，即电子具有波粒二象性，运动着的电子作为物质波，其频率和波长与电子的运动速度或动量之间有如下关系

$$\lambda = \frac{h}{mv} = \frac{h}{p} \qquad (4\text{-}14)$$

$$\frac{2\pi}{\lambda} = \frac{2\pi mv}{h} = \frac{2\pi p}{h} \qquad (4\text{-}15)$$

式中，m 为电子质量；v 为电子速度；λ 为波长；p 为电子的动量；h 为普朗克常数。

在一价金属中，自由电子的动能 $E = \frac{1}{2}mv^2$，由式(4-15)可得到

$$E = \frac{h^2}{8\pi^2 m}K^2 \qquad (4\text{-}16)$$

式中，$\frac{h^2}{8\pi^2 m}$ 为常数；$K = \frac{2\pi}{\lambda}$，称为波数频率，它是表征金属中自由电子可能具有的能量状态的参数。

式(4-16)表明，E-K 关系为抛物线，如图 4-1 所示，图中的"＋"和"－"表示自由电子运动的方向。从粒子的观点看，曲线表示自由电子的能量与速度（或动量）之间的关系，而从波动的观点看，E-K 曲线表示电子的能量和波数之间的关系。电子的波数越大，则能量越高。曲线清楚地表明，金属中的价电子具有不同的能量状态，有的处于低能态，有的处于高能态。根据泡利不相容原理，每一个能态只能存在沿正反方向运动的一对电子，自由电子从低能态一直排到高能态，0K 时电子所具有的最高能态称费密能 E_F，同种金属费米能是一个定值，不同的金属费米能不同。

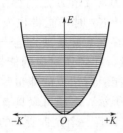

图 4-1 自由电子的 E-K 曲线

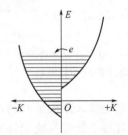

图 4-2 电场对 E-K 曲线的影响

图 4-1 是金属中自由电子没有受外电场时的能量状态，曲线对称分布说明：沿正、反方向运动的电子数量相同，彼此相互抵消，没有电流产生。在外加电场作用下，情况就不同了，外电场使向着其正向运动的电子能量降低，反向运动的电子能量升高，如图 4-2 所示。可以看出，由于能量的变化，使那些接近费密能的电子转向电场正向运动的能级，从而使正反向运动的电子数不等，使金属导电。也就是说，不是所有的自由电子都参与了导电，而是只有处于较高能态的自由电子参与导电。此外，电磁波在传播过程中被离子点阵散射，然后相互干涉而形成电阻。量子力学证明，在 0K 下，电子波在理想的完整晶体中的传播将不受阻碍，形成无阻传播，所以，其电阻为零，这就是所谓的超导现象。当晶体点阵完整性遭到破坏时，电子波将受到散射。在实际金属内部中不仅存在着缺陷和杂质，而且温度不为 0K，由于温度引起离子热振动以及缺陷和杂质的存在，都会使点阵周期性遭到破坏，对电子波造成散射，这是金属产生电阻的原因。由此导出的电导率为

$$\sigma = \frac{n_{ef}e^2}{2m}t = \frac{n_{ef}e^2}{2mp} \tag{4-17}$$

电阻率为

$$\rho = \frac{2m}{n_{ef}e^2}\frac{1}{t} = \frac{2m}{n_{ef}e^2}p \tag{4-18}$$

从形式上看，它与经典自由电子理论所得到的形式差不多，但 n 和 t 的含义不同。式中，n_{ef} 为单位体积内参与导电的电子数，称为有效自由电子数，不同材料的 n_{ef} 不同。一价金属的 n_{ef} 比二、三价金属多，因此它们的导电性较好。另外式中的 t 是两次散射之间的平均时间；p 为单位时间内散射的次数，称为散射概率。

量子自由电子理论较好地解释了金属导电的本质，但它假定金属中的离子所产生的势场是均匀的，显然这与实际情况有一定差异。

（3）能带理论 由于晶体中电子能级间的间隙很小，所以能级的分布可以看成是准连续的，或称为能带。能带理论同样认为金属中的价电子是公有的，其能量是量子化的，所不同的是，它认为金属中离子的势场是不均匀的，呈周期变化的。能带理论就是研究金属中的价电子在周期势场作用下的能量分布问题。

电子在周期势场中运动时，随着位置的变化，它的势能也呈周期变化，即接近正离子时

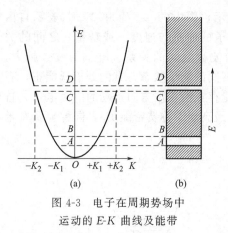

图 4-3 电子在周期势场中
运动的 E-K 曲线及能带

势能降低，离开时势能增高。这样价电子在金属中的运动就不能看成是完全自由的，而是要受到周期场的作用，使得价电子在金属中以不同能量状态分布的能带发生分裂，即有某些能态是电子不能取值的，如图 4-3(a) 所示。从能带分裂以后的曲线可以看到：当 $-K_1 < K < K_1$ 时，E-K 曲线按照抛物线规律连续变化，当 $K = \pm K_1$ 时，只要波数 K 的绝对值稍有增大，能量便从 A 跳到 B，A 和 B 之间存在着一个能隙 ΔE_1，同样，当 $K = \pm K_2$ 时，能带也发生分裂，存在能隙 ΔE_2。能隙的存在意味着禁止电子具有 A 和 B 与 C 和 D 之间的能量，能隙所对应的能带称为禁带，而将电子可以具有的能级所组成的能带称为允带，允带与禁带相互交替，形成了材料的能带结构，如图 4-3(b) 所示。电子可以具有允带中各能级的能量，且每个能级只能允许有两个自旋反向的电子存在。若一个允带所有的能级都被电子填满，这种能带称为满带，在外电场作用下，电子有无活动的余地，即电子能否转向电场正端运动的能级上去而产生电流，这要取决于物质的能带结构，而能带结构与价电子数、禁带的宽窄以及允带的空能级等因素有关。所谓空能级是指允带中未被填满电子的能级，具有空能级的允带其电子是自由的，在外电场的作用下可参与导电，所以这样的允带称为导带。禁带宽窄取决于周期势场的变化幅度，变化幅度越大，则禁带越宽，若势场没有变化，则能带间隙为零，此时的能量分布情况如图 4-1 所示的 E-K 曲线。

如果允带内的能级未被填满，或允带之间没有禁带或允带相互重叠，如图 4-4(a)、(b)、(c) 所示，在外电场的作用下电子很容易从一个能级转到另一个能级上去而产生电流，有这种能带结构的材料（如金属）就是导体。若满带上方有一个较宽的禁带相邻，即使禁带上方的能带是空带，如图 4-4(d) 所示，这种能带结构也不能导电。因为满带中的电子没有活动的余地，且禁带较宽，在外电场的作用下电子很难跳过禁带产生定向运动，即不能产生电流，有这种能带结构的材料是绝缘体。半导体的能带结构与绝缘体相似，所不同的是它的禁带比较窄，如图 4-4(e) 所示，电子跳过禁带不像绝缘体那么困难。如果存在外界作用（如热、光辐射等），则满（价）带中的电子被激发跃过禁带而进入上方的空带中去。这样，不仅在空带中出现导电电子，而且在满带中有了电子留下的空穴。在外电场作用下，空带中的自由电子定向运动形成电流；同时，价带中的电子也可以逆电场方向运动到这些空穴中，而本身又留下新的空穴，这种电子的迁移相当于空穴顺电场方向运动，形成空穴导电。这种空带中的电子导电和价带中的空穴导电同时存在的导电方式称为本征导电。本征导电的特点是参加导电的电子和空穴的浓度相等。

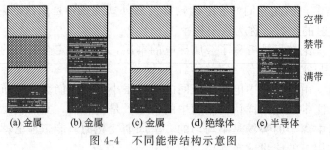

图 4-4 不同能带结构示意图

能带理论不仅能解释金属的导电性，而且还能很好地解释了绝缘体、半导体等的导电性。

2. 无机非金属材料的导电机理

无机非金属材料的种类很多，其导电性、导电机理相差很大，绝大多数无机非金属材料是绝缘体，但也有一些是导体或半导体，即使是绝缘体，在电场作用下也会产生漏电电流。载流子不同，其导电机理也不同。

（1）离子电导　离子晶体中的电导主要为离子电导，晶体的离子电导可以分为两类。第一类源于晶体点阵的基本离子的运动，称为固有离子电导（或本征电导）。这种离子自身随着热振动离开晶格结点形成热缺陷。这种热缺陷无论是离子或者空位都是带电的，因而都可以作为离子电导载流子。显然固有电导在高温下特别显著。第二类是由固定较弱的离子的运动造成的，主要是杂质离子，因而常称为杂质电导。杂质离子是弱联系离子，所以在较低温度下杂质电导表现得显著。

① 载流子浓度　对于固有电导（本征电导），载流子由晶体本身热缺陷——弗仑克尔缺陷和肖特基缺陷提供。弗仑克尔缺陷的填隙离子和空位的浓度是相等的，都可表示为：

$$N_f = N\exp[-E_f/(2kT)] \tag{4-19}$$

式中，N 为单位体积内离子结点数；E_f 为形成一个弗仑克尔缺陷（即同时生成一个填隙离子和一个空位）所需要的能量；k 为玻尔兹曼常数；T 为热力学温度。

肖特基空位浓度，在离子晶体中可表示为：

$$N_s = N\exp[-E_s/(2kT)] \tag{4-20}$$

式中，N 为单位体积内离子对的数目；E_s 为解离一个阴离子和一个阳离子并达到表面所需要的能量。

由以上两式可以看出，热缺陷的浓度决定于温度 T 和离解能 E。常温下，kT 比 E 小得多，因而只有在高温下，热缺陷浓度才显著大起来，即固有电导在高温下显著。

杂质离子载流子的浓度取决于杂质的数量和种类。因为杂质离子的存在，不仅增加了电流载体数，而且使点阵发生畸变，杂质离子离解活化能变小。和固有电导不同，在低温下，离子晶体的电导主要由杂质载流子浓度决定。

② 离子迁移率　离子电导的微观机构为载流子-离子的扩散。间隙离子处于间隙位置时，受周围离子的作用，处于一定的平衡位置（称此为半稳定位置）。如果它要从一个间隙位置跃入相邻原子的间隙位置，需要克服一个高度为 U_0 的势垒。完成一次跃迁，又处于新的平衡位置（间隙位置）上。这种扩散过程就构成了宏观的离子迁移。离子迁移率为：

$$\mu = \frac{v}{E} = \frac{\delta^2 \nu_0 q}{6kT}\exp\left(-\frac{U}{kT}\right) \tag{4-21}$$

式中，δ 为相邻半稳定位置间的距离，等于晶格距离，cm；ν_0 为间隙离子的振动频率，s^{-1}；q 为间隙离子的电荷数，C；k 为 0.8×10^{-4} eV/K；U 为无外电场时间隙离子的势垒，eV。通常离子迁移率约为 $10^{-13}\sim10^{-16}\text{m}^2/(s\cdot V)$。

③ 离子电导率

a. 离子电导包括本征离子电导和杂质离子电导，本征离子电导率的一般表达式为：

$$\sigma = A_1\exp(-B_1/T) \tag{4-22}$$

杂质离子电导率的一般表达式为：

$$\sigma = A_2\exp(-B_2/T) \tag{4-23}$$

如果物质存在多种载流子，其总电导率可表示为：

$$\sigma = \sum A_i\exp(-B_i/T) \tag{4-24}$$

式中，A_i、B_i 均为材料常数。

b. 扩散与离子电导   离子电导是在电场作用下离子的扩散现象。离子扩散机制主要有：空位扩散、间隙扩散和亚晶格间隙扩散。

能斯脱-爱因斯坦方程为：

$$\sigma = Dnq^2/(kT) \tag{4-25}$$

此方程建立了离子电导率与扩散系数的联系，是一个重要公式。由该式和式(4-11)还可以建立扩散系数 D 和离子迁移率 μ 的关系

$$D = BKT = \mu kT/q \tag{4-26}$$

式中，B 称为离子绝对迁移率。而

$$D = D_0 \exp[-W/(kT)] \tag{4-27}$$

W 扩散活化能，D 可由试验测得。所以，通过式(4-26)可得到离子迁移率 μ。

④ 影响离子电导率的因素

a. 温度   随着温度的升高，电导按指数规律增加。图4-5表示含有杂质的电解质的电导

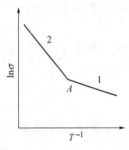

图 4-5   离子电导率与温度的关系

率随温度的变化曲线。在低温下（曲线1）杂质电导占主要地位。这是由于杂质活化能比基本点阵离子的活化能小许多的缘故。在高温下（曲线2），固有电导起主要作用。因为热运动能量的增高，使本征电导的载流子数显著增多。这两种不同的导电机制，使曲线出现了转折点 A。刚玉瓷在低温下发生杂质离子电导，高温下则发生电子电导。

b. 晶体结构   电导率随活化能按指数规律变化，而活化能反映离子的固定程度，它与晶体结构有关。那些熔点高的晶体，晶体结合力大，相应活化能也高，电导率就低。对碱卤化合物而言，负离子半径增大，正离子活化能显著降低。离子电荷的高低对活化能也有影响，一价正离子尺寸小，电荷少，活化能小，迁移率较高；高价正离子，价键强，所以活化能大，故迁移率较低。除了离子的状态以外，晶体的结构致密度对离子活化能也有影响，显然，结构紧密的离子晶体，由于可供移动的间隙小，则间隙离子迁移困难，则其活化能高，因而电导率低。

c. 晶格缺陷   具有离子电导的固体物质称为固体电解质。实际上，只有离子晶体才能成为固体电解质，共价键晶体和分子晶体都不能成为固体电解质。但是并非所有的离子晶体都能成为固体电解质。离子晶体要具有离子电导的特性，必须具备以下两个条件：电子载流子的浓度小；离子晶格缺陷浓度大并参与电导。因此，离子性晶格缺陷的生成及其浓度大小是决定离子电导的关键。

晶格缺陷生成的主要原因：一是热激励生成的晶格缺陷，主要是肖特基缺陷、弗仑克尔缺陷；二是不等价固溶掺杂形成的晶格缺陷；三是离子晶体中正负离子计量比随气氛的变化发生偏离，形成非化学计量比化合物，而产生晶格缺陷。

(2) 电子电导   电子电导的载流子是电子或空穴（电子空位）。电子电导主要发生在导体和半导体中，半导体中的电子电导将在第七节介绍。

3. 高分子材料导电机理

要赋予高分子材料电性，可能的途径是使分子内和分子间的电子云有一定程度的交叠。一种方法是把小分子聚合成具有一维或二维的大共轭体系的高分子，π电子云在分子内交叠；另一种方法是利用共轭分子π电子云的分子间交叠。这些共轭分子都是平面分子，如果在晶体中一维堆砌成晶体柱，只要分子间距离足够小，就有相当程度的π电子云交叠，因而能呈现较高的电导。

因此，根据高聚物本身是否能显示较高的电导性，可以将导电高聚物分为两类：一种为本征型高聚物导体；另一种为复合型高聚物导体，它是由电绝缘的普通高聚物与导电填料复合而成的体系。

研究发现，真正无缺陷的共轭结构高分子，其实是不导电的，它们只表现绝缘体的行为。要使它们导电或表现出导体、半导体的其他特征，必须使它们的共轭结构产生某种缺陷，用物理学的说法，就是要进行某种"激发"。"掺杂"是最常采用的产生缺陷和激发的化学方法，实际上，掺杂就是在共轭结构高分子上产生的电荷转移或氧化还原反应。共轭结构高分子中的 π 电子有较高的离域程度，既表现出足够的电子亲和力，又表现出较低的电子离解能。因此，根据反应条件的不同，高分子链本身可能被氧化（失去或部分失去电子），也可能被还原（得到或部分得到电子）。相应的，借用半导体科学的术语，称作发生了"p-型掺杂"或"n-型掺杂"。以反式聚乙炔 $(CH)_n$ 为例：

$$(CH)_n + nxA \longrightarrow [(CH)^{+x} \cdot xA^{-1}]_n \quad 氧化掺杂或 p\text{-型掺杂}$$
$$(CH)_n + nxD \longrightarrow [(CH)^{-x} \cdot xD^{+1}]_n \quad 还原掺杂或 n\text{-型掺杂}$$

其中，A 和 D 分布代表电子受体和电子给体掺杂剂（假定为 1 价），前者的典型代表是 I_2、AsF_5 等，后者的典型代表为 Na、K 等。x 表示参与反应的掺杂剂的用量，也是高分子被氧化或还原的程度，对聚乙炔来说，可以在 $0 \sim 0.1$ 之间变化。相应的，聚乙炔表现出半导体（x 较小时）、导体（x 较大时）的特性。

以上氧化还原反应也可以在电极表面上发生，叫做电化学掺杂。一般说来，是将聚合物涂覆在电极表面，或者使单体在电极表面直接聚合，形成薄膜。改变电极的电位，表面的聚合物膜与电极之间发生电荷的传递，聚合物失去或得到电子，变成氧化或还原状态，而电解液中的对离子扩散到聚合物膜中，保持聚合物膜的电中性。

此外，还有另外一种化学掺杂方法：向绝缘的共轭聚合物链上引入一个质子，聚合物链上的电荷分布状态发生改变，质子本来携带的正电荷转移和分散到分子链上，相当于聚合物链失去一个电子而发生氧化掺杂，这就是"质子酸掺杂"。这种掺杂现象在聚乙炔中首先观察到，聚苯胺表现得尤为突出。由于聚苯胺特殊的化学结构，在一定条件下，它成盐反应就是掺杂反应。

除了化学方法以外，物理方法也可以实现导电聚合物的掺杂，主要表现为：①对导电聚合物进行离子注入，如注入 K^+，聚合物则被 n-型掺杂，当然这在本质上仍然是化学掺杂，因而是不难理解的。②对导电聚合物进行"光激发"，当聚合物吸收一定波长的光之后，表现出某些导体或半导体性能，如导电、发光等。正是由于光激发与化学掺杂有异曲同工的效果，物理学家对导电聚合物光学性质研究所得出的结论才被大多数化学家接受，这就是导电高分子的激发子理论。

苏武沛、Schrieffer 和 Heeger 完整的提出了激发子理论。他们将反式聚乙炔看作一维晶格，在量子力学计算中引入了 π 电子和原子核晶格的相互作用，得出了几个重要的结论。

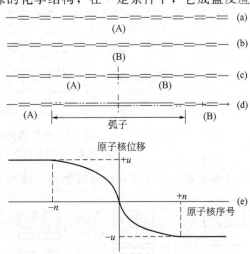

图 4-6　反式聚乙炔孤子结构示意图

（a）基态 A；（b）基态 B；（c）二基态的结合部位；

（d）键长逐步过渡；（e）相对于等距离原子核排布的
原子核位移服从双正切函数

①反式聚乙炔的基态存在"二聚化",即原子核间不是等距离的,而有"长短键"之分。对一个理想的反式聚乙炔分子链,存在两个能量相同的基态,一个是"左长右短"交替排列,一个是"左短右长"交替排列,如图 4-6(a) 和 (b) 所示。这种"二聚化"的原子核晶格,对应的电子能态是被 π 电子占满的价带和空缺的导带,两者之间存在一个能隙 E_g。它对应着把一个电子从价带激发到导带所需要的最小能量。②如果以上两个基态同时出现在一个分子链上,在它们的结合部将产生一个原子距离的过渡;原子位置偏离等距离分布的程度,从一侧(左长右短)向另一侧(左短右长)变化,服从双正切函数。这个过渡区域的大小,大约是 15 个碳原子。这样的原子核位置的局部畸变,产生 π 电子的一个局域态,它的激发能量大约是 $(2/\pi)E_g$,是一种能量的局部极小状态,具有物理学中"孤子"的基本特征,因而成为"孤子态"。③孤子在分子链上可以作为整体而运动,它的动态质量相当于 6 个电子,可见它是一种很有效的载流子。④孤子和反孤子往往成对出现,它们的能级位于价带和导带的中央,因而中性孤子具有自旋而荷电孤子反而没有自旋。⑤当正反两个孤子相向运动到一定距离,结合为另一种相对稳定的激发态:极化子时,它的原子核畸变的范围大约是一个孤子的 1.24 倍,激发能大约小于电子激发能 E_g,也小于一个孤子-反孤子对的激发能 $(4/\pi)E_g$。这是反式聚乙炔中的另一种载流子。

事实上,所有共轭高分子中,具有两种简并基态的只有反式聚乙炔,其他的高分子一旦长短键换位后,能量增加很大,因而不存在"孤子"。对于这类高分子,极化子和双极化子是两种可能的元激发。以聚苯为例,图 4-7(a) 状态能量最低,变成 (b) 之后,能量增高很多,因而不存在稳定的孤子态。极化子如 (c) 所示,它是一个中性孤子与一个荷电孤子的集合体,因而表现出电荷与自旋的反对应关系。由于同种电荷的排斥作用,双极化子有较长的原子核位置畸变范围和较高的激发能。

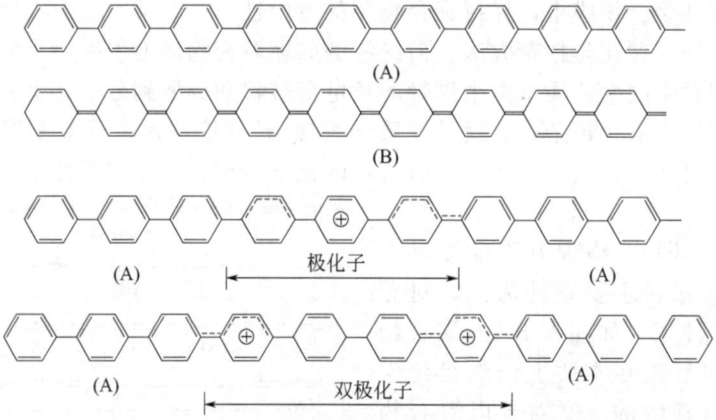

图 4-7 聚苯的极化子和双极化子示意图

(a) 基态 A;(b) 基态 B;(c) 极化子;(d) 双极化子

已经知道,本征型导电高聚物半导体和导体的结构特点是均具有共轭结构的 π 电子,在一定条件下(如掺杂、热、光或电场等),π 电子和原子核相互作用,可形成各种载流子,这些载流子具有一定的能量。按照半导体能带理论,假设高分子为准一维晶格模型,本征型高聚物半导体和导体的能带结构如图 4-8 所示,孤子能带在价带(高聚物是满带)和导带(高聚物是空带)之间能隙(禁带)的

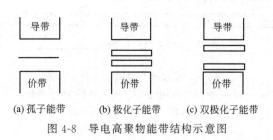

(a) 孤子能带　(b) 极化子能带　(c) 双极化子能带

图 4-8 导电高聚物能带结构示意图

中心位置，极化子能带位于能隙中两个分立的能级。

由于单极化子和双极化子具有的能量不同，它们在能隙中的位置也不同。它们的位置均大大缩小了能隙的宽度，使高分子从绝缘态（能隙很大）进入了导电状态（能隙很小）。但高分子链上只有一些局部区域形成载流子，载流子处于导电状态，其余高分子链部分则为非导电状态（或称绝缘态）。只有载流子在高聚物分子链内及分子链间传输流动才能实现电导过程。对于这种准一维的不均匀导电体系，载流子传输的导电模型主要有三个，即一维变程跃迁模型、受限涨落诱导隧道模型及金属岛模型。目前最流行的本征型导电高分子的导电模型是颗粒金属岛模型。该模型充分考虑到导电高分子的各向异性及内部的不均匀性，综合了一维变程跃迁模型和受限涨落诱导隧道模型的优点，认为整个导电体系由高导电率的金属区和包围在金属区周围的绝缘区所构成。宏观电导率与链内电导率和链间电导率有关，链内电导率取决于导电高分子的组成及本身的特性，链间电导率与导电高分子的链间排列有关。在金属岛内，由于是有序的三维导体，其电导率取决于链内电导率，而在绝缘区，必须依靠"跃迁"或"隧道效应"来传递载流子。因此对一定的导电高分子而言，链内电导率是导电体系所能达到的最高的宏观电导率，绝缘区的有序化程度直接决定了"跃迁"或"隧道效应"的难易，是整个导体体系宏观电导率的"瓶颈"。拉伸和结晶均有利于改善非金属区的有序化程度，对提高电导率的作用十分明显，如聚乙炔、聚对亚苯基亚乙烯基在拉伸 3～6 倍后，拉伸方向电导率提高 1～2 个数量级；聚苯胺拉伸 205%～350% 后，电导率可达 350S/cm。但在垂直于拉伸方向的电导率变化不大，由此造成电导率的高度各向异性，如聚乙炔电导率的各向异性可达 1000，聚苯胺电导率的各向异性也达到 24。理论计算表明，金属岛的尺寸可达 2500nm，金属岛内电导率可达 160S/cm 以上。从这个意义上来说，导电高分子电导率提高还有很大的空间。

第二节　超导电性

1911 年荷兰科学家卡茂林·昂内斯（Kamerlingh Onnes）在实验中发现：在 4.2K 温度附近，水银的电阻突然下降到无法测量的程度，此后人们又陆续发现许多金属和合金也有类似现象。这种在一定的低温条件下材料突然失去电阻的现象称为超导电性。超导态的电阻小于目前所能检测的最小电阻值（$10^{-27}\Omega\cdot m$），可以认为超导态没有电阻。材料有电阻的状态为正常态，失去电阻的状态为超导态，材料由正常状态转变为超导状态的温度称为临界温度，以 T_c 表示。

一、超导体的两个基本特性
超导体有两个基本特征：完全导电性和完全抗磁性。

1. 完全导电性
昂内斯等人曾做过这样的实验，如图 4-9 所示，在室温下把超导体做成圆环放在磁场中，并把它冷却到临界温度以下使其变成超导态。然后，把外磁场突然去掉，则通过磁感应作用，沿着圆环产生了感生电流，经过几年的观察，发现环内流动的感生电流没有任何衰减，这说明超导体的电阻为零，具有完全导电性。同时也说明超导体是等电位的，超导体内没有电场。

2. 完全抗磁性
处于超导状态的金属，不管其经历如何，迈斯纳（Meissner）和奥克森弗尔德（R. Ochsenfeld）1933 年实验发现，外加磁场不能进入超导体的内部，且原来处于磁场中的正常态样品，当温度下降使其变成超导态时，也会把原来体内的磁场完全排出去，即超导体内无磁场，内部磁感应强度 B 为零，如图 4-10 所示，这说明超导体具有完全抗磁性，完全抗磁性又称为迈斯纳效应（Meissner）。因此超导体具有屏蔽磁场和排除磁通的性能。

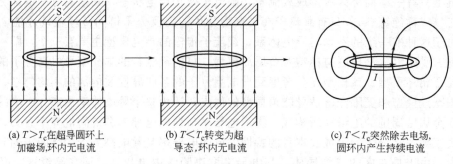

(a) $T>T_c$ 在超导圆环上 加磁场，环内无电流

(b) $T<T_c$ 转变为超 导态，环内无电流

(c) $T<T_c$ 突然除去电场， 圆环内产生持续电流

图 4-9　超导体中产生持续电流实验

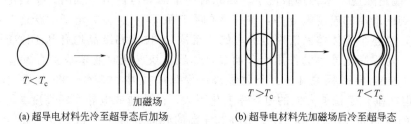

(a) 超导电材料先冷至超导态后加场　　　　(b) 超导电材料先加磁场后冷至超导态

图 4-10　迈斯纳效应

二、超导体的三个重要性能指标

1. 临界转变温度 T_c

超导体温度低于临界转变温度时，便出现完全导电和迈斯纳效应等基本特征。超导材料的临界转变温度越高越好，越有利于应用。目前，超导材料转变温度最高的是金属氧化物，但也只有 140K 左右。

2. 临界磁场强度 H_c

在 $T<T_c$ 时，将超导体放入磁场中，当磁场强度高于某个值时，则磁力线将穿入超导体，超导态被破坏而成为正常态，这个能破坏超导态的最小磁场强度值就称为临界磁场强度，用 H_c 表示。H_c 值随温度降低而增加。温度 T 时的临界磁场强度 $H_{c(T)}$ 与 T 的关系为

$$H_{c(T)} = H_{c(0)} \left[1 - \left(\frac{T}{T_c} \right)^2 \right] \tag{4-28}$$

式中，$H_{c(0)}$ 是温度为 0K 时超导体的临界磁场强度。H_c 与超导材料的性质有关，不同材料的 H_c 差异很大。

3. 临界电流密度 J_c

除上述两个影响着材料超导态的因素外，输入电流也起着重要作用，它们都是相互依存和相互关联的，如果输入电流所产生的磁场与外磁场之和超过临界磁场强度 H_c，则超导态被破坏，这时输入的电流为临界电流 I_c，相应的电流密度称为临界电流密度 J_c。为保持超导态，外磁场增加时，J_c 就应相应地减小，以使它们的综合磁场不超过 H_c 值而保持超导态，故临界电流密度 J 就是材料保持超导状态的最大输入电流。

三、两类超导体

在超导态下磁通从超导体中被全部逐出，显示完全的抗磁性（迈斯纳效应）的超导体，

称作第一类超导体，如除钒、铌、钽外的纯金属超导体。在超导态下有部分磁通透入，但仍保留超导电性的超导体称作第二类超导体，如钒、铌及其合金。

对第二类超导体，存在两个临界磁场强度 H_{c1}、H_{c2}。当外磁场强度低于 H_{c1} 时，超导体表现为第一类超导体的特征，具有完全的抗磁性；当外磁场强度高于 H_{c1} 时，磁通开始透入到超导体内，当外磁场强度继续增加时，透入到超导体内的磁通也增加，这说明超导体内已有部分区域转变成正常态（但电阻仍为零），这时的超导体处于混合态（涡漩态）；当外磁场强度增加到 H_{c2} 时，磁场完全穿透超导体，超导体由混合态转变为正常态。第一类超导体的临界磁场强度 H_c 往往比较小，而第二类超导体的临界磁场强度 H_{c2} 可高达 H_c 的 100 倍或更高，零电阻的超导电流可以在这样高的磁场中环绕磁通线周围的超导区中流动，此状态下的超导体仍能负载无损耗电流，故第二类超导体在构造强磁场电磁铁方面有重要的实际意义。

四、超导现象的物理本质

超导现象发现以后，科学家们对金属以及金属化合物进行了大量的研究，并提出了不少超导理论模型。其中以 1957 年巴丁（J. Bardeen）、库柏（L. N. Cooper）和施瑞弗（J. R. Schrieffer）等人，根据大量电子的相互作用形成的"库柏电子对"理论最为著名，即 BCS 理论。这个理论认为，当超导体内处于超导态的某一电子 e_1 在晶体中运动时，它周围的正离子点阵将被这个电子吸引向其靠拢以降低静电能，从而使这个局部区域的正电荷密度增加，而这个带正电的区域又会对近邻电子 e_2 产生吸引力，正是由于这种吸引力克服了静电斥力，使动量和自旋方向相反的两个电子 e_1、e_2 结成了电子对，这种电子对称为库柏电子对，如图 4-11 所示。显然，组成库柏对的电子 e_1 和 e_2 之

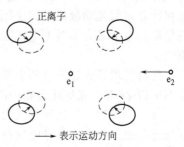

图 4-11　库柏电子对形成示意图

间的这种相互吸引力作用与正离子的振动有关，而且在超导体内，这些正离子的运动是相互牵连的，某个正离子的振动，会使邻近正离子也发生振动，一个一个传下去，在晶格中形成一个以声速传播的波，叫晶格波动，简称格波。

据理论计算，对能量相近的两个电子，由晶格引起的这种间接作用力是吸引力，且电子与晶格间作用越强，这种吸引力就越大。量子统计法则告诉我们，如果每对电子的总动量相等，那么成对的两个电子之间的吸引力将大大增强。因此，总动量相当的库柏电子对，电子之间的吸引力较强，其相互作用范围也较大，为 $10^{-9} \sim 10^{-6}$ m，而一般晶格中原子之间的距离只有 10^{-10} m，由此看出，互相吸引而结成对的两个电子相距可能更远，这是因为电子是通过格波而在相互作用的。

材料变为超导态后，由于电子结成库柏对，使能量降低成为一种稳定态。一个超导电子对的能量比形成的它的单独的两个正常态的电子的能量低 2Δ，这个降低的能量 2Δ 称为超导体的能隙，而正常态电子则处于能隙以上的更高能量的状态，如图 4-12 所示。能隙的大小与温度有关，且

$$2\Delta = 6.4 k T_c \left[1 - \left(\frac{T}{T_c} \right) \right]^{\frac{1}{2}} \tag{4-29}$$

式中，k 为玻尔兹曼常数；T_c 为由正常态转变为超导态的临界温度。

由式可见，当 $T=0$ 时，能隙最大，当电子对获得的能量 $\geq 2\Delta$ 时就进入正常态，即电子对被拆开成两个独立的正常态电子。当温度或外磁场强度增加时，电子对获得能量，能隙就减小。当温度增加到 $T=T_c$，或外磁场强度增加到 $H=H_c$ 时，能隙减小到零，如图示 4-13 所

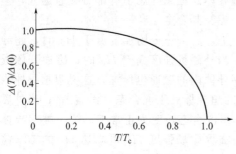

图 4-12　超导体能隙示意图

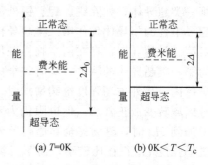

图 4-13　能隙随温度变化的曲线

示，电子对全部被拆开成正常态电子，于是材料即由超导态转变为正常态。由此可见，温度越低，超导体越稳定。

前已提及，超导态的电子对有一基本特性，即每个电子对在运动中的总动量保持不变，故在通以直流电时，超导体中的电子对将无阻力地通过晶格运动。这是因为任何时候，晶格（缺陷）散射电子对中的一个电子并改变它的动量时，它也将散射电子对中的另一个电子，在相反方向引起动量的等量变化，因此，成对电子运动的平均速度基本保持不变。这就说明超导态的电子对运动时不消耗能量，表现出零电阻的特性，这也是超导体中产生永久电流的原因。

目前发现具有超导性的金属元素有 28 种，超导合金很多，如二元合金 Nb_3Ge、三元合金 Nb-Ti-Zr 等，超导化合物中的有 $Nb_3Sn(T_c \approx 18.1 \sim 18.5K)Nb_3Ge(T_c \approx 23.2K)$。

自 20 世纪 60 年代开始人们发现有些超导材料并不是传统上被人们认为是良导体的金属及合金，而是在常态下导电性很差的氧化物。为了寻找更高 T_c 的超导体，人们在超导氧化物研究中取得了很大进展。1986 年，贝诺兹（J. G. Bednorz）和穆勒（K. A. Muller）发现了 T_c 为 35K 的 Ba-La-Cu-O 系氧化物超导体，并由此获得诺贝尔奖，1987 年 2 月我国科学家赵忠贤等人得到 T_c 在液氮以上温度的 Y-Ba-Cu-O 系超导体，即所谓的 123 材料。目前已经发现了超导温度达 133K 以上的超导氧化物。对于超导氧化物的超导机理，人们也进行了大量研究，提出了一些模型，但至今还没有一个被人完全接受的超导理论可用来解释所发现的新材料。寻找高 T_c 的超导体仍为人们研究的热点。

近年来，超导技术发展很快，已在电力、能源、交通、电子学技术、生物医学等领域得到应用。

五、超导高分子的 Little 模型

由于 BCS 理论并没有限制库柏对只能通过声子为中介而形成，因此，利特尔（W. A. Little）在研究了金属的超导机理后，分析了线型聚合物的化学结构，设想了超导聚合物模型，如图 4-14 所示。

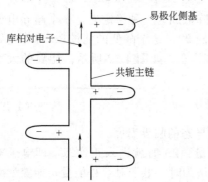

图 4-14　超导聚合物的 Little 模型

他认为，超导聚合物的主链应为高导电性的共轭双键结构，在主链上有规则的连接一些极易极化的短侧基。由于共轭主链上的 π 电子并不固定在某一个碳原子上，它可从一个 C—C 键迁移到另一个 C—C 键上。从这一意义上讲，聚合物共轭主链上的 π 电子，类似于金属中的自由电子。当 π 电子流经侧基时，形成内电场使侧基极化，则侧基靠近主链的一端呈正电

性。由于电子运动速度很快，而侧基极化的速度远远落后于电子运动，于是在主链两侧形成稳定的正电场，继续吸引第二个电子，因此在聚合物主链上形成库柏对。

利特尔还认为，共轭主链与易极化的侧基间要用绝缘部分隔开，以避免主链中的 π 电子与侧基中的电子重叠，使库仑力减少而影响库柏对的形成。

作为例子，利特尔提出了一个超导聚合物的具体结构。这种聚合物的主链为长的共轭双键体系，侧基为电子能在两个氮原子间移动而"摇晃"的菁类色素基团。侧基上由于电子的"摇晃"而引起的正电性，能与主链上的 π 电子发生库仑力作用而导致库柏对的形成，从而使聚合物成为超导体，如图 4-15 所示。

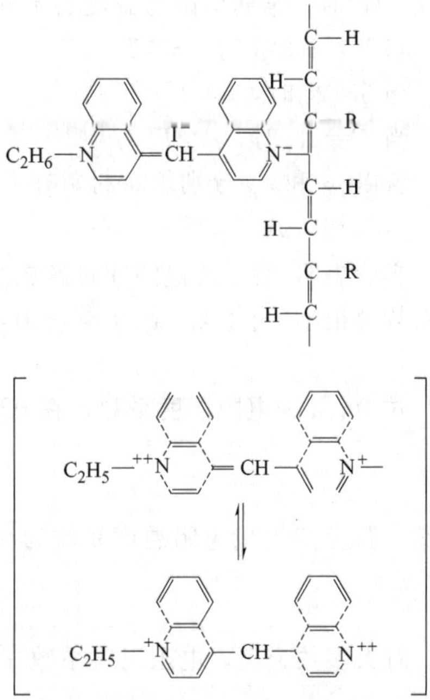

研究者们对上述建立在电子激发基础上的 Little 模型也提出了不少异议。例如，在理想的一维体系中，即使电子间有充分的引力相互作用，但由于存在一维涨落现象，在有限温度下不可能产生电子的长程有序，因而不可能产生超导态；晶格畸变使费密面上出现能隙而成为绝缘体；对主链上电子间的屏蔽作用估计过小；所提出的聚合物应用的分子结构合成极为困难等。近年来，不少科学家提出了许多其他超导聚合物的模型，各有所长，但也都有不少缺陷。因此，在超导聚合物的研究中，还有许多艰巨的工作要做。

图 4-15　Little 超导聚合物结构

第三节　影响金属导电性的因素

影响材料导电性能的因素主要有温度、化学成分、晶体结构、杂质和缺陷的浓度及其迁移率等，但不同种类的材料导电机理各异，影响因素及其影响程度也不尽相同。例如电子导电的金属材料，电导率随温度的升高而下降，而离子导电的离子晶体型陶瓷材料，电导率却随温度的升高而上升。因而对于具体材料应作具体分析。由于金属材料是常用的导电材料，所以本节仅对影响金属材料导电性的主要因素进行分析。

一、温度的影响

金属电阻率随温度升高而增大。尽管温度对有效电子数和电子平均速度几乎没有影响，然而温度升高会使离子振动加剧，热振动振幅加大，原子的无序度增加，周期势场的涨落也加大。这些因素都使电子运动受到的散射概率增加，自由程减小，而导致电阻率增大。

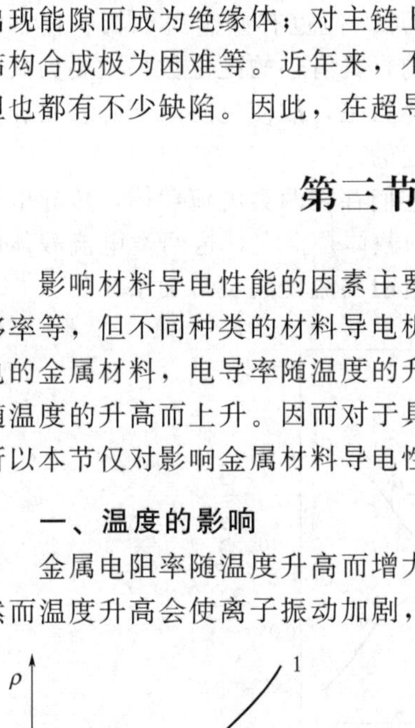

严格地说，金属电阻率在不同温度范围内变化规律是不同的，图 4-16 是金属电阻率与温度的关系。在低温（2K）时，金属的电阻主要由"电子-电子"散射决定；在2K 以上的温度，大多数金属电子的散射都由"电子-声子"决定，也即金属的电阻取决于离子的热振动。

根据德拜理论，原子热振动在以德拜特征温度 θ_D 划分的在两个温度区域存在本质的差别。所以，在 $T > \theta_D$

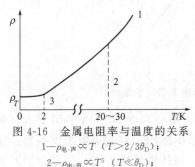

图 4-16　金属电阻率与温度的关系

1—$\rho_{电-声} \propto T$（$T > 2/3\theta_D$）；

2—$\rho_{电-声} \propto T^5$（$T \ll \theta_D$）；

3—$\rho_{电-电} \propto T^2$（$T = 2K$）

和 $T<\theta_D$ 时，金属电阻与温度有不同的函数关系：

当 $T>2/3\theta_D$ 时，$\rho\propto T$

当 $T\ll\theta_D$ 时，$\rho\propto T^5$

当 $T=2K$ 时，$\rho\propto T^2$

若以 ρ_0 和 ρ_T 分别表示材料在 0℃ 和 T 下的电阻率，则 ρ_T 可表示成一个温度的升幂函数 $\rho_T=\rho_0(1+\alpha T+\beta T^2+\gamma T^3+\cdots)$

实验表明，对于普遍的非过渡族金属的 θ_D 一般不超过 500K，当 $T>2/3\theta_D$ 时，β、γ 及高次项系数都很小，线性关系已足够正确，即在室温和以上温度金属的电阻率与温度关系为

$$\rho_T=\rho_0(1+\alpha T) \tag{4-30}$$

式中，α 为电阻温度系数，在 0℃～T 温度区间的平均电阻温度系数

$$\alpha_{平均}=\frac{\rho_T-\rho_0}{\rho_0 T} \tag{4-31}$$

显然，温度 T 时的电阻温度系数为

$$\alpha_T=\frac{1}{\rho_T}\frac{\mathrm{d}\rho}{\mathrm{d}T} \tag{4-32}$$

对大多数金属，电阻温度系数 α 为 10^{-3} 数量级，而过渡族金属，特别是铁磁性金属的 α 较大。

大多数金属在熔化成液态时，其电阻率会突然增大约 1.5～2 倍，这是由于原子排列的长程有序被破坏，从而加强了对电子的散射，引起电阻增加。但也有些金属如锑、铋、镓等，在熔化时电阻率反而下降，因为锑在固态时为层状结构，具有小的配位数，主要为共价键型晶体结构，在熔化时共价键被破坏，转为以金属键结合为主，故使电阻率下降。铋和镓在熔化时电阻率的下降也是由于近程原子排列的变化所引起的。

过渡族金属的电阻与温度的关系比较复杂，这是因为它们存在两类电流载体，传导电子有可能从 s 层向 d 层过渡，而 s 层基本被填满，其中电流的载体是空穴，这两类电流载体的电阻与温度变化关系不同，所以，常常导致过渡族金属的电阻与温度的反常关系。

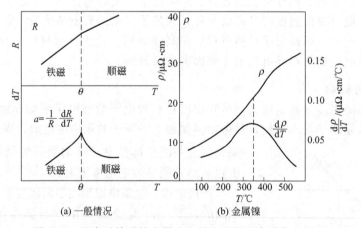

图 4-17 温度对铁磁性金属比电阻和电阻温度系数的影响

铁磁性的金属在发生磁性转变时，电阻率出现反常，如图 4-17 所示。对于居里点（磁性转变温度）以下的铁磁性金属，电阻和温度的线性关系已不适用，它的电阻温度系数 α 随温度上升不断增大，过了居里点后则急剧减小。研究表明，在接近居里点时，铁磁金属或合金的电阻率反常降低量 $\Delta\rho$ 与其自发磁化强度 M_s 平方成正比，即

$$\frac{\Delta\rho}{\rho}=\alpha M_s^2 \tag{4-33}$$

式中，ρ 为居里点 θ 下的电阻率。

铁磁性金属电阻温度反常是由于铁磁性金属内参与自发磁化的 d 及 s 壳层电子云相互作用引起的。

二、应力的影响

弹性应力范围内的单向拉应力，使原子间的距离增大，点阵的畸变增大，导致金属的电阻增大。此时电阻率 ρ 与拉应力有如下关系

$$\rho=\rho_0(1+\alpha\sigma) \tag{4-34}$$

式中，ρ_0 为未加载荷时的电阻率；α 为应力系数；σ 为拉应力。

压应力对电阻的影响恰好与拉应力相反，由于压应力使原子间的距离减小，离子振动的振幅减小，大多数金属在三向压力（高达 1.2GPa）的作用下，电阻率下降，并且有如下关系

$$\rho=\rho_0(1+\phi p) \tag{4-35}$$

式中，ρ_0 为真空下的未加载荷时电阻率；ϕ 为压力系数（为负值）；p 为压力。

压力对过渡族金属的影响最显著，过渡族金属的特点是存在着能量差别不大的未填满电子的壳层。因此在压力作用下，有可能使外壳层电子转移到未填满的内壳层，导致性能的变化。

高的压力往往能导致物质的金属化，引起导电类型的变化，而且有助于从绝缘体-半导体-金属-超导体的转变。表 4-1 列举了某些元素获得金属导电性的临界压力。

表 4-1 某些半导体和绝缘体转变为金属态的临界压力

元素	S	Si	Ge	H	金刚石	P	AgO
$P_{临}$/GPa	40	16	12	200	60	20	20

三、冷加工变形的影响

冷加工变形后的纯金属（如铁、铜、银、铝等）的电阻率增加 2%~6%。金属钨、钼例外，当冷变形量很大时，钨的电阻可增加 10%~20%。而有序固溶体电阻增加 100%，甚至更高。也有相反的情况，如镍-铬、镍-铜-锌、铁-铬-铝等由于形成 K 状态，冷加工变形将使合金电阻率降低。关于这方面的内容将在后面讨论。

冷加工变形引起金属电阻率增大的原因，可认为是由于冷加工变形使晶体点阵畸变和晶体缺陷增加，特别是空位浓度的增加，造成点阵电场的不均匀而加剧对电子散射的结果。此外，冷加工变形使原子间距改变，也会对电阻率产生一定影响。若对冷加工变形的金属进行退火，使它产生回复和再结晶，则电阻下降。例如，纯铁经过冷加工变形之后，再进行100℃退火处理，电阻便有明显降低。如果进行 500℃退火，电阻可恢复到冷加工变形前的水平。但当退火温度高于再结晶温度时，电阻反而又升高了，这是由于再结晶生成的新晶粒的晶界增多，对电子运动的阻碍作用增强所造成的，晶粒越细，电阻越大。

回复退火可以显著降低点缺陷浓度，因此使电阻率有明显的降低。而再结晶过程可以消除形变时造成的点阵畸变和晶体缺陷，所以再结晶可使电阻率恢复到冷变形前的水平。

根据马基申定则，冷加工金属的电阻率可写成

$$\rho=\rho(T)+\Delta\rho \tag{4-36}$$

式中，$\rho(T)$ 表示与温度有关的退火金属电阻率；$\Delta\rho$ 表示冷加工变形产生的附加电阻

率，亦称为残余电阻率。实验证明，$\Delta\rho$ 与温度无关。当温度降到 0K 时，未经冷加工的纯金属电阻率将趋向于零，而冷加工的金属在任何温度下都保留有高于退火态金属的电阻率，即在 0K 时冷加工金属仍保留残余电阻率。

如果认为塑性变形所引起的电阻率增加是由于晶格畸变、晶体缺陷所致，则附加电阻率

$$\Delta\rho=\Delta\rho(空位)+\Delta\rho(位错) \tag{4-37}$$

式中，$\Delta\rho$（空位）表示电子在空位处散射所引起的电阻率的增加值，当退火温度足以使空位扩散时，这部分电阻将消失；$\Delta\rho$（位错）是电子在位错处的散射所引起的电阻率的增加值，这部分电阻将保持到再结晶温度。

四、合金元素及相结构的影响

纯金属的导电性与其在元素周期表中的位置有关，这是由不同的能带结构决定的。而合金的导电性则表现得更为复杂，这是因为金属中加入合金元素后，异类原子将引起点阵畸变，组元间相互作用引起的有效电子数的变化和能带结构的变化，以及合金组织结构的变化等，这些因素都会对合金的导电性产生明显的影响。

1. 固溶体的导电性

(1) 固溶体组元浓度对电阻的影响　一般情况下，形成固溶体时合金的电导率降低，即电阻率增高。即使是在导电性差的金属溶剂中溶入导电性很好的溶质金属时，也是如此。固溶体电阻率比纯金属高的主要原因是溶质原子的溶入引起溶剂点阵的畸变，破坏了晶格势场的周期性，从而增加了电子的散射概率，使电阻率增大。同时，由于固溶体组元间化学相互作用（能带、电子云分布等）的加强使有效电子数减少，也会造成电阻率的增高。

在连续固溶体中合金成分距组元越远，电阻率越高，二元合金中最大电阻率常在 50% 原子浓度处，见图 4-18，而且可能比组元电阻率高几倍。铁磁性及强顺磁性金属组成的固溶体有异常，它的电阻率最大值一般不在 50% 原子浓度处，见图 4-19。

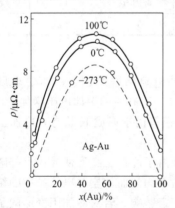

图 4-18　Ag-Au 合金电阻率与成分关系

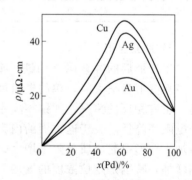

图 4-19　Cu-Pd、Ag-Pd、Au-Pd 合金电
阻率与成分关系

根据马基申定律，低浓度固溶体电阻率表达式为

$$\rho=\rho_T+\rho' \tag{4-38}$$

式中，ρ_T 表示固溶体溶剂组元的电阻率；ρ' 是附加电阻率，$\rho'=c\xi$，此处 c 是溶质原子含量，ξ 表示 1% 溶质原子引起的附加电阻率。这个公式表明，合金电阻由两部分组成：一是溶剂的电阻，它随着温度升高而增大；二是溶质引起的附加电阻，它与温度无关，只与溶质原子的含量有关。在这公式中，忽略了溶质和溶剂之间的相互影响。

实验证明，一价金属（如 Cu、Ag、Au）为溶剂的固溶体，其 α_T 随溶质原子价的增加

而减小；除过渡族金属外，在同一溶剂中溶入 1%（摩尔分数）溶质金属所引起的电阻率增加幅度，由溶剂和溶质金属的价数而定，它们的价数差越大，附加的电阻率 ξ 越大，这就是诺伯里-林德（Norbury-Lide）法则，其数学表达式为

$$\xi = a + b(Z_Z - Z_J)^2 \tag{4-39}$$

式中，a、b 是常数，Z_Z、Z_J 表示低浓度固溶体溶质和溶剂的原子价数。

目前已发现不少低浓度固溶体（非铁磁性）偏离马基申定律，其主要原因是式(4-38)中假定了 ρ' 与温度无关，而实际上温度对溶质所引起的 ξ 也有影响，其 ξ 的电阻温度系数应表示为

$$\alpha_\xi = \frac{1}{\xi} \cdot \frac{\mathrm{d}\xi}{\mathrm{d}T} \tag{4-40}$$

当溶解过渡族金属时，若固溶体的顺磁性随温度变化很大，则其 α_ξ 具有负号，因而对 $\mathrm{d}\rho/\mathrm{d}T$ 影响很大。如 Ag-Mn、Au-Cr、Au-Co 等合金，在加热到 100℃ 时电阻减小，α_ξ 的负值甚至使合金的 $\mathrm{d}\rho/\mathrm{d}T$ 出现负号。我们可以利用这种现象获得电阻温度系数很低（$\alpha < 10^{-6}℃^{-1}$）的电阻合金，来满足仪表工业的需要。

（2）有序固溶体的电阻　固溶体有序化对合金的电阻有显著的影响，其影响作用体现在两方面：一方面，固溶体有序化后，其合金组元间化学作用加强，电子结合比无序固溶体强，导致导电电子数减少而合金的剩余电阻增加；另一方面，晶体的离子电场在有序化后更对称，从而减少对电子的散射，使电阻降低。综合这两方面，通常情况下第二个因素占优势，因此有序化后，合金的电阻总体上是降低的。

图 4-20 和图 4-21 给出了 Cu-Au 合金有序化和无序化时电阻率变化特征。图 4-18 中曲线 1 表明，无序合金（淬火态）同一般合金电阻率变化规律相似，曲线 2 表明有序合金 Cu_3Au、CuAu（退火态）的电阻率比无序合金低得多；当温度升高至有序-无序转变温度时，合金的有序态被破坏，转为无序态，则电阻率明显升高。若完全有序合金 Cu_3Au 和 CuAu 中没有残余电阻，则其阻值将落在图 4-20 虚线上。

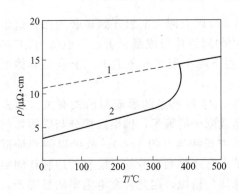

图 4-20　Cu_3Au 合金有序化对电阻率影响
1—无序（淬火态）；2—有序（退火态）

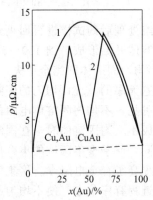

图 4-21　CuAu 合金电阻率曲线
1—淬火；2—退火

（3）不均匀固溶体（K 状态）的电阻　冷加工变形对固溶体电阻的影响，如同纯金属一样，也使电阻增大，且形变对固溶体合金电阻的影响比纯金属大得多。但对一些以过渡族金属为基的固溶体合金，如 Ni-Cr、Ni-Cu、Ni-Cu-Zn、Fe-Al、Ag-Mn 等进行冷变形时，发现其电阻降低了。X 射线和电子显微分析结果发现，这些合金冷变形前仍是单相固溶体，但固溶体的组元原子在晶体中出现了不均匀分布，使原子间距出现了显著波动，我们把这种固溶体称为不均匀固溶体或 K 状态。

对 K 状态冷塑性变形后的固溶体合金再进行回火，发现合金的电阻重新升高，这与我们前面讨论的冷塑性变形对金属电阻的影响及冷变形后再回火对电阻的影响正好相反。以成分为 80%Ni+20%Cr 的合金为例，把经固溶处理获得单相固溶体的试样分成两组，一组试样直接进行 400℃回火处理，另一组试样冷变形后再进行 400℃回火处理，以研究它们的回火时间与电阻率的关系，如图 4-22(a) 所示，曲线 2 代表回火前进行过冷变形的试样。从图中可以看出，回火前曲线 2 电阻比曲线 1 低，说明固溶处理的冷却过程不能把高温均匀固溶体完全固定下来，还是在合金内部形成了不均匀固溶体，经冷变形后，其电阻值降低，表明冷变形能促使固溶体中不均匀组织的破坏，获得无序态的均匀组织。两组试样经 400℃回火后，电阻均不断升高，这表明回火又进一步促进不均匀固溶体的形成，使电阻升高。把这两组回火后试样和另一组只固溶处理未回火的试样一起再进行冷变形加工，以研究冷变形量与电阻的关系，如图 4-22(b) 所示。从图中可以看出，三组试样的电阻都随变形量的增加而单调降低，这说明 400℃回火后的不均匀组织都消失了。

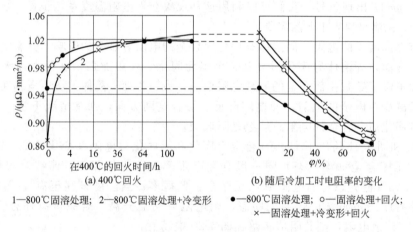

1—800℃固溶处理；2—800℃固溶处理+冷变形　　●—800℃固溶处理；○—固溶处理+回火；
　　　　　　　　　　　　　　　　　　　　　×—固溶处理+冷变形+回火

图 4-22　80%Ni+20%Cr 的合金电阻率与回火、冷变形关系

对固溶处理后的试样进行回火处理发现，在 300℃以上回火电阻开始显著增加，这说明不均匀固溶体开始形成，到 450~550℃范围内不均匀固溶体形成最显著，一般认为，770~800℃时不均匀固溶体即完全消失，这可解释为高温下原子聚集现象消失，于是固溶体渐渐地变为普遍无序的、统计均匀的固溶体。

由此可见，不均匀固溶体电阻的这种反常现象，与 K 状态的形成与消失有关。通常认为，当形成不均匀固溶体时，在固溶体点阵中只形成原子的偏聚，偏聚区成分与固溶体的平均成分不同，原子聚集区域的集合尺寸与电子波的波长相当（约 1nm），故可以强烈地散射电子波，提高了合金电阻率。聚集区域的溶质原子为有序排列，冷加工能有效地破坏固溶体中的这种近程有序状态，使不均匀组织变成无序的均匀组织，因此合金电阻率明显降低。

2. 金属化合物的导电性

当两种金属原子形成化合物时，其合金电导率要比纯组元的电导率低得多，这是因为形成化合物后，原子间的金属键至少有一部分转化为共价键或离子键，使有效电子数减少，导致电阻率增高。正是由于键合性质发生变化，在一些情况下，金属化合物还能成为半导体，甚至使金属导电性质完全消失。

实验证明，某些金属化合物电导率与组元间电离势之差有关，当组成化合物时，若两组元给出价电子的能力相同，则所形成的化合物两组元电导率就高，化合物本身具有金属性质；相反，若化合物两组元电离势相差较大，即一组元给出的电子被另一组元所吸收，这样

的化合物电导率就很低，往往表现出半导体性质。

金属化合物的电学性能可以在很宽的范围内变化，从低温下的超导电性到常温的半导体，存在部分共价键和离子键的金属化合物照样具有高电阻率，与共价型化合物和离子型化合物不同，金属化合物是以异类原子间的金属键占优势为特征的，因而它具有光泽、导电性和正电阻温度系数等金属性能。

3. 多相合金的导电性

当合金有两个或两个以上相组成时，多相合金的导电性不仅与组成相的导电性及相对量有关，还与合金的组织形态有关。

如图 4-23 所示的二元相图组成的合金，当组元 B 的含量小于 α 固溶体溶解度时，随组元 B 含量的增加，合金的电导率明显下降，因在这个成分区间 B 在 A 中形成 α 固溶体；当 B 的含量大于 α 固溶体溶解度时，对合金电导率的影响就减弱了，在双相区合金电导率与 B 的含量是线性直线关系。例如 Fe-C 合金，当含碳量小于 0.02% 时，碳含量增加能显著提高合金的电阻，因在此区间形成铁素体；当含碳量高于 0.02% 时，碳对电阻的影响就减弱了。一般碳钢中，含碳量越高，电阻越大。但碳在钢中对电阻的影响必须考虑其存在形态，当碳钢中有 Fe_3C 存在时，钢的电阻就与 Fe_3C 形状有关。研究表明，对于片状珠光体组织，若所有的片和通电方向一致，这合金的电导率是

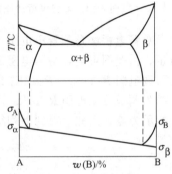

图 4-23　固态有限溶解度
合金电导率的变化

$$\sigma = c_1\sigma_1 + c_2\sigma_2 \tag{4-41}$$

式中，σ_1、σ_2 为组成相电导率；c_1、c_2 为组成相的体积分数，且 $c_1 + c_2 = 1$。若所有的片都和通电方向垂直，这合金的电阻率是

$$\rho = c_1\rho_1 + c_2\rho_2 \tag{4-42}$$

式中，ρ_1、ρ_2 为组成相电阻率；c_1、c_2 为组成相的质量分数。若是混乱分布的片状组织，其电阻率则介于两者之间。另外，球状珠光体组织电导率大于片状珠光体组织电导率。

所以，导电性是一个对组织结构敏感的性能。对于单相区，晶粒的大小，点阵的畸变等对合金的电阻是有影响的，至于晶粒内部异类原子的偏聚对电阻影响更大。对于多相合金的电阻，除单相的影响因素外，还必须考虑组成相的界面、第二相的形状、大小及分布状况所造成的影响，尤其当一种相（夹杂物）的大小与电子波长为同一数量级时，对电子波的散射非常大，电阻率升高可达 $10\% \sim 15\%$。因此，多相合金电阻的计算还是很困难的。

第四节　导电性的测量

材料导电性的测量实际上就是测量试样的电阻，因为根据试样的几何尺寸和电阻值就可以计算出它的电阻率。电阻的测量方法很多，应根据试样阻值大小、精度要求和具体条件选择不同的方法。如果精度要求不高，常用兆欧表、万用表、数字式欧姆表及伏安法等测量，而对于精度要求比较高或阻值在 $10^{-6} \sim 10^2 \Omega$ 的材料电阻（如金属及合金的阻值）测量时，必须采用更精密的测量方法。下面介绍几种在材料研究中常用的精密测量方法。

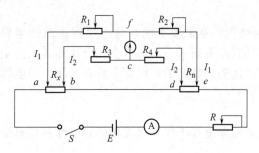

图 4-24 双臂电桥法原理图

一、双臂电桥法

直流电桥是一种用来测量电阻的比较式仪器，它是根据被测量与已知量在桥式线路上进行比较而获得测量结果的。由于电桥具有很高的测量精度和灵敏度，而且有很大的灵活性，故广泛地被采用。

单臂电桥由于电路中引线电阻和接触电阻无法消除，测量小电阻时误差较大。所以单臂电桥只适合于测量 $10^2 \sim 10^6 \Omega$ 的电阻。

双臂电桥法是测量小电阻（可小到 $10^{-6} \sim 10^{-1} \Omega$）的常用方法，其测量原理如图 4-24 所示。由此图可见，待测电阻 R_x 和标准电阻 R_n 相互串联，并串联于有恒直流源的回路中。由可调电阻 R_1、R_2、R_3、R_4 组成的电桥臂线路与 R_x、R_n 线段并联。待测电阻 R_x 的测量归结为调节可变电阻 R_1、R_2、R_3、R_4，使 f 与 c 点电位相等，此时电桥达到平衡，检流计 G 指示为零。由此可得到下列等式

$$I_3 R_x + I_2 R_3 = I_1 R_1 \tag{4-43}$$

$$I_3 R_n + I_2 R_4 = I_1 R_2 \tag{4-44}$$

$$I_2(R_3 + R_4) = (I_3 - I_2)r \tag{4-45}$$

解以上方程组得到

$$R_x = \frac{R_1}{R_2} R_n + \frac{r(R_1 R_4 - R_2 R_3)}{R_2(r + R_3 + R_4)} \tag{4-46}$$

式中，$\dfrac{r(R_1 R_4 - R_2 R_3)}{R_2(r + R_3 + R_4)}$ 为附加项，为了使该项等于零或接近于零，必须满足的条件是可调电阻 $R_1 = R_3$，$R_2 = R_4$，即 $\dfrac{R_1}{R_2} - \dfrac{R_3}{R_4} = 0$，这样 $R_x = \dfrac{R_1}{R_2} R_n = \dfrac{R_3}{R_4} R_n$。

为了满足上述条件，在双臂电桥结构设计上通常已做成同轴可调旋转式电阻，使 $R_1 = R_3$ 构成测量臂，$R_2 = R_4$ 构成比例臂。为了使串联在 R_1、R_2、R_3、R_4 各电阻上的导线和接触电阻都可忽略不计，电桥各臂的电阻 R_1、R_2、R_3、R_4 应不小于 10Ω，为使 r 值尽量小，选择连接 R_x 和 R_n 的一段铜导线应尽量短而粗。

必须指出，材料导电性的测量往往不只限于得到试样的电阻，有时还需要通过式(4-2)计算电阻率。显然，电阻率的精度除了与电阻的测量有关外，还与试样尺寸的测量精度有关，而且还必须考虑温度的影响所造成的误差。以铁的试样为例，在室温下电阻温度系数 $\alpha = 0.006 ℃^{-1}$，若升高 5℃，则根据式(4-30) 得到

$$\rho = \rho_0(1 + \alpha T) = \rho_0(1 + 0.006 \times 5) = 1.03\rho_0$$

换言之，温度升高 5℃ 会引起 3% 的误差。所以，环境温度的变化不可忽视，因此电阻率的精确测量往往在恒温室里进行。

在双臂电桥上能精确测量大小为 $10^{-6} \sim 10^{-3} \Omega$ 的电阻，误差为 $0.2\% \sim 0.3\%$。

二、直流电位差计测量法

直流电位差计是比较法测量电动势（或电压）的一种仪器。精密的电位差计可测试 10^{-7}V 的微小电势。测量原理如图 4-25 所示，为了测量待测试样的电阻 R_x，将一个标准电

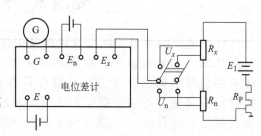

图 4-25 电位差计法原理图

阻 R_n 与待测电阻 R_x 串联在稳定的电流回路上，首先调整好回路中的工作电流，然后利用双刀双掷开关分别测量标准电阻与待测电阻上的电压降 U_n 和 U_x，由于通过 R_n 和 R_x 电流相等，故有

$$R_x = R_n \frac{U_x}{U_n} \tag{4-47}$$

比较双臂电桥法和电位差计法可知，当待测金属电阻随温度变化时，用电位差计法比双臂电桥法精度高，这是因为双臂电桥法在测高温和低温电阻时，较长的引线和接触电阻很难避免。电位差计测量法的优点是导线和引线电阻不影响电位差计的电势 U_x 和 U_n 的测量。

三、直流四探针法

直流四探针法也称为四电极法，主要用于半导体材料或超导体等的低电阻率的测量。使用的仪器以及与样品的接线如图 4-26 所示。由此图可见，测试时四根金属探针与样品表面接触，外侧两根 1、4 为通电流探针，内侧两根 2、3 为测电压探针。测量时四根探针可以不等距地排成一直线，由电流源输入小电流使样品内部产生压降，同时用高阻抗的静电计、电子毫伏计或数值电压表测出 2、3 二根探针间的电压 U_{23}（单位为 V）。

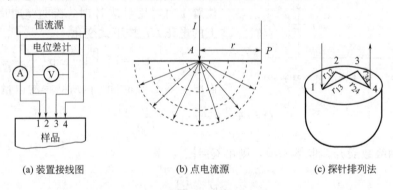

(a) 装置接线图　　　(b) 点电流源　　　(c) 探针排列法

图 4-26　四探针法测试原理图

测量原理如下：若一块电阻率为 ρ 的均匀半导体样品的几何尺寸相对于探针间距来说可以看作半无限大，则当探针引入的点电流源的电流为 I 时，由于均匀导体内恒定电场的等位面为球面，在半径为 r 处等位面的面积为 $2\pi r^2$，电流密度为

$$j = \frac{I}{2\pi r^2} \tag{4-48}$$

根据电导率与电流密度的关系可得

$$E = \frac{j}{\sigma} = \frac{I}{2\pi r^2 \sigma} = \frac{I\rho}{2\pi r^2} \tag{4-49}$$

则距点电荷 r 处的电势为

$$V = \frac{I\rho}{2\pi r} \tag{4-50}$$

半导体内各点的电势应为四个探针在该点形成电势的矢量和。通过数学推导可得四探针法测量电阻率的公式为

$$\rho = \frac{U_{23}}{I} 2\pi \left(\frac{1}{r_{12}} - \frac{1}{r_{24}} - \frac{1}{r_{13}} - \frac{1}{r_{34}} \right)^{-1} = C \frac{U_{23}}{I} \tag{4-51}$$

式中，$C = 2\pi \left(\frac{1}{r_{12}} - \frac{1}{r_{24}} - \frac{1}{r_{13}} - \frac{1}{r_{34}} \right)^{-1}$ 为探针系数，cm；r_{12}、r_{24}、r_{13}、r_{34} 分别为相应探针间的距离，如图 4-24(c) 所示。若四探针在同一平面的同一直线上，其间距分别为 S_1、

S_2、S_3，且 $S_1 = S_2 = S_3 = S$ 时，则

$$\rho = \frac{U_{23}}{I} 2\pi \left(\frac{1}{S_1} - \frac{1}{S_1 + S_2} - \frac{1}{S_2 + S_3} + \frac{1}{S_3} \right)^{-1} = \frac{U_{23}}{I} 2\pi S \qquad (4-52)$$

这就是常见的直流等间距四探针法测电阻率的公式。

为了减小测量区域，以观察电阻率的不均匀性，四根探针不一定都排成一直线，而可排成正方形或矩形，此时，只需改变计算电阻率公式中的探针系数 C。

四探针法的优点是，探针与半导体样品之间不要求制备合金结电极，这给测量带来了方便。四探针法可以测量样品沿径向分布的断面电阻率，从而可以观察电阻率的不均匀情况。这种方法可迅速、方便、无破坏地测量任意形状的样品且精度较高，适合于大批生产中使用。但由于该方法受针距的限制，很难发现小于 0.5mm 两点间电阻的变化。

四、绝缘体电阻的测量

对于电阻率很高的绝缘体，可采用冲击检流计法测量，其原理如图 4-27 所示。由此可见，待测电阻 R_x 与电容 C 相串联，电容器极板上的电量用冲击检流计测量。当换接开关 S 合向位置 1 时，用秒表计时，经过 t 时间电容器极板上的电压 U_C 按下式变化

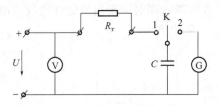

图 4-27　绝缘体电阻测量原理

$$U_C = U_0 \left[1 - \exp\left(-\frac{t}{R_x C} \right) \right] \qquad (4-53)$$

而电容器 C 在时间 t 内所获得的电量为

$$Q = UC \left[1 - \exp\left(-\frac{t}{R_x C} \right) \right] \qquad (4-54)$$

将上式按泰勒级数展开，取第一项，则由 $Q = \dfrac{Ut}{R_x}$，得

$$R_x = \frac{Ut}{Q} \qquad (4-55)$$

式中，U 为直流电源电压；t 为充电时间。U、t 均为已知量，而电量 Q 用冲击检流计测出，当开关 S 合向位置 2 时，电容 C 放电，放出的电量 Q 为

$$Q = C_b \alpha_m \qquad (4-56)$$

式中，C_b 为冲击检流计的冲击常数；α_m 为检流计的最大偏移量（可直接读出）。将式 (4-64) 带入式 (4-63) 得

$$R_x = \frac{Ut}{C_b \alpha_m} \qquad (4-57)$$

用冲击检流计可测得绝缘体电阻高达 $10^{15} \sim 10^{16} \Omega \cdot cm$。

第五节　电阻分析的应用

用电阻分析法来研究材料的成分、结构和组织变化的灵敏度很高，它能极敏感地反映出材料内部的微弱变化。但由于影响电阻的因素较多，测量结果往往不太容易分析，故此法尚有些不足。尽管这种方法存在一些不足之处，但它仍然是应用较广的一种方法。

一、研究合金的时效

合金的时效往往伴随着脱溶过程，从而使电阻发生显著的变化，所以电阻分析法是研究合金时效的最有效方法之一。

以铝铜合金的时效为例，将含铜 4.5%（质量分数）的铝合金经固溶淬火后，在 20℃和 225℃下分别进行时效，其电阻随时效时间变化的关系如图 4-28 所示。从图中可以看出，在 20℃时效时，随时效时间变化，电阻升高，但若时效的温度提高到 225℃，则发现电阻降低。低温时效电阻升高是由于时效的初期溶质原子在铝的晶体中发生偏聚，形成了不均匀固溶体，即 G-P 区，使导电电子发生散射的缘故。高温时效电阻降低，则是由于从固溶体中析出了 $CuAl_2$ 相，降低了溶质的含量，使溶剂点阵的对称性得到了恢复。所以从电阻的变化可以说明，铝合金内部存在着不同组织状态的变化。

在对含铜 5%的铝合金的研究中，发现了合金时效的回归现象。若将该合金淬火后在 25℃下时效，则电阻升高；若再加热到 215℃保温 2～3min，则电阻将降低到接近淬火态的数值；若将其冷却至 25℃再进行时效，则电阻又再次升高；再加热，又降低，如图 4-29 所示。这说明，在 25℃时效所产生的原子聚集是不稳定的，当再加热到 215℃时，这些不稳定的聚集原子又溶回到固溶体中，重新变为均匀的固溶体，这种现象称为回归现象。

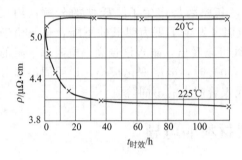

图 4-28 Al-Cu 合金时效过程电阻的变化

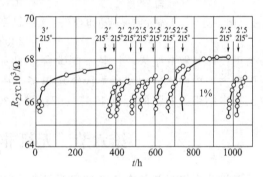

图 4-29 5%铜的铝合金回归现象图

二、测量固溶体的溶解度曲线

建立合金相图往往需要确定溶解度曲线，而通过测量合金电阻来确定固溶体溶解度是一种很有效的方法。例如对于固态的 A-B 二元合金，B 在 A 中只能是有限溶解，且溶解度随温度的升高不断增加，当 B 在 A 中的含量超过其溶解度时，就要以新相 β 析出，形成（α+β）两相区，如图 4-30(a) 所示，图中曲线 ab 即为要测量的 α 固溶曲线。研究发现，若 B 在 A 中形成单相 α 固溶体时，其电阻率 ρ 将沿曲线变化。若 B 不能全部溶入 A 中形成双相区（α+β）时，其混合物的电阻率 ρ 将沿直线变化，这样曲线与直线便出现了交点，这个交点即代表了某温度下的溶解度，如图 4-30(b) 所示。

根据这个原理，测温度 t 的溶解度时，可先配制一组不同成分的试样，将试样加热到略低于其共晶温度 t_0 的温度，将其成分均匀后淬火。若要测定 t_1 温度下的溶解度，可将试样再加热到 t_1，保温足够时间后淬火（目的是把高温下的组织状态固定下来）。然后测量电阻率

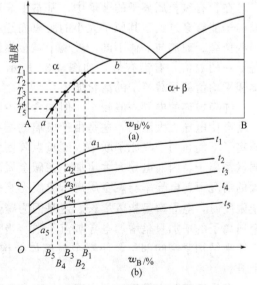

图 4-30 不同温度下合金
电阻率与合金成分、相图间关系

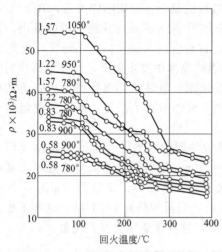

图 4-31　淬火钢在回火时电阻变化

ρ，作出 ρ-B％的关系曲线，定出交点 a_1，即找出了 t_1 温度的最大溶解度。重复上述过程，同理测得 t_2、t_3 等温度下的溶解度 a_2、a_3 等，然后做出温度和成分的关系曲线 ab，即得到合金的溶解度曲线。

三、研究淬火钢的回火

淬火钢在回火时，马氏体和残余奥氏体分解为多相混合组织。对同一碳含量的钢，若采用两个不同温度淬火，然后进行回火，于室温测它们电阻的变化，如图 4-31 所示。图中曲线表明，淬火后的回火温度在 110℃以下，电阻没有明显的变化，说明淬火组织还没有转变；110℃时电阻开始急剧降低，其原因是产生了马氏体的分解；约在 230℃时电阻又发生了更为明显的下降，这是由于残余奥氏体分解的结果，比较不同碳含量的 ρ-T 曲线可以看出，碳含量越高，电阻率下降的幅度越大，说明试样中残余奥氏体量越多。在高于 300℃时，电阻变化很小，说明固溶体分解已基本结束。曲线的折点 110℃、230℃、300℃代表着回火的不同阶段。

第六节　无机非金属材料的电导

无机非金属材料具有复杂的显微结构，按其结构状态可以分为玻璃态材料和晶体材料。根据载流子的不同，无机非金属材料的电导可以采用电子电导，也可以采用离子电导，因而无机非金属材料的电导要根据其结构而具体分析。

一、玻璃态的电导

在这里主要讨论玻璃相对材料电导的影响，同时介绍玻璃的电导特性。

在含有碱金属离子的玻璃中，基本上表现为离子电导。玻璃体的结构比晶体疏松，碱金属离子能够穿过大于其原子大小的距离而迁移，同时克服一些位垒。玻璃与晶体不同，玻璃中碱金属离子的能阱不是单一的数值，有高有低，如图 4-32 所示。这些位垒的体积平均值就是载流子的活化能。

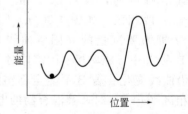

图 4-32　一价正离子在玻璃中的位垒

纯净玻璃的电导一般较小，但如含有少量的碱金属离子就会使电导大大增加。这是由于玻璃的结构松散，碱金属离子不能与两个氧原子联系以延长点阵网络，从而造成弱联系离子，因而电导大大增加。在碱金属氧化物含量不大的情况下，电导率与碱金属离子浓度有直线关系。到一定限度时，电导率呈指数增长。这是因为碱金属离子首先填充在玻璃结构的松散处，此时碱金属离子的增加只是增加电导载流子数。当空隙被填满之后继续增加碱金属离子，就开始破坏原来结构紧密的部位，使整个玻璃体结构进一步松散，因而活化能降低，导电率指数式上升。

在生产实际中发现，利用双碱效应和压碱效应，可以减少玻璃的电导率，甚至可以使玻璃电导率降低 4～5 个数量级。

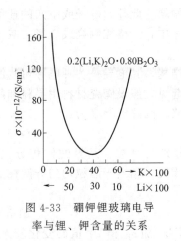

图 4-33 硼钾锂玻璃电导
率与锂、钾含量的关系

双碱效应是指当玻璃中碱金属离子总浓度大（占玻璃组成 25%～30%）时，碱金属离子总浓度相同的情况下，含两种碱金属离子比含一种碱金属离子的玻璃电导率要小。当两种碱金属浓度比例适当时，电导率可以降到很低（图 4-33）。这种现象的解释如下：K_2O、Li_2O 氧化物中，K^+ 和 Li^+ 占据的空间与其半径有关。因为 $r_{K^+} > r_{Li^+}$，在外电场作用下，一价金属离子移动时，Li^+ 留下的空位比 K^+ 留下的空位小，这样 K^+ 只能通过本身的空位。Li^+ 进入体积大的 K^+ 空位中，产生应力，不稳定，因而也是进入同种离子空位较为稳定。这样互相干扰的结果使电导率大大下降。此外由于大离子 K^+ 不能进入小空位，使通路堵塞，妨碍小离子的运动，迁移率也降低。

压碱效应是指含碱玻璃中加入二价金属氧化物，特别是重金属氧化物，使玻璃的电导率降低。相应的阳离子半径越大，这种效应越强。这是由于二价离子与玻璃中氧离子结合比较牢固，能嵌入玻璃网络结构，以致堵住了迁移通道，使碱金属离子移动困难，因而电导率降低。当然，如用二价离子取代碱金属离子，也得到同样效果。

玻璃相的电导率一般比晶体相高，因此对介质材料应尽量减少玻璃相的电导。上述规律对陶瓷中的玻璃相也是适用的。

半导体玻璃作为新型电子材料非常引人注目。半导体玻璃按其组成可分为：非金属氧化物玻璃（二氧化硅等）；硫属化物玻璃（如硫与金属的化合物）；Ge，Si，Se 等元素非晶态半导体。

二、陶瓷材料的电导

1. 多晶多相固体材料的电导

陶瓷材料通常为多晶多相材料，又因有晶界、气孔等的影响，电导比起单晶和均质材料要复杂得多。一般，因为玻璃相结构松弛，微晶相缺陷多，活化能比较低，所以，微晶相、玻璃相的电导率较高。而玻璃相几乎填充了坯体的晶粒间隙，形成连续网络，因而含玻璃相的陶瓷，其电导很大程度上取决于玻璃相。实际材料中，作绝缘子用的电瓷含有大量碱金属氧化物（无定形相），因而电导率较大；刚玉瓷含玻璃相少，电导率就小。陶瓷材料的导电机制有电子电导又有离子电导，一般杂质及缺陷的存在是影响导电性的主要内在因素，因而多晶多相材料中，如形成间隙或缺陷固溶体，其电导率增大。对于多价阳离子的固溶体，当非金属原子过剩时，形成空穴半导体；当金属原子过剩时，形成电子半导体。

晶界对多晶材料的电导影响应联系到离子运动的自由程及电子运动的自由程。对离子电导，离子运动的自由程的数量级为原子间距；对电子电导，电子运动的自由程为 10～15nm。因此，除了薄膜及超细颗粒外，晶界的散射效应比晶格小得多，因而均匀材料的晶粒大小对电导影响很小。相反，半导体材料急剧冷却时，晶界在低温已达平衡，结果晶界比晶粒内部有较高的电阻率。由于晶界包围晶粒，所以整个材料有很高的直流电阻。例如 SiC 电热元件，二氧化硅在半导体颗粒间形成，晶界中 SiO_2 越多，电阻越大。由于气孔相电导率一般较低，所以，对于少量气孔分散相，气孔率增加，陶瓷材料的电导率减小。如果气孔量很大，形成连续相，电导主要受气相控制。这些气孔形成通道，使环境中的潮气、杂质很容易进入，对电导有很大的影响。因此，提高材料的致密性是很重要的。

材料的电导在很大程度上取决于电子电导。这是由于与弱束缚离子比较，杂质半束缚电子的离解能很小，容易被激发，因而载流子的浓度可随温度剧增。此外，电子或空穴的迁移率比离子迁移率要大许多个数量级。所以在绝缘材料生产工艺中，严格控制烧成气氛，减少电子电导是很关键的。

陶瓷材料是由晶粒、晶界、气孔等所组成的复杂的显微结构，其电导是各种电导机制的综合作用，给陶瓷电导的理论计算带来复杂的因素。为简化起见，假设陶瓷材料由晶粒和晶界组成，并且其界面的影响和局部电场的变化等因素可以忽略，则总电导率为：

$$\sigma_T^n = V_G \sigma_G^n + V_B \sigma_B^n \tag{4-58}$$

式中，σ_G、σ_B 分别为晶粒、晶界的电导率；V_G、V_B 分别为晶粒、晶界的体积分数。$n=-1$，相当于串联状态，$n=1$，为并联状态。当 n 趋近于零时，相当于晶粒均匀分散在晶界中的混合状态。此时，有陶瓷电导的对数混合法则，即：

$$\ln\sigma_T = V_G \ln\sigma_G + V_B \ln\sigma_B \tag{4-59}$$

通常，由于陶瓷烧结体中 V_B 的值非常小，所以总电导率 σ_T 随 σ_B 和 V_B 值的变化较大。但是，在实际陶瓷材料中，当晶粒和晶界之间的电导率、介电常数、多数载流子差异很大时，往往在晶粒和晶界之间产生相互作用，引起各种陶瓷材料特有的晶界效应，如 ZnO-Bi_2O_3 系陶瓷的压敏效应、半导体 $BaTiO_3$ 的 PTC 效应、晶界层电容器的高介电特性等。

2. 次级现象

(1) 电化学老化现象　不仅离子电导，而且电子电导为主的瓷介材料都有可能发生电化学老化现象。电化学老化是指在电场作用下，由于化学变化引起材料电性能不可逆的恶化。一般电化学老化的主要原因是离子在电极附近发生氧化还原过程，有下面几种情况。

① 电子-阳离子电导　参加导电的为一种阳离子和电子，通常在具有变价阳离子的介质中发生。如含钛陶瓷，除了纯电子电导以外，阳离子 Ti^{4+} 发生电还原过程：$Ti^{4+} + e \rightarrow Ti^{3+}$。

② 电子-阴离子电导　参加导电的为一种阴离子和电子。如 TiO_2 在高温下发生缺氧过程，氧离子在阳极放出氧气和电子，在阴极 Ti^{4+} 被还原成 Ti^{3+}。

阴极：$Ti^{4+} + e \rightarrow Ti^{3+}$，阳极：$2O^{2-} \rightarrow O_2 \uparrow + 4e$

③ 阴离子-阳离子电导　参加导电的既有正离子，也有负离子。它们分别在阴极、阳极被中和，形成新物质。

④ 阳离子-阳离子电导　参加导电的为阳离子。晶相玻璃相中的一价正离子活动能力强，迁移率大；同时电极的 Ag^+ 也能参与漏导。最后两种离子在阴极处都被电子中和，形成新物质。

从上面可以看出，陶瓷电化学老化的必要条件是介质中的离子至少有一种参加电导。如果电导纯属电子，则电化学老化不可能发生。金红石瓷、钙钛矿瓷的离子电导虽比电子电导小得多，但在高温和使用银电极的情况下，银电极容易发生 Ag^+ 扩散进入介质，经过一定时间后，材料老化。因而含钛陶瓷、滑石瓷等不宜在高温下运行，对于使用严格的场合，除选用无钛陶瓷以外，还可以使用铂（金）电极或钯银电极，以避免老化过程。

(2) 空间电荷效应　在测量陶瓷电阻时，经常可以发现，加上直流电压后，电阻需要经过一定的时间才能稳定。切断电源后，将电极短路，发现类似的反向放电电流，并随时间减少到零。随时间变化的这部分电流称为吸收电流，最后恒定的电流称为漏导电流，这种现象称为吸收现象。

吸收现象主要是因为在外电场作用下，瓷体内自由电荷重新分布的结果。当不加电场时，因热扩散，正负离子在瓷体内均匀分布，各点的密度、能级大致一致。但在电场作用下，正负离子分别向负、正极移动，引起介质内各点离子密度变化，并保持在高势垒状态。

在介质内部，离子减少，在电极附近离子增加，或在某地方积聚，这样形成自由电荷的积累，称空间电荷，也叫容积电荷。空间电荷的形成和电位分布改变了外电场在瓷体内的电位分布，因此引起电流变化。

空间电荷的形成主要是因为陶瓷内部具有微观不均匀结构，因而各部分的电导率不一样。运动的离子被杂质、晶格畸变、晶界所阻止，致使电荷聚集在结构不均匀处；其次在直流电场中，离子电导的结果，在电极附近生成大量的新物质，形成宏观绝缘电阻不同的两层或多层介质；另外，介质内的气泡、夹层等宏观不均匀性，在其分界面上有电荷积聚，形成电荷极化；这些都可导致吸收电流产生。电流吸收现象主要发生在离子电导为主的陶瓷材料中。电子电导为主的陶瓷材料，因电子迁移率很高，所以不存在空间电荷和吸收电流现象。

上面所论述的陶瓷材料电导的一般原理，同样适用于其他结构复杂的无机材料。

第七节　半导体的电学性能

半导体的电学性能总是介于金属导体与绝缘体之间，所以，称为"半导体"。从能带理论知，半导体的能带结构类似于绝缘体，存在着禁带。半导体材料可分为晶体半导体、非晶体半导体和有机半导体三种类型，而非晶体半导体和有机半导体的研究还刚起步，所以，我们只讨论晶体半导体。

晶体半导体主要有单质半导体、化合物半导体和固溶体半导体。我们从最基本的单质半导体来看，元素周期表中ⅣA族的碳（C）、硅（Si）、锗（Ge）、锡（Sn）、铅（Pb）最为常见。碳元素以金刚石和石墨两种晶体结构出现，金刚石结构中每个原子分别与四个最近邻C原子相连，这四个最近邻C原子处于以该原子为中心的正四面体角上，与其形成共价键。纯净碳的金刚石结构在室温下是典型的绝缘体，其禁带宽度 $\Delta E = 6eV$；而石墨是一种层状结构，处于平面层的每一个碳原子以共价键与相邻的三个原子相连，形成由无数个正六角形连接起来的相互平行的平面网状结构层，其电性能介于金属和半导体之间。随着原子量的增加，ⅣA族元素的禁带宽度 ΔE 从金刚石的6eV到灰锡（β-Sn）的0.08eV依次变窄，常温下的白锡（α-Sn）已是金属，而最后一个元素铅则纯粹是金属。单质硅和锗是当今应用最广泛的半导体材料，其原因可能是它们容易实现高纯度，锗在所有固体中是能够获得最纯样品并研究得最多的半导体材料。目前最纯的锗样品里杂质的含量只有 $10^{-10}\%$，硅可以达到的纯度比锗大约低一个数量级，但仍然比任何其他物质都纯。

目前人们已经发现具有广阔应用前景的化合物半导体达数十种之多，其中ⅢA-ⅤA族，ⅡB-ⅣA族，ⅣA-ⅣA族和氧化物半导体更得到优先发展。这些材料原子间的结合以共价键为主，其各项性能指标比起ⅣA族单质半导体有更大的选择余地。

一、本征半导体的电学性能

本征半导体就是指纯净的无结构缺陷的半导体单晶。在0K和无外界影响的条件下，半导体的空带中无电子，即无运动的电子。但当温度升高或受光照射时，也就是半导体受到热激发时，共价键中的价电子由于从外界获得了能量，其中部分获得足够大能量的价电子就可以挣脱束缚，离开原子而成为自由电子。反映在能带图上，就是一部分满带中的价电子获得了大于 E_g 的能量，跃迁到空带中去。这时空带中有了一部分能导电的电子，称为导带，而满带中由于部分价电子的迁出出现了空位置，称为价带，如图4-34(a)所示。当一个价电子离开原子后，在共价键上留下一个空位（称空穴），在共有化运动中，相邻的价电子很容易填补到这个空位上，从而又出现了新的空穴，其效果等价于空穴移动。在无外电场作用下，自由电子和空穴的运动都是无规则的，平均位移为零，所以并不产生电流。但在外电场的作用下，电子将逆电场方向运动，空穴将顺电场方向运动，从而形成电流，如图 4-34（b）所示。

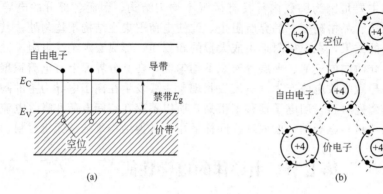

图 4-34　本征激发过程示意图

从图 4-34(a) 能带图还可以看出，自由电子在导带内（导带底附近），空穴在价带内（价带顶附近），在本征激发（常见是热激发）过程中它们是成对出现的。在外电场作用下，自由电子和空穴都能导电，所以它们统称为载流子。

1. 本征载流子的浓度

本征载流子的浓度表达式为

$$n_i = p_i = K_1 T^{\frac{2}{3}} \exp\left(-\frac{E_g}{2kT}\right) \qquad (4-60)$$

式中，n_i、p_i 分别为自由电子和空穴的浓度；K_1 为常数，其数值为 $4.82 \times 10^{15} \mathrm{K}^{-3/2}$；$T$ 为热力学温度；k 为玻耳兹曼常数；E_g 为禁带宽度。

由上式可知，本征载流子的浓度 n_i、p_i 与温度 T 和禁带宽度 E_g 有关。随着 T 的增加，n_i、p_i 显著增大。E_g 小的 n_i、p_i 大，E_g 大的 n_i、p_i 小。在 $T=300\mathrm{K}$（室温附近）时，硅的 $E_g = 1.1\mathrm{eV}$，$n_i = p_i = 1.5 \times 10^{10} \mathrm{cm}^{-3}$；锗的 $E_g = 0.72\mathrm{eV}$，$n_i = p_i = 2.4 \times 10^{13} \mathrm{cm}^{-3}$。可见，在室温条件下本征半导体中载流子的数目是很少的，它们有一定的导电能力，但很微弱。

2. 本征半导体的迁移率和电阻率

本征半导体受热后，载流子不断发生热运动，在各个方向上的数量和速度都是均等的，故不会引起宏观的迁移，也不会产生电流。但在外电场的作用下，载流子就会有定向的漂移，产生电流。这种漂移运动是在杂乱无章的热运动基础上的定向运动，所以在漂移过程中，载流子不断地相互碰撞，使得大量载流子定向漂移运动的平均速度为一个恒定值，并与电场强度 E 成正比。自由电子和空穴的定向平均漂移速度分别为

$$v_n = \mu_n E, v_p = \mu_p E \qquad (4-61)$$

式中，比例常数 μ_n 和 μ_p 分别表示在单位场强（V/cm）下只有电子和空穴的平均漂移速度，称为迁移率。

自由电子的自由度大，故它的迁移率 μ_n 较大；而空穴的漂移实质上是价电子依次填补共价键上空位的结果，这种运动被约束在共价键范围内，所以空穴的自由度小，迁移率 μ_p 也小。例如，在室温下，本征锗单晶中，$\mu_n = 3900\mathrm{cm}^2/(\mathrm{V} \cdot \mathrm{s})$，$\mu_p = 1900\mathrm{cm}^2/(\mathrm{V} \cdot \mathrm{s})$；本征硅单晶中，$\mu_n = 1400\mathrm{cm}^2/(\mathrm{V} \cdot \mathrm{s})$，$\mu_p = 500\mathrm{cm}^2/(\mathrm{V} \cdot \mathrm{s})$，硅迁移率比锗小是因其 n_i 小所致。

若本征半导体中有电场，其电场强度为 E，空穴将沿 E 方向作定向漂移运动，产生空穴电流 i_p，自由电子将逆电场方向作定向漂移运动，产生电子电流 i_n，所以总电流应是两者之和。因此总电流密度 j 为

$$j = j_n + j_p = qi_n + qi_p = qn_i v_n + qp_i v_p = qn_i \mu_n E + qn_i \mu_p E \tag{4-62}$$

式中，j_n、j_p 分别为自由电子和空穴的电流密度；q 为电子电荷量的绝对值。所以本征半导体的电阻率为

$$\rho_i = \frac{E}{j} = \frac{E}{qn_i \mu_n E + qn_i \mu_p E} = \frac{1}{qn_i(\mu_n + \mu_p)} \tag{4-63}$$

在 300K 时，本征锗的 $\rho = 4.7 \times 10^{-7} \mu\Omega \cdot m$，本征硅的 $\rho = 2.14 \times 10^{-3} \mu\Omega \cdot m$。

本征半导体的电学特性可以归纳如下。

① 本征激发成对地产生自由电子和空穴，所以自由电子浓度与空穴浓度相等，都是等于本征载流子的浓度 n_i。

② 禁带宽度 E_g 越大，载流子浓度 n_i 越小。

③ 温度升高时载流子浓度 n_i 增大

④ 载流子浓度 n_i 与原子密度相比是极小的，所以本征半导体的导电能力很微弱。

二、杂质半导体的电学性能

通常制造半导体器件的材料是杂质半导体，在本征半导体中人为地掺入五价元素或三价元素将分别获得 n 型（电子型）半导体和 p 型（空穴型）半导体。

1. n 型半导体

在本征半导体中掺入五价元素的杂质（磷、砷、锑）就可以使晶体中自由电子的浓度极大地增加，这是因为五价元素的原子有五个价电子，当它替换晶格中的一个四价元素（如 Si 或 Ge 等）的原子时，它只需四个价电子与周围的四个四价元素的原子以共价键相结合，还有一个价电子变成多余的，如图 4-35 所示。

理论计算和实验结果表明，这个价电子能级 E_D 非常靠近导带底，$(E_C - E_D)$ 比 E_g 小得多。$(E_C - E_D)$ 值在锗中掺磷为 0.012eV，在硅中掺锑为 0.039eV，掺砷为 0.049eV。所以在常温下，每个掺入的五价元素原子的多余价电子都具有大于 $(E_C - E_D)$ 的能级，可以进入导带成为自由电子，因而导带中的自由电子数比本征半导体显著地增多。由于能提供多余价电子，因此把这种五价元素称为施主杂质。E_D 称为施主能级，$(E_C - E_D)$ 称为施主电离能，如图 4-36 所示。

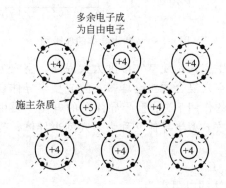

图 4-35　n 型半导体的结构示意图

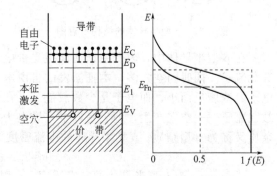

图 4-36　n 型半导体的能带图

在 n 型半导体中，自由电子的浓度大 $(1.5 \times 10^{14} cm^{-3})$，故自由电子称为多数载流子，简称多子。同时由于自由电子的浓度大，由本征激发产生的空穴与它们相遇的机会也增多，

故空穴被复合掉的数量也增多，所以 n 型半导体中空穴的浓度（$1.5 \times 10^6 \text{cm}^{-3}$）反而比本征半导体中空穴浓度小，故把 n 型半导体中的空穴称为少数载流子，简称少子。在电场作用下，n 型半导体中的电流主要由多数载流子——自由电子产生，也就是说，它是以电子导电为主，故 n 型半导体又称为电子型半导体，施主杂质称 n 型杂质。n 型半导体的电流密度

$$j \approx j_n = q n_{n0} \mu_n E \qquad (4-64)$$

式中，n_{n0} 为 n 型半导体的自由电子的浓度。n 型半导体的电阻率为

$$\rho_n \approx \frac{1}{q n_{n0} \mu_n} \approx \frac{1}{q N_D \mu_n} \qquad (4-65)$$

式中，N_D 为 n 型半导体的掺杂浓度。在 n 型硅半导体中，$N_D = 1.5 \times 10^{14} \text{cm}^{-3}$，当 $\mu_n = 1400 \text{cm}^2/(\text{V} \cdot \text{s})$ 时，$\rho_n = 3.0 \times 10^{-7} \mu\Omega \cdot \text{m}$，可见 n 型硅半导体的电阻率仅是本征硅半导体的 1/7000，也就是它的导电能力增强 7000 倍。

2. p 型半导体

在本征半导体中，掺入三价的杂质元素（硼、铝、镓、铟），就可以使晶体中空穴浓度大大增加。因为三价元素的原子只有三个价电子，当它替换晶格中的一个四价元素原子时，与周围的四个四价元素原子（如 Si 或 Ge 等）组成四个共价键时，必然缺少一个价电子，形成一个空位置，如图 4-37 所示。在价电子共有化运动中，相邻的四价元素原子上的价电子就很容易来填补这个空位，从而产生一个空穴。理论计算和实验结果表明，三价元素形成的允许价电子占有的能级 E_A 非常靠近价带顶，即（$E_A - E_V$）远小于 E_g。（$E_A - E_V$）值在硅中掺镓为 0.065eV，掺铟为 0.16eV，锗中掺硼或铝为 0.01eV，在常温下，处于价带中的价电子都具有大于（$E_A - E_V$）的能量，都可以进入 E_A 能级，所以每一个三价杂质元素的原子都能接受一个价电子，而在价带中产生一个空穴。因其能接受价电子，把这种三价元素称为受主杂质，E_A 称为受主能级，（$E_A - E_V$）称为受主电离能，图 4-38 所示。

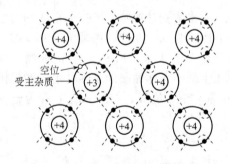

图 4-37 p 型半导体的结构示意图

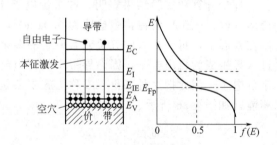

图 4-38 p 型半导体的能带图

在 p 型半导体中，因受主杂质能接受价电子产生空穴，使空穴浓度大大提高，空穴为多数载流子。同时因空穴多，本征激发的自由电子与空穴复合的机会增多，故 p 型半导体自由电子的浓度反而小，即电子是少数载流子。在电场的作用下，p 型半导体中的电流主要由多数载流子——空穴产生，即它是以空穴导电为主，故 p 型半导体又称为空穴型半导体，受主杂质又称为 p 型杂质。p 型半导体的电流密度为

$$j \approx j_p = q p_{p0} \mu_p E \qquad (4-66)$$

式中，p_{p0} 为 p 型半导体的空穴浓度。p 型半导体的电阻率为

$$\rho_p \approx \frac{1}{q p_{p0} \mu_n} \approx \frac{1}{q N_A \mu_p} \qquad (4-67)$$

式中，N_A 为受主杂质浓度。

与本征半导体相比，杂质半导体（n 型半导体和 p 型半导体），具有如下特性。

① 掺杂浓度与原子密度相比虽很微小，但是却能使载流子浓度极大地提高，因而导电能力也显著地增强。掺杂浓度越大，其导电能力也越强。

② 掺杂只是使一种载流子的浓度增加，因此杂质半导体主要靠多子导电。当掺入五价元素（施主杂质）时，主要靠自由电子导电；当掺入三价元素（受主杂质）时，主要靠空穴导电。

三、温度对半导体电阻的影响

半导体的导电性随温度的变化与金属不同，呈现复杂的变化规律。在讨论时要考虑两种散射机制，即点阵振动的声子散射和电离杂质散射。由于点阵振动原子间距发生变化而偏离理想周期排列，引起禁带宽度的空间起伏，从而使载流子的势能随空间变化，导致载流子的散射。显然，温度越高振动越激烈，对载流子的散射越强，迁移率下降。至于电离杂质对载流子的散射，是由于随温度升高载流子热运动速度加大，电离杂质的散射作用也就相应减弱，导致迁移率增加。正是由于这两种散射机制作用的结果，使半导体的导电性随温度的变化与金属不同而呈现复杂的变化。

例如，n 型半导体电阻率在低温区时，施主杂质并未全部电离。随着温度的升高，电离施主增多使导带电子浓度增加。与此同时，在该温度区内点阵振动还很微弱，散射的主要机制为杂质电离，因而载流子的迁移随温度的上升而增加，尽管电离施主数量的增多在一定程度上也要限制迁移率的增加，但综合的效果仍然使电阻率下降。当升高到一定温度后杂质全部电离，称为饱和区，在这个区间由于本征激发尚未开始，载流子浓度基本上保持恒定。然而，这时点阵振动的声子散射已起主要作用而使迁移率下降，因而导致电阻率随温度的升高而增高。温度的进一步升高，可使价电子获得足够能量，产生本征激发，越过禁带。所以，在本征激发区，载流子随温度而显著增加的作用已远远超过声子散射的作用，故又使电阻率重新下降。

四、半导体陶瓷的物理效应

1. 晶界效应

（1）PTC 效应

① PTC 现象　1955 年，Hayman 第一个发表了价控型 $BaTiO_3$ 半导体专利，继而发现 $BaTiO_3$ 半导体陶瓷的 PTC 效应（Positive Temperature Coefficient，正温度系数）。采用阳离子半径同 Ba^{2+}、Ti^{4+} 相近，原子价不同的元素去置换固溶体 Ba^{2+}、Ti^{4+} 位置，例如用 La^{3+}、Pr^{3+}、Nd^{3+}、Gd^{3+}、Y^{3+} 等稀土元素置换 Ba^{2+}；用 Nb^{5+}、Sb^{5+}、Ta^{5+} 等元素置换 Ti^{4+}，在氧化气氛中进行烧结，形成 N 型半导体。此外采用高温还原法也可使 $BaTiO_3$ 半导体化。$BaTiO_3$ 半导体化的模式有以下两种。

价控型：$BaTiO_3 + xLa \rightarrow Ba_{1-x}^{2+} La_x^{3+} (Ti_x^{3+} Ti_{1-x}^{4+}) O_3^{2-}$

$\qquad\quad\ BaTiO_3 + yNb \rightarrow Ba_{1-x}^{2+} [Nb_y^{5+} (Ti_y^{3+} Ti_{1-2y}^{4+})] O_3^{2-}$

还原型：$BaTiO_3 + zO \rightarrow Ba^{2+} (Ti_{2z}^{3+} Ti_{1-2z}^{4+}) O_{3-z}^{2-}$

价控型 $BaTiO_3$ 半导体最大特征是在材料的正方相→立方相相变点（居里点）附近，电阻率随温度上升发生突变，增大了 3～4 个数量级，即所谓 PTC 现象。图 4-39 为 PTC 陶瓷代表性的电阻率-温度特性曲线。PTC 现象是价控型 $BaTiO_3$ 半导体所特有的，$BaTiO_3$ 单晶和还原型半导体都不具有这种特性。

② PTC 现象的机理　PTC 现象发现以来，有各种各样的理论试图说明这种现象。其中，Heywang 理论较好地说明了 PTC 现象。图 4-40 为 Heywang 晶界模式图。该理论认为

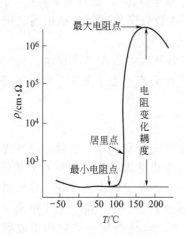

图 4-39　PTC 电阻率-温度特性曲线

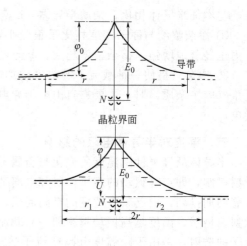

图 4-40　Heywang 晶界模式图

n 型半导体陶瓷的晶界上具有表面能级，此表面能级可以捕获载流子，从而在两边晶粒内产生一层电子耗损层，形成肖特基势垒。这种肖特基势垒的高度与介电常数有关。在铁电相范围内，介电系数大，势垒低。当温度超过居里点，根据居里-外斯定律，材料的介电系数急剧减少，势垒增高，从而引起电阻率的急剧增加。

由泊松方程，可以得到：

$$\Phi_0 = eN_D r^2 / (2\varepsilon\varepsilon_0) \tag{4-68}$$

式中，Φ_0 为势垒高度；r 为势垒厚度；ε 为介电系数；ε_0 为真空介电常数；N_D 施主密度；e 电子电荷。PTC 陶瓷的电阻率可以用下式表示：

$$\rho = \rho_0 \exp[e\Phi_0 / (kT)] \tag{4-69}$$

铁电体在居里温度以上的介电系数遵循居里-外斯定律：

$$\varepsilon = C / (T - T_C) \tag{4-70}$$

式中，C 为居里常数；T_C 为居里温度。

由此可以看出，在居里点以下的铁电相范围内，介电系数大，Φ_0 小，所以 ρ 就低；温度超过居里点，ε 就急剧减少，Φ_0 变大，ρ 就增高。Heywang 模型能较好地定性说明 PTC 现象。

③ PTC 陶瓷的应用　PTC 可应用于温度敏感元件、限电流元件以及恒温发热体等方面。

温度敏感元件有两种类型：一类是利用 PTC 电阻-温度特性，主要用于各种家用电器的过热报警器以及电机的过热保护；另一类是利用 PTC 静态特性的温度变化，主要用于液位计。

限电流元件应用于电子电路的过流保护、彩电的自动消磁。近年来广泛应用于冰箱、空调机等的电机启动。

PTC 恒温发热元件应用于家用电器具有构造简单，容易恒温，无过热危险，安全可靠等优点。从小功率发热元件，诸如电子灭蚊器、电热水壶、电吹风机、电饭锅等，发展为大功率蜂窝状发热元件，广泛应用于干燥机、温风暖房机等。目前进一步获得了多种工业用途，如电烙铁、石油汽化发热元件、汽车冷启动恒温加热器等。

（2）压敏效应（Varistor effect）　压敏效应是指对电压变化敏感的非线性电阻效应，即在某一临界电压以下，电阻值非常之高，几乎无电流通过；超过该临界电压（敏感电压），电阻迅速降低，让电流通过。ZnO 压敏电阻器具有的对称非线性电压-电流特性，如图 4-41 所示。

压敏电阻器的电压-电流特性可以用下式近似表示：

$$I = (V/C)^\alpha \tag{4-71}$$

式中，I 为流过压敏电阻器的电流；V 为施加电压；α 为非线性指数；C 为相当于电阻值的量，是一常数。

压敏特征通常由 α 和 C 值决定，α 值大于 1，其值越大，压敏特性越好。C 值的测定是相当困难的，常用在 1mm 厚的试样上流过一定电流（通常为 1mA）时的电压值 V_C 来代替 C 值。因此，压敏电阻器特性可以用 V_C 和 α 来表示。

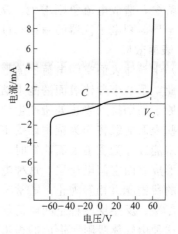

图 4-41　ZnO 压敏电阻器
的电压-电流特性曲线

目前，实际使用的 ZnO 压敏电阻器陶瓷的添加物是 Bi_2O_3 和 Pr_6O_{11}。其典型配方为（摩尔分数）：96.5% ZnO，0.5% Bi_2O_3，1% CoO，0.5% MnO_2，1% Sb_2O_3 及 0.5% Cr_2O_3。所得的压敏电阻器电压 $V_{1mmA} = 135V/mm$，非线性指数 $\alpha \approx 50$。

ZnO 压敏电阻陶瓷添加物及其作用列于表 4-2。

表 4-2　**ZnO 压敏电阻陶瓷的添加物及其作用**

添加物	作用
Bi_2O_3，Pr_6O_{11} 等	压敏特性的基本添加物，形成晶界势垒
CoO，MnO_2，Al_2O_3 等	提高非线性指数值
Sb_2O_3，Cr_2O_3，玻璃料	改善元件的稳定性

ZnO 压敏电阻器的生产过程中，烧成温度、烧成气氛、冷却速度等对陶瓷微观结构有很大的影响，因而影响压敏特性。要获得压敏特性的一个很重要的条件是：要在空气中（氧化气氛下）烧成，缓慢冷却，使晶界充分氧化。所得烧结体表面往往覆盖着高电阻氧化层，因此在被电极前应将此氧化层去除。

压敏效应是陶瓷的一种晶界效应。为了解释压敏特性的机理，对 ZnO 压敏电阻器陶瓷晶界的微观结构和组成做了大量的研究工作。晶界上具有负电荷吸附的受主能级，从而形成相对于晶界面对称的双肖特基势垒。图 4-42 为 ZnO 压敏电阻器陶瓷双肖特基势垒，图中 (a) 为施加电压前的肖特基势垒；(b) 为施加电压后的情形。当电压较低时，由于热激励电子，必须越过肖特基势垒而流过。电压到某一值以上，晶界面上所捕获的电子，由于隧道效

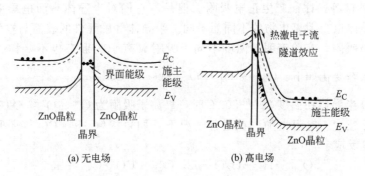

(a) 无电场　　　　　　　　(b) 高电场

图 4-42　ZnO 压敏电阻器陶瓷双肖特基势垒模型

应通过势垒，造成电流急剧增大，从而呈现出异常的非线性关系。ZnO 压敏电阻器已广泛应用于半导体和电子仪器的稳压和过压保护以及设备的避雷器等。

2. 表面效应

(1) 半导体表面空间电荷层的形成　陶瓷气敏元件主要是利用半导体表面的气体吸附反应。因此，了解半导体表面的能带结构是十分重要的。半导体表面存在着各种表面能级，诸如晶格原子周期排列终止处所产生的达姆能级、晶格缺陷或表面吸附原子所形成的电子能级等。这些表面能级将作为施主或受主和半导体内部产生电子授受关系。当表面能级低于半导体的费米能级即为受主表面能级时，从半导体内部俘获电子而带负电，内层则带正电，在表面附近形成表面空间电荷层，这种电子的转移将持续到表面能级中电子的平均自由能与半导体内部的费密能级相等为止。通常，根据表面能级所捕获的电荷和数量大小，可以形成积累层、耗尽层、反型层三种空间电荷层。空间电荷层中的多数载流子的浓度比内部大，称为积累层。这种由气体吸附所形成的积累层的状态称为积累层吸附。n 型半导体情况下，如发生下列吸附反应，将形成积累层。

$$D_{gas} \rightarrow D_{ad}, \quad D_{ad} \rightarrow D_{ad}^{+} + e \tag{4-72}$$

式中，D_{gas} 为气体分子；D_{ad} 为吸附分子。相反，气体分子为受主时，

$$A_{gas} \rightarrow A_{ad}, \quad A_{ad} + e \rightarrow A_{ad}^{-} \tag{4-73}$$

吸附气体捕获内部电子而带负电。这样一来，所形成的空间电荷层中的多数载流子（n 型为电子）比内部少，称为耗尽层。依据质量作用定律 $np = n_i^2$（n_i 为本征载流子浓度），积累层中少数载流子浓度比内部小，耗尽层中少数载流子浓度比内部大。假若电子大规模转移的结果，使 $n < n_i$，则 $p > n_i$，空间电荷层中少数载流子 p 变为多数载流子，把这种空间电荷层称为反型层。

(2) 半导体表面吸附气体时电导率的变化　半导体表面吸附气体时，半导体和吸附气体分子（或气体分子分解后所形成的基团）之间，即使电子的转移不那么显著，也会在半导体和吸附分子间产生电荷的偏离。如果吸附分子的电子亲和力比半导体的功函数大，则吸附分子从半导体捕获电子而带负电；相反，吸附分子的电离势比半导体的电子亲和力小，则吸附分子向半导体供给电子而带正电。通常，根据对电导率的影响来判断半导体的类型和吸附状态。当 n 型半导体负电吸附，p 型半导体正电吸附时，表面均形成耗尽层，因此表面电导率减少而功函数增加。当 n 型半导体正电吸附，p 型半导体负电吸附时，表面均形成积累层，因此表面电导率增加。比如氧分子对 n 型和 p 型半导体都捕获电子而带负电（负电吸附）

$$\frac{1}{2} O_2(g) + ne \rightarrow O_{ad}^{n-} \tag{4-74}$$

而 H_2，CO 和酒精等，往往产生正电吸附。但是，它们对半导体表面电导率的影响，即使同一类型的半导体也会因氧化物的不同而不同。半导体气敏元件的表面与空气接触时，氧常以 O^{n-} 的形式被吸附。实验表明，温度不同，吸附氧离子的形态也不一样。随着温度的升高，氧的吸附状态变化如下：$O_2 \rightarrow \frac{1}{2} O_4^- \rightarrow O_2^- \rightarrow 2O^- \rightarrow 2O^{2-}$

例如，ZnO 半导体在温度 200～500℃时，氧离子吸附为 O^-、O^{2-}。氧吸附的结果，半导体的表面电导减少，电阻增加。在这种情况下，如果接触 H_2、CO 等还原性气体，则它们与已吸附的氧反应：

$$O_{ad}^{n-} + H_2 \rightarrow H_2O + ne, \quad O_{ad}^{n-} + CO \rightarrow CO_2 + ne \tag{4-75}$$

结果释放出电子，因此表面电导率增加。表面控制型气敏元件就是利用表面电导率变化的信

号来检测各种气体的存在和浓度。n 型半导体气敏元件中，正电荷吸附时电导率增加，负电荷吸附时电导率减少。

半导体陶瓷气敏元件是一种多晶体，存在着晶粒之间的接触或颈部接合。图 4-43（a）所示为晶粒相接触形成晶界。半导体接触气体时，在晶粒表面形成空间电荷层，因此两个晶粒之间介入这个空间电荷层部分。当 n 型半导体晶粒发生负电荷吸附时，晶粒之间便形成图4-43（a）那样的电势垒，阻止晶粒之间的电子转移。电势垒的高度因气体种类、浓度不同而异，从而使电导率随之改变。在空气中，氧的负电荷吸附使电势垒高，电导率小。若接触可燃气体，则与吸附氧反应，负电荷吸附减少，电势垒降低，电导率增加。图 4-43（b）所示的晶粒间颈部接合厚度的不同，对电导率的影响也不尽相同。若颈部厚度很大，如图 4-43（b）中（2）的情况，吸附气体和半导体之间的电子转移仅仅发生在相当于空间电荷层的表面层内，不影响内部的能带构造。但是，若颈部厚度小于空间电荷层的厚度，如图 4-43（b）中（1）的情况，整个颈部厚度都直接参与和吸附气体之间的电子平衡，因而表现出吸附气体对颈部电导率较强的影响，即电导率变化最大。因此可以认为半导体气敏元件晶粒大小、接触部的形状等对气敏元件的性能有很大影响。

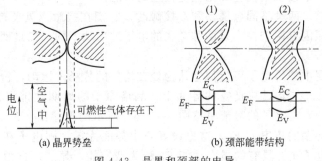

图 4-43 晶界和颈部的电导

第八节 材料的热电性

在金属导线组成的回路中，存在着温差或通以电流时，会产生热与电的转换效应，称为金属的热电效应。这种热电现象很早就被发现，它可以概括为三个基本的热电效应。

一、第一热电效应——塞贝克（Seebeck）效应

1821 年德国学者塞贝克发现，当两种不同的导体组成一个闭合回路时，若在两接头处存在温度差，则回路中将有电势及电流产生，这种现象称为塞贝克效应，回路中产生的电势称为热电势，电流称为热电流，上述回路称为热电偶或温差电池。

如图 4-44 所示，将两种不同金属 1 和 2 的两接头分别置于不同温度 T_1 和 T_2，则回路

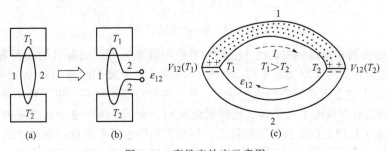

图 4-44 塞贝克效应示意图

中就会产生热电势 ε_{12}，如图（b）示，将 1 或 2 从中断开，接入电位差计就可测得 ε_{12}，它的大小不仅与两接头的温度有关，还与两种材料的成分、组织有关，与材料性质的关系可用单位温差产生的热电势即热电势率 α 来描述，即

$$\alpha = \frac{d\varepsilon_{12}}{dT} \tag{4-76}$$

用不同材料构成热电偶，会有不同的 α，但对两种确定的材料，热电势与温差成正比，即

$$\varepsilon_{12} = \alpha(T_1 - T_2) \tag{4-77}$$

但上式仅在一定温度范围内成立，热电势的一般表达式为

$$\varepsilon_{12} = \alpha(T_1 - T_2) + \frac{1}{2}\beta(T_1 - T_2)^2 + \cdots \tag{4-78}$$

式中，β 为另一表征材料性质的系数。

若是两种半导体构成回路，同样也有此效应，而且更为显著。

1. 塞贝克效应产生的机理

让我们先了解一下接触电位差和温差电位差的概念。

（1）接触电位差　两种不同金属 1 和 2 接触时，它们在接触点处要产生一接触电位差，接触电位差产生的原因有两个：一是两种金属的电子逸出功不同；二是两种金属具有不同的自由电子密度。

我们知道，金属中的价电子可近似地认为处在均匀的势场中运动，价电子就好像处在一深度为 E_0 的势阱中，在金属与真空的界面上，晶格原子的周期性排列被中断，如图 4-45（a）所示，由金属到真空电子的势能将按图 4-45(b) 所示的规律由 $-E_0$ 逐渐到零，构成了金属的表面势垒，势垒的高度为 E_0，这里设真空中势能为零，则电子在金属中的势能就为 $-E_0$。在 0K 下价电子允许具有的最大动能 E_F 称为费密能，显然，自由电子要逸逃出金属表面，必须从外界获取等于或大于 $\varphi = E_0 - E_F$ 的能量，否则，自由电子是无法克服势垒 E_0 外逃的，我们把电子从金属表面逸出时所需的最小能量称为逸出功。逸出功的大小与金属的表面势垒 E_0 及自由电子的最高能态（即费密能）有关。

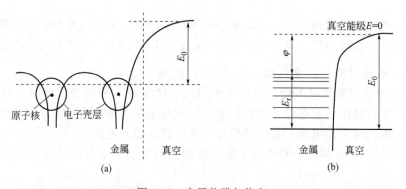

图 4-45　金属势阱与势垒

当两种不同金属紧密接触时，由于它们的真空能级都为零，而各自的表面势垒 E_0 和费米能 E_F 不同，也即它们的逸出功 φ 不同。如图 4-46 所示，金属 1 的逸出功 φ_1 小于金属 2 的逸出功 φ_2，故金属 1 中占有高能态的电子数多，所以两种金属接触后，电子将主要从金属 1 迁移到金属 2（当然也有少量电子从金属 2 迁移到金属 1）。金属 1 因失电子而带正电，其电位不断升高，相应在电子势图上的能级要不断降低，即费米能级也不断降低；金属 2 因得电子而带负电，其费米能级也不断升高，当两金属的费米能级拉平时，就达到了平衡状态。

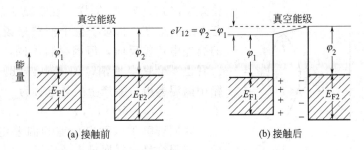

$$eV_{12} = \varphi_2 - \varphi_1$$

(a) 接触前　　　　　　　(b) 接触后

图 4-46　接触电位差（为简化取势垒图）

由于在接触处发生了电子交换，因此，在两金属间形成了一个电位差

$$V_{12} = \frac{1}{e}(\varphi_2 - \varphi_1) = V_2 - V_1 \qquad (4\text{-}79)$$

式中，e 为电子电荷量的绝对值；V_1、V_2 分别为 1、2 的逸出电位。

产生接触电位差的另一个原因就是不同金属的自由电子密度（浓度）不同。当两种不同的金属相接触时，在其接触面的两侧存在着自由电子的浓度差，所以必然要产生自由电子从高浓度区向低浓度区域的扩散运动。如图 4-46（b）所示，若金属 1 的自由电子密度高，则电子将从金属 1 向 2 扩散，扩散的结果使接触面金属 1 侧带有正电位（由于自由电子移走，留下了正离子形成正电荷区），而在接触面的金属 2 侧，由于得到电子，使原子带负电位，变成负电荷去区。故在接触面两侧形成了一个空间电荷区，产生了一个由金属 1 指向金属 2 的结内电场，其结果阻止了自由电子的继续扩散，当电子受到的电场力增大到与扩散力相等时，扩散与漂移运动达到了动态平衡，此时就建立了一定厚度的空间电荷区，产生了一定大小的结内电场和接触电位差。显然，接触电位差应是上述两个原因的综合结果。物理学已证明，两种不同金属紧密接触时产生的接触电位差为

$$V_{12} = V_{12}' + V_{12}'' = V_2 - V_1 + \frac{kT}{e}\ln\frac{n_1}{n_2} \qquad (4\text{-}80)$$

式中，V_{12}' 是逸出功之差造成的电位差；V_{12}'' 是自由电子密度不同造成的电位差；V_1、V_2 分别是金属 1、2 的逸出电位；n_1、n_2 分别为金属 1、2 的自由电子密度；k 为玻尔兹曼常数；T 是热力学温度；e 是电子的电荷。

这样在图 4-44（c）的两个接头处将有 V_{12}（T_1）和 V_{12}（T_2）两个接触电位差，若两端温度 $T_1 = T_2$，则 V_{12}（T_1）$= V_{12}$（T_2），于是回路中因接触电位差产生的热电势为

$$\varepsilon_{12} = V_{12}(T_1) - V_{12}(T_2) = 0 \qquad (4\text{-}81)$$

若 $T_1 \neq T_2$，则 V_{12}（T_1）$\neq V_{12}$（T_2），于是回路热电势为

$$\varepsilon_{12} = V_{12}(T_1) - V_{12}(T_2) = V_2 - V_1 + \frac{kT_1}{e}\ln\frac{n_1}{n_2} - V_2 + V_1 - \frac{kT_2}{e}\ln\frac{n_1}{n_2}$$

$$= (T_1 - T_2)\frac{k}{e}\ln\frac{n_1}{n_2} \qquad (4\text{-}82)$$

（2）温差电位差　实际上，当一种金属的两端温度不同（即存在温度梯度）时，在引起热流的同时，也将造成自由电子的流动，而这种流动又会引起一种电位差，称为温差电位差。

如图 4-47（a）所示，对金属 1 来说，温度较高的 T_1 端，有较多的高能电子，而温度较低的 T_2 端，则有较多的低能电子，于是热端的高能电子向冷端扩散，使冷端因电子堆积带负电，而热端因失去电子带正电，这样就在金属的内部产生了一个阻止电子进一步扩散的温差电场。当电子受到的电场力 F_e 等于热扩散力 F_T 时，金属的两端就建立了稳定的温差电

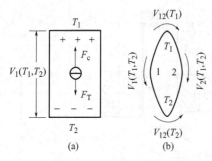

图 4-47　温差电位差
与塞贝克电动势

位差 $V_1(T_1,T_2)$。同样，在金属 2 的两端也会建立起 $V_2(T_1,T_2)$。对于整个回路来说，金属 1、2 上的温差电位差反向，但因材料不同，即使温差相同，二者也不会完全抵消，如图 4-47（b）所示，于是回路中因温差电位差产生的热电势为

$$\varepsilon_{12}=V_2(T_1,T_2)-V_1(T_1,T_2) \tag{4-83}$$

我们理解了接触电位差和温差电位差两个概念后，就很容易解释塞贝克效应了。

当两种不同的导体组成一个闭合回路时，若两接头处存在温度差，则回路中的电势是由接触电位差和温差电位差造成的，即

$$\varepsilon_{12}=V_{12}(T_1)-V_{12}(T_2)+V_2(T_1,T_2)-V_1(T_1,T_2)$$

$$=(T_1-T_2)\frac{k}{e}\ln\frac{n_1}{n_2}+V_2(T_1,T_2)-V_1(T_1,T_2) \tag{4-84}$$

式中，第一项是两接头的接触电位差的差，后两项是两种金属上的温度电位差的差。

如果我们忽略温差电位差，那么，回路中的热电势只与两金属的自由电子密度及两接触端的温差有关。

2. 影响热电势的因素

（1）金属本性的影响　不同金属由于其逸出功和自由电子密度不同，其热电势也不同。纯金属的热电势可按以下次序排列，其中任一后者的热电势相对于前者为负：Si、Sb、Fe、Mo、Cd、W、Au、Ag、Zn、Rh、Ir、Tl、Cs、Ta、Sn、Pb、Mg、Al、Hg、Pt、Na、Pd、K、Ni、Co、Bi。

（2）合金化的影响　在形成连续固溶体时，合金的热电势与 $1/\rho$ 存在线性关系，即随溶质浓度增高而降低，但对于过渡族金属往往不符合这种规律。含有微量铁磁组元的"稀磁合金"，在低温时的绝对热电势率要比不含铁磁组元的高两个数量级。康德发现，当温度趋近 0K 时，这些稀磁合金的残余电阻按对数规律随温度降低而增加，但对应于电子-声子散射的基本电阻却与其相反，因而必定在某一温度出现极小值，这一现象称为康德效应，对应电阻极小值的温度称为康德温度，这一类稀磁合金称为康德合金。例如，由于具有很高热电势和对温度的线性关系，铁-康铜（Fe-40%Ni+60%Cu）是最常见的热电偶之一，可用于代替铂铑-铂热电偶，测量 -140℃ 以下的低温。因为铂铑-铂热电势在 -142℃ 以下经过极小值，继续冷却反而引起热电势升高，故 -140℃ 以下不能使用。而铁-康铜的康德温度在 -190℃ 以下，可以使用到 -190℃。

当在某一合金成分形成化合物时，合金的热电势要发生突变，当形成半导体性质的化合物时，由于共价结合增强，会使合金的热电势显著增大，如 Mg_3Sb_2 为 $600\mu V/K$、Mg_2Sn 为 $250\sim280\mu V/K$、SbZn 为 $200\sim250\mu V/K$，都比普通合金高一个数量级以上。

多相合金的热电势介于组成相热电势之间，并且与各相的形状与分布有关。若两相的电导率相近，则热电势与各项的体积浓度几乎呈直线关系。

（3）组织转变的影响　同素异构转变对热电势有显著影响，铁-铂组成的热电偶其热电势随温度变化的曲线如图 4-48 所示，可以看见，铁在 A_2（即居里点 768℃）处发生明显转折，在 A_3 和 A_4 处发生突变。显然，作为二级相变的磁性转变和一级相变（此处系同素异构转变和固液相变）对热电势的影响是不同的。曲线在 β-Fe 温区（768～906℃）和 δ-Fe 温区（1401℃以上）是在一条互为延长线上，这是因为它们同为 bcc 结构，这也说明了晶体结

构因素对热电势率的影响。马氏体转变是无扩散型的，虽说钢的成分在转变前后没有变化，但由于奥氏体和马氏体的结构不同，热电性有较大差别。例如，含重量比 30%Ni 的 Fe-Ni 合金钢，奥氏体状态的热电势为 $3.6\mu V/℃$，而马氏体的热电势为 $34.4\mu V/℃$。因此，奥氏体钢中产生马氏体转变时，随着马氏体转变数量的增加，热电势值不断增大。钢与铁成偶时，淬火后的热电势比退火后的明显增高，同时，钢的含碳量越高，淬火后的热电势也越大。

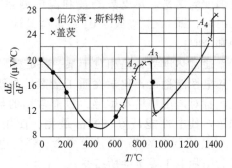

图 4-48 铁-铂热电势与温度关系

过饱和固溶体的时效或回火析出对合金热电势产生明显影响，主要归结两方面原因：一是固溶体的基体中合金元素贫化；二是第二相的生成。其变化规律可分为两种情况。

当析出相很少，且两相的热电势又相差不大时，析出相的影响可不考虑，此时，合金的热电势由基体相的成分决定。随着析出相数量的增多，基体相中的合金元素量减少，通常表现为热电势值变小；当析出相和基体相的热电势相差较大，且析出相数量较多时，这时基体中合金元素贫化及第二相对热电势的影响这两个因素都需要考虑，因而比较复杂，热电势值可增大，也可能减小。

有序化对热电势的影响十分明显。Ni-Mn 合金有序化引起热电势率的降低，如 Cu-Ni$_3$Mn 热电偶中 Ni$_3$Mn 的有序度越高，其热电势变化也越大。

（4）塑性变形的影响 冷塑性变形对热电势也有影响，加工硬化后的铁与退火状态的铁的热电势相比，前者为负；加工硬化后与退火后的金属组成的热电偶的热电势，随着加工硬化程度的增加而增加；若对固溶体合金进行冷变形，并由于形变直接或间接引起析出或马氏体转变时，将导致合金的热电势发生相应的变化。

（5）压力的影响 在高压使用热电偶时，输出的热电势发生了变化。例如，测量 100℃ 温差的铜-康铜热电偶，在压力从零升到 7×10^9 Pa 的过程中，平均每升高 10^8 Pa，热电势降低相当于 0.025℃。布里吉曼（Bridgman）发现：当环境压力增加到 1.2×10^9 Pa 时，康铜在 0~100℃ 范围内热电势的平均变化率为 $3\times10^{-10}\mu V/(℃\cdot Pa)$。压力对金属热电势率的影响首先是由于原子大小及其间距在高压下发生了变化，提高了费米面，改变了能带结构，从而影响扩散热电势率。其次，高压改变了声速、声子极化以及电子与声子的交互作用，从而影响着声子曳引热电势率。这些因素只是在高压系统中才需考虑，一般情况下可以忽略。

（6）磁场的影响 在液氦温区的低温下，磁场对金属热电势的影响相当明显。例如，在 1K 温度下对标准"银-金铁"热电偶施加 16×10^5 A/m 横向磁场时，热电势变化达 20%。对"镍 10%Cr-金 0.07%Fe"热电偶施加 48×10^5 A/m 磁场，在 35~60K 温度下热电势率下降 2.5%，温度下降到 20K 以下加磁场后热电势率却增大，温度降到 4.1K 时增大达 40% 之多。洛斯柯（Loscoe）和米夫（Meffe）提出，金属材料在强磁场中不仅产生与温度有关的热电势，还会产生与磁场有关的磁电势。当施加强磁场时，磁场中的 A 金属被磁化为 A$_m$，这时的 A$_m$ 将与磁场外的 A 金属组成 A-A$_m$ 热电偶，只要存在温差就可以产生磁（热）电势。强磁场对金属热电势的影响可以用磁场改变了与费米能级有关的能态密度，从而引起电导率和热电势率的变化来解释。

3. 热电势的测量

热电势的测量实际上与标定热电偶的方法是一样的，它包括电动势和温度的测量，关键是温度的测量。热电势测量和温度测量一样，都使用电位差计，一般准确度在 $0.05\%\sim$ 0.01%，即 0.05 级或 0.01 级电位差计。所有用于研究目的的热电势测量都必须有一定的热源和冷源。

通常热电势都是相对于某一特定材料而言的，因此，检测中的参考材料是重要的，要求它热电性能稳定，化学性质不活泼，易于得到纯净的物质，而且绝对热电势率已经反复确定，且对周围环境不敏感。目前常用的热电参考电极有铅、标准银（银＋0.37％金）、铜、铂等，其中性能最好、温区最宽、使用最普及的为铂。美国国家标准局推荐由 Sigmund Cohn 公司制造的 Pt-67 热电参考材料的电阻比 $R_{100}/R_0 \approx 1.3927$ 为其电学纯度，该参考材料已为国际电工委员会所接受。

若要测量某一温区内材料的平均热电势率，只需将待测试样与参考电极组成回路，测得总热电势 E 后除以两端的温差 ΔT 即可得到该温差范围内的平均热电势率。测量总热电势的方法通常有定点法、比较法、示差法等。

(1) 定点法　所谓定点法，是用有稳定物态、转变温度和国际温标所定义的固定温度的高纯物质作为热电势测量的温度点，而无需使用温度计来确定试样所处的温度。测定试样与参考材料之间的平均相对热电势率，可作为定点的物质和转变温度，在国际温标中都有规定。通常作为热电测量的固定点有：液氦的沸点（4.2K），液氧的沸点（-182.962℃），干冰的升华温度（-78.476℃），水的三相点（0.01℃），水的沸点（100℃），锌的凝固点（419.58℃），锑的凝固点（630.755℃），银的凝固点（961.93℃），金的凝固点（1064.43℃），铜的凝固点（1084.88℃）等。

(2) 比较法　定点法的温度值虽然很精确，但仅限于少数温度点，应用受到一定限制。目前，材料热电势的测量多数还是采用比较法。比较法使用足够精度的各种温度计测量热端温度，并同步地记录试样和参考电极配对的热电势。可以在任何温度下进行测量，因而被广泛使用于热点检测和研究。比较法的原理是把待测试样与已知热电特性的标准参考电极（如铂丝）的一端相焊，组成热电偶的测量端，置于符合温度要求的相应热源中，而参考端置于冰点槽内进行测量。由于使用的热源温度在其使用的范围内可以连续改变，因此可以测定各种温度下试样对标准参考电极的热电势。用比较法测定热电势值可以选用 0.02 级直流电位差计或相应等级的数字电压表，其测量回路如图 4-49 所示。为了消除炉温变化的影响，精确测量时，常用两台电位差计同时测定待测试样对参考电极的热电势和热电偶的热电势，如图 4-50 所示。

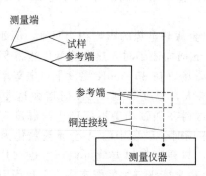

图 4-49　比较法测热电势示意图

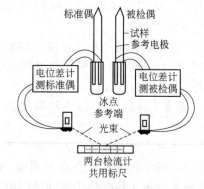

图 4-50　双电位差计测热电势示意图

(3) 示差法　利用热电性研究金属时，由于金属和合金组织转变所引起的热电势的变化很小，所以为提高测量精度，常用示差法测量热电势。

　　示差法也是一种在材料研究和热点分析中广泛应用的热电势测量方法。其原理是将待测试样 B 与参考电极 A 构成两对 A-B 热电偶并在 O 点反串为示差热电偶。测量时使参考电极的参考端保持恒定温度（如 0℃），而不论 O 点处于什么温度，如图 4-51(a) 所示。

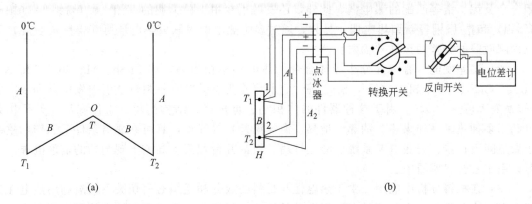

图 4-51　示差法测量热电势示意图

　　对于示差热电偶而言，只要 $T_1 \neq T_2$，就会产生热电势。该热电势值就是在稳定热源温度（如 T_2）下温差为 $\Delta T = T_2 - T_1$ 时，试样 B 相对与参考电极 A 的热电势值。作示差测量时也必须有稳定的热源，且试样还要处于一定的温差 ΔT 之中。产生 ΔT 的方法通常可以附加一个小的热源。

　　T_1 和 T_2 通常是用两支相同类型且经过检定的热电偶来确定，热电偶的丝径尽量细，以不扰乱试样的温度场为准。两支测温热电偶可以分别和参考电极一起焊在试样的不同点上。为了得到高的分辨率，可以采用光电放大检流计。测温热电偶的参考端（冷端）和参考电极的参考端应处于保持 0℃ 的冰点器中，以保持温度恒定，如图 4-51(b) 所示。图中的转换开关用来切换两支热电偶和两参考电极间的热电势信号，依次提供给电位差计测量，反向开关用来确定试样对参考电极的极性。

　　具体测量过程是：①通过转换开关先用热电偶 1 和 2 测量该处温度 T_1 和 T_2。②测量两参考电极 A_1-A_2 间的热电势 E，即待测材料 B 处于温度 T_1 时，相对于参考电极 A 和温度差 $\Delta T = T_2 - T_1$ 的热电势值。测量时 T_1 温度由所用的稳定热源确定，ΔT 可以通过调整小热源来改变，以得到不同温度的热电势值。③最后，将所得到的热电势 E 除以 ΔT 即可得到接点两端温差范围内的平均热电势率。

　　事实上，热电势率通常为温度的函数，平均热电势率并不代表各温度下真实的热电特性。如果把 ΔT 控制在 1℃ 左右，则可得到各温度下的相对热电势率。绝对热电势率对热电材料是一个重要的物理量，但要直接测量并不容易，必须通过汤姆逊关系计算求得。

4. 塞贝克效应的应用

　　热电势被广泛用于测量温度和研究金属。在测量温度时，通常使用的热电偶是由固定的金属及合金组成的，它们和温度的关系是已知的，例如，铂-铑及铬-铝热电偶。而在利用热电性研究金属时，则是将要研究的金属试样与另一个处于稳定状态的试样组成热电偶，观察其热电势随温度或时间的变化，以便获得金属内部组织变化的根据。所以，它和测温的目的不同，测量方法也有很大的差异。

　　（1）测量温度　塞贝克效应在测量温度方面的应用主要是制成各种热电偶，制造热电偶的材料要求材质均匀且易于拉成丝，匹配成偶后，其热电势与温度呈线性单调上升关系，输出稳定且制造过程中复现性好。根据不同的使用环境，可使用不同的热电偶，例如，温度低于 4K 可用低温热电偶（金＋0.21％钴）-铜、（金＋0.03％铁）-镍铬（或标准银）、铜铁-镍铬等，铂铑-铂热电偶可测 1700℃高温，铜-康铜热电偶在高于室温直至 15K 的温度范围仍据有高灵敏度；在中子辐射环境处，可用热电势不受中子辐射影响的镍铬、镍铝、康铜、铂钼合金及铌、锆等匹配的热电偶，此外，还发展了专用于核工业的（铂＋0.1％钼）-（铂＋5％钼）和锆-康铜等新型热电偶。另外，通过多个热电偶串联成热电堆可获得高灵敏度，足以探测微弱的温差乃至红外辐射。

（2）温差发电　有一部分半导体合金的热电势率相当高，如 $ZnSb$、Mg_3Sb_2、Mg_2Sn、$PbFe$、$GeSi$、$(Bi，Sb)_2(Te，Se)_3$ 等，它们可作为温差转换材料制造温差发电器和制冷器（转换效率可达 10％）。由于这种器件的体积小、重量轻、结构简单、工作安静、无干扰并可利用多种热源（如煤热、油热、地热、海洋温差）等优点，且可在恶劣条件下工作，故适于做空间飞行器、海底电缆系统、海上灯塔、石油井台及无人岛屿上观测站的辅助电源，还可以用于心脏起搏器中。

（3）在材料分析中应用　由于热电性与材料的成分和组织有密切关系，故利用热电性分析合金的成分及组织变化也是一种很有效的方法，以热电性用于研究合金的回火问题为例。

α-Fe 中的含碳量越高电势越负，淬火态的马氏体中含碳量最高，因此它的热电势最负。

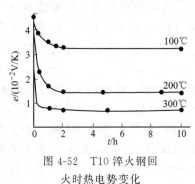

图 4-52　T10 淬火钢回火时热电势变化

当对淬火钢回火时，碳从固溶体中析出，使热电势上升，因此，热电势可直接反映马氏体中含碳量的变化，而且十分敏感。

将碳钢淬火试样分别于不同温度、不同时间进行回火，然后把回火和退火态的试样组成电偶，测量它们的热电势，便可得到马氏体分解的动力学曲线，如图 4-52所示。从图中曲线可以看出，在回火的最初阶段，热电势下降明显，这说明马氏体中碳的析出速度很快；随着保温时间的延长，热电势变化速度逐渐变慢，并趋于停止，这说明马氏体中碳含量缓慢降低，直至达到一个稳定状态。不同温度回火的曲线表明，回火温度越高，碳的析出速度越快，析出量越大，越易达到稳定状态。

此外，热电性分析还可以用于研究合金的时效、加工硬化的奥氏体钢的相变等。

二、第二热电效应——玻尔帖（Peltier）效应

1834 年玻尔帖发现，当电流通过两个不同金属的接点时，除因电流产生的焦耳热外，还要在接头处额外产生放热或吸热效应，这种现象称为玻尔帖效应。

这一效应是热力学可逆的，如图 4-51 所示，如果接头处电流由金属 1 流向金属 2 是放热，那么反过来，接头处电流由金属 2 流向金属 1 就为吸热。1853 年伊锡留斯发现，在每一接头上热量的流出率或流入率与电流 I 成正比，即

$$\frac{dQ}{dt} = \pi_{12} I \tag{4-85}$$

式中，π_{12} 为玻尔帖系数，它是单位电流每秒吸收或放出的热流。它与接头处两金属的性质及温度有关，而与电流的大小无关。根据惯例，当电流从导体 1 流向导体 2 的接头时，若发生吸热现象，则 π_{12} 取正，否则为负。焦耳热与电流方向无关而玻尔帖热与电流方向有关，利用这一点，可以测得玻尔帖热。假设先按一个方向通电，测得热量 $Q_1 = Q_J + Q$，这里 Q_J 为焦耳热，Q 为玻尔帖热，然后，反方向通电，测得热量为 $Q_2 = Q_J - Q$，两次测得的热量差 $Q_1 - Q_2 = 2Q$。

玻尔帖效应可以用接触电位差来解释。如图 4-53 所示，由第一热电效应知道，在两金属接头处有接触电位差 V_{12}，设其方向都是由金属 1 指向金属 2，在接头 A 处，电流由金属 2 流向金属 1，即电子由金属 1 流向金属 2，显然，接触电位差的电场将阻碍电流电子的运动，电子要反抗电场力做功 eV_{12}，电子动能要减小；减速的电子与金属原子相碰，又从金属原子取得动能，从而使该处温度降

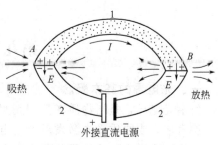

图 4-53 玻尔帖效应示意图

低，须从外界吸收能量。而在接头 B 处，接触电位差的电场使电流电子的运动加速，电子动能将增加 eV_{12}，被加速的电子与接头附近的原子碰撞，把获得的动能传递给原子，从而使该处温度升高而释放热量。

三、第三热电效应——汤姆逊（Tomson）效应

1854 年 W•汤姆逊发现，当电流通过有温差的导体时，会有一横向热流流入或流出导体，其方向视电流的方向和温度梯度的方向而定，此种热电现象称为汤姆逊效应。在单位时间内吸收或放出的能量 $\dfrac{dQ}{dt}$ 与电流 I 和温度梯度 $\dfrac{dT}{dx}$ 成正比，即

$$\frac{dQ}{dt}=\mu I \frac{dT}{dx} \tag{4-86}$$

式中，μ 为导体的汤姆逊系数，它与材料的性质有关。

汤姆逊效应是可逆的，当 I 和 $\dfrac{dT}{dx}$ 的方向相同时，要放出热量，则 μ 为正值；反之，要吸收热量，μ 为负值。

对汤姆逊效应可作如下解释：如图 4-54 所示，当某一金属存在一定的温差（温度梯度）时，由于高温 T_1 端的自由电子平均速度大于低温 T_2 端，所以，由高温端向低温端扩散的电子比低温端向高温端扩散的电子要多，这样就使高、低温端分别出现正、负净电荷，形成一温差电位差 $V(T_1, T_2)$，方向由 T_1 端指向 T_2 端。当外加电流 I 与 $V(T_1, T_2)$ 同向时，电子将从 T_2 向 T_1 定向流动，同时被温差电场加速，电子从温差电场中获得的能量，除一部分用于电子达高温端所需的动能增加外，剩余的能量将通过电子与晶格的碰撞传给晶格，使整个金属温度升高，并放出热量，如图 4-54(b) 示。当外加电流 I 与 $V(T_1, T_2)$ 反向时，电子将从 T_1 向 T_2 定向流动，且被温差电场减速，但这些电子与晶格碰撞时，从金属原子取得能量，而使晶格能量降低，这样整个金属温度就会降低，从而从外界吸收热量，如图 4-54(c) 示。

一个由两种导体组成的回路，当两接触端温度不同时，三种热电效应会同时产生。塞贝克效应产生热电势和热电流，而热电流通过接触点时要吸收或放出玻尔帖热，通过导体时要吸收或放出汤姆逊热。

汤姆逊由热力学理论导出了热电势率 α，玻尔帖系数 π_{12}，汤姆逊系数 μ_1、μ_2 之间的关系式——开尔芬（汤姆逊）关系式

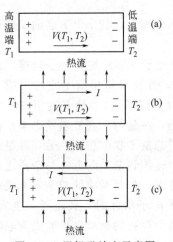

图 4-54 汤姆逊效应示意图

$$\mu_1-\mu_2=T\frac{d\alpha}{dT} \tag{4-87}$$

$$\pi_{12} = \alpha T \qquad (4\text{-}88)$$

第九节　光　电　导　性

一、光电导的基本概念

所谓光电导，是指物质在受到光照时，其电子电导载流子数目比其热平衡状态时多的现象。换言之，当物质受光激发后产生电子、空穴等载流子，它们在外电场作用下移动而产生电流，导电率增大。这种现象称为光电导。由光的激发而产生的电流称为光电流。

当单位体积中载流子数为 N，每个载流子所带电荷量为 q，载流子在外电场 E 作用下沿电场方向的运动速度为 v，迁移率为 μ 时，单位时间流过截面积 S 的电流为：

$$I = Nq\mu ES \qquad (4\text{-}89)$$

电流密度则为：

$$J = Nq\mu E \qquad (4\text{-}90)$$

对光导电来说，必须考虑光激发产生的载流子的平均寿命。设单位时间光照后在单位体积内所产生的载流子数为 n_0，载流子平均寿命为 τ，则在稳定光的照射下，单位体积中的载流子数 N 为：

$$N = n_0 \tau \qquad (4\text{-}91)$$

因此，稳态光电流密度 J_{L} 为：

$$J_{\mathrm{L}} = n_0 \tau q\mu E \qquad (4\text{-}92)$$

当入射光强为 I_0，样品的光吸收系数为 α，载流子生成的量子收率为 φ，样品厚度为 l 时，n_0 与入射光强 I_0、吸收光强 I_α 之间有如下的关系：

$$n_0 = I_\alpha l\varphi = lI_0(1 - \mathrm{e}^{-\alpha l})\varphi \qquad (4\text{-}93)$$

因此

$$J_{\mathrm{L}} = 1/l[I_0(1 - \mathrm{e}^{-\alpha l})\varphi\tau q\mu E] \qquad (4\text{-}94)$$

因光电导材料通常以薄膜的形式应用，l 很小，故上式可简化为：

$$J_{\mathrm{L}} = I_0\alpha\varphi\tau q\mu E \qquad (4\text{-}95)$$

由上式可以看出，材料的光电导性除了材料本身的性质外，还与入射光强和电场强度有关。光导电包括三个基本过程：光激发、载流子生成和载流子迁移。

二、光电导机理——奥萨格（Onasger）离子对理论

对于光电导材料载流子产生的机理，研究者们曾提出过不少理论，其中最著名的就是奥萨格（Onasger）离子对理论。

该理论认为，材料在受光照后，能量大于禁带宽度 E_g 的光子（$h\nu$）与价电子碰撞，价电子获得了光子的能量从价带中跃迁到导带中成为自由电子，并在价带中留下空位形成空穴，即光子被价电子吸收形成了距离仅为 r_0 自由电子-空穴对（离子对），接着这个离子对在电场作用下热解离生成载流子。而离子对的形成有两种可能：一是与从高能激发态向最低激发态的失活过程相竞争的自动离子化，这种方式产生载流子的量子收率较低。另一种是光激发所产生的最低单线激发态（或最低三线激发态）在固体中迁移到杂质附近，与杂质之间产生电子转移。这种有杂质参与的载流子生成过程称为外因过程，与此对应的与杂质无关的载流子生成过程称为内因过程。通常，在外因过程中，杂质为电子给体时，载流子是空穴，杂质为电子受体时，载流子是电子。另一方面，光导电性材料中存在的杂质也可能成为陷阱而阻挠载流子的运动。陷阱因能级不同而有深浅。在浅陷阱能级时，被俘获的载流子可被再

激发而不影响迁移，但在深陷阱时，则对迁移无贡献。

三、光电导性高分子聚合物的结构

现在已经研究出许多光电导性高分子聚合物，其中最引人注目的是聚乙烯基咔唑（PVK），其分子结构如图 4-55。

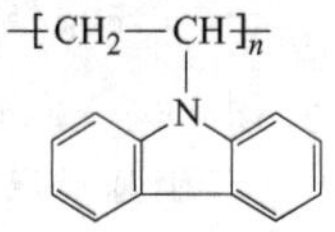

PVK 是一种易结晶的聚合物，咔唑环的相互作用十分强烈，载流子正是通过咔唑环的 π 电子云重叠而迁移的。PVK 在暗处是绝缘体，而在紫外光照射下，电导率则可提高到 5×10^{-11} S/cm。

图 4-55　PVK 分子结构

研究表明，当物质的分子结构中存在共轭结构时，就可能具有光电导性。由此可将光导电性聚合物分为五类：①线型 π 共轭聚合物；②平面型 π 共轭聚合物；③侧链或主链中含有多环芳烃的聚合物；④侧链或主链中含有杂环基团的聚合物；⑤高分子电荷转移络合物。图 4-56 给出了一些光导电高分子聚合物的例子，其中，[1] 和 [2] 属于①类聚合物；[3]～[7] 属于②类聚合物；[8] 属于④类聚合物。

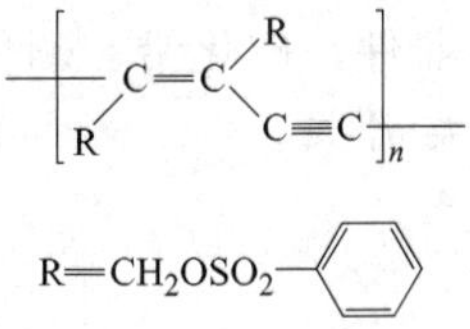

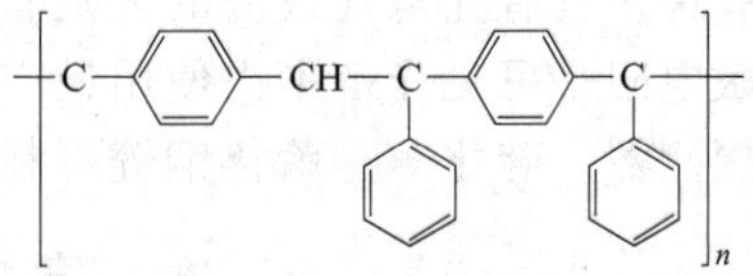

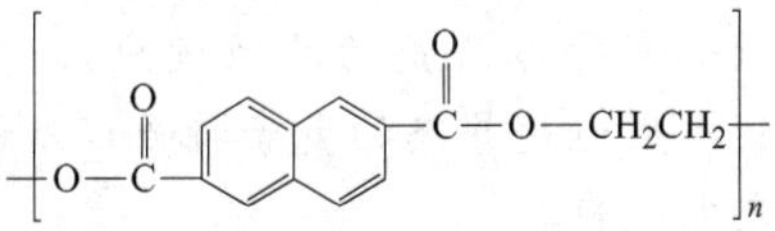

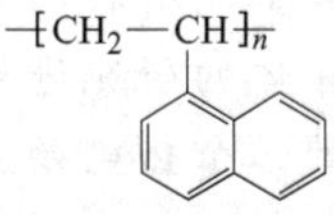

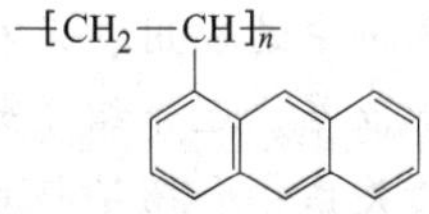

图 4-56　光导电高分子聚合物

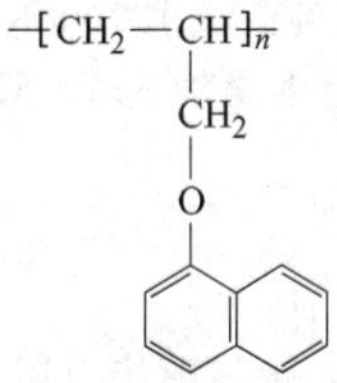

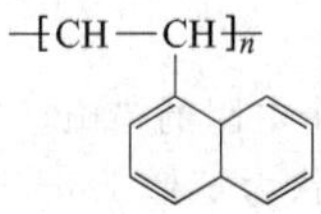

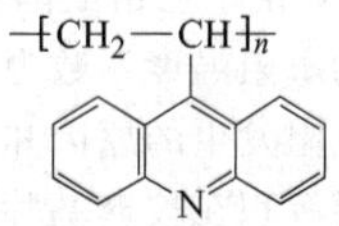

四、导电高分子聚合物的光电导性

PVK 的光导电性主要显示在紫外区域内，实用中希望将光导电性扩展到可见光区域。由于 PVK 类聚合物的光导电机理属于外部过程，杂质起了增感剂的作用。因此可通过加入增感剂的方法扩展其感光区域。增感剂主要有两类：一类是电子受体，如 I_2、五氯化锑、四氯苯醌、四氰基乙烯等；另一类是有机染料，如孔雀绿、结晶紫等。

在与电子受体形成电荷转移络合物的增感剂中，基态的光电导体与增感剂之间生成的电荷转移络合物吸收可见光，经过电荷转移络合物的激发态，从电子给体向电子受体转移而生成载流子。在这类增感的光电导性高分子中，PVK 与 2,4,7-三硝基-9-芴酮

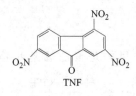

图 4-57　2,4,7-
三硝基-9-芴酮

（TNF）（见图 4-57）的电荷转移络合物是最著名的，这种光电导性高分子聚合物是在 PVK 中加入几乎等当量的 TNF，TNF 起着输送电子载流子的作用。研究表明，当照射光的波长大于 500nm 时，载流子是由电荷转移络合物引起的；而当波长小于 500nm 时，载流子的产生是由 PVK 和 TNF 共同贡献的。

　　将 PVK 分子链中部分链节硝化，可得到电子供体和电子受体在同一分子链上的电荷转移络合物。这种部分硝化的 PVK 具有更好的光导电性。类似的，聚乙烯基萘等含有较大共轭基团的聚合物，都可进行硝化，以增加其光导电性。

　　在燃料增感的情况下，燃料增感剂吸收可见光而成为电子激发态，处于激发态的燃料与基态的光导电体之间发生电子转移，生成载流子。研究发现，燃料增感的载流子是空穴，表明在这过程中，电子由 PVK 移动至染料分子。因此，染料也相当于起到了电子受体的作用。

　　另外，还有许多具有光电导效应的无机非金属材料，被制成各种光探测器，例如，硫化镉、硒化镉光敏电阻是可见光范围内使用最广的光电导器件，硫化铅、硒化铅、碲化铅可制作红外光电导探测器，砷化镓、磷化铟等可制作高速光导开关。

本 章 小 结

　　根据导电载流子种类的区分，介绍了金属、半导体、无机非金属材料、高分子材料的导电机制以及影响电导率的主要因素。本书着重介绍了影响金属导电性的因素、导电性的测量及在材料分析中的应用、无机非金属材料的电导（如半导体陶瓷的物理效应）、高分子聚合物的导电特性等。还介绍了超导体的研究进展，集中描述超导态的量子特性以及评价超导体三个指标的关系；介绍了材料的三个热电效应及光电效应。

复 习 题

1. 铂线 300K 时电阻率为 $1 \times 10^{-7} \Omega \cdot m$，假设铂线成分为理想纯。试求 1000K 时的电阻率。

2. 镍铬丝电阻率（300K）$1 \times 10^{-6} \Omega \cdot m$，加热至 400K 时电阻率增加 5%，假定在 400K 温度以下马基申法则成立。试计算由于晶格缺陷和杂质引起的电阻率。

3. 为什么金属的电阻温度系数为正的？

4. 试说明接触电阻发生的原因和减小这个电阻的措施。

5. 镍铬薄膜电阻沉积在玻璃基片上其形状为矩形 1mm×5mm，镍铬薄膜电阻率为 $1.07 \times 10^{-6} \Omega \cdot m$，两电极间的电阻为 1kΩ。计算表面电阻和估算膜厚。

6. 说明一下温度对过渡族金属氧化物混合导电的影响。

7. 试说明用电阻法研究金属的晶体缺陷（冷加工或高温淬火）时，为什么电阻测量要在低温下进行？

8. 实验测出离子型电导体的电导率与温度的相关数据，经数学回归分析得出关系式为：$\lg \sigma = A + B/T$
(1) 试求在测量温度范围内的电导活化能表达式。
(2) 若给出 $T_1 = 500K$ 时，$\sigma_1 = 10^{-9} \, \text{S/cm}$
$$T_2 = 1000K \text{ 时}, \sigma_2 = 10^{-6} \, \text{S/cm}$$
计算电导活化能的值。

9. 本征半导体中，从价带激发至导带的电子和价带产生的空穴参与电导。激发的电子数 n 可近似表示为：$n = N \exp[-E_g/(2kt)]$
式中，N 为状态密度；k 为玻尔兹曼常数；T 为热力学温度。
试回答以下问题：
(1) 设 $N = 10^{23} \, \text{cm}^{-3}$，$k = 8.6 \times 10^{-5} \, \text{eV/K}$ 时 Si（$E_g = 1.1 \text{eV}$），TiO_2（$E_g = 3.0 \text{eV}$）在室温（20℃）

和 500℃时激发的电子数（cm^{-3}）各是多少？

（2）半导体的电导率 σS/cm 可表示为 $\sigma = ne\mu$

式中，n 为载流子浓度，cm^{-3}；e 为载流子电荷，电子电荷 1.6×10^{-19}；μ 为迁移率，cm^2/(V·s)。

当电子（e）和空穴（h）同时为载流子时，$\sigma = n_e e\mu_e + n_h e\mu_h$，假设 Si 的迁移率 $\mu_e = 1450$cm^2/(V·s)，$\mu_h = 500$cm^2/(V·s)，且不随温度变化。求 Si 在室温（20℃）和 500℃时的电导率。

10. 热电偶测量温度的原理是什么？

第五章　材料的介电性能

介电材料和绝缘材料是电子和电气工程中不可缺少的功能材料，它主要应用材料的介电性能。这一类材料总称为电介质。本章主要介绍电介质的介电性能，包括介电常数、介电损耗、介电强度及其随环境（温度、湿度、辐射等）的变化规律，并介绍铁电性、压电性及其应用等。

第一节　电介质及其极化

一、平板电容器及其电介质

在普通物理和电工学中已经了解到电容的意义，它是当两个临近导体加上电压后具有存储电荷能力的量度，即

$$C(F) = \frac{Q(C)}{V(V)} \tag{5-1}$$

真空电容器的电容主要由两个导体的几何尺寸决定，已经证明真空平板电容器的电容

$$C_0 = \frac{Q}{V} = \frac{\varepsilon_0 (V/d) A}{V} = \varepsilon_0 A/d \tag{5-2}$$

$$Q = qA = \pm \varepsilon_0 EA = \varepsilon_0 (V/d) A \tag{5-3}$$

式中，q 为单位面积电荷；ε_0 为真空介电常数；d 为平板间距，m；A 为面积；V 为平板上电压。

法拉第（M. Faraday）发现，当一种材料插入两平板之间后，平板电容器的电容增加。现在已经掌握，增大的电容应为

$$C = \varepsilon_r C_0 = \varepsilon_r \varepsilon_0 A/d \tag{5-4}$$

式中，ε_r 为相对介电常数，反映了电介质极化的能力；$\varepsilon_0 \varepsilon_r$ 为介电材料的电容率，或称介电常数，C^2/m^2 或 F/m。

放在平板电容器中增加电容的材料称为介电材料。显然，它属于电介质。所谓电介质就是指在电场作用下能建立极化的物质。如上所述，在真空平板电容间嵌入一块电介质，当加上外电场时，则在正极板附近的介质表面上感应出负电荷，负极板附近的介质表面感应出正电荷。这种感应出的表面电荷称为感应电荷，亦称束缚电荷（见图5-1）。电介质在电场作用下产生束缚电荷的现象称为电介质的极化。正是这种极化的结果，使电容器增加电荷的存储能力。

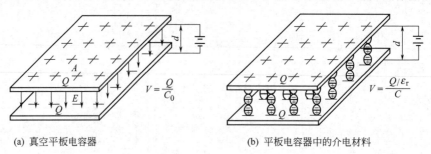

(a) 真空平板电容器　　　　　　　　　(b) 平板电容器中的介电材料

图 5-1　平板电容器中的电荷

陶瓷、玻璃、聚合物都是常用的电介质，表 5-1 中列出了一些玻璃、陶瓷和聚合物在室温下的相对介电常数。请注意，使用电场的频率对一些电介质的介电常数是有影响的，特别是陶瓷类电介质。

表 5-1　陶瓷、玻璃、聚合物的相对介电常数

材料	频率范围/Hz	相对介电常数	材料	频率范围/Hz	相对介电常数
二氧化硅玻璃	$10^2 \sim 10^{10}$	3.78	聚氯乙烯	60	3.0
金刚石	直流	6.6	聚甲基丙烯酸甲酯	60	3.5
α-SiC	直流	9.70	钛酸钡	10^6	3000
多晶 ZnS	直流	8.7	刚玉	$60(10^6)$	9(6.5)
聚乙烯	$60(10^6, 10^8)$	2.28(2.28)			

二、极化相关物理量

根据分子的电结构，电介质可分为两大类：极性分子电介质，例如 H_2O、CO 等；非极性分子电介质，例如 CH_4、He 等。它们结构的主要差别是分子的正、负电荷统计重心是否重合，即是否有电偶极子。极性分子存在电偶极矩，其电偶极矩为

$$\mu = ql \tag{5-5}$$

式中，q 为所含的电量；l 为正负电荷重心距离。

电介质在外电场作用下，无极性分子的正、负电荷重心将产生分离，产生电偶极矩。所谓极化电荷，是指和外电场强度相垂直的电介质表面分别出现的正、负电荷，这些电荷不能自由移动，也不能离开，总值保持中性。前面平板电容器中电介质表面电荷就是这种状态。为了定量描述电介质这种性质，人们引入极化强度、介电常数等参数。

极化强度 $P(C/m^2)$ 是电介质极化程度的量度，其定义式为

$$P = \frac{\sum \mu}{\Delta V} \tag{5-6}$$

式中，$\sum \mu$ 为电介质中所有电偶极矩的矢量和；ΔV 为 $\sum \mu$ 电偶极矩所在空间的体积。

已经证明，电极化强度就等于分子表面电荷密度 σ。

假设每个分子电荷的表面积为 A，则电荷占有的体积为 lA，且单位体积内有 N_m 个分子，则单位体积有电量为 $N_m q$，那么，在 lA 的体积中的电量为 $N_m qlA$，则表面电荷密度

$$\sigma = \frac{N_m qlA}{A} = N_m \mu = P$$

实验证明，电极化强度不仅与所加外电场有关，而且还和极化电荷所产生的电场有关，即电极化强度和电介质所处的实际有效电场成正比。在国际单位制中，对于各向同性电介质，这种关系可以表示为

$$p = \chi_e \varepsilon_0 E \tag{5-7}$$

式中，E 为电场强度；ε_0 为真空介电常数；χ_e 为电极化率。

不同电介质有不同的电极化率 χ_e，它的单位为 1。可以证明电极化率 χ_e 和相对介电常数 ε_r 有如下关系：

$$\chi_e = \varepsilon_r - 1 \tag{5-8}$$

由式(5-7)或式(3-8)可得

$$P = \varepsilon_0 E(\varepsilon_r - 1) \tag{5-9}$$

电位移 D 是为了描述电介质的高斯定理所引入的物理量，其定义为

$$D = \varepsilon_0 E + P \tag{5-10}$$

式中，D 为电位移；E 为电场强度；P 为电极化强度。

式(5-10) 描述了 D、E、P 三矢量之间的关系，这对于各向同性电介质或各向异性电介质都是适用的。

联系式(5-7)、式(5-8) 和式(5-10) 可得

$$D=\varepsilon_0 E+P=\varepsilon_0 E+x_e\varepsilon_r E=\varepsilon_0\varepsilon_r E=\varepsilon E \tag{5-11}$$

式(5-11) 式说明，在各向同性的电介质中，电位移等于场强的 ε 倍。如果是各向异性电介质，如石英单晶体等，则 P 与 E 和 D 的方向一般并不相同，电极化率 χ_e 也不能只用数值来表示，但式(5-10) 仍适用。

三、电介质极化的机制

电介质在外加电场作用下产生宏观的电极化强度，实际上是电介质微观上各种极化机制贡献的结果，它包括电子的极化、离子的极化（又可分为位移极化和弛豫极化）、电偶极子取向极化、空间电荷极化。

1. 电子、离子位移极化

(1) 电子位移极化　在外电场作用下，原子外围的电子轨道相对于原子核发生位移，原子中的正、负电荷重心产生相对位移。这种极化称为电子位移极化（也称电子形变极化）。

图 5-2(a) 形象地表示了正、负电荷重心分离的物理过程。因为电子很轻，它们对电场的反应很快，可以光频跟随外电场变化。根据玻尔原子模型，经典理论可以计算出电子的平均极化率

$$\alpha_e=\frac{4}{3}\pi\varepsilon_0 R^3 \tag{5-12}$$

式中，ε_0 为真空介电常数；R 为原子（离子）的半径。

由式(5-12)可见，电子极化率的大小与原子（离子）的半径有关。

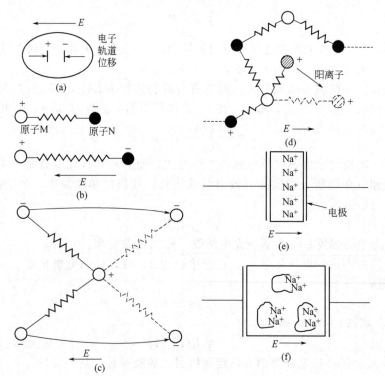

图 5-2　电介质的极化机制

（2）离子位移极化　离子在电场作用下偏移平衡位置的移动，相当于形成一个感生偶极矩；也可以理解为离子晶体在电场作用下离子间的键合被拉长，例如碱卤化物晶体就是如此。图 5-2（b）所示是离子位移极化的简化模型。根据经典弹性振动理论可以估计出离子位移极化率

$$\alpha_a = \frac{a^3}{n-1} 4\pi\varepsilon_0 \tag{5-13}$$

式中，a 为晶格常数；n 为电子层斥力指数，离子晶体 n 为 7~11。

由于离子质量远高于电子质量，因此极化建立的时间也较电子慢，大约为 $10^{-13} \sim 10^{-12}\,\text{s}$。

2. 弛豫（松弛）极化

这种极化机制也是由外加电场造成的，但与带电质点的热运动状态密切相关。例如，当材料中存在着弱联系的电子、离子和偶极子等弛豫质点时，温度造成的热运动使这些质点分布混乱，而电场使它们有序分布，平衡时建立了极化状态。这种极化具有统计性质，称为热弛豫（松弛）极化。极化造成带电质点的运动距离可与分子大小相比拟，甚至更大。由于是一种弛豫过程，建立平衡极化时间约为 $10^{-3} \sim 10^{-2}\,\text{s}$，并且由于创建平衡要克服一定的位垒，故吸收一定能量，因此，与位移极化不同，弛豫极化是一种非可逆过程。

弛豫极化包括电子弛豫极化、离子弛豫极化、偶极子弛豫极化。它多发生在聚合物分子、晶体缺陷区或玻璃体内。

（1）电子弛豫极化 α_T^e　由于晶格的热振动、晶格缺陷、杂质引入、化学成分局部改变等因素，使电子能态发生改变，出现位于禁带中的局部能级形成所谓弱束缚电子。例如色心点缺陷之一的"F-心"就是由一个负离子空位俘获了一个电子所形成的。"F-心"的弱束缚电子为周围结点上的阳离子所共有，在晶格热振动下，可以吸收一定能量由较低的局部能级跃迁到较高的能级而处于激发态，连续地由一个阳离子结点转移到另一个阳离子结点，类似于弱联系离子的迁移。外加电场使弱束缚电子的运动具有方向性，这就形成了极化状态，称之为电子弛豫极化。它与电子位移极化不同，是一种不可逆过程。

由于这些电子是弱束缚状态，因此，电子可作短距离运动。由此可知，具有电子弛豫极化的介质往往具有电子电导特性。这种极化建立的时间约为 $10^{-9} \sim 10^{-2}\,\text{s}$，在电场频率高于 $10^9\,\text{Hz}$ 时，这种极化就不存在了。

电子弛豫极化多出现在以铌、铋、钛氧化物为基的陶瓷介质中。

（2）离子弛豫极化 α_T^a　和晶体中存在弱束缚电子类似，在晶体中也存在弱联系离子。在完整离子晶体中，离子处于正常结点，能量最低最稳定，称之为强联系离子。它们在极化状态时，只能产生弹性位移，离子仍处于平衡位置附近。而在玻璃态物质中，结构松散的离子晶体或晶体中的杂质或缺陷区域，离子自身能量较高，易于活化迁移，这些离子称弱联系离子。

弱离子极化时，可以从一平衡位置移动到另一平衡位置。但当外电场去掉后离子不能回到原来的平衡位置，这种迁移是不可逆的，迁移的距离可达到晶格常数数量级，比离子位移极化时产生的弹性位移要大得多。然而需要注意的是，弱离子弛豫极化不同于离子电导，因为后者迁移距离属远程运动，而前者运动距离是有限的，它只能在结构松散或缺陷区附近运动，越过势垒到新的平衡位置（见图 5-3）。

根据弱联系离子在有效电场作用下的运动，以及对弱离子运动位垒计算，可以得到离子热弛豫极化率 α_T^a 的大小：

$$\alpha_T^a = \frac{q^2 \delta^2}{12kT} \tag{5-14}$$

式中，q 为离子荷电量；δ 为弱离子电场作用下的迁移；T 为热力学温度，K；k 为玻尔兹曼常数。

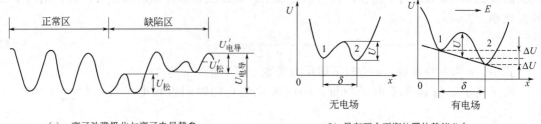

(a) 离子弛豫极化与离子电导势垒   (b) 具有两个平衡位置的势能分布

图 5-3 离子弛豫极化示意图

由式(5-14) 可见，温度升高，热运动对弱离子规则运动阻碍越大，因此 $a_{\mathrm{T}}^{\mathrm{a}}$ 下降。离子弛豫极化率比位移极化率大一个数量级，因此，电介质的介电常数较大。应注意的是，温度升高，则减小了极化建立所需的时间，因此，在一定温度下，热弛豫极化的电极化强度 P 达到最大值。

离子弛豫极化的时间在 $10^{-5} \sim 10^{-2}$ s 之间，故当频率在无线电频率（10^6 Hz）以上时，则无离子弛豫极化对电极化强度的贡献。

3. 取向极化

沿外场方向取向的偶极子数大于与外场反向的偶极子数，因此电介质整体出现宏观偶极矩，这种极化称为取向极化。

这是极性电介质的一种极化方式。在无外电场时，由于分子的热运动，偶极矩的取向是无序的，所以总的平均偶极矩较小，甚至为 0。而组成电介质的极性分子在电场作用下，除贡献电子极化和离子极化外，其固有的电偶极矩沿外电场方向有序化〔见图 5-2(c)、(d)〕。在这种状态下的极性分子的相互作用是一种长程作用。尽管固体中极性分子不能像液态和气态电介质中的极性分子那样自由转动，但取向极化在固态电介质中的贡献是不能忽略的。对于离子晶体，由于空位的存在，电场可导致离子位置的跃迁，如玻璃中的 Na^+ 可能以跳跃方式使偶极子趋向有序化。

取向极化过程中，产生的偶极矩的大小取决于偶极子的取向程度。分子的永久偶极矩和电场强度越大，偶极子的取向度越大；相反，温度越高，分子热运动能量越高，极性分子越不易沿外场方向取向排列，取向度越小。所以，热运动（温度作用）和外电场是使偶极子运动的两个矛盾方面。偶极子沿外电场方向有序化将降低系统能量，但热运动破坏这种有序化。在二者平衡条件下，可以计算出温度不是很低（如室温）、外电场不是很高时材料的取向极化率：

$$\alpha_{\mathrm{d}} = \frac{\langle \mu_0^2 \rangle}{3kT} \tag{5-15}$$

式中，$\langle \mu_0^2 \rangle$ 为无外电场时的均方偶极矩；k 为玻尔兹曼常数；T 为热力学温度，K。

取向极化需要较长时间，大约为 $10^{-10} \sim 10^{-2}$ s，取向极化率比电子极化率一般要高两个数量级。通常，当极性电介质分子在电场中转动时，需要克服分子间的作用力，所以完成这种极化所需的时间比电子极化长。特别对高聚物电介质，其取向极化可以是不同运动单元的取向，包括小的侧基到整个分子链。在交变电场中，高聚物中与多种运动单元有关的偶极取向极化相应的总是滞后于外电场的变化，故偶极取向过程也被称为介电松弛过程。高聚物完成取向极化所需的时间范围宽广，也有一个时间谱，称为介电松弛谱。

4. 空间电荷极化

众所周知，离子多晶体的晶界处存在空间电荷。实际上不仅晶界处存在空间电荷，其他二维、三维缺陷皆可引入空间电荷，可以说空间电荷极化常常发生在不均匀介质中。这些混乱分布的空间电荷，在外电场作用下，趋向于有序化，即空间电荷的正、负电荷质点分别向外电场的负、正极方向移动，从而表现为极化。

宏观不均匀性，例如夹层、气泡等也可形成空间电荷极化，因此，这种极化又称界面极化。由于空间电荷的积聚，可形成很高的与外场方向相反的电场，故而有时又称这种极化为高压式极化。

空间电荷极化随温度升高而下降。这是因为温度升高，离子运动加剧，离子容易扩散，因而空间电荷减小。空间电荷极化需要较长时间，大约几秒到数十分钟，甚至数十小时，因此空间电荷极化只对直流和低频下的极化强度有贡献。

以上介绍的极化都是由于加外电场作用的结果，而有一种极性晶体在无外电场作用时自身已经存在极化，这种极化称自发极化，将在本章第四节中介绍。表 5-2 总结了电介质可能发生的极化形式、可能发生的频率范围以及与温度的关系等。

表 5-2 晶体电介质极化机制小结

极 化 形 式		极化机制存在的电介质	极化存在的频率范围	温度作用
电子极化	弹性位移极化	发生在一切电介质中	直流到光频	不起作用
	弛豫极化	钛质瓷、以高价金属氧化物为基的陶瓷	直流到超高频	随温度变化有极大值
离子极化	弹性位移极化	离子结构电介质	直流到红外	温度升高极化增强
	弛豫极化	存在弱束缚离子的玻璃、晶体陶瓷	直流到超高频	随温度变化有极大值
极化形式		极化机制存在的电介质	极化存在的频率范围	温度作用
取向极化		存在固有电偶极矩的高分子电介质，以及极性晶体陶瓷	直流到高频	随温度变化有极大值
空间电荷极化		结构不均匀的陶瓷电介质	直流到 10^3 Hz	随温度升高而减弱
自发极化		温度低于 T_c 的铁电材料	与频率无关	随温度变化有最大值

四、宏观极化强度与微观极化率的关系

当寻找宏观的电极化强度与微观极化率的关系时，要明确的问题是外加电场强度是否完全作用到每个分子或原子，也就是说作用在分子、原子的局部电场 E_{loc} 或者称为实际有效的电场强度到底是多少。现已证明，作用在分子、原子上的有效电场与外加电场 E_0、电介质极化形成的退极化场 E_d 以及分子或原子与周围的荷电质点的相互作用有关。克劳修斯-莫索堤方程表述了宏观电极化强度与微观分子（原子）极化率的关系。

1. 退极化场 E_d 和局部电场 E_{loc}

当电介质极化后，在其表面形成了束缚电荷。这些束缚电荷形成一个新的电场，由于与极化电场方向相反，故称为退极化场 E_d。根据静电学原理，由均匀极化所产生的电场等于分布在物体表面上的束缚电荷在真空中产生的电场，一个椭圆形样品可形成均匀极化并产生一个退极化场（见图 5-4）。

因此，外加电场 E_0 和退极化场 E_d 共同作用才是宏观电场 $E_宏$，即

$$E_宏 = E_0 + E_d \qquad (5-16)$$

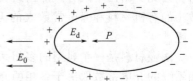

图 5-4 退极化场 E_d

莫索堤（Mosotti）导出了极化的球形腔内局部电场 E_{loc} 表达式

$$E_{loc} = E_{宏} + P/3\varepsilon_0 \tag{5-17}$$

2. 克劳修斯-莫索堤方程（Clausius-Mosotti equation）

极化强度 P 可以表示为单位体积电介质在实际电场作用下所有偶极矩的总和，那么

$$P = \sum N_i \bar{\mu}_i \tag{5-18}$$

式中，N_i 为第 i 种偶极子数目；$\bar{\mu}_i$ 为第 i 种偶极子平均偶极矩。

荷电质点的平均偶极矩正比于作用在质点上的局部电场 E_{loc} 即

$$\bar{\mu}_i = \alpha_i E_{loc} \tag{5-19}$$

式中，α_i 是第 i 种偶极子电极化率。

总的极化强度为

$$P = \sum N_i \alpha_i E_{loc} \tag{5-20}$$

代式（5-17）到式（5-20）中，得

$$\sum N_i \alpha_i = \frac{P}{E_{宏} + P/3\varepsilon_0} \tag{5-21}$$

考虑式（5-9）和式（5-11）式，得

$$\sum N_i \alpha_i = \frac{1}{\dfrac{1}{(\varepsilon_r - 1)\varepsilon_0} + \dfrac{1}{3\varepsilon_0}} \tag{5-22}$$

经整理得

$$\sum N_i \alpha_i = \frac{3\varepsilon_0^2 (\varepsilon_r - 1)}{\varepsilon_0 (\varepsilon_r + 2)} \tag{5-23}$$

则

$$\frac{\varepsilon_r - 1}{\varepsilon_r + 2} = \frac{1}{3\varepsilon_0} \sum_i N_i \alpha_i \tag{5-24}$$

式（5-24）描述了电介质的相对介电常数 ε_r 与偶极子种类、数目和极化率之间的关系。如果引入前面介绍的微观极化机制的极化率，并假设几种微观极化机制都起作用，则式（5-24）成为

$$\frac{\varepsilon_r - 1}{\varepsilon_r + 2} = \frac{1}{3\varepsilon_0} \sum N_i (\alpha_1 + \alpha_2 + \alpha_d + \alpha_s) \tag{5-25}$$

式中，$\alpha_1 = \alpha_e + \alpha_T^e$；$\alpha_2 = \alpha_a + \alpha_T^a$；$\alpha_i = \alpha_1 + \alpha_2 + \alpha_d + \alpha_s$。

式（5-24）和式（5-25）只适用于分子间作用很弱的气体，非极性液体和非极性固体以及一些 NaCl 型离子晶体或立方对称的晶体。由该式可以看出，为获得高介电常数，除选择大的极化率的离子外，还应选择单位体积内极化质点多的电介质。

五、多晶多相无机材料的极化

1. 混合物法则

随着电子技术的发展，需要一系列具有不同介电常数和介电常数的温度系数也不同的材料。因此，由两个成分，即由结构和化学组成不同的两种晶体所制成的多晶材料，或介电常数小的有机材料和介电常数大的无机固体细碎材料所组成的复合材料，愈来愈引起人们的兴趣。

陶瓷材料是一个典型的多相系统，一般说来，它既含有结晶相又含有玻璃相和气相。多相系统的介电常数取决于各相的介电常数、体积浓度以及相与相之间的配置情况。下面讨论只有两相的简单情况。设两相的介电常数分别为 ε_1 和 ε_2，浓度分别为 x_1 和 x_2（$x_1 + x_2 = $

1)，当两相并联时，系统的介电常数 ε 可以利用并联电容器的模型表示为：

$$\varepsilon = x_1\varepsilon_1 + x_2\varepsilon_2 \qquad (5\text{-}26)$$

当两相串联时，系统的介电常数 ε 可以利用串联电容器的模型表示为：

$$\varepsilon^{-1} = x_1\varepsilon_1^{-1} + x_2\varepsilon_2^{-1} \qquad (5\text{-}27)$$

当两相混合分布时，两相混合物的介电常数为：

$$\ln\varepsilon = x_1\ln\varepsilon_1 + x_2\ln\varepsilon_2 \qquad (5\text{-}28)$$

上式只适用于两相的介电常数相差不大，而且均匀分布的场合。

当介电常数为 ε_d 的球形颗粒均匀地分散在介电常数为 ε_m 基相中时，Maxwell 推导如下一个计算该混合物介电常数 ε 的一般关系式：

$$\varepsilon = [x_m\varepsilon_m(2/3 + \varepsilon_d/3\varepsilon_m) + x_d\varepsilon_d]/[x_m(2/3 + \varepsilon_d/3\varepsilon_m) + x_d] \qquad (5\text{-}29)$$

复合介质的介电常数也可以根据上式进行调节。

2. 陶瓷介质的极化

陶瓷介质一般为多晶多相材料，其极化机构可以不止一种。一般都含有电子位移极化和离子位移极化。介质中如有缺陷存在，则通常存在松弛极化。电工陶瓷按其极化形式可分类如下。

① 主要是电子位移极化的电介质，包括金红石瓷、钙钛矿瓷以及某些含锆陶瓷。

② 主要是离子位移极化的材料，包括刚玉、斜顽辉石为基础的陶瓷以及碱性氧化物含量不多的玻璃。

③ 具有显著离子松弛极化和电子松弛极化的材料，包括绝缘子瓷、碱玻璃和高温含钛陶瓷。一般折射率小、结构松散的电介质，如硅酸盐玻璃、绿宝石、堇青石等矿物，主要表现为离子松弛极化；折射率大、结构紧密、内电场大、电子电导大的电介质，如含钛瓷，主要表现为电子松弛极化。

3. 介电常数的温度系数

根据介电常数与温度的关系，电子陶瓷可分为两大类：一类是介电常数与温度成典型非线性的陶瓷介质，属于这类介质的有铁电陶瓷和松弛极化十分明显的材料；另一类是介电常数与温度成线性关系的材料；这类材料可用介电常数的温度系数来描述其介电常数与温度的关系。介电常数的温度系数是指随温度变化介电常数的相对变化率，即：

$$TK\varepsilon = \left(\frac{1}{\varepsilon}\right)\frac{\mathrm{d}\varepsilon}{\mathrm{d}T} \qquad (5\text{-}30)$$

实际工作中采用实验方法求 $TK\varepsilon$：$TK\varepsilon = \Delta\varepsilon/(\varepsilon_0\Delta t) = (\varepsilon_t - \varepsilon_0)/\varepsilon_0(t - t_0)$ (5-31)

式中，t_0 为原始温度，一般为室温；t 为改变后的温度；ε_0、ε_t 分别为介质在 t_0、t 时的介电常数。生产上经常通过测量 TKC 来代表 $TK\varepsilon$，实际上是一种近似。不同的材料，由于不同的极化形式，其介电系数的温度系数也不同，可正、可负。如果电介质只有电子式极化，则温度升高，介质密度降低，极化强度降低，这类材料的介电系数的温度系数是负的。以离子极化为主的材料随温度升高，其离子极化率增加，并且对极化强度增加的影响超过了密度降低对极化强度的影响，因而这类材料的介电常数有正的温度系数。由前面的分析可知，以松弛极化为主的材料，从其 ε 和 T 的关系中可知可能出现极大值，因而 $TK\varepsilon$ 可正、可负。但是大多数此类材料，在广阔的温度范围内，$TK\varepsilon$ 为正值。

对于瓷介电容器来说，陶瓷材料的介电常数的温度系数是十分重要的。根据不同的用途，对电容器的温度系数有不同的要求，有的要求 $TK\varepsilon$ 为正值，如滤波旁路和隔直流的电容器；有的要求 $TK\varepsilon$ 为一定的负值，如热补偿电容器。这种电容器除了可以作为振荡回路的主振电容器外，还能同时补偿振荡回路电感线圈的正温度系数值；有的则要求 $TK\varepsilon$ 接近零，如要求电容量热稳定度高的回路中的电容器和高精度的电子仪器中的电容器。根据$TK\varepsilon$值的不同，可把电容器分成若干组。瓷介电容器各温度系数组及其标称温度系数、偏差等级和标志颜色见表5-3。目前制作电容器用的高介陶瓷的一重要任务，就是如何获得$TK\varepsilon$接近于零而介电常数尽可能高的材料。

表 5-3 瓷介电容器标称温度系数、偏差等级及标志颜色

组别代号	标称温度系数/$10^{-6}℃^{-1}$	温度系数偏差/$10^{-6}℃^{-1}$	标志颜色
A	$+120^{①}$		蓝色
V	$+33^{①}$		灰色
O	$0^{①}$		黑色
K	-33	±30	褐色
Q	$-47^{①}$		浅蓝色
B	-75		白色
D	$-150^{①}$	±40	黄色
N	-220		紫红色
J	$-330^{①}$	±60	浅棕色
I	-470	±90	粉红色
H	$-750^{①}$	±100	红色
L	$-1300^{①}$	±200	绿色
Z	$-2200^{①}$	±400	黄底白点
G	-3300	±600	黄底绿点
R	-4700	±800	绿底蓝点
W	-5600	±1000	绿底红点

① 为优选组别。

注：表中所指的温度系数是$+20\sim+85℃$。

在生产实践中，人们往往采用改变双组分或多组分固溶体的相对含量来有效地调节系统的$TK\varepsilon$值，也就是用介电常数的温度系数符号相反的两种（或多种）化合物配制成所需$TK\varepsilon$值的瓷料（混合物或固溶体）。具有负$TK\varepsilon$值的化合物有：TiO_2，$CaTiO_3$，$Sr\text{-}TiO_3$等；具有正$TK\varepsilon$值的化合物有：$CaSnO_3$，$2MgO \cdot TiO_2$，$CaZrO_3$，$CaSiO_3$，$MgO \cdot SiO_2$以及Al_2O_3，MgO，CaO，ZrO_2等。

当一种材料由两种介质（包括两种不同成分，不同晶体结构的化合物）复合而成，而这两种介质的粒度都非常小，分布又很均匀时，可用式

$$\ln\varepsilon = x_1\ln\varepsilon_1 + x_2\ln\varepsilon_2 \tag{5-32}$$

计算介电常数，如果把上式两边对温度微分可得

$$\frac{1}{\varepsilon} \times \frac{d\varepsilon}{dT} = x_1 \times \frac{1}{\varepsilon_1} \times \frac{d\varepsilon_1}{dT} + x_2 \times \frac{1}{\varepsilon_2} \times \frac{d\varepsilon_2}{dT}$$

$$TK\varepsilon = x_1 TK\varepsilon_1 + x_2 TK\varepsilon_2 \tag{5-33}$$

从上式可以看出，如果要做一种热稳定陶瓷电容器，就可以用一种$TK\varepsilon$值为很小正值的晶体作为主晶相，再加入适量的另一种具有负$TK\varepsilon$值的晶体，调节材料$TK\varepsilon$的绝对值到

最小值。如钛酸镁瓷是在正钛酸镁（$2MgO \cdot TiO_2$）中加入 $2\% \sim 3\%$ 的 $CaTiO_3$ 使 $TK\varepsilon$ 值降至很小的正值，并且使 ε 值升高。纯 $2MgO \cdot TiO_2$ 的 $\varepsilon = 16$，$TK\varepsilon = 60 \times 10^{-5}$，调制后的钛酸镁瓷，$\varepsilon = 16 \sim 17$，$TK\varepsilon = (30 \sim 40) \times 10^{-6}$。又如 $CaSnO_3$ 的 $\varepsilon = 14$，$TK\varepsilon = 110 \times 10^{-6}$，加入 3% 或 6.5% 的 $CaTiO_3$ 所制得的锡酸钙瓷，其 $TK\varepsilon$ 为 $(30 \pm 20) \times 10^{-6}$ 或 $TK\varepsilon$ 为 $-(60 \pm 20) \times 10^{-6}$，$\varepsilon$ 为 $15 \sim 16$ 或 $17 \sim 18$。以上几种瓷料虽然 $TK\varepsilon$ 的绝对值可以调节到很小的数值甚至等于零，但是 ε 值都不大，要制成小型化的电容器有一定困难。人们经过研究发现：在金红石瓷中加入一定数量的稀土金属氧化物如 La_2O_3，Y_2O_3 等，可以降低瓷料的 $TK\varepsilon$ 值，提高瓷料的热稳定性，并使 ε 仍然保持较高的数值，例如当 $TK\varepsilon = 0$ 时，

$$TiO_2\text{-}BeO \qquad\qquad\qquad \varepsilon = 10 \sim 11;$$
$$TiO_2\text{-}MgO \qquad\qquad\qquad \varepsilon = 15 \sim 16;$$
$$TiO_2\text{-}ZrO_2 \qquad\qquad\qquad \varepsilon = 15 \sim 17;$$
$$TiO_2\text{-}BaO \qquad\qquad\qquad \varepsilon = 28 \sim 30;$$
$$TiO_2\text{-}La_2O_3 \qquad\qquad\qquad \varepsilon = 34 \sim 41.$$

可见 $TiO_2\text{-}La_2O_3$ 具有较大的 ε 值。后来还发展了 TiO_2-稀土元素氧化物的高介热稳定电容器陶瓷材料。

上述调节原则在研制和发展新瓷料中是经常用到的。

六、高分子材料的极化

1. 高聚物分子结构对介电性能的影响

介电性是分子极化的宏观反映。在各种形式的极化中，偶极的取向极化对高聚物介电性的影响最大。因此，其介电性与分子的极性有密切关系。

高聚物电介质按照单体单元偶极矩的大小可划分为极性和非极性两类。一般来说，偶极矩在 $0 \sim 0.5D$（$1D = 3.33564 \times 10^{-30}C \cdot m$）范围内是非极性高聚物，电介质偶极矩在 $0.5D$ 以上的为极性高聚物。对高聚物而言，由于分子链的构象复杂，分子链偶极矩的统计平均计算比较困难，因此实际上只能定性的估计某种高聚物的极性，通常用单体单元的偶极矩来衡量高分子的极性。

非极性高聚物具有低介电系数和低介电损耗，而极性高聚物具有较高的介电系数和介电损耗，而且极性越大，这两项值越高。

通常来说，极性高聚物在外电场作用下，偶极取向过程是分子运动的过程。因此，分子的活动能力、高聚物的支化和交联都将影响偶极的取向程度，从而影响高聚物的介电性能。

高聚物的交联通常阻碍极性基团取向，因此热固性高聚物的介电系数和介电损耗均随交联度的提高而下降。酚醛树脂就是一个典型的例子，这种高聚物的极性很强，但只要固化比较完全，它的介电系数和介电损耗仍然不高。相反，支化使高分子链之间作用力减弱，分子链活动能力增加，介电系数增大。

此外，极性基团在分子链上的位置不同，对介电系数的影响就不一样。一般来说，主链上的极性基团活动性小，它的取向需要伴随着主链构象的改变，因而这种极性基团对介电系数影响较小；而侧链上的极性基团，特别是柔性的极性基团，因其活动性较大，对介电系数的影响也就较大。

2. 高聚物的凝聚态结构和力学状态对介电性能的影响

高聚物的凝聚态结构和力学状态也影响偶极的取向程度。结晶能抑制链段上偶极的取向极化，因此高聚物的介电系数随结晶度的增加而下降。当高聚物的结晶度大于 70% 时，链段上偶极的极化有时可能被完全抑制，介电性能可降低至一最低值。

对非晶高聚物而言，其力学状态对介电性能也有影响。在玻璃态时，链段运动被冻结，结构单元上的极性基团的取向受到了链段的牵制。但在高弹态，极性基团的取向则不受链段的牵制。所以，同一高聚物在高弹态的介电系数和介电损耗要比玻璃态时高。

高聚物的介电性能是很多领域中绝缘材料选用的重要依据。通常高聚物绝缘材料是在玻璃化温度（非晶高聚物）和熔点（结晶高聚物）下使用的。在航空、航天等某些条件下使用的高聚物往往必须兼具极低的介电系数和介电损耗，比如取代陶瓷作雷达天线罩的透波材料。这时，在满足结构强度要求的情况下，可考虑选用某些非极性高聚物的蜂窝或泡沫结构材料，从而使介电系数达到制定指标。

第二节　交变电场下的电介质

电介质除承受直流电场作用外，更多的是承受交流电场作用，因此应考核电介质的动态特性，如交变电场下的电介质损耗及强度特性。

一、复介电常数和介质损耗

现有一平板式理想真空电容器，其电容量 $C_0 = \varepsilon_0 \dfrac{A}{d}$（符号意义如第一节所述）。如在该

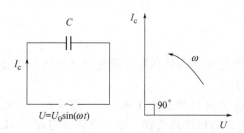

图 5-5　正弦电压下的理想平板真空电容器

电容器加上角频率 $\omega = 2\pi f$ 的交流电压（见图 5-5）

$$U = U_0 e^{i\omega t} \tag{5-34}$$

则在电极上出现电荷 $Q = C_0 U$，其回路电流

$$I_c = \frac{dQ}{dt} = i\omega C_0 U e^{i\omega t} = i\omega C_0 U \tag{5-35}$$

由式（5-35）可见，电容电流 I_c 超前电压 U 相位 $90°$。

如果在极板间充填相对介电常数为 ε_r 的介电材料，如果材料为理想电介质，则其电容量 $C = \varepsilon_r C_0$，其电流 $I' = \varepsilon_r I'_c$ 的相位，仍超前电压 $U 90°$。但实际介电材料不是这样，因为它们总有漏电，或极性电介质，或者兼而有之，这时除了有容性电流 I_c 外，还有与电压同相位的电导分量 GU，总电流 I_T 应为这两部分的矢量和（见图 5-6）。

$$I_T = I_c + I_I = i\omega CU + GU = (i\omega C + G)U \tag{5-36}$$

但

$$G = \sigma \frac{A}{d}, \qquad C = \varepsilon_0 \varepsilon_r \frac{A}{d}$$

式中，σ 为电导率；A 为极板面积；d 为电介质厚度。将 G 和 C 代入式(5-28)中，经化简得

$$I = \left(i\omega \frac{\varepsilon_0 \varepsilon_r}{d} A + \sigma \frac{A}{d} \right) U$$

令 $\sigma^* = i\omega\varepsilon + \sigma$，则电流密度

$$J = \sigma^* E \tag{5-37}$$

式中，σ^* 为复电导率。

由前面的讨论知，真实的电介质平板电容器的总电流，包括了三个部分：①由理想的电容充电所造成的电流 I_c；②电容器真实电介质极化建立的电流 I_{ac}；③电容器真实电介质漏电流 I_{dc}。

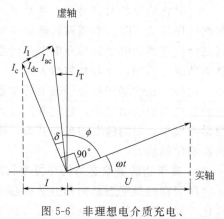

图 5-6　非理想电介质充电、损耗和总电流矢量图

这些电流（见图 5-6）对材料的复电导率做出贡献。

总电流超前电压（90−δ）°，其中 δ 称为损耗角。

类似于复电导率，对于电容率（绝对介电常量）ε，也可以定义复电容率（或称复介电常量）ε* 以及复相对介电常数 ε_r^*：

$$\varepsilon^* = \varepsilon' - i\varepsilon'' \tag{5-38a}$$

$$\varepsilon_r^* = \varepsilon_r' - i\varepsilon_r'' \tag{5-38b}$$

这样可以借助于 ε_r^* 来描述前面分析的总电流：

$$C = \varepsilon_r^* C_0 \quad 则 \quad Q = CU = \varepsilon_r^* C_0 U \tag{5-39}$$

并且

$$i = \frac{dQ}{dt} = C\frac{dU}{dt} = \varepsilon_r^* C_0 i\omega U = (\varepsilon_r' - \varepsilon_r'')C_0 i\omega U e^{i\omega t}$$

则

$$I_T = i\omega\varepsilon_r' C_0 U + i\varepsilon_r'' C_0 U \tag{5-40}$$

分析式(5-40) 知，总电流可以分为两项，其中第一项是电容充电放电过程，没有能量损耗，它就是经常讲的相对介电常数 ε_r'（相应于复电容率的实数部分），而第二项的电流与电压同相位，对应于能量损耗部分，它由复介电常数的虚部 ε_r'' 描述，故称之为介质相对损耗因子，因 $\varepsilon'' = \varepsilon_0\varepsilon_r''$，则 ε'' 称为介质损耗因子。

现定义

$$\tan\delta = \frac{\varepsilon''}{\varepsilon'} = \frac{\varepsilon_r''}{\varepsilon_r'} \tag{5-41}$$

损耗角正切 $\tan\delta$ 表示为获得给定的存储电荷要消耗的能量的大小，可以称之为"利率"。ε_r'' 或者 $\varepsilon_r'\tan\delta$ 有时称为总损失因子，它是电介质作为绝缘材料使用评价的参数。为了减少绝缘材料使用的能量损耗，希望材料具有小的介电常数和更小的损耗角正切。损耗角正切的倒数 $Q = (\tan\delta)^{-1}$ 在高频绝缘应用条件下称为电介质的品质因数（figure of merit），希望它的值要高。

在介电加热应用时，电介质的关键参数是介电常数 ε_r' 和介质电导率 $\sigma_T = \omega\varepsilon_r''$。

二、电介质弛豫和频率响应

前面介绍电介质极化微观机制时，曾分别指出不同极化方式建立并达到平衡时所需的时间。事实上，只有电子位移极化可以认为是瞬时立即完成的，其他都需时间，这样在交流电场作用下，电介质的极化就存在频率响应问题。通常把电介质完成极化所需要的时间称为弛豫时间（有人称为松弛时间），一般用 τ 表示。

因此在交变电场作用下，电介质的电容率是与电场频率相关的，也与电介质的极化弛豫时间有关。描述这种关系的方程称为德拜方程，其表示式如下：

$$\begin{cases} \varepsilon_r' = \varepsilon_{r\infty} + \dfrac{\varepsilon_{rs} - \varepsilon_{r\infty}}{1 + \omega^2\tau^2} \\[2mm] \varepsilon_r'' = (\varepsilon_{rs} - \varepsilon_{r\infty})\left(\dfrac{\omega\tau}{1 + \omega^2\tau^2}\right) \\[2mm] \tan\delta = \dfrac{(\varepsilon_{rs} - \varepsilon_{r\infty})\omega\tau}{\varepsilon_{rs} + \varepsilon_{r\infty}\omega^2\tau^2} \end{cases} \tag{5-42}$$

式中，ε_{rs} 为静态或低频下的相对介电常数；$\varepsilon_{r\infty}$ 为光频下的相对介电常数。

由式(5-42) 可以分析其物理意义：

① 电介质的相对介电常数（实部和虚部）随所加电场的频率而变化。在低频时，相对

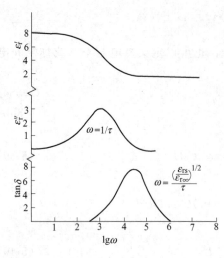

图 5-7　ε_r'、ε_r''、$\tan\delta$ 分别与 ω 的关系曲线

介电常数与频率无关。

② 当 $\omega\tau=1$ 时，损耗因子 ε_r'' 极大。同样 $\tan\delta$ 也有极大值，但其 $\omega=(\varepsilon_{rs}/\varepsilon_{r\infty})^{1/2}/\tau$。

根据方程式作图（见图 5-7），则可以看到 ε_r'、ε_r'' 随 ω 的变化。

由于不同极化机制的弛豫时间不同，因此，在交变电场频率极高时，弛豫时间长的极化机制来不及响应所受电场的变化，故对总的极化强度没有贡献，即 ε_r' 中无这种极化机制的贡献。

图 5-8 表示了电介质的极化机制与频率的关系。由图可见，电子极化可发生在极高的频率条件下（10^{15} Hz），属于紫外光频范围，极化引起了吸收峰 [见图 5-8(a)]。红外光频范围（$10^{12}\sim10^{13}$ Hz）主要是离子（或原子）极化机制引起的吸收峰，如硅氧键强度变化。如果材料（如玻璃）中有几种离子形式，则吸收范围的宽度增大，在 $10^2\sim10^{11}$ Hz 范围内三种极化机制都可对介电常数做出贡献。室温下在陶瓷或玻璃材料中，电偶极子取向极化是最重要的极化机制。空间电荷极化只发生在低频范围，频率低至 10^{-3} Hz 时可产生很大的介电常数 [图 5-8(b)]。如果积聚的空间电荷密度足够大，则其作用范围可高至 10^3 Hz，在这种情况下难以从频率响应上区别是取向极化还是空间电荷极化（界面极化）。研究介电常数与频率的关系，主要是研究电介质材料的极化机制，从而了解材料引起损耗的原因。

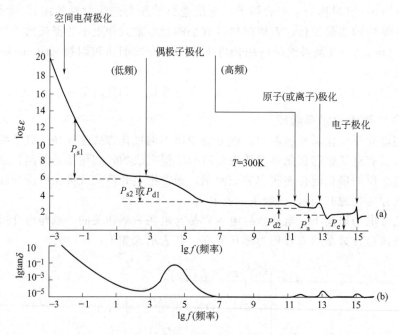

图 5-8　电介质极化机制与频率的关系

三、介电损耗分析

1. 频率的影响

频率与介质损耗的关系，在德拜方程中有所体现，现分析如下。

① 当外加电场频率 ω 很低，即 $\omega \to 0$，介质的各种极化机制都能跟上电场的变化，此时不存在极化损耗，相对介电常数最大。介质损耗主要由电介质的漏电引起，则损耗功率 P_ω 与频率无关。由 $\tan\delta$ 的定义式，$\tan\delta = \dfrac{\sigma}{\omega\varepsilon}$ 知，当频率 ω 升高时，$\tan\delta$ 减小。

② 当外加电场频率增加至某一值时，松弛极化跟不上电场变化，则 ε_r 减小，在这一频率范围内由于 $\omega\tau \ll 1$，则 ω 升高，$\tan\delta$ 升高［见式(5-42)］且 P_ω 也增大。

③ 当频率 ω 提得很高，$\varepsilon_r \to \varepsilon_\infty$，$\varepsilon_r$ 趋于最小值。由于此时 $\omega\tau \gg 1$，当 $\omega \to \infty$，则 $\tan\delta \to 0$。由图 5-7 可知，在 ω_m 下，$\tan\delta$ 达到最大值，此时

$$\omega_m = \frac{1}{\tau}\sqrt{\frac{\varepsilon_{rs}}{\varepsilon_{r\infty}}} \tag{5-43}$$

$\tan\delta$ 最大值主要由弛豫过程决定。如果介质电导显著增大，则 $\tan\delta$ 峰值变平坦，甚至没有最大值。

2. 温度的影响

温度影响弛豫极化，因此也影响到 P_ω、ε_r' 和 $\tan\delta$ 值变化。温度升高，弛豫极化增加，而且离子间易发生移动，所以极化的弛豫时间 τ 减小，具体情况可结合德拜方程分析。

① 当温度很低时，τ 较大，由德拜方程可知：ε_r 较小，$\tan\delta$ 较小，由于 $\omega^2\tau^2 \gg 1$，由式(5-42)知：$\tan\delta \propto \dfrac{1}{\omega\tau}$，$\varepsilon_r' \propto \dfrac{1}{\omega^2\tau^2}$，在低温范围内，随温度上升，$\tau$ 减小，则 ε_r' 和 $\tan\delta$ 上升，P_ω 也上升。

② 当温度较高时，τ 较小，此时 $\omega^2\tau^2 \ll 1$，因此，随温度升高 τ 减小，$\tan\delta$ 减小。由于此时电导上升不明显，所以 P_ω 也减小。联系低温部分可见，在 T_m 温度下，ε_r'、P_ω、$\tan\delta$ 可出现极大值，如图 5-9 所示。

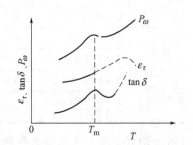

③ 温度持续升高达很高时，离子热振动能很大，离子迁移受热振动阻碍增大，极化减弱，则 ε_r' 下降，电导急剧上升，故 $\tan\delta$ 也增大（见图 5-9）。

从前面两部分分析可知，若电介质的电导很小，则弛豫极化损耗特征是，在 ε_r' 和 $\tan\delta$ 与频率、温度的关系曲线上出现极大值。

图 5-9　ε_r'、$\tan\delta$、P_ω 与温度的关系

3. 陶瓷材料的损耗

陶瓷材料的损耗主要来源于以下三部分：①电导损耗；②取向极化和弛豫极化损耗；③电介质结构损耗。

此外，无机材料表面气孔吸附水分、油污及灰尘等造成表面电导也会引起较大的损耗。

前两种损耗在前面介绍介电损耗与频率、温度关系时已经有所交代，概括地讲，在电导和极化过程中，带电质点（弱束缚电子和弱联系离子以及偶极子，或者空位、空穴等）移动时，由于与外电场作用不同步，因而吸收了电场能量并把它传给周围的"分子"，使电磁能转变为"分子"的热振动能，把能量消耗在使电介质发热效应上。

而结构损耗主要是指陶瓷材料中往往含有玻璃相，以离子晶体为主晶相的陶瓷材料损耗主要来源于玻璃相。为了改善陶瓷材料的工艺性能，在配方中加入易熔物质形成玻璃相，从而增加了损耗。因此，高频瓷如氧化铝瓷、金红石瓷等都很少有玻璃相。

电工陶瓷中会有缺陷固溶体或多晶形转变，或者会有可变价离子如钛陶瓷等，往往具有显著的电子弛豫极化损耗。

表 5-4 和表 5-5 分别给出了一些陶瓷的损耗因子。表 5-6 整理了电工陶瓷介质损耗的分类，供读者参考。

表 5-4 常用装置瓷的 tanδ 值

瓷料		莫来石/×10⁻⁴	刚玉瓷/×10⁻⁴	纯刚玉瓷/×10⁻⁴	钡长石瓷/×10⁻⁴	滑石瓷/×10⁻⁴	镁橄榄石瓷/×10⁻⁴
tanδ	(293 ± 5)K	30~40	3~5	1.0~1.5	2~4	7~8	3~4
	(353 ± 5)K	50~60	4~8	1.0~1.5	4~6	8~10	5

表 5-5 电容器瓷的 tanδ 值 $[f=10^6\,\mathrm{Hz}, T=(293+5)\mathrm{K}]$

瓷料	金红石瓷	钛酸钙瓷	钛酸锶瓷	钛酸镁瓷	钛酸锆瓷	锡酸钙瓷
tanδ/×10⁻⁴	4~5	3~4	3	1.7~2.7	3~4	3~4

表 5-6 电工陶瓷介质损耗分类

损耗的主要机构	损耗的种类	引起该类损耗的条件
极化介质损耗	离子弛豫损耗	具有松散晶格的单体化合物晶体,如堇青石、绿宝石
		缺陷固溶体
		玻璃相中,特别是存在碱性氧化物
	电子弛豫损耗	破坏了化学组成的电子半导体晶格
	共振损耗	频率接近离子(或电子)固有振动频率
	自发极化损耗	温度低于居里点的铁电晶体
漏导介质损耗	表面电导损耗	制品表面污秽,空气湿度高
	体积电导损耗	材料受热温度高,毛细管吸湿
不均匀结构介质损耗	电离损耗	存在闭口孔隙和高电场强度
	由杂质引起的极化和漏导损耗	存在吸附水分、开口孔隙吸潮以及半导体杂质等

电离损耗主要发生在含有气相的材料中。含有气孔的固体介质在外电场强度超过了气孔内气体电离所需要的电场强度时，由于气体电离而吸收能量，造成损耗。这种损耗称为电离损耗。电离损耗的功率可以用下式近似计算

$$P_\omega = A\omega(U-U_0)^2 \tag{5-44}$$

式中，A 为常数；ω 为频率；U 为外施电压；U_0 为气体的电离电压。该式只有在 $U>U_0$ 时才适用。当 $U>U_0$ 时，tanδ 剧烈增大。

固体电介质内气孔引起的电离损耗，可能导致整个介质的热破坏和化学破坏，应尽量避免。

在高频、低温下，有一类和介质内部结构的紧密程度密切相关的介质损耗称为结构损耗。结构损耗与温度的关系很小，损耗功率随频率升高而增大，但 tanδ 则和频率无关。实验表明，结构紧密的晶体或玻璃的结构损耗都是很小的，但是当某些原因（如杂质的掺入、试样经淬火急冷的热处理等）使它的内部结构变松散时，会使结构损耗大为提高。

一般材料，在高温、低频下，主要为电导损耗，在常温、高频下，主要为松弛极化损耗，在高频、低温下主要为结构损耗。

材料的结构和组成对损耗的影响是根本性的，下面分别讨论离子晶体与玻璃的损耗情况，然后再加以综合分析。

（1）离子晶体的损耗　各种离子晶体根据其内部结构的紧密程度，可以分为两类：一类

是结构紧密的晶体；另一类是结构不紧密的离子晶体。前一类晶体的内部，离子都堆积得十分紧密，排列很有规则，离子键强度比较大，如 $\alpha\text{-}Al_2O_3$、镁橄榄石晶体，在外电场作用下很难发生离子松弛极化（除非有严重的点缺陷存在），只有电子式和离子式的弹性位移极化，所以无极化损耗，仅有的一点损耗是由漏导引起的（包括本征电导和少量杂质引起的杂质电导）。在常温下热缺陷很少，因而损耗也很小。这类晶体的介质损耗功率与频率无关。而 $\tan\delta$ 随频率的升高而降低，因此以这类晶体为主晶相的陶瓷往往用在高频的场合，如刚玉瓷、滑石瓷、金红石瓷、镁橄榄石瓷等，它们的 $\tan\delta$ 随温度的变化呈现出电导损耗的特征。

另一类是结构不紧密的离子晶体，如电瓷中的莫来石（$3Al_2O_3 \cdot 2SiO_2$）、耐热性瓷中的堇青石（$2MgO \cdot 2Al_2O_3 \cdot 5SiO_2$）等，这类晶体的内部有较大的空隙或晶格畸变，含有缺陷或较多的杂质，离子的活动范围扩大了。在外电场作用下，晶体中的弱联系离子有可能贯穿电极运动（包括接力式的运动），产生电导损耗。弱联系离子也可能在一定范围内来回运动，形成热离子松弛，出现极化损耗。所以这类晶体的损耗较大，由这类晶体作主晶相的陶瓷材料不适用于高频，只能应用于低频。

另外，如果两种晶体生成固溶体，则因或多或少带来各种点阵畸变和结构缺陷，通常有较大的损耗，并且有可能在某一比例时达到很大的数值，远远超过两种原始组分的损耗。例如 ZrO_2 和 MgO 的原始性能都很好，但将两者混合烧结，MgO 溶进 ZrO_2 中生成氧离子不足的缺位固溶体后，使损耗大大增加，当 MgO 含量约为 25%（摩尔分数）时，损耗有极大值。

(2) 玻璃的损耗　无机材料除了结晶相外，还有含量不等的玻璃，一般可含 20%～40%，有的甚至可达 60%（如电工陶瓷），通常电子陶瓷含的玻璃相不多。无机材料的玻璃相是造成介质损耗的一个重要原因。复杂玻璃中的介质损耗主要包括三个部分：电导损耗、松弛损耗和结构损耗。哪一种损耗占优势，取决于外界因素——温度和外加电压的频率。在工程频率和很高的温度下，电导损耗占优势；在高频下，主要的是由联系弱的离子在有限范围内的移动造成的松弛损耗；在高频和低温下，主要是结构损耗，其损耗机理目前还不清楚，大概与结构的紧密程度有关。

一般简单单纯玻璃的损耗都是很小的，例如石英玻璃在 $50\sim10^6$ Hz 时，$\tan\delta$ 为 $2\times10^{-4}\sim3\times10^{-4}$，硼玻璃的损耗也相当低。这是因为简单玻璃中的"分子"接近规则的排列，结构紧密，没有联系弱的松弛离子。在纯玻璃中加入碱金属氧化物后，介质损耗大大增加，并且损耗随碱性氧化物浓度的增大按指数增大。这是因为碱性氧化物进入玻璃的点阵结构后，使离子所在处点阵受到破坏。金属离子是一价的，不能保证相邻单元间的联系，因此，玻璃中碱性氧化物浓度愈大，玻璃结构就愈疏松，离子就有可能发生移动，造成电导损耗和松弛损耗，使总的损耗增大。

这里值得注意的是：在玻璃电导中出现的"双碱效应"（中和效应）和"压碱效应"（压抑效应）在玻璃的介质损耗方面也同样存在，即当碱离子的总浓度不变时，由两种碱性氧化物组成的玻璃，$\tan\delta$ 大大降低，而且有一最佳的比值。当两种碱同时存在时，$\tan\delta$ 总是降低，而最佳比值约为等分子比。这可能是两种碱性氧化物加入后，在玻璃中形成微晶结构，玻璃由不同结构的微晶所组成。可以设想，在碱性氧化物的一定比值下形成的化合物中，离子与主体结构较强地固定着，实际上不参加引起介质损耗的过程；在离开最佳比值的情况下，一部分碱金属离子位于微晶的外面，即在结构的不紧密处，使介质损耗增大。

在含碱玻璃中加入二价金属氧化物，特别是重金属氧化物时，压抑效应特别明显。因为二价离子有两个键能使松弛的碱玻璃的结构网巩固起来，减少松弛极化作用，因而使 $\tan\delta$ 降低。例如含有大量 PbO 及 BaO、少量碱的电容器玻璃，在 1×10^6 Hz 时，$\tan\delta$ 为 $6\times$

$10^{-4} \sim 9 \times 10^{-4}$。制造玻璃釉电容器的玻璃含有大量 PbO 和 BaO，$\tan\delta$ 可降低到 4×10^{-4}，并且可使用到 250℃ 的高温。

（3）陶瓷材料的损耗　陶瓷材料的损耗主要来源于电导损耗、松弛质点的极化损耗及结构损耗。此外无机材料表面气孔吸附水分、油污及灰尘等造成表面电导也会引起较大的损耗。

以结构紧密的离子晶体为主晶相的陶瓷材料，损耗主要来源于玻璃相。为了改善某些陶瓷的工艺性能，往往在配方中引入一些易熔物质（如黏土），形成玻璃相，这样就使损耗增大，如滑石瓷、尖晶石瓷随黏土含量的增大，其损耗也增大。因而一般高频瓷，如氧化铝瓷、金红石瓷等很少含有玻璃相。

大多数电工陶瓷的离子松弛极化损耗较大，主要原因是：主晶相结构松散，生成了缺陷固溶体，多晶形转变等。

如果陶瓷材料中含有可变价离子，如含钛陶瓷，往往具有显著的电子松弛极化损耗。

因此，陶瓷材料的介质损耗是不能只按照瓷料成分中纯化合物的性能来推测的。在陶瓷烧结过程中，除了基本物理化学过程外，还会形成玻璃相和各种固溶体。固溶体的电性能可能不亚于，也可能不如各组成成分。这是在估计陶瓷材料的损耗时必须考虑的。

上面我们分析了陶瓷松弛材料中的各种损耗形式及其影响因素，概括起来可以这样说：介质损耗是介质的电导和松弛极化引起的。电导和极化过程中带电质点（弱束缚电子和弱联系离子，且包括空穴和缺位）移动时，将它在电场中所吸收的能量部分地传给周围"分子"，使电磁场能量转变为"分子"的热振动，能量消耗在使电介质发热效应上。因此，降低材料的介质损耗应从考虑降低材料的电导损耗和极化损耗入手。

① 选择合适的主晶相。根据要求尽量选择结构紧密的晶体作为主晶相。

② 在改善主晶相性能时，尽量避免产生缺位固溶体或填隙固溶体，最好形成连续固溶体。这样弱联系离子少，可避免损耗显著增大。

③ 尽量减少玻璃相。为了改善工艺性能引入较多玻璃相时，应采用"中和效应"和"压抑效应"，以降低玻璃相的损耗。

④ 防止产生多晶转变，因为多晶转变时晶格缺陷多，电性能下降，损耗增加。如滑石转变为原顽辉石时析出游离方石英

$$Mg_3(Si_4O_{10})(OH)_2 \longrightarrow 3(MgO \cdot SiO_2) + SiO_2 + H_2O$$

游离方石英在高温下会发生晶型转变产生体积效应，使材料不稳定，损耗增大。因此往往加入少量（1%）的 Al_2O_3，使 Al_2O_3 和 SiO_2 生成硅线石（$Al_2O_3 \cdot SiO_2$）来提高产品的机电性能。

⑤ 注意焙烧气氛。含钛陶瓷不宜在还原气氛中焙烧。烧成过程中升温速度要合适，防止产品急冷急热。

⑥ 控制好最终烧结温度，使产品"正烧"，防止"生烧"和"过烧"，以减少气孔率。

此外，在工艺过程中应防止杂质的混入，坯体要致密。

4. 高分子材料的损耗

决定高分子材料介电损耗大小的内在原因，一个是高聚物分子极性大小和极性基团的密度，另一个是极性基团的可动性。

高聚物分子极性越大，极性基团密度越大，则介电损耗越大。非极性高聚物的 $\tan\delta$ 一般在 10^{-4} 数量级，而极性高聚物的 $\tan\delta$ 一般在 10^{-2} 数量级。

通常，偶极矩较大的高聚物，其介电系数和介电损耗也都较大。然而，当极性基团位于柔性侧基的末端时，由于其取向过程是一个独立的过程，引起的介电损耗并不大，但仍能对

介电系数有较大的贡献。这就使我们有可能得到一种介电系数较大，而介电损耗不至于太大的材料，以满足制造特种电容器对介电材料的要求。

在宽广的温度范围内测定高聚物的介电损耗，可观察到多个损耗峰。每个损耗峰分别对应于不同尺寸的运动单元的偶极，在电场中取向的极化程度和偶极取向松弛过程所损耗的电场能量。在温度谱上按高温到低温的顺序，依次用 α，β，γ 等来命名这些损耗峰。此外，造成介电损耗的另一个因素，电导电流将随介质温度的升高按指数规律增加，因此，当温度足够高时，它可能成为主要的损耗。温度对取向极化有两种相反的作用，一方面温度升高，分子间相互作用减弱，黏度降低，使偶极转动取向容易进行，极化加强；另一方面，温度升高，分子热运动加剧，对偶极取向的干扰增大，不利于偶极取向，使极化减弱。因而，极性高聚物的介电系数随温度的变化，要视这两个因素的消长而定。对一般高聚物而言，在温度不太高时，前者占主导地位，因而温度升高，介电系数增加，到一定温度范围内，后者超过前者，介电系数开始随温度升高而减小。

加入增塑剂能降低高聚物的黏度，使取向极化容易进行，相当于温度升高的效果，对同一频率的电场，加入增塑剂可使介电损耗峰向低温方向移动。极性增塑剂的加入，不但能增加高分子链的活动性，使原来的取向极化过程加快，同时引入了新的偶极损耗，使介电损耗增加。一般来说，聚合物/增塑剂体系的极性情况，大致可以分为三类：①聚合物和增塑剂都是极性的；②只有聚合物是极性的；③只有增塑剂是极性的。在第①种情况下，介电损耗峰的强度随组成变化将出现一个极小值，而后两种情况下，由于极小基团浓度随组成变化而减小，介电损耗峰的强度将单调的逐渐减小。各种情况下，介电损耗都随增塑剂含量增加而移向低温。

导电杂质和极性杂质的存在，会增加高聚物的电导电流和极化率，因而使介电损耗增加。特别是对于非极性高聚物来说，杂质是引起介电损耗的主要原因。理论上来说，纯净的非极性高聚物的介电损耗应该是近乎零的，但是实际上，几乎所有的聚合物的 $\tan\delta$ 都在 10^{-4} 以上。例如低压聚乙烯，由于残留的催化剂，使其介电损耗增大。当其灰分含量从 1.9% 降低到 0.03% 时，$\tan\delta$ 从 14×10^{-4} 降低至 3×10^{-4}。因此，对介电性能要求高的高聚物，必须正确选用各种添加剂，并在生产、加工和使用中避免带入，注意清除各种杂质。

极性高聚物由于吸水从而对介电性能产生重大影响是常常碰到的问题。一般来说，水在低频下会产生离子电导引起介电损耗；在微波频率范围内，它会产生偶极松弛，出现损耗峰。在水/高聚物界面，还会发生界面极化，结果在低频下出现损耗峰。因此，易于吸水的极性高聚物，其应用就要受到限制。例如，聚乙酸乙烯酯和聚氯乙烯在干燥状态下，介电性能接近，但由于前者暴露在潮湿空气中时介电损耗增大，以致不能像后者那样广泛的应用于电气工业。也有一些塑料的介电性能受潮湿环境的影响很小，如聚碳酸酯浸入水中数小时后，其介电性能变化很小。

第三节 电介质在电场中的破坏

一、介电强度（介电击穿强度）

当陶瓷或聚合物用于工程中做绝缘材料、电容器材料和封装材料时，通常都要经受一定的电压梯度的作用，如果材料发生短路，则这些材料就失效了。人们称这种失效为介电击穿。引起材料击穿的电压梯度（V/cm）称为材料的介电强度或介电击穿强度。

电介质击穿强度受许多因素影响，因此变化很大。这些影响因素有：材料厚度、环境温度和气氛、电极形状、材料表面状态、电场频率和波形、材料成分和孔隙度、晶体各向异性、非晶态结构等。

表5-7列出了某些电介质的介电击穿（电场）强度。

表 5-7　某些电介质的介电击穿强度

材　料	温　度	厚　度	介电强度 $\times 10^{-6}/(\text{V/cm})$
聚氯乙烯（非晶态）	室温		0.4(ac)
橡胶	室温		0.2(ac)
聚乙烯	室温		0.2(ac)
石英晶体	20℃	0.005cm	6(dc)
$BaTiO_3$	25℃	0.02cm	0.117(dc)
云母	20℃	0.002cm	10.1(dc)
$PbZrO_3$（多晶）	20℃	0.016cm	0.079(dc)

注：ac表示交流；dc表示直流。

虽然微米级薄膜的介电击穿强度达每厘米几百万伏特，可是由于膜太薄，以至于能绝缘的电压太低。对于体材陶瓷，其击穿电压下降到每百米几千伏。击穿强度随厚度增加而改变是由于材料发生击穿的机制产生了改变。温度对击穿强度的影响主要是通过热能对击穿机制的影响。

当热能使材料的电子或晶格达到一定温度值时，造成材料电导率迅速增加而导致材料永久性的损坏，也就是电介质在电场作用下发生了击穿。同样也有三种准击穿的形式，它们分别为放电击穿、电化学击穿和机械击穿。这种准击穿形式可以认为是基本击穿机制的一种或几种机制产生的。

介质放电经常发生在固体材料气孔中的气体击穿或者发生固体材料表面击穿。电化学击穿是通过化学反应绝缘性能逐渐退化的结果，往往是通过裂纹、缺陷和其他应力升高，改变了电场强度，并导致材料失效。下面是几种击穿机制的简述。

二、本征击穿机制

实验上，本征击穿应表现为击穿主要是由所加电场决定的，在所使用的电场条件下，使电子温度达到击穿的临界水平。观察发现，本征击穿发生在室温或室温以下。发生的时间间隔很短，在微秒或微秒以下。本征击穿所以称之为"本征"，是因为这种击穿机制与样品或电极的几何形状无关，或者与所加电场的波形无关。因此在给定温度下，产生本征击穿的电场值仅与材料有关。

处理固体电介质击穿所使用的基本理论基于下面的方程式：

$$A(T_0,E,\alpha)=B(T_0,\alpha) \tag{5-45}$$

式中，$A(T_0,E,\alpha)$ 为材料从所加电场获得的能量；$B(T_0,\alpha)$ 为材料消耗的能量；T_0 为晶格温度；E 为电场强度；α 为能量分布参数，取决于所采用处理的模型。

$$A=B \tag{5-46}$$

是击穿的极限条件。

本征击穿理论可归结为基本上处理电子与晶格间能量的传递，并且考虑材料中电子能量的分布变化。

这种击穿与介质中的自由电子有关。介质中的自由电子来源于杂质或缺陷能级以及价带。

联系方程式(5-45)知，单位时间电子从电场中获得的能量为 A，则

$$A=\frac{e^2E^2}{m^*}\bar{\tau} \tag{5-47}$$

式中，e 为电子电荷；m^* 为电子有效质量；E 为电场强度；$\bar{\tau}$ 为电子的平均弛豫时间。一般讲，电子能量高、速度快，弛豫时间短；反之，能量低、速度慢，弛豫时间长。

式（5-47）是单电子近似的处理方法，因此，式（5-45）中的电子分布参数 $\alpha = E$，即单电子处于其平均电场 E 中。

参与能量传递作用的因素有：①偶极场中的晶格振动；②与偶极场晶格振动共有的电子壳层变形；③非偶极场短程电子轨道畸变。

本征击穿理论所相关的电子能量分布变化的因素有：①电场对电子的加速作用；②传导电子间的碰撞；③传导电子与晶格的相互碰撞；④电子的电离、再复合和捕获；⑤电场梯度形成的扩散。

解决问题是要求出能量平衡时的临界电场强度 E_c，从而找出击穿时材料的临界温度 T_c。本征击穿机制有两种模型。一种是单电子近似模型。利用这种模型，说明材料在低温区，当温度升高时，引起晶格振动加强，电子散射增加，电子弛豫时间变短，因而使击穿电场反而提高。实验结果与之定性符合。这个模型仅适于材料本征击穿低温区。另一种是 Frohlich 的集合电子近似模型，它考虑了电子之间的相互作用，建立了杂质晶体电击穿的理论。根据这一模型计算得出

$$\ln E = 常数 + \frac{\Delta u}{2kT_0} \tag{5-48}$$

式中，E 为击穿电场强度；T_0 为晶格温度；Δu 为能带中杂质能级激发态与导带底距离的一半。

以后将会看到式（5-48）的结果与热击穿有类似关系，所以可以把本征击穿看成是热击穿的微观理论。

三、热击穿机制

热击穿理论同样是建立在能量平衡关系上，但它的能量平衡是在样品的散热和电场产生的焦耳热、介电损耗和环境放电之间进行的。因此，此处关心的是晶格温度而不是电子温度。本征击穿理论中固体中的电子温度对击穿起决定作用。电场对热产生作用的影响不是直接的。因为电场和温度之间的关系比较弱，所以 T_c 值不是太重要，而击穿的实际晶格温度 T_0' 通常是较大的。

热击穿的基本关系是

$$c_V \frac{dT}{dt} - \text{div}(k\,\text{grad}T) = \sigma(E, T_0)E^2 \tag{5-49}$$

式中，c_V 为材料热容；$\text{div}(k\,\text{grad}T)$ 为体积元的热导；$\sigma(E,T_0)E^2$ 为发热项；k 为热导率；σ 为电导率。

讨论时不考虑电荷积聚，电流是连续的。

研究热击穿可归结为建立电场作用下的介质热平衡方程，从而求解热击穿的场强问题。然而由于方程求解困难，故而简化为以下两种情况。

① 电场长期作用，介质内温度变化极慢，称这种状态下的热击穿为稳态热击穿。

② 电场作用时间很短，散热来不及进行，称这种状态下的热击穿为脉冲热击穿。

在第一种情况下，计算表明，击穿强度正比于样品厚度平方根的倒数。实验证明，对于均匀薄样品确实如此。而一较厚的样品却是与样品厚度的倒数成正比。绝缘材料的薄与厚与材料的热导率、电导率与温度的前置系数 σ_0 和激活能 E_a 有关。对于固体，其电导率与温度关系如下：

$$\sigma = \sigma_0 \exp\left(\frac{-E_a}{kT}\right) \tag{5-50}$$

第二种情况要忽略热传递过程，因此热导项可以忽略，并且电极仅影响电场分布而不影响热流，采取对式(5-49)积分的方法，可计算 t_c，即达到临界温度 T_c 后材料热击穿所经过的时间

$$t_c = \int_{T_c}^{T_0'} \frac{c_V \, \mathrm{d}T}{\sigma(E_c, T_0) E_c^2} \tag{5-51}$$

从式(5-51)中便可看到 t_c 对 E_c^2 有很强依赖的关系，而且可以得到

$$E_c = \frac{kT_0}{t_c^{1/2}} \exp\left(\frac{E_a}{2kT}\right) \tag{5-52}$$

因此，临界击穿电场强度基本上与温度 T_c 无关。

当电场频率是中等或以上时，对于热击穿的方程解不能简化，必须进行数字解。不同情况有不同的边界条件，从而有不同解。同样，数字技术能够在多维样品或者具有不同波形的情况下使用，获得一定程度的成功。

四、雪崩式击穿机制

热击穿机制对于许多陶瓷材料是适用的。如果材料尺寸可看成是薄膜时，则雪崩式击穿机制更为有效。

雪崩式击穿理论是把本征击穿机制和热击穿机制结合起来。因为当电子的分布不稳定时，必然产生热的结果。因此，这种理论是用本征电击穿理论描述电子行为，而击穿的判据采用的是热击穿性质。

雪崩式理论认为：电荷是逐渐或者相继积聚，而不是电导率的突然改变，尽管电荷集聚在很短时间内发生。

雪崩式击穿最初的机制是场发射或离子碰撞。场发射假设由隧道效应来自价带的电子进入缺陷能级或进入导带，导致传导电子密度增加，其发射概率

$$P = aE \exp\left(-\frac{bI^2}{E}\right) \tag{5-53}$$

式中，E 为电场强度；a、b 为常数；I 为电流。

由式(5-53)可见，只有当电场 E 相当强时，发射概率 P 才能高。采用脉冲热判据 $T = T_c$ 是个临界参数，并且用式(5-53)估计出雪崩式击穿发生的临界场强为 $E = 10^7 \, \mathrm{V/cm}$。

Seitz 计算认为，只有达到 10^{12} 个电子/cm^3 自由电子密度所具有的总能量，才能破坏电介质的晶格结构。一个电子游离并开始碰撞，"解放"两个电子，然后这两个依次去"解放"四个……只有进行四十代这种碰撞才能导致"雪崩式"的击穿。这种简单的处理，使我们得知，临界电场依赖于样品厚度。样品至少有足够的厚度，才能达到 40 倍电子的平均自由程。已知碰撞电离过程中，电子数以 2^a 关系增加，设经过 a 项碰撞，共有 2^a 个电子，当达到 $2^a = 10^{12}$ 时，$a = 40$，这时介质晶格就破坏了。也就是说，由阴极出发的初始电子在向阳极运动的过程中，1cm 内的电离次数达 40 次，介质便击穿了。Seitz 的估计粗糙一点，但可用来说明"雪崩"击穿的形成，并称之为"四十代理论"。更严格的计算表明 $a = 38$，证明 Seitz 估计误差并不太大。

雪崩电击穿和本征电击穿一般难于区分，但在理论上它们的关系十分明显：本征击穿理论中增加传导电子是继稳态破坏后突然发生的，而"雪崩"击穿是考虑高场强时，传导电子倍增过程逐渐达到难以忍受的程度，导致介质晶格破坏。

由"四十代理论"可以推论，当介质很薄时，碰撞电离不足以发展到四十代，电子雪崩

系列已进入阳极复合，此时介质不能击穿，因为这时电场强度不够高，因此便定性解释了薄层介质具有较高的击穿电场的原因。

五、影响无机材料击穿强度的各种因素

1. 介质结构的不均匀性

无机材料组织结构往往是不均匀的，有晶相、玻璃相和气孔等。它们具有不同的介电性，因而在同一电压作用下，各部分的场强都不同。现以不均匀介质最简单的情况双层介质为例加以分析。设双层介质具有不同的电性质，ε_1、σ_1、d_1 和 ε_2、σ_2、d_2 分别代表第一层和第二层的介电常数、电导率和厚度。

若在此系统上加直流电压 V，则各层内的电场强度 E_1、E_2 可以算出

$$\begin{cases} E_1 = \dfrac{\sigma_2(d_1+d_2)}{\sigma_1 d_2 + \sigma_2 d_1} \times E \\ E_2 = \dfrac{\sigma_1(d_1+d_2)}{\sigma_1 d_2 + \sigma_2 d_1} \times E \end{cases} \tag{5-54}$$

式(5-54) 表明，各层的电场强度显然不同，而且电导率小的介质，承受较高场强，而电导率大的介质其场强低。交流电压下也有类似关系。如果 σ_1 和 σ_2 相差甚大，则必然使其中一层的场强远大于平均电场强度，从而导致这一层可能优先击穿，其后另一层也将击穿。这表明，材料组织结构不均匀性可能引起击穿强度下降。

陶瓷中的晶相和玻璃相的分布可看成多层介质的串联和并联，从而也可进行类似的分析计算。

2. 材料中气泡的作用

材料中含有气泡，其介电常数和电导率都很小，因此，受到电压作用时其电场强度很高，而气泡本身抵抗电场强度比固体介质要低得多。一般讲，陶瓷介质的击穿场强为 80kV/cm，而空气介质击穿场强为 33kV/cm。因此，气泡首先击穿，引起气体放电（内电离）。这种内电离产生大量的热，易造成整个材料击穿。因为产生热量，形成相当高的热应力，材料也易丧失机械强度而破坏，这种击穿常称为电-机械-热击穿。

气泡对于高频、高压下使用的电容器陶瓷或者聚合物电容都是十分严重的问题，因为气泡的放电实际上是不连续的，如果把含气孔的介质看成电阻、电容串并联等效电路，那么，由电路充放电理论分析可知，在交流 50 周情况下，每秒放电可达 200 次，可以想象在高频高压下材料缺陷造成的内电离是多么严重。

另外，内电离不仅可以引起电-机械-热击穿，而且在介质内引起不可逆的物理化学变化，造成介质击穿电压下降。

3. 材料表面状态和边缘电场

此处讲材料的表面状态，除自身表面加工情况、清洁程度外，还包括表面周围的介质及接触等。固体介质表面尤其是附有电极的表面常常发生介质表面放电，通常属于气体放电。固体介质常处于周围气体媒质中，击穿时常常发现固体介质并未击穿，只是火花掠过它的表面，称之为固体介质的表面放电。

固体表面击穿电压常低于没有固体介质时的空气击穿电压，其降低情况常取决于以下三种条件。

① 固体介质不同，表面放电电压也不同。陶瓷介质由于介电常数大、表面吸湿等原因，引起离子式高压极化（空间电荷极化），使表面电场畸变，降低表面击穿电压。

② 固体介质与电极接触不好，则表面击穿电压降低，尤其是当不良接触在阴极处时更严重。原因是空气隙介电常数低，根据夹层介质原理，电场畸变，气隙易放电。介电常数越

大，影响越显著。

③ 电场频率不同，表面击穿电压也不同，随频率升高，击穿电压降低。原因是气体正离子迁移率比电子小，形成正的体积电荷，频率高时，此现象更为突出。固体介质本身也因空间电荷极化导致电场畸变，因而表面击穿电压下降。

所谓边缘电场是指电极边缘的电场，单独提出是因为电极边缘常发生电场畸变，使边缘局部电场强度升高，导致击穿电压下降。是否会发生边缘击穿主要与下列因素有关：①电极周围的媒质；②电极的形状、相互位置；③材料的介电常数、电导率。

总之，表面放电和边缘击穿电压并不能表征材料的介电强度，因为这两种过程还与设备条件有关。

为了防止表面放电和边缘击穿现象发生，以发挥材料介电强度的作用，可以采取电导率和介电常数较高的媒质，并且媒质自身应有较高的介电强度，通常选用变压器油。

另外，高频高压下使用的瓷介质表面往往施釉，保持其清洁，而且釉的电导率较高，电场更易均匀。如果电极边缘施以半导体釉，则效果更好。为了使电极边缘电场均匀，应注意电极形状和结构元件的设计，增大表面放电途径和边缘电场的均匀性。

六、小结

介质击穿强度是绝缘材料和介电材料的一项重要指标。电介质失效表现就是介电击穿。产生失效的机制有本征击穿、热击穿和"雪崩"式击穿以及三种准击穿形式：放电击穿、机械击穿、电化学击穿。实际使用材料的介电击穿原因十分复杂，难于分清属于哪种击穿形式。对于高频、高压下工作的材料除进行耐压试验，选择高的介电强度外，还应加强对其结构和电极的设计。

聚合物电介质的介电现象与陶瓷材料类似，但是有以下几点应注意。

① 绝缘材料的击穿强度为 $10^7 V/cm$，常温下高于一般陶瓷耐压水平。

② 存在电机械压缩作用时引起的电机械击穿（本征击穿）。

③ 老化问题引起的放电击穿和电击穿。

④ 聚合物的静电现象。

高聚物的介电击穿是一个很复杂的过程，还存在着许多未知因素。一般来说，当温度低于玻璃化温度时，电击穿强度随温度的升高下降较少，而且电击穿机理主要是电击穿。当温度高于玻璃化温度时，电击穿强度随温度的升高迅速下降，原因在于除了电击穿外，还存在热击穿、电机械击穿等"二次"击穿。

在高聚物结构因素中，以极性对电击穿强度的影响较为显著。一般结论是，高聚物的极性趋向于增加低于玻璃化温度下的电击穿强度。总的来说，高聚物电击穿强度的最高值在 20℃时为 $100\sim900MV/m$，有的极性高聚物的电击穿强度甚至可超过 $1000MV/m$。比如，在 $-190℃$，聚乙烯的电击穿强度为 $680MV/m$，聚甲基丙烯酸甲酯的电击穿强度为 $1340MV/m$。极性基团对电击穿强度的正效应可解释为高电场下的加速电子被偶极子散射，从而降低了电击穿的概率。高聚物的分子量、交联度、结晶度的增加也可增加击穿电压，特别是在高于玻璃化温度的高温区的电击穿强度。这是因为上述结构因素都能提高高聚物的热击穿能力。

第四节　压电性、热释电性和铁电性

前面介绍了电介质的一般性质，作为材料主要应用于电子工程中做绝缘材料、电容器材料和封装材料。此外，一些电介质还有三种特殊性质：压电性、热释电性和铁电性。具有这些特殊性质的电介质作为功能材料，不仅在电子工程中作为传感器、驱动器元件，还可以在光学、声学、红外探测等领域中发挥独特的作用。

一、压电性

1880 年 Piere. Curie 和 Jacques. Curie 兄弟发现，对 α-石英单晶体（以下称晶体）在一些特定方向上加力，则在力的垂直方向的平面上出现正、负束缚电荷。后来称这种现象为压电效应。目前已知压电体超千种，它们可以是晶体、多晶体（如压电陶瓷）、聚合物、生物体（如骨骼）。在发明了电荷放大器之后，压电效应获得了广泛应用。

1. 正压电效应

当晶体受到机械力作用时，一定方向的表面产生束缚电荷，其电荷密度大小与所加应力的大小成线性关系。这种由机械能转换成电能的过程，称为正压电效应。正压电效应很早已经用于测力的传感器中。

逆压电效应就是当晶体在外电场激励下，晶体的某些方向上产生形变（或谐振）现象。采用热力学理论分析，可以导出压电效应相关力学量和电学量的定量关系。本章以 α-石英晶体为例，以实验方法给出应力与电位移的关系，以便理解正压电效应在晶体上的具体体现。

假设有 α-石英晶体，在其上进行正压电效应实验。首先在不同方向上被上电极，接上冲击检流计，测量其荷电量（见图 5-10）。

（1）在 x 方向上的两个晶体面被上电极，测定电荷密度

① 当 α-石英晶体在 x 方向上受到正应力 T_1（N/m²）作用时，由冲击检流计可测得 x 方向电极面上所产生的束缚电荷 Q，并发现其表面电荷密度 σ（C/m²）与作用应力

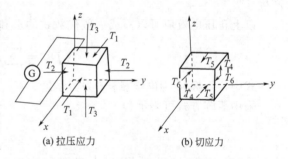

图 5-10　正压电效应实验示意图

成正比，即 $\sigma_1 \propto T_1$，写成等式为 $\sigma_1 = d_{11}T_1$，其中 T_1 为沿法线方向的正应力（假设向内表示这个面的法线方向，都取为正），d_{11} 称为压电应变常量，下标左、右分别代表电学量和力学量，所以 d_{11} 代表 1 方向加的应力和 1 方向产生的束缚电荷。在国际单位制（SI）系统中表面电荷密度等于电位移，即 $D_1 = \sigma_1$，故

$$D_1 = d_{11}T_1 \tag{5-55}$$

② 在 y 方向作用正应力 T_2，测 x 方向上的电荷密度，则得

$$D_1 = d_{12}T_2 \tag{5-56}$$

式中，d_{12} 为 y 方向（2 方向）受到作用力时，在 x 方向（1 方向）具有的压电应变常量。

③ 在晶体的 z 方向加应力 T_3，测 x 方向面上的束缚电荷密度，结果冲击检流计无反应，故

$$D_1 = d_{13}T_3 = 0 \tag{5-57}$$

因为 $T_3 \neq 0$，则 $d_{13} = 0$，说明对于 α-石英晶体 d_{13} 压电应变常量为零。

④ 利用同样方法，分别可以测得在切应力 T_4 作用下，x 方向上的电位移和压电应变常量的关系：

$$D_1 = d_{14}T_4 \tag{5-58}$$

式中，d_{14} 为切应力 T_4 作用下 1 方向的压电应变常量。

此处请注意，T_4 是切应力一种简化的表示方法，实际上它代表的是 yz 或 zy 应力平面上的切应力。同样 T_5 代表的是 zx 或 xz 应力平面的切应力；T_6 代表的是 xy 或 yx 应力平面上的切应力 [见图 5-10(b)]。

采用类似的方法，写出电位移和其他切应力的关系式，由冲击检流计测得是否有电位移产生，从而得到

$$d_{15} = d_{16} = 0 \tag{5-59}$$

将以上结果式(5-55)～式(5-58)综合考查，则得在 x 方向总电位移

$$D_1 = d_{11}T_1 + d_{12}T_2 + d_{14}T_4 \tag{5-60}$$

（2）在晶体 y 方向的平面上被上电极，测试 y 方向的电位移 D_2

采用 1 中同样步骤可得

$$D_2 = d_{25}T_5 + d_{26}T_6 \tag{5-61}$$

（3）在晶体 z 方向两个平面上被上电极，测试 z 方向的电位移 D_3

采用 1 中类似步骤可测得

$$D_3 = 0 \tag{5-62}$$

结论是：对于 α-石英晶体，无论在哪个方向上施加力，在 z 方向的电极面上无压电效应产生。

以上正压电效应可以写成一般代数式的求和方式，即

$$D_m = \sum_{j=1}^{6} d_{mj}T_j \tag{5-63}$$

式中，下标 m 为电学量；j 为力学量。

采用矩阵方式可表示为

$$
\begin{bmatrix} D_1 \\ D_2 \\ D_3 \end{bmatrix} =
\begin{bmatrix}
d_{11} & d_{12} & 0 & d_{14} & 0 & 0 \\
0 & 0 & 0 & 0 & d_{25} & d_{26} \\
0 & 0 & 0 & 0 & 0 & 0
\end{bmatrix}
\begin{bmatrix} T_1 \\ T_2 \\ T_3 \\ T_4 \\ T_5 \\ T_6 \end{bmatrix}
\tag{5-64}
$$

在许多文献中常采用爱因斯坦求和表示法，以略去求和符号，只以满足哑脚标规则求和，即下脚标重复出现者，就表示该下脚标对 1，2，3，4，5，6 求和。这样式(5-63)可改写为

$$D_m = d_{mj}T_j$$
$$m = 1,2,3 \qquad j = 1,2,3,4,5,6 \tag{5-65}$$

式中，j 为哑脚标，表示对 j 求和。

式(5-65)就是正压电效应的简化的压电方程式。从以上实验结果分析，压电应变常量是有方向的，而且具有张量性质，属于三阶张量，即有 3^3 个分量。由于采用简化的脚标，所以从 27 个分量变为 18 个分量。且因晶体结构对称原因，对于 α-石英晶体，只有 d_{11}、d_{12}、d_{14}、d_{25}、d_{26} 压电应变常量不为零，其他皆为零。

前面的讨论是以应力为自变量。如果在式(5-65)中把自变量应力 T 改为应变 S，则式(5-65)变为

$$D_m = e_{mi}S_i \qquad m = 1,2,3 \qquad i = 1,2,3,4,5,6 \tag{5-66}$$

式中，D_m 为电位移；S_i 为应变；e_{mi} 为压电应力常量。

其矩阵的一般式分别为

$$\begin{bmatrix} D_1 \\ D_2 \\ D_3 \end{bmatrix} = \begin{bmatrix} d_{11} & d_{12} & d_{13} & d_{14} & d_{15} & d_{16} \\ d_{21} & d_{22} & d_{23} & d_{24} & d_{25} & d_{26} \\ d_{31} & d_{32} & d_{33} & d_{34} & d_{35} & d_{36} \end{bmatrix} \begin{bmatrix} T_1 \\ T_2 \\ T_3 \\ T_4 \\ T_5 \\ T_6 \end{bmatrix} \tag{5-67a}$$

$$\begin{bmatrix} D_1 \\ D_2 \\ D_3 \end{bmatrix} = \begin{bmatrix} e_{11} & e_{12} & e_{13} & e_{14} & e_{15} & e_{16} \\ e_{21} & e_{22} & e_{23} & e_{24} & e_{25} & e_{26} \\ e_{31} & e_{32} & e_{33} & e_{34} & e_{35} & e_{36} \end{bmatrix} \begin{bmatrix} S_1 \\ S_2 \\ S_3 \\ S_4 \\ S_5 \\ S_6 \end{bmatrix} \tag{5-67b}$$

上面两矩阵式的等式右边第一项分别称为压电应变常量和压电应力常量矩阵。

2. 逆压电效应与电致伸缩

应力作用于 α-石英晶体会产生束缚电荷。如果以电场作用在 α-石英晶体上，则在相关方向上产生应变，而且应变大小与所加电场在一定范围内有线性关系。这种由电能转变为机械能的过程称为逆压电效应。

定量表示逆压电效应的一般式为

$$S_i = d_{mi} E_n \qquad n=1,2,3 \qquad i=1,2,3,4,5,6 \tag{5-68}$$

或者

$$T_j = e_{nj} E_n \qquad n=1,2,3 \qquad j=1,2,3,4,5,6 \tag{5-69}$$

它们的矩阵式分别为

$$\begin{bmatrix} S_1 \\ S_2 \\ S_3 \\ S_4 \\ S_5 \\ S_6 \end{bmatrix} = \begin{bmatrix} d_{11} & d_{21} & d_{31} \\ d_{12} & d_{22} & d_{32} \\ d_{13} & d_{23} & d_{33} \\ d_{14} & d_{24} & d_{34} \\ d_{15} & d_{25} & d_{35} \\ d_{16} & d_{26} & d_{36} \end{bmatrix} \begin{bmatrix} E_1 \\ E_2 \\ E_3 \end{bmatrix} \tag{5-70}$$

$$\begin{bmatrix} T_1 \\ T_2 \\ T_3 \\ T_4 \\ T_5 \\ T_6 \end{bmatrix} = \begin{bmatrix} e_{11} & e_{21} & e_{31} \\ e_{12} & e_{22} & e_{32} \\ e_{13} & e_{23} & e_{33} \\ e_{14} & e_{24} & e_{34} \\ e_{15} & e_{25} & e_{35} \\ e_{16} & e_{26} & e_{36} \end{bmatrix} \begin{bmatrix} E_1 \\ E_2 \\ E_3 \end{bmatrix} \tag{5-71}$$

可以证明，逆压电效应的压电常量矩阵是正压电效应压电常量矩阵的转置矩阵，分别表示 d^T、e^T，则逆压电效应矩阵式可简化为

$$S = d^T E$$

$$T = e^T E \tag{5-72}$$

上面比较细致地介绍了压电效应的数学表达式,其形式比较简单。但是当我们具体应用压电体时,由于使用条件不同,经常会遇到处理关于应力、应变、电场或电位移间的关系,此时就需要复杂一点的压电方程。读者可参考有关文献。

此处应强调指出,对压电体施加电场,压电体相关方向上会产生应变,那么,其他电介质受电场作用是否也有应变?

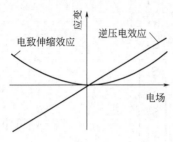

图 5-11 逆压电效应与电致伸缩

实际上,任何电介质在外电场作用下,都会发生尺寸变化,即产生应变。这种现象称为电致伸缩,其应变大小与所加电压的平方成正比。对于一般电介质而言,电致伸缩效应所产生的应变实在太小,可以忽略。只有个别材料,其电致伸缩应变较大,在工程上有使用价值,这就是电致伸缩材料。例如电致伸缩陶瓷 PZN(锌铌酸铅陶瓷),其应变水平与压电陶瓷应变水平相当。

如果形象地表示它们在应变与电场关系上的区别,可参考图 5-11。

3. 晶体压电性产生原因

α-石英晶体属于离子晶体三方晶系、无中心对称的 32 点群。石英晶体的化学组成是二氧化硅,三个硅离子和六个氧离子配置在晶胞的晶格上。在应力作用下,其两端能产生最强束缚电荷的方向称为电轴,α-石英的电轴就是 x 轴;z 轴为光轴(沿此轴光进入不产生双折射),从 z 轴方向看,α-石英晶体结构如图 5-12(a) 所示,图中大圆为硅原子,小圆为氧原子。由图可见,硅离子按左螺旋线方向排列,3# 硅离子比 5# 硅离子较深(向纸内),而 1# 硅离子比 3# 硅离子较深。每个氧离子带 2 个负电荷,每个硅离子带 4 个正电荷,但每个硅离子的上、下两边有两个氧离子,所以整个晶格正、负电荷平衡,不显电性。为了理解正压电效应产生的原因,现把图 5-12(a) 绘成投影图,上、下氧原子以一个氧符号代替并把氧原子也编成号,如图 5-12(b) 所示。利用该图可以定性解释 α-石英晶体产生正压电效应的原因。

① 如果晶片受到沿 x 方向的压缩力作用,如图 5-12(c) 所示,这时硅离子 1# 挤入氧离子 2# 和 6# 之间,而氧离子 4# 挤入硅离子 3# 和 5# 之间,结果在表面 A 出现负电荷,而在表面 B 呈现正电荷,这就是纵向压电效应。

② 当晶片受到沿 y 方向的压缩力作用时,如图 5-12(d) 所示,这时硅离子 3# 和氧离子 2# 以及硅离子 5# 和氧离子 6# 都向内移动同样数值,故在电极 C 和 D 上不出现电荷,而在表面 A 和 B 上呈现电荷,但符号与图 5-12(c) 中的正好相反,因为硅离子 1# 和氧离子 4# 向外移动。这称之为横向压电效应。

③ 当沿 z 方向压缩或拉伸时,带电粒子总是保持初始状态的正、负电荷重心重合,故表面不出现束缚电荷。

一般情况正压电效应的表现是晶体受力后在特定平面上产生束缚电荷,但直接作用是力使晶体产生应变,即改变了原子相对位置。产生束缚电荷的现象,表明出现了净电偶极矩。如果晶体

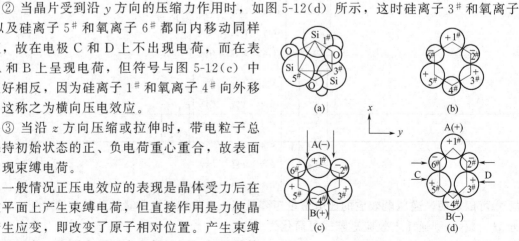

图 5-12 α-石英产生正压电效应的示意图

结构具有对称中心，那么只要作用力没有破坏其对称中心结构，正、负电荷的对称排列也不会改变，即使应力作用产生应变，也不会产生净电偶极矩。这是因为具有对称中心的晶体总电矩为零。如果取一无对称中心的晶体结构，此时正、负电荷重心重合，加上外力后正、负电荷重心不再重合，结果产生净电偶极矩。因此，从晶体结构上分析，只要结构没有对称中心，就有可能产生压电效应。然而，并不是没有对称中心的晶体一定具有压电性，因为压电体首先必须是电介质，同时其结构必须有带正、负电荷的质点——离子或离子团存在。也就是说，压电体必须是离子晶体或者由离子团组成的分子晶体。

4. 压电材料主要的表征参数

压电材料性能的表征参量，除了描述电介质的一般参量如电容率、介质损耗角正切（电学品质因数 Q_e）、介质击穿强度、压电常量外，还有描述压电材料弹性谐振时力学性能的机械品质因数 Q_m 以及描述谐振时机械能与电能相互转换的机电耦合系数 K。现简单介绍如下。

（1）机械品质因数　通常测压电参量用的样品，或工程中应用的压电器件如谐振换能器和标准频率振子，主要是利用压电晶片的谐振效应，即当向一个具有一定取向和形状制成的有电极的压电晶片（或极化了的压电陶瓷片）输入电场，其频率与晶片的机械谐振频率 f_r 一致时，就会使晶片因逆压电效应而产生机械谐振。这种晶片称为压电振子。压电振子谐振时，仍存在内耗，造成机械损耗，使材料发热，降低性能。反映这种损耗程度的参数称为机械品质因数 Q_m，其定义式为：

$$Q_m = 2\pi \frac{W_m}{\Delta W_m} \tag{5-73}$$

式中，W_m 为振动一周单位体积存储的机械能；ΔW_m 为振动一周内单位体积内消耗的机械能。不同压电材料的机械品质因数 Q_m 的大小不同，而且还与振动模式有关。不做特殊说明，Q_m 一般是指压电材料做成薄圆片径向振动膜的机械品质因数。

（2）机电耦合系数　机电耦合系数综合反映了压电材料的性能。由于晶体结构具有的对称性，加之机电耦合系数与其他电性常量、弹性常量之间存在简单的关系，因此，通过测量机电耦合系数可以确定弹性、介电、压电等参量，而且即使是介电常数和弹性常数有很大差异的压电材料，它们的机电耦合系数也可以直接比较。

机电耦合系数常用 K 表示，其定义为

$$K^2 = \frac{通过逆压电效应转换的机械能}{输入的电能}$$

$$K^2 = \frac{通过正压电效应转换的电能}{输入的机械能} \tag{5-74}$$

由式(5-74)可以看出，K 是压电材料机械能和电能相互转换能力的量度。它本身可为正，也可为负。但它并不代表转换效率，因为它没有考虑能量损失，是在理想情况下，以弹性能或介电能的存储方式进行转换的能量大小。

由于压电振子储入的机械能与振子形状尺寸和振动模式有关，所以不同模式有不同的机电耦合系数名称。例如，对于压电陶瓷振子形如薄圆片，其径向伸缩振动模式的机电耦合系数用 K_p 表示（平面机电耦合系数），长方片厚度切变振动模式用 K_{15} 表示（厚度切变机电耦合系数）等。各种振动模式的尺寸条件及其机电耦合系数名称示意表示在图 5-13 上。各种振动模式的机电耦合系数都可根据其条件推算出具体的表达式。

工程应用时还要了解压电材料其他性能，诸如频率常数、经时稳定性（老化）及温度稳定性等性能。

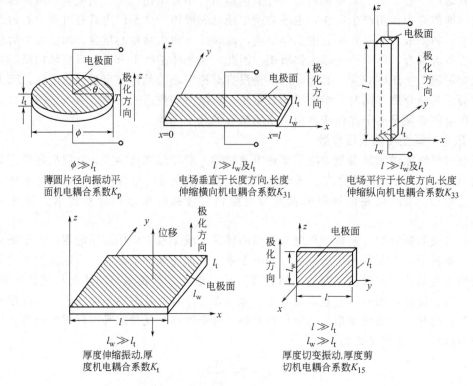

图 5-13   陶瓷压电振子振动模式示意图

二、热释电性

一些晶体除了由于机械应力作用引起压电效应外，还可以由于温度作用而使其电极化强度变化，这就是热释电性（pyroelectricity），亦称热电性。

1. 热释电现象

取一块电气石，其化学组成为（Na，Ca）（Mg，Fe）$_3$B$_3$Al$_6$Si$_6$（O，OH，F）$_{31}$。在均

图 5-14   坤特法显示电气石的热释电性

匀加热它的同时，让一束硫磺粉和铅丹粉经过筛孔喷向这个晶体。结果会发现，晶体一端出现黄色，另一端变为红色（见图 5-14）。这就是坤特法显示的天然矿物晶体电气石的热释电性实验。实验表明，如果电气石不是在加热过程中，喷粉实验不会出现两种颜色。现在已经认识到，电气石是三方晶系 3m 点群。结构上只有唯一的三次（旋）转轴，具有自发极化。没有加热时，它们的自发极化电偶极矩完全被吸附的空气中的电荷屏蔽掉了。但在加热时，由于温度变化，使自发极化改变，则屏蔽电荷失去平衡。因此，晶体的一端的正电荷吸引硫磺粉显黄色；另一端吸引铅丹粉显红色。这种由于温度变化而使极化改变的现象称热释电效应，其性质称为热释电性。

2. 热释电效应产生的条件

热释电效应研究表明，具有热释电效应的晶体一定是具有自发极化（固有极化）的晶体，在结构上应具有极轴。所谓极轴，顾名思义是晶体唯一的轴。在该轴两端往往具有不同性质，且采用对称操作不能与其他晶向重合的方向，故谓之极轴（polar）。因此，具有对称中心的晶体是不可能有热释电性的，这一点与压电体的结构要求是一样的。但具有压电性的

晶体不一定有热释电性。原因可以从二者产生的条件分析：当压电效应发生时，机械应力引起正、负电荷的重心产生相对位移，而且一般说不同方向上位移大小是不相等的，因而出现净电偶极矩。而当温度变化时，晶体受热膨胀却在各方向同时发生，并且在对称方向上必定有相等的膨胀系数。也就是说，在这些方向上所引起的正、负电荷重心的相对位移也是相等的，也就是正、负电荷重心重合的现状并没有

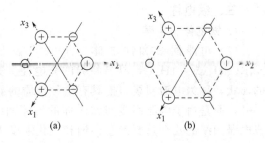

图 5-15　α-石英不产生热释电性的示意图

因为温度变化而改变，所以没有热释电现象。具体以 α-石英晶体受热情况加以说明。图 5-15 示意表示 α-石英晶体（0001）面上质点的排列情况，（a）表示受热前情况，（b）表示受热后情况。由图可见，在三个轴（x_1，x_2，x_3）向的方向上，正、负电荷重心位移情况是相等的，从每个轴向看，显然电偶极矩有变化，但总的正、负电荷重心没有变化，因此总电矩没变化，故不能显示热释电性。

3. 材料热释电性的表征

表征材料热释电性的主要参量是热释电常量 p。其定义来源如下。

当电场强度为 E 的电场沿晶体的极轴方向加到晶体上，总电位移为

$$D = \varepsilon_0 E + P = \varepsilon_0 E + (P_s + P_{诱}) \tag{5-75}$$

式中，P_s 为自发极化强度；$P_{诱}$ 为电场诱发产生的，且

$$P_{诱} = x_e \varepsilon_0 E$$

于是式（5-66）成为

$$D = \varepsilon_0 E + x_e \varepsilon_0 E + P_s \tag{5-76}$$

$$D = P_s + \varepsilon E \tag{5-77}$$

令 $E=$ 常数，并将式（5-68）对 T 微分，则

$$\frac{\partial D}{\partial T} = \frac{\partial P_s}{\partial T} + E \frac{\partial \varepsilon}{\partial T} \tag{5-78}$$

令

$$\frac{\partial P_s}{\partial T} = p \qquad \frac{\partial D}{\partial T} = P_g \tag{5-79}$$

则

$$P_g = p + E \frac{\partial \varepsilon}{\partial T} \tag{5-80}$$

式中，P_g 为综合热释电系数；p 为热释电常量。

因为 P_g 是矢量，则 p 也为矢量，但一般情况下视为标量。具有热释电性的晶体在工程中有广泛应用，其中做红外探测传感器就是一例。

压电性和热释电性是电介质中两类重要特性，一些无对称中心晶体结构电介质可具有压电性，而有极轴和自发极化的晶体电介质可具有热释电性。它们在工程上具有广泛的应用。直到 1968 年才发现具有压电性的聚合物，主要代表是聚偏二氟乙烯（PVDF 或 PVF_2）。它的压电性来源于光学活性物质的内应变、极性固体的自发极化以及嵌入电荷与薄膜不均匀性的耦合。热释电性在聚合物的有关文献中也称为焦电性，其定义式与无机晶体材料是一致的，都是 $p = \frac{1}{A}\left(\frac{\partial A P_s}{\partial T}\right)_{X,E}$ 脚标 E，X 表明是在电场 E 和应力 X 恒定条件下。A 是材料电极的面积，P_s 是自发极化强度。PVDF 也有铁电性。下面介绍铁电性之后，对于铁电性、压电性、焦电性的关系将会更加明确。

三、铁电性

1. 铁电体、电畴

(1) 电滞回线和铁电体　1920 年法国人 Valasek 发现罗息盐（酒石酸钾钠——$NaKC_4H_4O_6 \cdot 4H_2O$）具有特异的介电性。其极化强度随外加电场的变化有如图 5-16 所示的形状，称为电滞回线，把具有这种性质的晶体称为铁电体。事实上，这种晶体并不一定含"铁"，而是由于电滞回线与铁磁体的磁滞回线相似，故称之为铁电体。由图 5-16 可见，构成电滞回线的几个重要参量：饱和极化强度 P_s，剩余极化强度 P_r，矫顽电场 E_c。从电滞回线可以清楚看到铁电体具有自发极化，而且这种自发极化的电偶极矩在外电场作用下可以改变其取向，甚至反转。在同一外电场作用下，极化强度可以有双值，表现为电场 E 的双值函数，这正是铁电体的重要物理特性。但是为什么会有电滞回线呢？原因就是存在电畴。

当把罗息盐加热到 24℃ 以上，则电滞回线便消失了，此温度称为居里温度 T_c 或称居里点 T_c。因此，铁电性存在是有一定条件的，包括外界的压力变化。

(2) 电畴　假设一铁电体整体上呈现自发极化，其结果是晶体正、负端分别有一层正、负束缚电荷。束缚电荷产生的电场——电退极化场与极化方向反向，使静电能升高。在受机械约束时，伴随着自发极化的应变还将使应变能增加，所以整体均匀极化的状态不稳定，晶体趋向于分成多个小区域。每个区域内部电偶极子沿同一方向，但不同小区域的电偶极子方向不同，这每个小区域称为电畴（简称畴）。畴之间边界地区称之为畴壁（domain wall）。现代材料研究技术有许多观察电畴的方法（例如 TEM、偏光显微镜等）。图 5-17 为 $BaTiO_3$ 晶体室温电畴结构示意图。小方格表示晶胞，箭头表示电矩方向。图中 AA 分界线两侧的电矩取反平行方向，称为 180°畴壁，BB 分界线为 90°畴壁。决定畴壁厚度的因素是各种能量平衡的结果，180°畴型较薄为 $(5 \sim 20) \times 10^{-10}$ m，而 90°畴壁较厚为 $(50 \sim 100) \times 10^{-10}$ m（具体计算略）。图 3-18 为 180°畴壁的示意图。

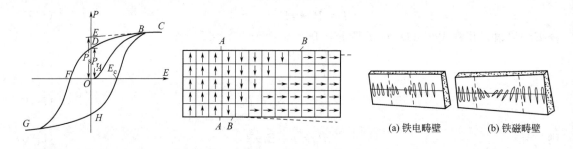

图 5-16　电滞回线　　　图 5-17　$BaTiO_3$ 晶体室温电畴结构示意图　　　图 5-18　180°畴壁示意图

电畴结构与晶体结构有关。例如 $BaTiO_3$ 在斜方晶系中还有 60°和 120°畴壁，在菱形晶系中还有 71°和 109°畴壁。

铁电畴在外电场作用下，总是趋向与外电场方向一致，称之为畴"转向"。电畴运动是通过新畴出现、发展与畴壁移动来实现的。180°畴转向是通过许多尖劈形新畴出现而发展的，90°畴主要通过是畴壁侧向移动来实现的。180°畴转向比较完全，而且由于转向时引起较大内应力，所以这种转向不稳定，当外加电场撤去后，小部分电畴偏离极化方向，恢复原位，大部分电畴则停留在新转向的极化方向上，谓之剩余极化。

电滞回线是铁电体的铁电畴在外电场作用下运动的宏观描述。下面以单晶铁电体为例对前面介绍的电滞回线几个特征参量予以说明。设一单晶体的极化强度方向只有沿某轴的正向或负向两种可能。在没有外电场时，晶体总电矩为零（能量最低）。当加上外电场后，沿电场方向的电畴扩展、变大，而与电场方向反向的电畴变小。这样极化强度随外电场增加而增加，如图 5-16 中的 *OA* 段。电场强度继续增大，最后晶体电畴都趋于电场方向，类似形成一个单畴，极化强度达到饱和，相应于图中的 *C* 处。如再增加电场，则极化强度 *P* 与电场 *E* 成线性增加（形如单个弹性电偶极子），沿这线性外推至 *E*＝0 处，相应的 P_s 值称为饱和极化强度，也就是自发极化强度。若电场强度自 *C* 处下降，晶体极化强度亦随之减小，在 *E*＝0 时，仍存在极化强度，就是剩余极化强度 P_r。当反向电场强度为 $-E_c$ 时（图中 *F* 点处），剩余极化强度 P_r 全部消失；反向电场继续增大，极化强度才开始反向，直到反向极化到饱和达图中 *G* 处。E_c 称为矫顽电场强度。

由于极化的非线性，铁电体的介电常数不是恒定值，一般以 *OA* 在原点的斜率来代表介电常数。所以在测定介电常数时，外电场应很小。

2. 铁电体的起源与晶体结构

（1）铁电体的起源　对铁电体的初步认识是它具有自发极化。铁电体有上千种，不可能都具体描述其自发极化的机制，但可以说自发极化的产生机制与铁电体的晶体结构密切相关。其自发极化的出现主要是晶体中原子（离子）位置变化的结果。已经查明，自发极化机制有：氧八面体中离子偏离中心的运动；氢键中质子运动有序化；氢氧根集团择优分布；含其他离子集团的极性分布等。本书以钙钛矿结构的 $BaTiO_3$ 为例对自发极化的起源予以说明。

钛酸钡在温度高于 120℃ 时具有立方结构，高于 5℃、小于 120℃ 时为四方结构，温度在 -90～5℃ 之间为斜方结构，温度＜-90℃ 时为菱方结构。研究表明，$BaTiO_3$ 在 120℃ 以下都是铁电相或者说具有自发极化，而且其电偶极矩方向受外电场控制。为什么在 120℃ 以下就具有自发极化？

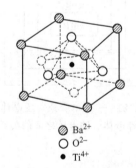

$BaTiO_3$ 的钛离子被六个氧离子围绕形成氧八面体结构（见图 5-19）。根据钛离子和氧离子的半径比为 0.468，可知其配位数为 6，形成 TiO_6 结构。规则的 TiO_6 结构八面体有对称中心和 6 个 Ti—O 电偶极矩，由于方向相互为反平行，故电矩都抵消了，但是当正离子 Ti^{4+} 单向偏离围绕它的负离子 O^{2-} 时，则出现净偶极矩。这就是 $BaTiO_3$ 在一定温度下出现自发极化并导致成为铁电体的原因所在。

由于在 $BaTiO_3$ 结构中每个氧离子只能与 2 个钛离子耦合，并且在 $BaTiO_3$ 晶体中，TiO_6 一定是位于钡离子所确定的方向上，因此，提供了每个晶胞具有净偶极矩的条件。这

图 5-19　$BaTiO_3$ 的钙钛矿结构

样在 Ba 和 O 形成面心立方结构时，Ti^{4+} 进入其八面体间隙（见图 5-19），但是诸如 Ba、Pb、Sr 原子尺寸比较大，所以 Ti 在钡-氧原子形成的面心立方中的八面体间隙中的稳定性较差，只要外界稍有能量作用，便可以使 Ti^{4+} 偏移其中心位置，而产生净电偶极矩。

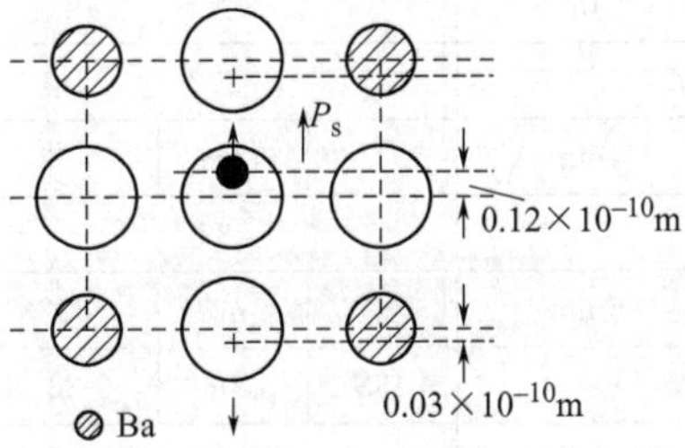

在温度 $T>T_c$ 时，热能足以使 Ti^{4+} 在中心位置附近任意移动。这种运动的结果造成无反对称可言。虽然当外加电场时，可以造成 Ti^{4+} 产生较大的电偶极矩，但不能产生自发极化。当温度 $T \leqslant T_c$ 时，此时 Ti^{4+} 和氧离子作用强于热振动，晶体结构从立方改为四方结构，而且 Ti^{4+} 偏离了对称中心，产生永久偶极矩，并形成电畴。

研究表明，在温度变化引起 $BaTiO_3$ 相结构变化时，钛和氧原子位置的变化如图 5-20 所示。从这些数据

图 5-20　铁电转变时，
TiO_6 八面体原子的位移

可对离子位移引起的极化强度进行估计。

一般情况下，自发极化包括两部分：一部分来源于离子直接位移；另一部分是由于电子云的形变。其中，离子位移极化占总极化的 39%。

以上是从钛离子和氧离子强耦合理论分析其自发极化产生的根源。目前关于铁电相起源，特别是对位移式铁电体的理解已经发展到从晶格振动频率变化来理解其铁电相产生的原理，这就是所谓"软模理论"。

(2) 铁电性、压电性、热释电性关系 至此，已经介绍了一般电介质、具有压电性的电介质（压电体）、具有热释电性的电介质（热释电体或热电体）、具有铁电性的电介质（铁电体）。它们存在的宏观条件如表 5-8 所列。

表 5-8 一般电介质、压电体、热释电体、铁电体存在的宏观条件

一般电介质	压电体	热释电体	铁电体
电场极化	电场极化	电场极化	电场极化
	无对称中心	无对称中心	无对称中心
		自发极化	自发极化
		极轴	极轴
			电滞回线[①]

① 有学者认为，铁电体不一定有完整的电滞回线，只要在外电场作用下自发偶极矩可改变方向即可。

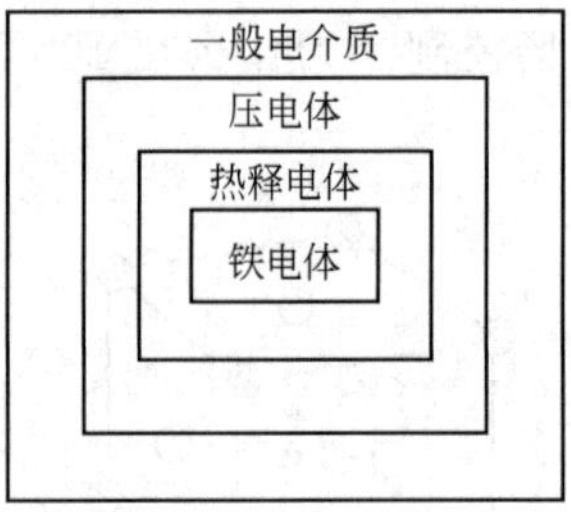

图 5-21 一般电介质、压电体、热释电体、铁电体之间的关系

因此，它们的关系可如图 5-21 所示。

从图 5-21 可见，铁电体一定是压电体和热释电体。在居里温度以上，有些铁电体已无铁电性，但其顺电体仍无对称中心，故仍有压电性，如磷酸二氢钾。有些顺电相如钛酸钡是有对称中心的，故在居里温度以上既无铁电性也无压电性，总之，与它们的晶体结构密切相关。现把具有铁电性的晶体结构列于表 5-9。从表 5-9 中可见，无中心对称的点群中只有 10 种具有极轴，即所谓的极性晶体，它们都有自发极化。但是具有自发极化的晶体，只有其电偶极矩可在外电场作用下改变到原相反方向的，才能称之为铁电体。

表 5-9 晶体的点群

光轴	晶系	中心对称点群		无中心对称点群				
				极轴		无极轴		
双轴晶体	三斜	$\bar{1}$		1		无		
	单斜	2/m		2	m	无		
	正交	mmm		mm2		222		
单轴晶体	四方	4/m	4/mmm	4	4mm	$\bar{4}$	$\bar{4}2m$	422
	三方	$\bar{3}$	$\bar{3}m$	3	3m	32		
	六方	6/m	6/mmm	6	6mm	$\bar{6}$	$\bar{6}m2$	622
光各向同性	立方	m3	m3m	无		432	$\bar{4}3m$	23
总数		11		10		11		

3. 铁电体的临界性质

(1) 环境因素对铁电体性质的影响 外部条件（如电场、应力、温度、压力）变化，可

以引起铁电体极化强度 P 的变化，如图 5-22 所示。由图 5-22(a) 可见，在常压下，罗息盐有二个居里点，一是 24℃ 称上居里点，另一个是 $-18℃$ （或 $-20℃$）称为下居里点，在两者中间的温度范围内属于铁电体。铁电体相变按自由能变化来分，可分为两类，即一级相变和二级相变。一级相变时，比热容会发生突变伴随着有潜热产生，自发极化在居里点处突然下降为零，钛酸钡、PZT 等铁电体即属于这一类。二级相变只呈现比热容大的改变，无潜热发生，自发极化逐渐变为零，硫酸三甘肽（TGS）和 $LiTaO_3$ 铁电体属于这一类。图 5-23 所示为它们的自发极化强度和温度的关系曲线。

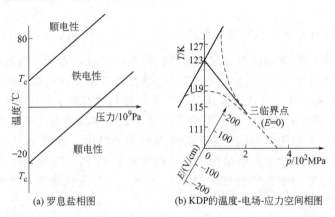

(a) 罗息盐相图　　　(b) KDP的温度-电场-应力空间相图

图 5-22　温度、压力、电场对铁电相的影响（实线为一级相变线，虚线为二级相变）

实测铁电体的各种性能发现，在居里点附近都有很大变化，图 5-24 为钛酸钡铁电单晶体，在居里点 120℃ 附近出现的介电反常。

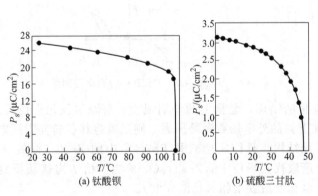

(a) 钛酸钡　　　　(b) 硫酸三甘肽

图 5-23　自发极化强度与温度的关系

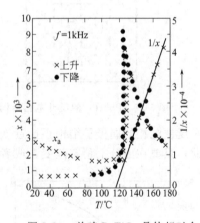

图 5-24　单畴 $BaTiO_3$ 晶体相对介电常数与温度关系（弱场下）

（2）成分、晶粒大小、尺寸因素的影响　铁电体居里温度是由材料成分决定的，例如 $PbTiO_3$ 在 $BaTiO_3$ 中固溶，其居里温度变化如图 5-25 所示。

不同元素在同一铁电体中对 T_c 的影响是不同的，Pb^{2+}、Sr^{2+}、Ca^{2+}、Cd^{2+} 皆可取代 Ba^{2+} 形成钙钛矿型固溶体，其 T_c 是不同的（见表 5-9），同样 Sr^{2+}、Hf^{4+}、Zr^{4+}、Ce^{4+}、Th^{4+} 可置换 Ti^{4+}。$XZrO_3$、$XNbO_3$、$XTaO_3$、XWO_3 和 XMO_3 同样可得到铁电体。

晶粒大小也会影响铁电体的行为。一般情况下晶粒愈大，其压电性（如 d_{33} 值）愈高。图 5-26 表示了极细小晶粒的 $BaTiO_3$ 在 120℃ 的相变。与图 5-24 比较可见，单晶体相变十分尖锐，而在图 5-26 中 $1\sim2\mu m$ 的晶粒，相变是逐渐的。在极细粉末情况下（$0.2\mu m$），晶粒

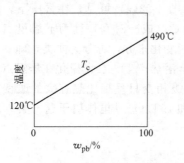

图 5-25 BaTiO₃ 中 PbTiO₃ 含量对居里温度的影响

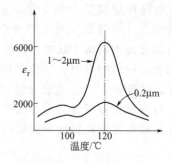

图 5-26 极细粒子 BaTiO₃ 的铁电行为

结构尺寸和钛离子平衡位置间没有或很少有固定的取向关系,表明了微观结构与铁电畴之间的关系。在极细粉末中畴取向是随意的,这种随意性趋于增宽铁电相变的温度范围。

(3)反铁电-铁电相变 反铁电晶体含有反平行排列的偶极子,PbZrO₃ 的反铁电相结构如图 5-27 所示。图中箭头方向代表了铅离子相对于氧晶格的位移方向,结果在一个正交的晶胞中,形成了两个方向相反而偶极矩相等的偶极子亚结构,也就是 $P_2 = -P_1$。于是,晶体净极化强度为零。在每个亚晶格结构中,当温度高于 T_c 时,极化强度 $P \rightarrow 0$。由于其特殊的偶极子排列,其电滞回线也较特殊,如图 5-28 所示。箭头代表铅离子移动方向,实线画出了一个正交晶胞的范围。

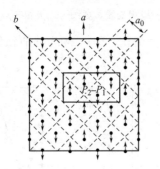

图 5-27 PbZrO₃ 的反铁电相结构

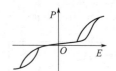

图 5-28 PbZrO₃ 的双电滞回线

反铁电相的偶极子结构很接近铁电相的结构,能量上的差别很小,每摩尔仅几十焦耳。因此,只要在成分上稍有改变,或者加上强的外电场或者是压力,则反铁电相就转变为铁电

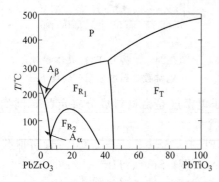

图 5-29 PbZrO₃-PbTiO₃ 系统相图
Aα—正交系反铁电相;Aβ—四方系反铁电相;
P—顺电相;F_{R₁}、F_{R₂}—不同尺寸三方系晶
胞铁电相;F_T—四方系铁电相

相结构。具体实例就是 PbZrO₃ 中的 Zr 以 7% 的 Ti 所取代,形成 Pb(Zr,Ti)O₃ 系统,相结构就从反铁电相变成铁电相(见图 5-29)。

4. 压电、铁电材料及其应用

(1)压电、铁电材料 压电、铁电材料基本上可以分成四大类:单晶体、多晶体陶瓷、聚合物和复合材料;从形态上可以分为块材和膜材。

晶体类的压电材料主是石英晶体,俗称水晶。α 相和 β 相石英都具有压电性,β 相石英可用于高温做剪切模换能器。石英晶体经时稳定性和温度稳定性都很好。在液态空气温度下(−190℃)其压电常量仅比室温下降 1.3%。其特点是机械品质因数 Q_m 高达 $10^5 \sim 10^6$,所以常用于标准频率振子和高选择性滤波器。玻璃陶瓷，例如 $Ba_2TiSi_2O_3$ 不是铁电体，而且 d_{31} 是正值，g_h 很大，没有铁电体的去极化、老化问题，可在高温下做换能器。

铌酸锂（$LiNbO_3$）是强压电效应的铁电体，可在 1050℃ 高温下工作，且温度系数很小，由于其良好的电-光效应，故多应用于光学领域中（含非线性光学），特别是光集成回路中，例如光波导调制器。

多晶陶瓷类铁电材料，种类很多，其中研究最早，已广泛应用是 $BaTiO_3$ 铁电陶瓷材料。不过由于其有 -90℃（三方↔正交晶型）和 0℃ 两个相变点，故其机电性能在常用温度范围内很不稳定，并且易老化；强电场时，介电损耗也较大，因此应用受到限制。往往加其他元素改性，以改善其性能，并且由于它具有较小的 K_p 值，在利用其厚度振动模时，能得到较纯的纵向振动，因而至今仍得到应用。

锆钛酸铅 $Pb(Zr_{1-x}Ti_x)O_3$ 简称 PZT。它的相图（图 5-29）已在前面介绍过，目前应用最为广泛。根据其矫顽场强的大小又分为软性 PZT 和硬性 PZT。由于原材料和生产工艺的变动，对于给定的组分，其介电常数、弹性常量和压电常量分别可能有 20%、5% 和 10% 的变化。

另外一类铁电陶瓷是电光铁电陶瓷，它的主要代表是 $Pb_{1-x}La_x(Zr_yTi_{1-y})O_3$ 简称 PLZT。它的特点是对可见光透明，可在 -40~+80℃ 下使用，作为宽孔径的电光快门。

PMN〔$Pb(Mg_{1/3}、Nb_{2/3})O_3$〕、PZN〔$Pb(Zn_{1/3}、Nb_{2/3})O_3$〕是弛豫型铁电陶瓷，它们具有高的介电常数（最高可达 25000）和最高可达 0.1% 的应变。图 5-30 是 PMN-PT 相图。

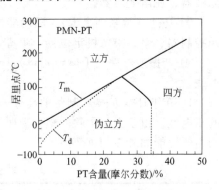

图 5-30 PMN-PT 相图

20 世纪 70 年代和 80 年代开始制备铁电和非铁电薄膜和厚膜。推动力来自激光和晶体管技术，如制造光滤波器、集成光器件、微电子机械系统、微处理器等。目前应用的块材都已经有了膜材，例如 $BaTiO_3$、（$Ba_{1-x}Sr_x$）TiO_3、PZT、PLZT、PNZT(Nb)、PSZT(Sn)、PBZT(Ba)、PT、钛酸铋、铌酸锂、铌酸锶钡和铌酸钾。主要铁电陶瓷材料的性能见表 5-10 所列。

表 5-10 主要铁电陶瓷材料的性能

组 成	ρ /(g/cm³)	T_c/℃	ε_r	$\tan\delta$/%	K_p	K_{33}	d_{33}/ (×10^{-12} C/N)	d_{31}/(10^{-12} C/N)	g_{33}/ (×10^{-3} V·m/N)	S^E/ (×10^{-12} m²/N)
BaTiO₃	5.7	115	1700	0.5	0.36	0.5	190	-78	11.4	9.1
PZT-4	7.5	328	1300	0.4	0.58	0.7	289	-123	26.1	12.3
PZT-5A	7.8	365	1700	2.0	0.6	0.71	374	-171	24.8	16.4
PZT-5H	7.5	193	3400	4.0	0.65	0.75	593	-274	23.1	16.5
PMN-PT(65/35)	7.6	185	3640		0.58	0.70	563	-241		15.2
PMN-PT(90/10)	7.6	40	24000	5.5	0	0	0	0	0	
PbNb₂O₆	6.0	570	225	1.0	0.07	0.38	85	-9	43.1	25.4
(Na₀.₅K₀.₅)NbO₃	4.5	420	496	1.4	0.46	0.61	127	-51	29.5	8.2
PLZT 7/60/40	7.8	160	2590	1.9	0.72		710	-262	22.2	16.8
PLZT 8/40/60	7.8	245	980	1.2	0.34					
PLZT 12/40/60	7.7	145	1300	1.3	0.47		235		12	7.5
PLZT 7/65/35	7.8	150	1850	1.8	0.62		400		22	13.5
PLZT 8/65/35	7.8	110	3400	3.0	0.65		682		20	12.4
PLZT 9/65/35	7.8	80	5700	6.0	0	0	0		0	
PLZT 9.5/65/35	7.8	75	5500	5.5	0	0	0		0	
PLZT 7.6/70/30	7.8	100	4940	6.5	0		0		0	
PLZT 8/70/30	7.8	85	5100	4.7	0		0		0	
0.3PZN-0.7PZT	7.7		3533	2.0	0.58		585	-250		

（2）应用　铁电陶瓷按其使用的功能可分为五类：压电功能、热释电功能、铁电功能、电致伸缩功能、电光功能。不论其块材或膜材，其应用总结起来可用以下方框图概括。

具体应用举例如下。

① 发电机（毫伏到千伏）　水听器、麦克风、电唱机拾音器心座、点火器、加速度仪、电源、快门驱动器、环保传感器、压电笔、冲击导火索、复合器件。

② 马达/发电机　声呐、系列变送器、非破坏检验（NDT）、医药超声、鱼群探测器、滤波器、压电变压器。

③ 马达（微米到毫米）　驱动器（微观到宏观）、蜂鸣器、喷墨打印头、微位移定位器、阀控制器、泵、摄像机定位器、喷雾器、超声马达、压电风扇、继电器。

④ 谐振型器件（千赫到兆赫）　超声清洗器、超声焊机、表面声波器件、变压器、延迟线。

1969 年日本 Kawai 制备的高分子材料聚偏二氟乙烯 PVDF（PVF_2）比石英晶体有更高的压电性。由于它是柔软的塑性薄膜，可以制作新型换能器及用于机器人的触觉传感器，它的主要性能如表 5-11 所列。

表 5-11　PVDF 的主要性能

参　量	符号	数　值	参　量	符号	数　值
压电常量	d_{31}	$18\sim20$pC/N		TD	$2000\sim4000$ 10^6N/m^2
	d_{32}	$2.8\sim3.2$pC/N^{-1}	剪切强度（机加方向）		$160\sim300$MPa
	g_{31}	$0.12\sim0.14$V·m/N	密度		1.6×10^3kg/m^3
	g_{32}	$0.018\sim0.022$V·m/N	声阻抗率		3.9×10^6Pa·s/m
热释电系数		$24\sim28$ μC/(m^2·K)	相对介电常数（1kHz）		12
拉伸强度	MD[①]	$180\sim400$ 10^6N/m^2	$\tan\delta$（1kHz）		0.02
	TD[②]	$300\sim500$ 10^6N/m^2	体电阻率		$10^{13}\Omega$·m
伸长率	MD	$14\sim20\%$	介电强度		$60\sim300$kV/mm(dc)
	TD	$300\sim500\%$	热收缩（在 70℃ 退火，1002h，机加方向）		$4.5\%\sim5.5\%$
拉伸模量	MD	$1800\sim4000$ 10^6N/m^2			

① 机加方向。

② 横向。

表 5-12　一些压电复合材料的主要性能

材料类型	$\rho/$(10^3kg/m^3)	$\varepsilon_{33}/\varepsilon_0$	$d_{33}/$(10^{-12}C/N)	$g_{33}/$(10^{-3}V·m/N)	$d_h/$(10^{-12}C/N)	$g_h/$(10^{-3}V·m/N)	$d_hg_h/$($10^{-15}$$m^2$/N)
玻璃陶瓷	4.0	10	10	100	10	100	1000
1-3PZT/环氧	1.37	$100\sim300$		97	59.7	69	4100
3-3PZT/硅橡胶	3.3	40	95	280	35.6	30	2800
3-1PZT/环氧		410	275	76			3950
3-2PZT/环氧		360	290	90			17600
0-3PZT/氯丁橡胶	1.4	25			22	98	2150

铁电陶瓷与压电聚合物复合形成的压电复合材料，由于其可设计性，使它更具有使用性能的优势。根据铁电体在复合材料中自身相的连通方式可以分 0-3，1-3，2-2……十种模式，表 5-12 是一些压电复合材料的主要性能。这些材料主要用于水听器、医疗用的听诊器。

1997 年美国宾州大学的 Thomas Shrout and Seung Eck Park 研制成功了 PMN-PT 和 PZN-PT 弛豫型铁电单晶体，其压电常量比多晶体铁电陶瓷都提高一个量级，例如 d_{33} 达到 2200pC/N，滞后很小，应变均达到 0.5％以上，而 PZN-8％PT 在〈001〉三方晶向上最大应变可达 1.7％。

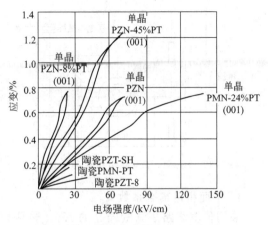

图 5-31　弛豫型单晶体应变与电场
关系和多晶铁电陶瓷的比较

图 5-31 是弛豫型单晶体和多晶铁电陶瓷的应变比较。目前的问题是提高单晶的生长速度并工程化。

第五节　介电测量简介

根据电介质使用的目的不同，其主要测量的参数是不一样的。

对于电介质一般总要测量其介电常数、介电损耗、介电强度。对于绝缘应用，更应注意介电强度；对于应用铁电性、压电性则应分别测定其电滞回线和压电表征参数。这些测量信息有助于理解分析结构和材料极化的机制。

一、电容率（介电常数）、介电损耗、介电强度的测定

介电常数的测量可以采用电桥法、拍频法和谐振法。其中拍频法测定介电常数很准确，但不能同时测量介电损耗。普通电桥法可以测到兆赫下的介电常数。目前，使用阻抗分析仪可以进行从几赫到几百赫的介电测量。此处需要说明的是对于铁电材料进行介电测量时应注意的事项。

① 注意单晶体铁电材料介电常数至少具有两个值，因此，要选择好晶体的切向和尺寸，安排好晶体和电场的取向。

② 铁电体极化与电场关系为非线性，因此，必须说明测量时的电场强度，并且主要研究的是初始状态下的小信号的介电常数 $\varepsilon=\left(\dfrac{\partial D}{\partial E}\right)_{E\to 0}$。

③ 铁电体具有压电性，其电学量与测量时的力学条件有关，因此，自由状态的电容率大于夹持电容率。低频电容率是指远低于样品谐振频率时的电容率，即自由电容率。

④ 测量时通常满足绝热条件，得到的是绝热电容率。

对于绝缘应用的材料着重要测定材料的电阻率、绝缘电阻（采用高阻计）及其介电强度。

二、电滞回线的测量

电滞回线为铁电材料提供矫顽场、饱和极化强度、剩余极化强度和电滞损耗的信息，对于研究铁电材料动态应用（材料电疲劳）是极其重要的。测量电滞回线的方法主要是借助于 Sawyer-

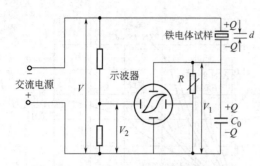

图 5-32　Sawyer-Tower 电桥原理示意图

Tower 回路，其线路测试原理如图5-32所示。

三、压电性的测量

压电性测量方法可以有电测法、声测法、力测法和光测法，其中主要方法为电测法。电测法中按样品的状态分动态法、静态法和准静态法。动态法是用交流信号激发样品，使之处于特定的振动模式，然后测定谐振及反谐振特征频率，并采用适当的计算便可获得压电参量的数值。

1. 平面机电耦合系数 K_p

采用传输线路法测量样品的 K_p。样品为圆片试样，且直径 φ 与厚度 t 之比满足 $\varphi/t \geqslant$ 10。主电极面为上、下两个平行平面，极化方向与外加电场方向平行。传输法的线路原理如图 5-33 所示。

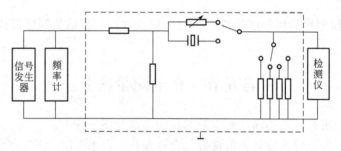

图 5-33　传输法线路原理图

利用检测仪测定样品的谐振频率 f_r 和反谐振频率 f_a，并按式(5-81) 计算 K_p 值

$$\frac{1}{K_p^2} = \frac{a}{\dfrac{f_a - f_r}{f_r}} + b \tag{5-81}$$

式中，a、b 为样品振动模式相关的系数。对于圆片径向振动，$a = 0.395$，$b = 0.574$。

2. 压电应变常量 d_{33} 和 d_{31}

可采用准静态法测试 d_{33}。样品规格形状与 K_p 样品相同。测试用仪器为我国中科院声学所研制的 ZJ-2 型准静态 d_{33} 测试仪，测试误差 $\leqslant 2\%$。

压电应变常量 d_{31} 没有直接测量仪器，是根据公式计算的。采用动态法测试的样品为条状，尺寸条件是样品的长度和宽度之比大于 5，长度和厚度之比大于 10。极化方向与电场方向相互平行，电极面为上、下两平行平面。具体步骤如下。

① 用排水法测出样品的体积密度 ρ。

② 用传输线路法测出样品的谐振频率 f_r 和反谐振频率 f_a。

③ 算出样品在恒电场下（短路）的弹性柔顺系数 S_{11}^E：

$$S_{11}^E = \frac{1}{4l^2 \rho f_r^2} \tag{5-82}$$

式中，l 为样品长度；ρ 为样品密度；f_r 为样品谐振频率。

④ 按下式算出样品的机电耦合系数 K_{31}：

$$\frac{1}{K_{31}^2} = 0.404 \frac{f_r}{f_a - f_r} + 0.595 \tag{5-83}$$

此近似公式算出的 K_{31} 较国家标准精确计算查表值稍高，但近似值是可接受的。

⑤ 测出样品的自由电容 C^T，并计算出自由电容率 ε_{33}^T。

⑥ 算出 K_{31}、ε_{31}^T 和 S_{11}^E 后，按下式算出 d_{31}：

$$d_{31} = K_{31}\sqrt{\varepsilon_{33}^T S_{11}^E}\ (\text{C/N}) \tag{5-84}$$

本 章 小 结

通过比较真空平板电容器和填充电介质平板电容器的电容变化，引入介电常数和极化的概念，注意与极化相关的物理量；分析极化的微观机制。克劳修斯-莫索堤方程把微观的极化率和宏观的极化强度联系起来，指出了提高介电常数的途径。介绍了多晶多相无机材料的极化，混合物介电常数和介电常数温度系数的计算和调节。分析了介质的损耗并提出了降低介质损耗的途径。

同样通过理想平板电容器和填充电介质的平板电容器的电流、电压矢量图的比较，引入电介质在交变电场下性能表征参量：复介电常数、电介损耗以及对外电场响应的极化德拜方程。介质击穿强度是绝缘材料和介电材料的重要指标之一。实际击穿原因十分复杂，在进行改善材料的耐压性试验的同时，还应注意对结构及电极进行合理设计。

压电性、热释电性和铁电性是电介质在一定晶体结构下的特殊性能，要注意掌握它们的特殊性质的表征参量以及可能的应用。

高聚物作为绝缘和介电材料是陶瓷等无机非金属材料的有力竞争者。其主要优点是质量轻，一般在常温下绝缘电阻高于陶瓷材料；其不足是持久经受的温度较低，且有老化问题。

复 习 题

1. 一块 $1\text{cm}\times4\text{cm}\times0.5\text{cm}$ 的陶瓷介质，其电容为 $2.4\times10^{-6}\mu\text{F}$，$\tan\delta=0.02$，试求介质的相对介电常数和在 11kHz 下介质的电导率。

2. 绘出典型的铁电体的电滞回线，说明其主要参数的物理意义和造成 P-E 非线性关系的原因。

3. 试说明压电体、热释电体、铁电体各自在晶体结构上的特点。

4. $BaTiO_3$ 陶瓷和聚碳酸酯都可做电容器，试从电容率、介电损耗、介电强度以及温度稳定性、经时稳定性、成本等方面比较它们的各自优缺点。

5. 使用极化的压电陶瓷片可制得便携式高压电源。电压常量 g_{33} 可定义为开路电压对所加应力的比。现已选用成分为 2/65/35 的 PLZT 陶瓷制作该高压电源。试计算 5000lbf/in^2 （$1\text{lbf/in}^2=6894.76\text{Pa}$）应力加到 $1/2\text{in}$ （$1\text{in}=0.0254\text{m}$）厚的这种陶瓷片上可产生的电压。

6. 某材料在 $-6℃$ 时静态相对介电常数为 80，频率为 10^6Hz 时 $\tan\delta$ 的峰值为 2.93。请使用上述数据算出该材料在 $-6℃$ 的红外折射率和电偶极子的弛豫时间（提示：灵活应用极化德拜方程）。

7. 请为下面用户选择材料，并说明原因。

①户外使用的 10kV 的绝缘材料；②可微调高 Q 空气电容器的绝缘零件；③微波线路的基板；④高功率熔断器的托架。

8. 以典型的 PZT 铁电陶瓷为例，试总结它的介电性、铁电性的影响因素。

9. 结合逆压电效应试说明超声马达的工作原理。

第六章　材料的磁学性能

磁性是一切物质的基本属性，它存在的范围很广，从微观粒子到宏观物体以致宇宙间的天体都存在着磁的现象。磁性不只是一个宏观的物理量，而且与物质的微观结构密切相关，它不仅取决于物质的原子结构，还取决于原子间的相互作用、晶体结构。因此，研究磁性是研究物质内部微观结构的重要方法之一。

磁性材料具有能量存储、转换和改变能量状态的功能，随着现代科学技术和工业的发展，磁性材料被广泛用于电机、仪器仪表、计算机、通信、自动化、生物及医疗等技术领域。

第一节　磁性基本量及磁性分类

一、磁性的本质

磁现象和电现象存在着本质的联系。材料的磁性来源于原子磁矩，原子内的电子绕核运动以及质子和中子在原子核内的运动都要产生磁矩，所以原子磁矩包括电子轨道磁矩、电子的自旋磁矩和原子核磁矩三部分。实验和理论都证明原子核磁矩很小，只有电子磁矩的几千分之一，故可以略去不计；电子的自旋磁矩比轨道磁矩要大，在晶体中，电子的轨道磁矩受晶格场的作用，其方向是变化的，不能形成一个联合磁矩，对外没有磁性作用。因此，物质的磁性不是由电子的轨道磁矩引起的，而是主要由自旋磁矩引起的。

电子绕原子核轨道进行运动，犹如一环形电流，此环流将在其运动中心处产生磁矩，称为电子轨道磁矩。电子轨道磁矩的大小为

$$\mu = l\,\frac{eh}{4\pi mc} = l\mu_B \tag{6-1}$$

式中，e 为电子的电荷；h 为普朗克常量；m 为电子的静止质量；c 为光速；l 为以 $h/2\pi$ 为单位的轨道角动量。$\mu_B = \dfrac{eh}{4\pi mc} = 0.927 \times 10^{-23}$ J/T，称为玻尔磁子，它是电子磁矩的最小单位。

电子的自旋运动产生自旋磁矩，电子自旋磁矩大小为

$$\mu_s = s\,\frac{eh}{2\pi mc} = 2s\mu_B \tag{6-2}$$

式中，s 为电子自旋磁矩角动量，以 $h/2\pi$ 为单位。

实验测得电子自旋磁矩在外磁场方向上的分量恰为一个玻尔磁子，即

$$\mu_{sz} = \pm\mu_B \tag{6-3}$$

式中，符号取决于电子自旋方向，一般取与外磁场方向 z 一致的为正，反之为负。

原子中电子的轨道磁矩和电子的自旋磁矩构成了原子固有磁矩，即本征磁矩。当电子层的各个轨道电子都排满时，其电子磁矩相互抵消，这个电子层的磁矩总和为零，它对原子磁矩没有贡献。如果原子中所有电子层的电子都排满时，由于形成一个球形对称的集体，则电子轨道磁矩和自旋磁矩各自相抵消，此时原子本征磁矩为零。原子中如果有未被填满的电子壳层，其电子的自旋磁矩未被抵消（方向相反的电子自旋磁矩可以互相抵消），原子就具有

"永久磁矩"。例如，铁原子的原子序数为 26，共有 26 个电子，电子层分布为 $1s^2 2s^2 2p^6 3s^2 3p^6 3d^6 4s^2$。可以看出，除 3d 次外层外，各层均被电子填满，自旋磁矩被抵消。根据洪特法则，电子在 3d 次外层中应尽可能填充到不同的轨道，并且它们的自旋尽量在同一个方向上（平行自旋）。因此，5 个轨道中除了有一条轨道必须填入 2 个自旋反平行的电子外，其余 4 个轨道均只有一个电子，且这些电子的自旋方向相同，由此 3d 层的电子磁矩也即原子的总磁矩为 4 倍的玻尔磁子。

二、磁化现象与磁性的基本物理量

任何物质处于磁场中，均会使其所占有的空间的磁场发生变化，这是由于磁场的作用使物质表现出一定的磁性，这种现象称为磁化。通常把能磁化的物质称为磁介质。实际上，包括空气在内所有的物质都能被磁化，因此从广义上讲都属磁介质。

当磁介质在磁场强度为 H_0 的外加磁场中被磁化时，会使它所在空间的磁场发生变化，即产生一个附加磁场 H'，这时，其所处的总磁场强度 $H_{总}$ 为两部分的矢量和，即

$$H_{总} = H_0 + H' \tag{6-4}$$

磁场强度的单位是 A/m。

通常，在无外加磁场时，材料中原子固有磁矩（关于原子固有磁矩的产生将在下一节讨论）的矢量总和为零，宏观上材料不呈现出磁性。但在外加磁场作用下，便会表现出一定的磁性。实际上，磁化并未改变材料中原子固有磁矩的大小，只是改变了它们的取向。因此，材料磁化的程度可用所有原子固有磁矩矢量 P_m 的总和 $\sum P_m$ 来表示。由于材料的总磁矩和尺寸因素有关，为了便于比较材料磁化的强弱程度，一般用单位体积的磁矩大小来表示。单位体积的磁矩称为磁化强度，用 M 表示，其单位为 A/m，它等于

$$M = \frac{\sum P_m}{V} \tag{6-5}$$

式中，V 为物体的体积，m^3。

磁化强度 M 即前面所述的附加磁场强度 H'，不仅与外加磁场强度有关，还与物质本身的磁化特性有关，即

$$M = \chi H \tag{6-6}$$

式中，χ 为单位体积磁化率，量纲为 1，其值可正、可负，它表征物质本身的磁化特性。在理论研究中常采用摩尔磁化率 $\chi^A = \chi/V$（V 为摩尔原子体积），有时采用单位质量磁化率 $\chi^d = \chi/d$（d 为密度）。

通过垂直于磁场方向单位面积的磁力线数称为磁感应强度，用 B 表示，其单位为 T，它与磁场强度 H 的关系是

$$B = \mu_0(H + M) \tag{6-7}$$

式中，μ_0 为真空磁导率，它等于 $4\pi \times 10^{-7}$，H/m。

将式(6-6)代入式(6-7)可得

$$B = \mu_0(1 + \chi)H = \mu_0 \mu_r H = \mu H \tag{6-8}$$

式中，μ_r 为相对磁导率；μ 为磁导率（亦称导磁系数），单位与 μ_0 相同，它反映了磁感应强度 B 随外磁场 H 变化的速率。工程技术上常用磁导率 μ 来表示材料磁化难易程度，而科学研究上则通常使用磁化率 χ。

将磁矩 p 放入磁感应强度为 B 的磁场中，它将受到磁场力的作用而产生转矩，其所受力矩为

$$L = pB \tag{6-9}$$

此转矩力图使磁矩 p 处于势能最低的方向。磁矩与外加磁场的作用能称为静磁能。处于磁场中某方向的磁矩，所具有的静磁能为

$$E = -pB \qquad (6\text{-}10)$$

在讨论材料的磁化过程和微观磁结构时，经常要考虑磁体中存在的几种物理作用及其所对应的能量，其中包括静磁能。通常关心的不是总的静磁能而是单位体积中的静磁能，即静磁能密度 E_H

$$E_H = -MB = -\mu MH\cos\theta \qquad (6\text{-}11)$$

式中，θ 为磁化强度 M 与磁场强度 H 的夹角。通常静磁能密度 E_H 在习惯上简称为静磁能。

三、物质磁性的分类

根据物质磁化率的符号和大小，可以把物质的磁性大致分为五类。按各类磁体磁化强度 M 与磁场强度 H 的关系，可作出其磁化曲线，如图 6-1 所示。

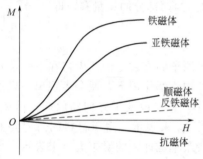

图 6-1　五类磁体的磁化曲线示意图

（1）抗磁体　物质的磁化率 χ 为很小的负数，其绝对值大约在 10^{-6} 数量级，它们在磁场中受微弱斥力，使磁场减弱。金属中约有一半金属是抗磁体。根据 χ 与温度的关系，抗磁体又可分为：①"经典"抗磁体，它的 χ 不随温度变化，如铜、银、金、汞、锌等；②反常抗磁体，它的 χ 随温度变化，且其大小是前者的 $10\sim100$ 倍，如铋、镓、锑、锡、铟等。

（2）顺磁体　物质的磁化率 χ 为正值，约为 $10^{-6}\sim10^{-3}$。它在磁场中受微弱吸力，使磁场略为增强。根据 χ 与温度的关系可分为：①正常顺磁体，其 χ 与温度成反比关系，金属铂、钯、奥氏体不锈钢、稀土金属等属于此类；②χ 与温度无关的顺磁体，例如锂、钠、钾、铷等金属。

（3）铁磁体　物质在较弱的磁场作用下，就能产生很大的磁化强度。χ 是很大的正数，且 M 或 B 与外磁场强度 H 呈非线性关系变化，如铁、钴、镍等。铁磁体在温度高于某临界温度后变成顺磁体，此临界温度称为居里温度或居里点，常用 T_c 表示。铁磁体是本章要重点介绍的磁性物质。

（4）亚铁磁体　这类磁体类似于铁磁体，但 χ 值没有铁磁体那样大，如磁铁矿（Fe_3O_4）、铁氧体等属于亚铁磁体。

（5）反铁磁体　物质的磁化率 χ 是小的正数，在温度低于某温度时，它的磁化率随温度升高而增大，高于这个温度，其行为像顺磁体，如氧化镍、氧化锰等。

四、铁磁体磁化曲线和磁滞回线

铁磁体具有很高的磁化率，即在不很强的磁场作用下，就可得到很大的磁化强度，其磁化曲线（M-H 或 B-H）是非线性的。铁磁性材料的磁学特性与顺磁性、抗磁性物质不同之处主要表现在磁化曲线和磁滞回线上。

铁磁体磁化曲线如图 6-2(a) 所示，图中虚线为磁导率 μ（B-H 曲线上各点与坐标原点连线的斜率）随磁场强度变化的曲线。从图中可以看出，磁化过程可以分成三个阶段，第一阶段是在外磁场较小时，随外磁场强度的增加，磁感应强度 B 开始时缓慢增加，磁化强度 M 与外磁场强度 H 之间呈近似直线关系，并且磁化是可逆的；第二阶段随外磁场强度 H 的继续增加，磁感应强度 B 和磁化强度 M 迅速地增加，磁导率 μ 急剧升高，并且出现极大值 μ_m，这个阶段

磁化是不可逆的,即去掉磁场仍保持部分磁化;第三阶段随外磁场强度 H 的进一步增大,磁感应强度 B 和磁化强度 M 增加趋势变缓,磁化变得越来越困难,磁导率 μ 减小,并趋向于 μ_0,当外磁场强度达到 M_s 时,磁化至饱和,此时的磁化强度称为饱和磁化强度 M_s,对应的磁感应强度称为饱和磁感应强度 B_s。磁化至饱和后,磁化强度不再随外磁场的增加而增加,但此时磁感应强度 $[B=\mu_0(H+M)]$ 仍将继续增大。所有铁磁性物质从退磁状态开始的基本磁化曲线都有如图 6-2(a) 的形式,它们之间的区别只在于开始阶段区间的大小、饱和磁化强度 M_s 的大小和上升陡度。这种从退磁状态直到饱和前的磁化过程称为技术磁化。

铁磁材料从退磁状态被磁化到饱和的技术磁化过程中存在着不可逆过程,在实验获得的图 6-2(b) 中得到进一步证明,即试样沿 Oab 曲线磁化至饱和状态 b 点后,再逐渐降低磁场强度 H 时,磁感应强度 B 将不沿着原磁化曲线下降而是沿 bc 缓慢下降,当 $H=0$ 时,磁感应强度并不为零,这时的磁感应强度称为剩余磁感应强度,用 B_r 表示。要将 B 减小为零,必须加一反向磁场 $-H_c$,该反向磁场值称为矫顽力。通常把曲线 bc 段称为退磁曲线。继续增大反向磁场到 $-H_s$,B 将沿着 de 曲线变化为 $-B_s$。再逐渐降低反向磁场强度,至 $-H=0$ 后再继续增加磁场 H,B 将沿 $efgb$ 变化为 $+B_s$,这样得到一个闭合曲线 $b \to c \to d \to e \to f \to g \to b$,由于磁感应强度 B 的变化总是落后于磁场强度 H 的变化,这种现象称为"磁滞",它是铁磁性材料的重要特性之一。由于磁滞效应,磁化一周得到的闭合回线称为磁滞回线。

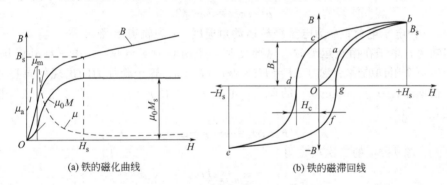

(a) 铁的磁化曲线 (b) 铁的磁滞回线

图 6-2 铁的磁化曲线和磁滞回线

如果磁滞回线的起点不是图 6-2(b) 中磁饱和状态 b 点,而是从某一小于 H_s 的状态开始变化一周,则磁滞回线变得将扁平些。由此可见,继续减小磁场 H,则剩磁 M_s 和矫顽力 H_c 均将随之减小。因此,当施加于材料的交变磁场幅值 $H \to 0$ 时,回线将成为一条趋向坐标原点的螺线,直至 H 降到 0 时,M 亦降为 0,铁磁体将完全退磁。这就提供了一种有效的技术退磁方法。

磁滞回线所包围的面积表示磁化一周时所消耗的功,称为磁滞损耗 Q,其大小为

$$Q = \oint H dB \tag{6-12}$$

人们通常将矫顽力 H_c 很小而磁化率 χ 很大的材料称为"软磁材料",而将 H_c 很大而 χ 较小的材料称为"硬磁(或永磁)材料",某些磁滞回线趋于矩形的材料则称为"矩磁材料"。总之,通过材料种类和工艺过程的选择可以得到性能各异、品种繁多的磁性材料。

第二节 抗磁性和顺磁性

一、抗磁性

原子磁性的研究表明,原子的磁矩取决于未填满电子壳层的电子轨道磁矩和自旋磁矩。

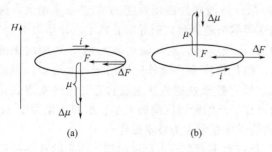

图 6-3 形成抗磁磁矩示意图

对于电子壳层已填满的原子，电子轨道磁矩和自旋磁矩的总和等于零，这是在没有外磁场的情况下原子所表现出来的磁性。当施加外磁场时，对于总磁矩为零的原子也会显示磁矩，这是由于外加磁场感应的轨道磁矩增量对磁性的贡献。

根据拉莫尔（Lamor）定理，在磁场中电子绕中心核的运动只不过是叠加了一个电子进动，就像一个在重力场中的旋转陀螺一样，由于拉莫尔进动是在原来轨道运动之上的附加运动，如果绕核的平均电子流起初为零，施加磁场后的拉莫尔进动会产生一个不为零的绕核电子流。这个电流等效于一个方向与外加场相反的磁矩，因而产生了抗磁性。可见物质的抗磁性不是由电子的轨道磁矩和自旋磁矩本身所产生，而是由外加磁场作用下电子绕核运动所感应的附加磁矩造成的。

为了讨论简便起见，取两个轨道平面与磁场 H 方向相垂直而运动方向相反的电子为例，如图 6-3 所示。当无外磁场时，电子绕核运动相当于一个环电流，其大小为 $i=e\omega/2\pi$，此环电流产生的磁矩为

$$\mu=i\pi r^2=e\omega r^2/2 \tag{6-13}$$

式中，e 为电子电荷；ω 为电子绕核运动角速度；r 为轨道半径。

我们知道，电子在循轨运动时必然要受到一个向心力 $F=er\omega^2$，电子在外磁场 H 作用下，将产生一个附加的洛伦兹力 $\Delta F=Hi\cdot 2\pi r=Her\omega$，这个附加力的出现使向心力 F 增大或减小。根据郎日万（Langevin）的理论，电子轨道半径 r 不变，因此必然导致绕核运动角速度 ω 变化，即

$$F+\Delta F=mr(\omega+\Delta\omega)^2$$

解上式并略去 $\Delta\omega$ 的二次项，得

$$\Delta\omega=\frac{eH}{2m}$$

这就是拉莫尔进动角频率，由此产生附加磁矩 $\Delta\mu=\Delta i\pi r^2$，因为 $\Delta i=e\Delta\omega/2\pi$，所以 $\Delta\mu=e\Delta\omega r^2/2$，式(6-13) 可得

$$\Delta\mu=-\frac{e^2 r^2}{4m}H \tag{6-14}$$

式中，负号表示附加磁矩 $\Delta\mu$ 的方向与外磁场 H 方向相反。

在外磁场作用下，一个电子产生一个附加磁矩 $\Delta\mu$，原子的附加磁矩就是所有电子附加磁矩之和，即在外磁场作用下由于电子轨道运动产生了与外磁场方向相反的附加磁矩，这就是物质产生抗磁性的原因。由上式还可发现，附加磁矩 $\Delta\mu$ 与外磁场 H 成正比，这说明抗磁磁化是可逆的，即当外磁场去除后，抗磁磁矩即行消失。

既然抗磁性是由于电子轨道运动受外磁场作用的结果，因此，任何材料在磁场作用下都要产生抗磁性。但是必须指出，并非所有材料都是抗磁体，材料到底是抗磁体还是顺磁体，取决于材料中抗磁性和顺磁性的综合结果。

二、顺磁性

材料的顺磁性来源于原子的固有磁矩。在没有外磁场作用时，由于热运动的影响，原子磁矩倾向于混乱分布，在任何方向上原子磁矩之和为零，如图 6-4(a) 所示，即宏观上并不显示磁性。当加上外磁场时，由于磁矩与外磁场相互作用，磁矩具有较高的静磁能，为了降

低静磁能，原子磁矩要转向外磁场方向，如图 6-4(b) 所示，结果使总磁矩不为零而表现出磁性；随着外磁场的增强，磁化不断增强。常温下，要使原子磁矩要转向外磁场方向，除了克服磁矩间相互作用所产生的无序倾向外，还必须克服原子热运动所造成的严重干扰，原子磁矩难以排列一致，磁化十分困难，故室温下顺磁体的磁化率一般仅为 $10^{-6} \sim 10^{-3}$。据计算在常温下要克服热运动的影响使顺磁体磁化到饱和，即原子磁矩沿外磁场方向排列，所需的磁场约为 $8 \times 10^8 \mathrm{A/m}$，这在技术上是很难达到的。但如果把温度降低到 0K 附近，实现磁饱和就容易得多。例如，顺磁体 $CdSO_4$，在 1K 时，只需 $H = 24 \times 10^4 \mathrm{A/m}$ 便达到磁饱和状态。总之，顺磁体的磁化乃是磁场克服热运动干扰，使原子磁矩沿磁场方向排列的过程。

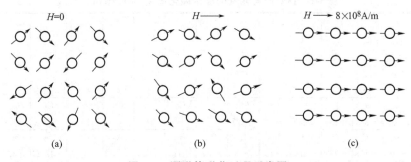

图 6-4 顺磁体磁化过程示意图

值得指出的是，顺磁性物质的磁化率是抗磁性物质磁化率的 $1 \sim 10^3$ 倍，所以在顺磁性物质中抗磁性被掩盖了。

三、影响金属抗磁性与顺磁性的因素

1. 原子结构的影响

在磁场作用下，电子的轨道运动要产生抗磁矩，而离子的固有磁矩则产生顺磁性。自由电子在磁场的作用下也要产生抗磁矩和顺磁矩，只是顺磁矩远大于抗磁矩，因此自由电子整体上表现为顺磁性。材料都是由原子和电子构成的，其内部既存在产生抗磁性的因素，又存在产生顺磁性的因素，属于哪种磁性材料，取决于哪种因素占主导地位。

惰性气体的原子磁矩为零，在外磁场作用下只能产生抗磁矩，是典型的抗磁性材料。对于大多数非金属（除了氧和石墨），虽然它们的原子具有磁矩，但当它们形成分子时，由于共价键作用，使外层电子被填满，它们的分子就不具有固有磁矩，因此，绝大多数非金属都属于抗磁体，并且它们的磁化率与惰性气体相近。在元素周期表中，接近非金属的一些金属元素如 Sb、Bi、Ga、灰锡、Tl 等，它们的自由电子在原子价增加时逐步向共价结合过渡，因而表现出异常的抗磁性。

金属是由点阵离子和自由电子构成，因此金属的磁性要从离子的磁性和自由电子的磁性两方面考虑。当点阵离子的电子层都排满时，在磁场作用下由于电子的轨道运动产生的附加磁矩而表现为抗磁性，当点阵离子的内层电子未排满时，存在固有磁矩，则在磁场作用下，离子表现为顺磁性。而自由电子在外磁场的作用下，来源于自旋磁矩的顺磁性大于抗磁性，因此自由电子整体上表现为顺磁性。一般而言，自由电子的顺磁性比较小，所以根据离子和自由电子磁矩在具体情况下所起的作用，可以分析金属的抗磁性和顺磁性。

在 Cu、Ag、Au、Zn、Cd、Hg 等金属中，由于它们的正离子所产生的抗磁性大于自由电子的顺磁性，因而它们属于抗磁体。但金属的抗磁性总是小于其离子的抗磁性，这一实验事实表明，导电电子是具有顺磁性的。

所有的碱金属（Li，Na，K，Rb，Cs）和除 Be 以外的碱土金属都是顺磁体。虽然这两

类金属元素在离子状态时都具有与惰性气体相似的电子结构，离子呈现抗磁性，但由于自由电子的顺磁性占主导地位，仍然成为顺磁体。

过渡族金属（见表 6-1）在高温都属于顺磁体，但其中有些存在铁磁转变（如 Fe、Co、Ni），有些则存在反铁磁转变（如 Cr）。这些金属的顺磁性主要是由于 3d、4d、5d 电子壳层未填满，而 d 和 f 态电子未抵消的磁矩形成晶体离子构架的固有磁矩，因此产生强烈的顺磁性。

表 6-1 列出了各元素在 18℃时摩尔磁化率 χ。

表 6-1　18℃时各元素的摩尔磁化率 χ（$10^{-6}\,mol^{-1}$）

	1	2	3	4	5	6	7	8	9	10	11	12	13	14	15	16
2	Li +25.2	Be −9.02														
3	Na +15.6	Mg +6	Al +16.7													
4	K +21.5	Ca +44	Sc +315	Ti +150	V +230	Cr +160	Mn +527	Fe 》①	Co 》①	Ni 》①	Cu −5.4	Zn −10.26	Ga −16.8	Ge −8.9	As −5.5	Se −26.5
5	Rb +19.2	Sr +92	Y +191	Zr +120	Nb +120	Mo +45	Tc —	Ru +44	Rh +113	Pd +580	Ag −4.56	Cd −19.6	In −12.26	Sn +4.4	Sb −107	Te −40.8
6	Cs +29.9	Ba +20	La +140	Hf —	Ta +145	W +40	Re +68.7	Os +7.6	Ir +25	Pt +200	Au −29.6	Hg −33.8	Tl −49.05	Pb −24.86	Bi −265	Po

① 表示它们的磁代率 χ 很大。

稀土金属有特别高的顺磁磁化率，见表 6-2，而且磁化率的温度关系也遵从居里-外斯定律。它们的顺磁性主要是由于 4f 电子壳层磁矩未抵消而产生的。这些金属中的钆（Gd）在 (16 ± 2)℃以下转变为铁磁体。

表 6-2　室温下稀土金属的摩尔磁化率 χ（$10^{-6}\,mol^{-1}$）

Ce	Pr	Nd	Sm	Eu	Gd	Tb	Dy	Ho	Er	Tu
2300	3520	5150	5600	1820	30400	115000	102000	68200	44500	25600

2. 温度的影响

温度对抗磁性一般没有什么影响，但当金属熔化、凝固、同素异构转变以及形成化合物时，由于电子轨道的变化和单位体积内原子数量的变化，使抗磁磁化率发生变化。

顺磁性物质的磁化是磁场克服原子和分子热运动的干扰，使原子磁矩向着磁场方向排列的过程，所以，温度对顺磁性影响很大，其中少数顺磁物质可以准确地用居里（Curie）定律进行描述，即它们的原子磁化率与温度成反比，

$$\chi=\frac{C}{T} \tag{6-15}$$

式中，C 为居里常数，可由 $C=N_A\mu_B^2/3k$ 算出，这里 N_A 为阿伏伽德罗常数；μ_B 为玻尔磁子；k 为玻耳兹曼常数；T 为热力学温度。

还有相当多的固体顺磁物质，特别是过渡族金属不符合居里定律。它们的原子磁化率与温度的关系要用居里-外斯（Curie-Weiss）定律来描述，即

$$\chi=\frac{C'}{T+\Delta} \tag{6-16}$$

式中，C' 是常数；Δ 对于一定的物质也是常数，对不同的物质可正可负。

对铁磁转变的物质来说，在居里温度 T_c 以上铁磁体属于顺磁体，其磁化率 χ 大致服从

居里-外斯定律，此时 $\Delta = -T_c$，磁化强度 M 和磁场 H 保持着线性关系。只是在磁场很强或温度足够低的情况下，这些顺磁体才表现出复杂的性质，如顺磁饱和与低温磁性反常。

对于反铁磁体，Δ 小于零，本章后面将介绍。

还有一小部分顺磁物质，如碱金属锂、钠、钾、铷等的磁化率 χ 与温度无关，其 χ 在 $10^{-7} \sim 10^{-6}$ 之间，因为它们的顺磁性是由价电子产生的，量子力学已经证明它们的 χ 与温度没有依赖关系。

3. 相变及组织结构的影响

当材料发生同素异构转变时，由于原子间距发生变化，会影响电子运动状态而导致磁化率的变化。例如，白锡是很弱的顺磁体，不但在熔化时转变为抗磁体，而且在低温转变为灰锡时也成为抗磁体。这是因为原子间距增大引起自由电子减少和结合电子增多，从而导致金属性的消失。在加热时锰发生一系列同素异构转变，α-Mn$\rightarrow$$\beta$-Mn 和 β-Mn$\rightarrow$$\gamma$-Mn，其顺磁磁化率均增加。随着顺磁磁化率的增加，锰的金属性按照 $\alpha\rightarrow\beta\rightarrow\gamma$ 的次序逐步增加，原子间距减小，塑性和导电性增加。

α-Fe 在 A_2 点（768℃）以上变为顺磁状态，在 910℃ 和 1410℃ 发生 $\alpha\rightarrow\gamma$ 和 $\gamma\rightarrow\delta$ 转变时，顺磁磁化率发生突变，如图 6-5 所示。由图可见，γ-Fe 的磁化率比 α-Fe 和 δ-Fe 的都低，且 γ-Fe 的磁化率几乎与温度无关，而 α-Fe 和 δ-Fe 的磁化率在温度升高时急剧下降，这是强顺磁材料的一般特征。值得指出的是，δ-Fe 的磁化率曲线处于 α-Fe 的延长线上。这说明同为 bcc 结构的 α-Fe 和 δ-Fe 的物理性能变化规律相同。

塑性变形对金属的抗磁性影响也很大，因为加工硬化时原子间距增大、密度减小，从而使材料的抗磁性减弱。例如，塑性变形使铜和锌的抗磁性减小，而高度加工硬化后，铜变为顺磁体，但退火可恢复其抗磁性。

晶粒细化可以使 Bi、Sb、Se、Te 的抗磁性降低，而 Se 和 Te 在高度细化时甚至成为顺磁体。显然，无论是加工硬化还是晶粒细化都引起点阵畸变从而影响磁化率，它们影响的趋势和熔化一样，使金属晶体都趋于非晶化，使抗磁性降低。

4. 合金成分与组织的影响

合金化对抗磁或顺磁磁化率会有很大的影响，形成固溶体合金时磁化率因原子之间结合的改变而有明显变化。通常由弱磁化率的两种金属（如 Cu、Ag、Al、Mg）组成固溶体时，其磁化率以接近于直线的平滑曲线随成分变化，这表明形成固溶体时结合键发生了变化。

如果将强顺磁的过渡族金属（如 Pd）溶入抗磁金属 Cu、Ag、Au 中，固溶体磁性发生复杂变化，如图 6-6 所示。从图中可以看出，尽管 Pd 为强顺磁金属，但 Pd 的原子分数在 30% 以下却使合金（固溶体）抗磁性增强，这是由于 d 电子壳层被自由电子所填充，使 Pd 在固溶体中没有离子化所造成的。只有在 Pd 的含量更高时，磁化率才变为正值并急剧上升到 Pd 所固有的顺磁磁化率值。

Pd 的同族元素 Ni 和 Pt 溶入 Cu 中也使其磁化率减小，但保持微弱的顺磁性。Cr 和 Mn 与 Pd 有显著的不同，它们溶入 Cu 中使固溶体的磁化率急剧地增高，以至于固溶体中的顺磁性大于其纯金属状态的顺磁性，如图 6-7 所示。

在低价的抗磁金属中加入铁磁金属（Fe，Co，Ni）时，合金的磁化率急剧增高，甚至低浓度的固溶体就能转变为顺磁体。这种顺磁体的磁化率将随温度升高而降低。如果以高价金属（如 Sb）作溶剂，则溶于其中的铁磁溶质（如 Co），不但不起顺磁作用反而增强抗磁性，这种情况也部分地适用于 Fe。显然，上述现象与过渡族元素 d 壳层的逐次填充有关。可以认为，Ni、Pd、Pt 溶质原子被一价溶剂（Cu，Ag，Au）原子包围时，d 壳层的填充已经开始，而它们左边的过渡族元素（从 Cr 到 Co）作溶质时，只有被较高价溶剂（Sb，Zn）

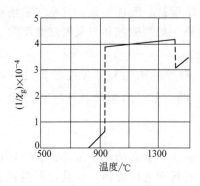

图 6-5 铁在 A_2 点以上的顺磁磁化率

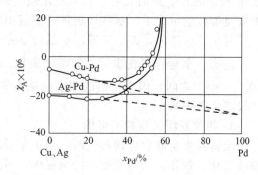

图 6-6 Cu-Pd、Ag-Pd 固溶体的磁化率

原子包围时才进行这种填充。

通过合金化对材料抗磁和顺磁磁化率影响的研究，我们可以了解固溶体中结合键的变化情况，同时对于要求弱磁性的仪器仪表材料有现实意义。

固溶体的有序化对磁化率也有明显的影响，因为有序化使溶剂和溶质原子呈有规则的交替排列，使原子之间结合力发生变化，并引起原子间距的变化，因而磁性也要发生变化。如形成 CuAu 有序合金使抗磁性减弱，而形成 Cu_3Au、Cu_3Pd 和 Cu_3Pt 合金的抗磁性增强。

合金形成中间相和化合物时，其磁化率将发生突变，图 6-8 为 Cu-Zn 合金磁化率与成分的关系。从图中可看到，当 Cu-Zn 合金形成中间相 Cu_3Zn_5（电子化合物 γ 相）时，有很高的抗磁磁化率，这是由于 γ 相结构中自由电子数减少了，几乎无固有原子磁矩，所以是抗磁性的。

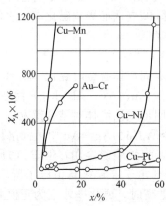

图 6-7 Mn、Cr、Ni、Pd 在 Cu 和 Au 中固溶体的磁化率

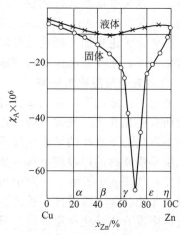

图 6-8 Cu-Zn 合金磁化率与成分的关系

四、抗磁体和顺磁体的磁化率测量

抗磁体和顺磁体均属于弱磁体，其磁化率都很小，一般都是用磁秤法测量它们的磁化率，即通过样品在非均匀磁场中的斥力或吸力来确定其磁化率，这种方法又称为磁天平法，其结构原理如图 6-9 所示。

它由一个分析天平 1、产生不均匀磁场的电磁铁 2 和施加平衡力的系统 3 组成。磁铁的极头有一个坡度，造成不等距离的间隙，产生一不均匀磁场，磁场强度 H 沿 x 方向的变化可事先测得，如图 6-9 的右图曲线所示，从曲线可以求出沿 x 方向的磁场梯度 dH/dx。

将试样 4 放入两磁铁中，这时磁场对试样沿 x 方向的作用力（若试样为顺磁材料则产生

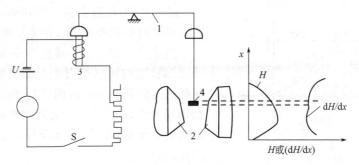

图 6-9 磁秤结构原理

拉力，抗磁材料则相反）应为

$$F = \chi V H \frac{dH}{dx} \tag{6-17}$$

式中，V 为试样体积；χ 为试样的磁化率。

由于磁场强度 H 沿 x 方向的磁场梯度 dH/dx 和试样的体积 V 均为已知量，因此只要测出试样所受的力 F 即可计算出试样的磁化率 χ。测量时调整系统 3 中的电流使其产生与 F 相等的力，使天平即达到平衡，此时根据电流的大小即可确定 F。

也可以用已知 χ 值的金属进行标定，若已知某金属的磁化率 χ_1，其对应的电流为 i_1，然后再测未知 χ_2 值样品的平衡电流值 i_2，则 χ_2 可以按下式求出

$$\chi_2 = \chi_1 \frac{i_2}{i_1} \tag{6-18}$$

磁天平法对于弱磁体的测量是很重要的，但也可以测量铁磁性。如配备加热和冷却装置，还可以对合金在加热和冷却过程中相和组织的变化进行跟踪研究，目前磁天平的测量已经实现自动化，并已成为磁分析的一个有力工具。

第三节 铁 磁 性

自然界中的铁磁性材料都是金属，它们的铁磁性来源于原子未被抵消的自旋磁矩和自发磁化。依其原子磁矩结构的不同，铁磁性物质可以分为两种类型：一种是像 Fe、Co、Ni 等，属于本征铁磁性材料，在一定的宏观尺寸范围内，原子的磁矩方向趋向一致，这种铁磁性称为完全铁磁性；另一种是大小不同的原子磁矩反平行排列，二者不能完全抵消，即有净磁矩存在，称此种铁磁性为亚铁磁性。具有亚铁磁性的典型物质为铁氧体系列，它们作为高技术磁性材料，已受到高度重视。有关亚铁磁性在铁氧体中进行讨论。

一、自发磁化

在没有外磁场的情况下，材料所发生的磁化称为自发磁化，铁磁性物质自发磁化是由于电子间的相互作用产生的。当两个原子相接近时，电子云相互重叠，由于 3d 层和 4s 层的电子能量相差不大，因此它们的电子可以相互交换位置，迫使相邻原子自旋磁矩产生有序排列。因交换作用所产生的附加能量称为交换能，用 E_{ex} 表示

$$E_{ex} = -A\cos\varphi \tag{6-19}$$

式中，A 为交换能积分常数；φ 为相邻原子的两个电子自旋磁矩之间的夹角。

由此式可知，交换能的正负取决于 A 和 φ，当 A 为正值（$A>0$），$\varphi=0$ 时，E_{ex} 为负最大值，即相邻自旋磁矩同向平行排列时能量最低，即自发磁化；当 A 为负值（$A<0$），$\varphi=$

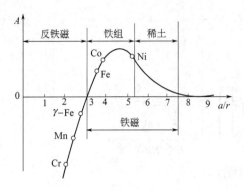

图 6-10 交换能常数 A 与 a/r 的关系

180°时，E_{ex} 为负最大值，即相邻自旋磁矩呈反向平行排列时能量最低，即产生反磁性。

理论计算表明，交换能积分常数 A 不仅与电子运动状态的波函数有关，而且强烈地依赖于原子核之间的距离 a，由图 6-10 所示可以看出，交换能积分常数 A 与原子之间的距离 a 和参加交换作用的电子距核的距离（未填满电子壳层半径）r 之比的关系。

当 $a/r > 3$ 时，$A > 0$，有自发磁化倾向，如 Fe、Co、Ni 就有较强的自发磁化倾向；但若 a/r 值太大，其 A 值很小，则原子之间距离太大，电子云重叠很少或不重叠，电子之间静电交换作用很弱，对电子自旋磁矩取向影响很小，它们可能呈顺磁性，如稀土元素。

当 $a/r < 3$ 时，$A < 0$，这时自旋磁矩反向平行排列能量最低。若相邻原子磁矩相等，由于原子磁矩反向平行排列，原子磁矩相互抵消，使自发磁化强度等于零，这一特性称为反磁性，如 Cr、Mn，还有金属氧化物 MnO、Cr_2O_3、CuO、NiO 等，这类物质无论在什么温度下其宏观特性都是顺磁性的，其磁化率 χ 为正值。温度很高时，χ 极小；温度降低，χ 逐渐增大。在温度 T_n 时，χ 达最大值 χ_{rn}，称 T_n（或 θ_n）为反磁性物质的居里点或尼尔点。对尼尔点存在 χ_{rn} 的解释是：在极低温度下，由于相邻原子的自旋完全反向，其磁矩几乎完全抵消，故磁化率 χ 几乎接近于 0。当温度升高时，使自旋反向的作用减弱，χ 增加。当温度升至尼尔点以上时，热骚动的影响较大，此时反铁磁体与顺铁磁体有相同的磁化行为。

若相邻原子（或离子）磁矩不相等，当它们反向平行排列时，两磁矩就不能恰好抵消，其差值表现为宏观磁矩，这就是亚铁磁性。目前发现的亚铁磁性体一般都是 Fe_2O_3 与二价金属氧化物组成的复合氧化物，称为铁氧体，可用分子式 $MeO \cdot Fe_2O_3$ 表示（Me 可为 Fe、Ni、Zn、Co、Mg 等）。

二、铁磁系统中的能量概念

铁磁体在磁场作用下，磁化过程中存在着能量状态的变化，涉及磁各向异性能、交换能、磁弹性能及退磁能等，了解这些能量概念，有利于我们分析研究一些铁磁现象。

1. 铁磁体的形状各向异性和退磁能

铁磁体在磁场中的能量为静磁能。它包括铁磁体与外磁场的相互作用能和铁磁体在自身退磁场中的能量。后一种静磁能常称为退磁能。

铁磁体的磁性与其形状有密切关系，将同一种铁磁体分别做成环、细长棒和粗短棒等三个不同形状的试样，并测量它们的磁化曲线（棒状试样在开路条件下测量），如图 6-11 所示。从图中看出，三种形状试样的磁化曲线不重合，说明不同形状的试样磁化行为是不同的，这种现象称为形状各向异性。

铁磁体的形状各向异性是由退磁场引起。当物体被磁化出现磁极后，此时在试样内部和外部存在外磁场的同时，还存在由物体界面上的表面磁荷所形成的附加磁场，在试样内部这个附加磁场与磁化方向相反（或接近相反），它起到退磁的作用，因此称为退磁场，如图

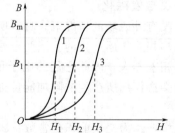

图 6-11 不同几何尺寸试样的磁化曲线
1—环状；2—细长棒状；3—粗短棒状

6-12 所示。若用 H_e 表示外磁场，H_d 表示表面磁荷产生的退磁场，则作用在试样内部的总磁场 H 为

$$H = H_e + H_d \tag{6-20}$$

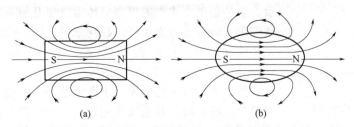

图 6-12　表面磁荷产生的退磁场

必须指出的是，一般情况下退磁场往往是不均匀的，它与物体的几何形状有密切关系。由于退磁场的不均匀将使原来有可能均匀的磁化也会不均匀。此时磁化强度与退磁场之间找不到简单关系。

当物体表面为二次曲面（如椭球体表面）且外加磁场均匀时，退磁场 H_d 与磁化强度 M 关系的表达式为

$$H_d = -NM \tag{6-21}$$

式中，N 称为退磁因子，上式说明退磁场与磁化强度成正比，负号表示退磁场的方向与磁化强度的方向相反。退磁因子的大小与铁磁体的形状有关，例如棒状铁磁体试样越短越粗，N 越大，退磁场越强，于是试样需在更强的外磁场作用下才能达到饱和。表 6-3 列出了某些退磁因子值。

退磁场作用在铁磁体上的单位体积的退磁能可表示为

$$E_d = -\int_0^M \mu_0 H_d \mathrm{d}M = -\frac{\mu_0}{2} NM^2 \tag{6-22}$$

表 6-3　椭球体长轴上的退磁因子的计算值与圆柱体实验值

长短轴之比	长椭球（计算）	圆柱体（实验）	长短轴之比	长椭球（计算）	圆柱体（实验）
0	1.0	1.0	50	0.00144	0.00129
1	0.3333	0.27	100	0.000430	0.00036
2	0.1735	0.14	200	0.000125	0.000090
5	0.0558	0.004	500	0.0000236	0.000014
10	0.0203	0.0172	1000	0.0000066	0.0000036
20	0.00675	0.00617	2000	0.0000019	0.0000009

2. 磁晶各向异性

晶体在不同方向上原子排列不一样，其磁性能也不一样，这种现象称为磁晶各向异性。铁磁体磁化时要消耗一定的能量，我们把磁体从退磁状态磁化到饱和状态时磁场所做的功称为磁化功，它在数值上等于磁化曲线与磁场强度 M 坐标轴所围的面积（见图 6-13），即

$$\Delta G = \int_0^M H \mathrm{d}M \tag{6-23}$$

磁晶各向异性能（磁晶能）是指沿磁体不同的方向，从退磁状态磁化到饱和状态时磁场所做磁化功。显然，晶向不同，磁晶各向异性能也不同。磁化时消耗能量最少的晶向称为易磁化方向（易磁化轴）；反之，为难磁化方向（难磁化轴）。

如铁沿〈100〉易磁化轴方向磁化功最小，沿〈111〉难磁化轴方向磁化功最大；镍的易

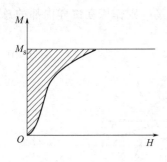

图 6-13　磁化功示意图

磁化轴为 〈111〉，难磁化轴为 〈100〉；钴易磁化轴为 〈0001〉，难磁化轴为 〈01$\bar{1}$0〉。

铁磁体的各向异性的程度可用磁晶各向异性常数 K 来表示，它是指单位体积的单晶磁体沿难磁化方向磁化到饱和与沿易磁化方向磁化到饱和所需磁化能的差。

铁在 20℃ 时 K 值约为 $4.2 \times 10^4 J/m^3$，镍 K 值约为 $-0.34 \times 10^4 J/m^3$，钴 K 值约为 $4.1 \times 10^5 J/m^3$。

铁磁体各向异性的原因主要是原子中的电子一方面受空间周期变化的不均匀静电场作用，另一方面近邻原子间的电子轨道还有交换作用。通过电子轨道的交叠，晶体的磁化强度受到空间点阵的影响。由于自旋-轨道相互作用，电荷分布为旋转椭球形而不是球形，非对称与自旋方向有密切联系，所以自旋方向相对于晶轴的转动将使交换能改变，同时也使原子电荷分布的静电相互作用能改变，这两种效应都会导致磁晶各向异性。

3. 磁弹性能

铁磁体在磁场中被磁化时，其尺寸和形状都会发生变化，这种现象称为磁致伸缩效应。磁致伸缩大小可用磁致伸缩系数 λ 来表示，即

$$\lambda = \frac{\Delta l}{l} \tag{6-24}$$

式中，l 为铁磁体原来的长度；Δl 为磁化引起的长度变化量。

当 $\lambda > 0$ 时，称为正磁致伸缩，表示沿磁场方向磁化时尺寸伸长，铁属这种情况；$\lambda < 0$ 时，称为负磁致伸缩，表示沿磁场方向磁化时尺寸缩短，镍属这种情况。所有铁磁体均有磁致伸缩特性，λ 值一般在 $10^{-6} \sim 10^{-3}$ 之间，它也是一个各向异性的物理量。随外磁场增强，铁磁体的磁化强度增强，λ 绝对值也随之增大，当磁化强度达到饱和值 M_s 时，$\lambda = \lambda_s$，λ_s 为饱和磁致伸缩系数。对于一定的材料，λ_s 是一个常数。实验表明，对 $\lambda_s > 0$ 的材料进行磁化时，若沿磁场方向加拉应力，则有利于磁化，而加压应力则阻碍其磁化；对 $\lambda_s < 0$ 的材料进行磁化时，情况则相反。

磁致伸缩效应是由原子磁矩有序排列时，电子间的相互作用导致原子间距的自发调整而引起的。材料的晶体点阵结构不同，磁化时原子间距的变化情况也不一样，故有不同的磁致伸缩性能。从铁磁体的磁畴结构变化来看，材料的磁致伸缩效应是其内部各个磁畴形变的外观表现。

单晶体的磁致伸缩也有各向异性，图 6-14 示出了铁、镍单晶体沿不同晶向的磁致伸缩系数。从图中可以看出，铁在不同晶向上的磁致伸缩系数相差很大，同多晶铁磁体没有磁各向异性一样，多晶铁磁体的磁致伸缩也没有各向异性。

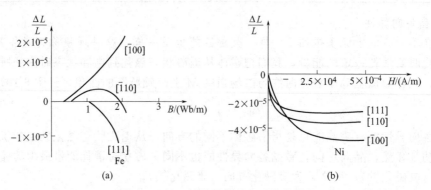

图 6-14　铁、镍单晶体的磁致伸缩系数

材料在磁化时要发生磁致伸缩，如果这种形变受到限制，则在材料内部将产生拉（或压）应力，这样材料内部将产生弹性能，这种由于铁磁体内存在应力而产生的弹性能称为磁弹性能。物体内部缺陷、杂质等都可能增加其磁弹性能。对于多晶体来说，磁弹性能为

$$E_\sigma = \frac{3}{2}\lambda_s\sigma\sin^2\theta \tag{6-25}$$

式中，σ 是材料所受应力；θ 为磁化方向与应力方向的夹角；E_σ 是单位体积的磁弹性能。由上式可见，应力也会使材料发生各向异性，称应力各向异性。它也像磁各向异性那样影响着材料的磁化，因而与材料的磁性能密切相关。要得到高磁导率的软磁材料就必须使其具有低的 K 值和 λ_s 值，硬磁材料则相反。

三、磁畴的形成和结构

1. 磁畴与畴壁

在铁磁材料中存在着许多自发磁化的小区域，我们把磁化方向一致的小区域，称为磁畴。由于各个磁畴的磁化方向不同，所以大块磁铁对外还是不显示磁性。"粉纹图"实验证实了磁畴的存在，即将铁磁试样表面适当处理后，敷上一层含有铁磁粉末的悬胶，然后在显微镜下进行观察，由于铁磁粉末受到试样表面磁畴磁极的作用，聚集在磁畴的边界处，在显微镜下便可观察到铁磁粉末排成的图像，如图 6-15 所示。从图中可以直接看出磁畴的形状和结构，磁畴大而长的，称为主畴，其自发磁化方向沿晶体的易磁化方向，小而短的磁畴叫副畴，其磁化方向不定。

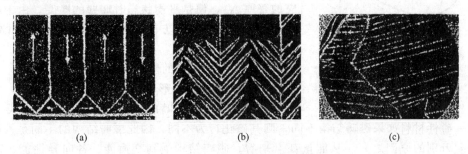

（a）　　　　　　　　　　　（b）　　　　　　　　　　　（c）

图 6-15　铁硅合金单晶粉纹图

相邻磁畴的界面称为畴壁，畴壁是磁畴结构的重要组成部分，它对磁畴的大小、形状以及相邻磁畴的关系均有重要的影响。畴壁可分为两种，一种为 180°畴壁，另一种称为 90°畴壁。铁磁体中一个易磁化轴上有两个相反的易磁化方向，两个相邻磁畴的磁化方向恰好相反的情况常常出现，这样两个磁畴间的畴壁即为 180°壁；在立方晶体中，若 $K>0$，易磁化轴互相垂直，则两相邻磁畴方向可能垂直，形成 90°畴壁，如图 6-16 所示。如果 $K<0$，易磁化方向为 〈111〉，两个这样的方向相交 109°或 71°，如图 6-17 所示，两相邻磁畴方向夹角可能为 109°或 71°，由于它们和 90°相差不远，此类畴壁有时也称为 90°畴壁。

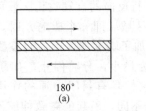
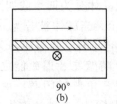
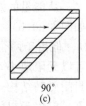

180°　　　　　　　　90°　　　　　　　　90°
（a）　　　　　　　　（b）　　　　　　　　（c）

图 6-16　180°畴壁和 90°畴壁示意图

畴壁是一个过渡区，有一定厚度。磁畴的磁化方向在过渡区中逐步改变方向，整个过渡

区中原子磁矩都平行于畴壁平面，这种壁叫布洛赫（Bloch）壁，如图 6-18 所示。铁中畴壁厚约为 300 个点阵常数。

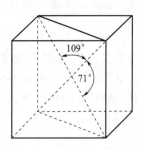

图 6-17　$K<0$ 的立方晶体中易磁化轴的交角

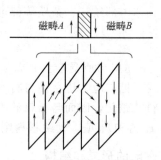

图 6-18　布洛赫壁磁矩逐渐转向示意图

　　畴壁具有交换能、磁晶各向异性能及磁弹性能。因为畴壁是原子磁矩方向由一个磁畴的方向转到相邻磁畴方向的逐渐转向的一个过渡层，所以原子磁矩逐渐转向比突然转向的交换能 E_{ex} 小，但仍然比原子磁矩同向排列的交换能大。如只考虑降低畴壁的交换能 E_{ex}，则畴壁的厚度 N 越大越好。但原子磁矩的逐渐转向，使原子磁矩偏离易磁化方向，因而使磁晶各向

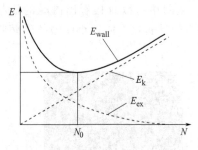

图 6-19　畴壁能与壁厚的关系

异性能 E_K 增加，所以磁晶各向异性能倾向于使畴壁变薄。综合考虑这两方面的因素，单位面积上的畴壁能 E_{wall} 与壁厚 N 的关系如图 6-19 所示。畴壁能最小值所对应的壁厚 N_0，便是平衡状态时畴壁的厚度。由于原子磁矩的逐渐转向，各个方向的伸缩难易不同，因此便产生磁弹性能。

　　由此可见，畴壁的能量高于磁畴内的能量。

2. 磁畴结构及其形成

　　磁畴结构包括磁畴的形状、尺寸、畴壁的类型与厚度，同一磁性材料如果磁畴结构不同，则其磁化行为不同，因此磁畴结构的不同是铁磁材料磁性千差万别的原因之一。从能量观点来看，磁畴结构受到交换能、各向异性能、磁弹性能、畴壁能及退磁能的影响。稳定的磁畴结构，应使其能量总和最小。下面从能量的观点来研究磁畴结构的形成过程。

　　以铁磁单晶体为例，根据自发磁化理论，居里点以下而不受外磁场作用的铁磁晶体中，由于交换作用使整个晶体自发磁化到饱和。显然，磁化应沿晶体的易磁化方向，这样才能使交换能和磁晶各向异性能均处于最小值。但因晶体有一定形状和大小，整个晶体均匀磁化的结果必然产生磁极。磁极的退磁场却给系统增加了退磁能。以单轴晶体（如钴）为例，分析图 6-20 所示的结构，可以了解磁畴结构的起因，其中每一个分图表示铁磁单晶的一个截面。

　　图 6-20(a) 表示整个晶体均匀磁化为"单畴"。由于晶体表面形成磁极的结果，这种组态退磁能最大。从能量的观点，把晶体分为两个或四个平行反向的自发磁化区域可以大大降低退磁能，如图 6-20(b)、(c) 所示。当磁体被分为 n 个区域（即 n 个磁畴）时，退磁能降到原来的 $1/n$。但由于两个相邻磁畴间畴壁的存在，又增加了畴壁能，因此自发磁化区域的划分并不是可以无限地小，而是以畴壁能及退磁能之和为最小，分畴停止。如果形成图 6-20(d) 所示封闭磁畴结构，即出现三角形封闭畴，由于它们具有封闭磁通的作用，故可使退磁能降为零。但由于封闭畴（副畴）与主轴的磁化方向不同，引起的磁致伸缩不同，因而又会产生磁晶各向异性能和磁弹性能。封闭畴尺寸愈小，磁弹性能就愈小，如图 6-20(e) 所示，但由于畴壁能的原因，封闭畴也不可能无限小。只有当铁磁体的各种能量之和具有最小

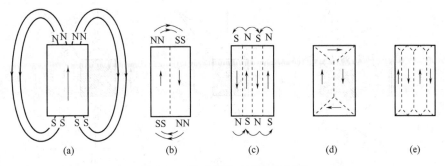

图 6-20　单畴晶体中磁畴的起因

值时，才能形成稳定的磁畴结构。

形成封闭畴后，对外不显示磁性。

3. 不均匀物质中的磁畴

上面分析的是均匀单晶体的磁畴结构。不同种类、不同形状的铁磁体，就可能形成各种形状的磁畴结构。由于实际使用的铁磁物质大多数是多晶体，多晶的晶界、第二相、晶体缺陷、夹杂、应力、成分的不均匀等对磁畴结构有显著的影响，因而实际多晶体的磁畴结构是十分复杂的。

一个系统从高磁能的单畴转变为低磁能的分畴组态，从而导致系统能量降低是形成磁畴结构的原因。在多晶体中，晶粒的方向杂乱且每一个晶粒都可能包括许多磁畴，磁畴的大小和结构同晶粒的大小有关。在一个磁畴内磁化强度一般都沿晶体的易磁化方向，同一晶粒内各磁畴的自发磁化方向存在一定关系，而在不同晶粒内，由于易磁化轴方向的不同，磁畴的磁化方向也不相同，因此就整体来说，材料对外显示出各向同性。图 6-21 为多晶体中磁畴结

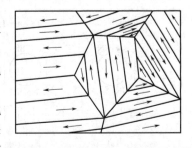

图 6-21　多晶体中的磁畴结构示意图

构的示意图，图中每个晶粒分成若干片状磁畴。可以看出，在晶界的两侧磁化方向虽然转过一个角度，但磁通仍然保持连续，这样，在晶界上就不容易出现磁极，因而退磁能较低，磁畴结构较稳定。当然，在多晶体的实际磁畴结构中，不可能全部是片状磁畴，必然还会出现许多附加畴来更好地实现能量最低的原则。

如果晶体内部存在着非磁性夹杂物、应力、空隙等，会引起材料的不均匀性，将使磁畴结构复杂化。一般来说，夹杂和空隙对磁畴结构有两方面的影响，一方面，当夹杂物或空隙存在于畴壁时，畴壁有效面积减小，使畴壁能降低；另一方面由于在夹杂处磁通的连续性遭到破坏，势必出现磁极和退磁场，如图 6-22(a) 所示。为减少退磁场能，往往要在夹杂物附近出现楔形畴或者附加畴，如图 6-22(b)、(c) 所示，楔形畴的磁化方向垂直于主畴的方向，它们之间为 90° 畴壁。虽然在壁上出现磁极，但由于分散在较大面积上，退磁能较低。

夹杂物或空隙优先存在于畴壁处。因为当夹杂物在两个磁畴之间时，界面两侧出现的磁极（N 极和 S 极）的位置是交换的，如图 6-23(a) 所示，而如果夹杂物处在同一磁畴中，其界面上的 N 极和 S 极分别集中在一边，如图 6-23(b) 所示。显然，前一种情况的退磁能比后一种情况要小得多；且从畴壁的面积来看，(a) 也比 (b) 要小，即总畴壁能小。所以，夹杂物或空隙存在于畴壁处，实际上对畴壁起着钉扎作用。欲使畴壁从夹杂物或空隙处移开，必须提供能量，即需要外力做功。可见，材料中夹杂物或空隙越多，壁移磁化就越困难，因而磁化率也就越低。这种情况对铁氧体性能的影响最为显著，铁氧体的磁化率在很大

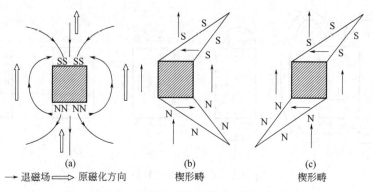

→ 退磁场 ⟹ 原磁化方向   (b)   (c)
                              楔形畴   楔形畴

图 6-22　夹杂物或空隙附近的退磁场和楔形畴

程度上取决于内部夹杂物和空隙的多少以及结构的均匀性。

实际上，当畴壁经过非磁性夹杂物时，不一定只出现图 6-23 的简单情况，而在夹杂物上会产生附加磁畴以降低退磁能，这些附加畴会把近旁的畴壁连接起来。图 6-24 表示主畴的两个畴壁经过一群夹杂物时，通过各种附加畴同各夹杂物连接的情况。这里可以看到，对畴壁有影响的不仅是畴壁经过的那些夹杂物，而且还有在其近旁的夹杂物。

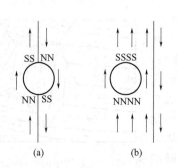

图 6-23　非磁性夹杂边界上的磁极

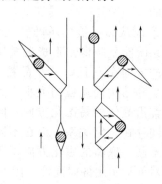

图 6-24　畴壁在一群夹杂物处产生附加畴

如果在磁性材料内部存在应力，会造成局部的各向异性，同样会影响磁畴结构及材料性能。

4. 单畴颗粒

为了降低退磁能，即使单晶铁磁体也总是形成多畴结构。但如果组成材料的颗粒足够小，以致整个颗粒可以在一个方向自发磁化到饱和，从而成为单个磁畴，这样的颗粒称为单畴颗粒。显然，对各种材料都可以找到一个临界尺寸，小于这个尺寸的颗粒都可以得到单畴。

由于单畴颗粒中不存在畴壁，因而在技术磁化时不会有壁移过程，而只能依靠畴的转动。畴的转动是需要克服磁晶各向异性能的，所以这样的材料进行技术磁化和退磁都不容易。它具有低的磁导率和高的矫顽力，是永磁材料所希望的。近年来在永磁材料的生产工艺中正是采用粉末冶金法以提高材料的矫顽力。当然，对于软磁材料，则要注意颗粒不宜太小，以免成为单畴而降低材料的磁导率。可见，了解单畴颗粒对材料性能的影响并估计其临界尺寸是具有实际意义的。

为简单起见，以球形单晶颗粒组成的材料来分析。图 6-25（a）表示单畴颗粒，图 6-25（b）、（c）、（d）表示大于临界尺寸的三种最简单磁畴结构；若材料各向异性比较弱，其最简单的磁畴结构如图 6-25（b）所示，磁矩沿圆周逐渐改变方向，此时只需考虑交换能；若材料为磁晶各向异性较强的立方晶体，其最简单的磁畴结构如图 6-25(c) 所示，磁化都在易磁化方向上，退磁能较弱，此时主要考虑畴壁能；若材料为磁晶各向异性较强的单轴晶体，则需考虑畴壁能和退磁能，其最简单的磁畴结构如图 6-25(d)。

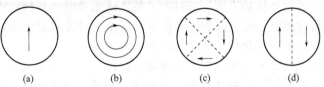

图 6-25　微小球形颗粒的磁畴结构
(a) 单畴颗粒；(b)、(c)、(d) 大于临界尺寸颗粒的几种最简单畴结构

由于临界尺寸是单畴和其他结构畴的分界点，因此当磁性体处于这个尺寸时，按单畴结构计算得到的能量和按图 6-25(b)、(c)、(d) 计算得到的能量应该相等，一旦小于此尺寸，前者情况下的能量变小，根据这个原理，可以计算出球形颗粒的临界半径。例如铁的单畴颗粒计算的临界半径 $R_c = 0.32 \times 10^{-8}$ m，此计算结果可以作为确定材料颗粒的参考值。

5. 磁泡畴

磁泡是在磁性薄膜中形成的一种圆柱状的磁畴，这种磁畴在显微镜下观察很像气泡，所以称为磁泡，如图 6-26 所示。

为了得到磁泡，制备出来的薄膜材料的易磁化轴和偏置磁场方向必须都垂直于晶片。在没有外加磁场时，薄膜中的磁畴为明暗相间的带状畴，两者体积大体相等，像迷宫一样分布，明畴的磁化方向是垂直于膜面向下，而暗畴的磁化方向是垂直于膜面向上，如图 6-27(a) 所示。在垂直于膜面的方向加一外磁场，随外磁场逐渐增大，则顺着磁场方向的磁畴面积逐渐增大，逆着磁场方向的磁畴面积逐渐减小，如图 6-27(b) 所示。当磁场增强到一定值时，反向畴将局部地缩小成分立的柱形畴，如图 6-27(c) 所示。在形成磁泡后，如果保持外磁场强度不变，则磁泡很稳定的，即此时不会形成新的磁泡，已形成的磁泡也不会自发消失。这样在磁性薄膜的某一位置上就有"有磁泡"和"无磁泡"两个稳定的物理状态，可以用来存储二进制的数字信息。由于磁泡体积小并能高速转移，可用于电子计算机中高密度存储器作信息存储，增加存储量，提高计算速度和缩小机件体积。

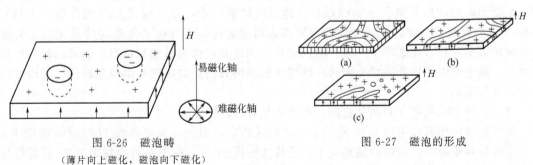

图 6-26　磁泡畴
（薄片向上磁化，磁泡向下磁化）

图 6-27　磁泡的形成

不是任何磁性材料都能形成磁泡，目前可以用于产生磁泡畴的材料有：①六角单轴晶体（如钡铁氧体）；②稀土元素的正铁氧体（如 $HoFeO_3$，$ErFeO_3$，$TmFeO_3$）；③稀土元素的石榴石型铁氧体（如 $Eu_2ErCa_{0.7}Fe_{4.3}O_{12}$，$Y_2CdAl_{0.8}Fe_{4.2}O_{12}$）等。

四、技术磁化和反磁化过程

铁磁材料在外磁场作用下所产生的磁化称为技术磁化，前面讲述的磁化曲线和磁滞回线就是技术磁化的结果。

1. 技术磁化的过程

技术磁化是指在外磁场作用下铁磁体从完全退磁状态磁化至饱和状态的内部变化过程。技术磁化过程实质上是外加磁场对磁畴的作用过程，也就是外加磁场把各个磁畴的磁矩方向转到外磁场方向（或近似外磁场方向）的过程。技术磁化是通过两种方式进行的，一是磁畴壁的迁移，一是磁畴的旋转。磁化过程中有时只有其中一种方式起作用，有时是两种方式同时作用，磁化曲线和磁滞回线是技术磁化的结果。

铁磁物质的磁化可以分为三个阶段：起始磁化阶段、急剧磁化阶段及缓慢磁化至饱和阶段，三个阶段分别对应着不同的磁化机制，反映在磁化曲线上如图 6-28 所示。为了容易说明磁化机制，假设材料原始的退磁状态为封闭磁畴。在磁化的起始阶段（即在弱磁场的作用下），自发磁化方向与磁场成锐角的磁畴静磁能低，而成钝角的磁畴静磁能高，由于磁畴壁处的自旋磁矩能态高，此时受到磁场的影响很容易转动。而磁畴壁有一定的厚度，且厚度不受磁场影响，所以磁畴壁转动的结果相当于磁畴壁移动，使与磁场成锐角的磁畴扩大，成钝角的磁畴缩小，使铁磁体宏观上表现出微弱的磁化。这个过程畴壁的迁移是可逆的，与 A 点的磁畴结构相对应，如此时去除外磁场，则磁畴结构和宏观磁化都将恢复到原始状态，这就是第一阶段的畴壁可逆迁移区。如果此时从 A 状态继续增强外磁场，畴壁将发生瞬时的跳跃，即与磁场成钝角的磁畴瞬时转向与磁场成锐角的易磁化方向。由于大量原子磁矩瞬时转向，因此磁化很强烈，磁化曲线急剧上升。这个过程的壁移以不可逆的跳跃式进行，称为巴克豪森效应或巴克豪森跳跃

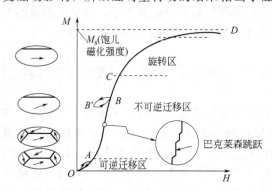

图 6-28　技术磁化过程的三个阶段

与图 6-28 中 A 点至 C 点磁化状态相对应。如果在该区域（如 B 点）使磁场减弱，则磁状态将偏离原先的磁化曲线到达 B' 点，显示出不可逆过程的特征。这就是第二阶段的畴壁不可逆迁移区。当所有的原子磁矩都转向与磁场成锐角的易磁化方向后晶体成为单畴。由于易磁化轴通常与外磁场不一致，如果再增强磁场，磁矩将逐渐转向外磁场 H 方向。显然这一过程磁场要为增加磁晶各向异性能而做功，因而转动很困难，磁化也进行得很微弱，这与 C 点至 D 点的情况相对应，这就是第三阶段即磁畴旋转区。当外磁场使磁畴的磁化强度矢量与外磁场方向一致（或基本上一致）时，磁化达到饱和，称为磁饱和状态。如果此时将外磁场减小，磁矩很容易从外磁场方向转回到锐角磁畴的方向，故将磁矩由锐角转向外磁场方向的转动是可逆的。

可见，技术磁化包含着两种机制：壁移磁化和畴转磁化。

关于壁移磁化可以用图 6-29 所示 180°壁的迁移来说明。在未加磁场 H 以前畴壁位于 a 处，左畴的磁矩向上，右畴的磁矩向下。当施加磁场 H 后，由于左畴的磁矩与 H 的夹角为锐角，静磁能较低，而右畴的静磁能较高，畴壁从 a 位置右移到 b 位置。这样，ab 之间原属于右畴、方向朝下的原子磁矩转动到方向朝上而属左畴，增加了磁场方向的磁化强度。

实际上，畴壁只是原子磁矩方向逐渐改变的过渡层。所谓畴壁的右移，是右畴靠近畴壁的一层原子磁矩，由原来朝下的方向开始转动，相继进入畴壁区。与此同时，畴壁区各原子磁矩也发生转动，且最左边一层磁矩最终完成了转动过程，脱离畴壁区而加入左畴的行列。必须指出，所谓原子磁矩进入和脱离畴壁区，并不是说原子移动位置，只是通过方向的改变来实现畴壁的迁移。可见，壁移磁化本质上也是原子磁矩的转动过程，但只是靠近畴壁的原

子磁矩局部地先后转动,而且从一个磁畴方向转到相邻磁畴方向的角度是一定的,这和整个磁畴磁矩同时转动有明显的区别。

关于畴转磁化可以用图 6-30 来说明。沿易磁化轴方向的磁畴在与该方向成 θ_0 角的磁场 H 作用下,由于壁移已经完成(或因结构上的原因壁移不能进行),磁畴的磁矩就要转向磁场方向,以降低静磁能,但与此同时,磁晶各向异性能却要提高。为使系统总能量最低,综合静磁能与磁晶各向异性能共同作用的结果,使 M_s 稳定在与原磁化方向成 θ 角上。这一过程的特点是磁畴的磁矩整体一致转动,转过的角度 θ 取决于静磁能与磁晶各向异性能的相对大小。

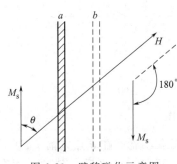

图 6-29 壁移磁化示意图

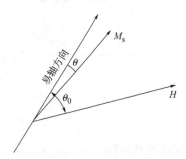

图 6-30 畴转磁化示意图

2. 壁移的动力与阻力

技术磁化过程中,磁畴壁移动存在阻力,因此需要由外磁场做功。由分析可知,阻力来自两个方面:一是由磁体磁化时产生的退磁能,二是由晶体内部的缺陷、应力及组织所造成的不均匀性。在实际晶体中总是不可避免地存在着晶体缺陷、夹杂物和以某种形式分布的内应力,这些结构的不均匀性产生了对畴壁迁移的阻力。

根据铁磁晶体内部畴壁迁移阻力的来源,提出了两种理论模型:内应力理论和杂质理论。

(1)内应力理论 实际晶体中不可避免存在位错、空位、间隙原子及溶质原子,这些晶体缺陷都会产生内应力,磁化过程中铁磁体的磁致伸缩效应也会造成内应力,这种内应力分布是不均匀的。内应力理论认为,铁磁体中内应力的分布状态决定了畴壁迁移的阻力。如果晶体内部杂质极少,内应力的不均匀分布成为阻力的主要来源时,可按照内应力随位置的变化来计算自由能的变化。

显然,畴壁迁移过程中,铁磁晶体的总自由能将不断发生变化,这里必须考虑静磁能、退磁能、交换能、磁晶能和磁弹性能。由于外磁场是畴壁迁移的原动力,静磁能在技术磁化中起主导作用,其他几种能量都是壁移的阻力,这里交换能和磁晶能都包含在"畴壁能"。由于我们讨论的磁化过程是在缓慢变化的磁场或低频交变磁场中进行的,属静态或准静态的技术磁化问题。因此,畴壁的平衡位置是以各部分自由能的总和达到极小值为条件的。

现假定有两个相邻成 180° 的磁畴,其总自由能 $F(x)$ 随畴壁位置 x 的变化如图 6-31(a)和(b)所示。当未加外磁场时,畴壁的平衡位置稳定在能谷 a 处;若加上一个与磁畴 A 的 M_s 方向一致的外磁场 H 时,畴壁受磁场作用将向右推移。设壁移为 dx,外磁场所做的功等于自由能 $F(x)$ 的增量,故

$$2HM_s dx = \frac{\partial F}{\partial x} dx \tag{6-26}$$

从式(6-26)可以看出,磁场 H 把畴壁推进单位距离时,对畴壁单位面积所做的功为 $2HM_s$。换言之,磁场的作用等于是对畴壁有一个静压强 $2HM_s$。在磁化过程中,它要克服

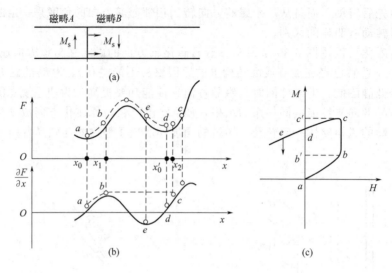

图 6-31　180°壁迁移示意图

畴壁迁移所遇到的阻力 $\partial F/\partial x$。设 b 点是能量曲线的拐点，显然在 b 点以前 $\partial F/\partial x$ 是递增的，$\partial^2 F/\partial x^2 > 0$。在拐点 b 处 $\partial F/\partial x$ 达到极大。而在 b 点之后 $\partial F/\partial x$ 逐渐减小，$\partial^2 F/\partial x^2 < 0$。这样当磁场很弱时，畴壁的移动也很小，在 x_1 点之前畴壁的移动是可逆的，即去掉外磁场之后，畴壁受 $\partial F/\partial x$ 的推动仍回到原始位置 x_0 处。如增加磁场使畴壁移动到 x_1 处，且磁场的推动力能克服 b 点产生的最大阻力 $\partial F/\partial x$，这时即使磁场不再增强，也足以使畴壁向右继续推移，迅速达到一个新的平衡位置，如图 6-31(b) 中的 c 点，畴壁受阻停留在 x_2 处。畴壁从 x_1 到 x_2 是瞬时完成的，故相当于一个跳跃，即所谓巴克豪森跳跃，伴随着这个过程，产生强烈的磁化效应。

显然，一旦发生了巴克豪森跳跃，再去除外磁场也不能使畴壁自动回到原来的 x_0 位置，而是受 $\partial F/\partial x$ 的作用移动到 x_0' 位置，这里 x_0' 处 $\partial F/\partial x$ 也等于零。由于畴壁不回到 x_0 处，使磁畴在外场方向保留了一定的磁化强度分量，故表现出一定的剩余磁化强度 M_r，这种畴壁移动的不可逆性导致铁磁材料的不可逆磁化。若要消除剩磁，就必须加一个反向磁场，来克服畴壁反向移动时产生的最大阻力 $(\partial F/\partial x)_{max}$，使畴壁回到磁化前的 x_0 处。因此，铁磁材料表现出一定的矫顽力 H_c。

可见，从 $a \rightarrow b$ 是畴壁可逆位移的过程。如果在这个磁化阶段减弱磁场，可以使畴壁退回原位置，即磁化曲线可沿原路线下降，不出现磁滞现象，这是因为该磁化过程各位置均为稳定的平衡状态的缘故。

从 $b \rightarrow c$ 是畴壁不可逆位移的过程。如在这个阶段减弱磁场，畴壁将不能退回原位置，只能移到 d、e 等位置，因而磁化曲线也不能沿原路线下降，而形成磁滞回线。

这里可逆与不可逆壁移的界限，在畴壁位置的最大阻力 $(\partial F/\partial x)_{max}$ 处，磁场强度 $H_0 = \dfrac{1}{2M_s}\left(\dfrac{\partial F}{\partial x}\right)_{max}$ 称为临界场。

从与 a-b-c-d-e 过程相对应的磁化曲线及部分磁滞回线的示意图 6-31(c) 上，可以区分出可逆磁化 ab，不可逆磁化 bc，剩余磁化 ad 以及矫顽力 bb' 等过程。

必须指出，180°壁和90°壁的壁移阻力是不同的。对于180°壁而言，因相邻两磁畴的磁化矢量反平行，磁弹性能基本不变，主要是畴壁能的变化；而对于90°壁的迁移则稍有不同，90°壁迁移时磁弹性能的变化甚大，而畴壁能本身的变化较小，按此分析在可逆位移过程中也有类似于式（6-26）的关系。

（2）杂质理论　这里所指杂质是与基体相相差很大的弱铁磁相、非铁磁相、夹杂物和气孔等。从能量角度考虑，在无外磁场作用时，畴壁如果位于杂质处，畴壁就要被杂质穿孔而减少畴壁总面积，因此畴壁能低，如图 6-32(a) 所示。如果施加磁场使畴壁移动离开这个位置，畴壁的面积就要增大，如图 6-32(b)、(c) 所示，导致畴壁能量的增高，给畴壁迁移造成阻力。

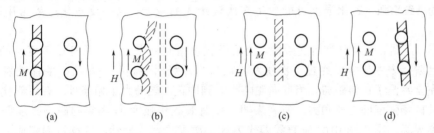

(a)　　　　(b)　　　　(c)　　　　(d)

图 6-32　夹杂物对畴壁移动的影响

在未加外磁场时，材料是自发磁化形成的两个磁畴，畴壁通过杂质颗粒。当施加较小的外磁场 H 时，与外磁场方向相同（或相近）的磁畴将通过畴壁的移动而扩大，壁移的过程就是壁内原子磁矩依次转向的过程，由于外磁场强度较小，还不足以克服杂质对畴壁的钉扎，畴壁成弯曲状，如图 6-32(b) 中影线所示。如果此时取消外磁场，则畴壁又会自动迁回原位，因为原位状态能量最低，这就是所谓畴壁可逆迁移阶段。由这里还可以看出，虽然一个畴扩大，另一畴减小，但变化都不大，这就是说虽然外磁场增加，但材料的磁化强度增加不多，此时磁化曲线较为平坦，磁导率不高。当外磁场继续增强时，磁畴壁就会脱离夹杂物而迁移到虚线位置 [见图 6-32(c)]，进而自动迁移到下一排夹杂物的位置，处于另一稳态 [见图 6-32(d)]。完成这一过程后，材料的磁化强度将有一较大的变化，相当于磁化曲线上的陡峭部分，磁导率较高。畴壁的这种迁移，不会由于磁场取消而自动迁回原始位置，故称不可逆迁移，也就是巴克豪森跳跃，磁矩瞬时转向易磁化方向。不可逆迁移的结果是整个材料成为一个大磁畴，其磁化强度方向是晶体易磁化方向。

继续增加外磁场，则促使整个磁畴的磁矩方向转向外磁场方向，这个过程称为畴的旋转，即曲线第Ⅲ区。旋转的结果，使磁畴的磁矩与外磁场方向平行，此时材料的宏观磁性最大，达到饱和。以后再增加外磁场，材料的磁化强度也不会增加，因为磁畴的磁矩方向都转到外磁场方向上去了。

归纳起来，影响畴壁迁移的因素很多。首先是铁磁材料中夹杂物、第二相、空隙的数量及其分布。其次是内应力的大小和分布，起伏越大、分布越不均匀，对畴壁迁移阻力越大。为提高材料磁导率，就必须减少夹杂物的数量，减小内应力。第三是磁晶各向异性能的大小，因为壁移实质上是原子磁矩的转动，它必然要通过难磁化方向，故降低磁晶各向异性能也可提高磁导率。最后，磁致伸缩和磁弹性能也影响壁移过程，因为壁移也会引起材料某一方向的伸长和另一方向缩短，故要增加磁导率，应使材料具有较小的磁致伸缩和磁弹性能。

3. 反磁化过程和矫顽力

当铁磁性材料磁化到饱和后，其饱和磁化强度 M_s 的方向，一般都不是晶体的易磁化方向。当去除外磁场之后，就要发生磁畴的旋转，由于磁各向异性能的作用，其磁化方向转向与外磁场最近的易磁化方向，而不是平均分布在各个易磁化方向。此时磁化强度在外磁场方向的投影就是所谓的剩磁 M_r。所谓反磁化过程就是从饱和磁化状态开始施加反向磁场使磁化强度为零的过程。

在反向磁场的作用下，那些磁矩方向同反向磁场的夹角大于 90°的磁畴（称为"正向磁畴")要缩小,磁矩方向同反向磁场的夹角小于 90°的磁畴(称为"反向磁畴")要扩大。材料中之所以存在有反向磁畴,是由于材料结构的不均匀,内部存在着局部应力、空隙和非磁性夹杂物等,在它们周围会出现磁极,形成退磁场,成为反磁化核,在外部反向磁场的作用下,发展成为反向磁畴。

和正磁化过程一样,反磁化过程初期也存在一个可逆壁移阶段,然后才开始不可逆的跳跃。随着磁场的继续增强,磁化强度可能发生多次跳跃式的减低。这一反磁化过程可用图 6-33 来表示。

图中从 M_r 到 a 点是壁移可逆阶段,当磁场强度增到 a 点后,壁移开始不可逆的跳跃,ab 间有多个台阶代表磁化强度经过多次跳跃。最后当磁场增强到某一数值,壁移就发生大的跳跃,以致完全吞没了正向磁畴,当反向磁畴扩大到同正向磁畴大小相等时,有效磁化强度等于零,这时的磁场强度即为矫顽力。研究表明,使有效磁化强度 M 为零的磁场强度即为发生大跳跃时的临界场。图 6-33 中的 bc 直线即代表这一次大跳跃。显然,壁移过程完成后,尽管都成为反向磁畴,但多数磁畴的方向同磁场还不一致,要达到磁饱和还需经过转动磁化。

从上面的分析可知,$M_r \leqslant M_s$,为了提高 M_r,可采取以下措施:①使材料的易磁化方向与外磁场方向一致,这样就不会有磁畴旋转过程,使 $M_r \approx M_s$。例如高度拉伸的 15% 镍铁细丝,其磁化方向便与拉伸方向相同。②进行磁场热处理,让材料在外磁场中从高于居里温度向低温冷却,可以造成磁畴排列的有序取向,形成所谓的磁织构。这种材料由于磁畴已在室温磁化时沿所要伸长的方向(当该材料具有正磁致伸缩)预先进行了伸长,因而使样品的磁化容易,从而提高了磁导率。

消除剩磁,必须加反向磁场,以推动磁畴壁的反向迁移,结合技术磁化的分析,可以判断,矫顽力 H_c 的大小取决于畴壁反向迁移的难易程度。一般说来,迁移和反迁移进行的难易是一致的。下面分别讨论内应力和夹杂物作用下的矫顽力 H_c。

由于磁性材料一般是多晶体,晶粒对磁场有各种取向,因此易磁化轴对磁场也有各种取向。取向不同的晶粒临界场不同,矫顽力也就不同,而材料的磁矫顽力却是各晶粒矫顽力的平均效果。假如用 θ 表示壁移完成后磁畴磁矩和磁场方向间的夹角,H_{00} 表示 $\theta = 0$ 情况下的临界场,不同 θ 角单轴晶体的反磁化曲线可用图 6-34 来表示,而这些过程的平均效果,就是我们所熟悉的多晶材料反磁化曲线所构成的磁滞回线。

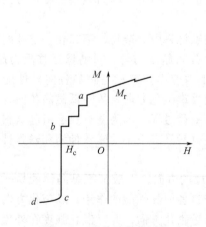

图 6-33 壁移反磁化过程

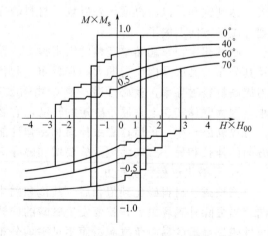

图 6-34 单轴晶体不同 θ 角时的反磁化曲线

根据内应力理论,假设内应力在空间呈周期变化,应力起伏的平均振幅为 σ_0,应力变化一周的距离为 l,磁畴壁厚为 δ,如图 6-35 所示,可以导出在应力作用下的临界场为

$$H_0 = P \frac{\pi \lambda_s \sigma_0}{\mu_0 M_s \cos\theta} \tag{6-27}$$

式中，P 为与 δ 及 l 有关的常数，表示应力分布的弥散程度。当 $\delta \ll l$ 或 $\delta \gg l$ 时，$P \ll 1$；只有在 $\delta \approx l$ 时，$P \approx 1$。因此，$\theta = 0$ 时的临界场为

$$H_{00} = P \frac{\pi \lambda_s \sigma_0}{\mu_0 M_s} \tag{6-28}$$

从不同 θ 的临界场（见图 6-34）可以得到多晶材料的磁矫顽力 $H_c = 1.3 H_{00}$。因此，内应力作用下材料的磁矫顽力 H_c 与 $\lambda_s \sigma_0$ 成正比，与饱和磁化强度 M_s 成反比，且与内应力分布的弥散程度有关，即

$$H_c \propto \frac{\lambda_s \sigma_0}{M_s} \tag{6-29}$$

同样，从夹杂理论可导出夹杂作用下的矫顽力

$$H_c \propto \frac{K}{M_s} \beta^{2/3} \frac{\delta}{d} \tag{6-30}$$

式中，K 为磁晶各向异性常数；β 为夹杂的体积浓度；d 为夹杂的直径；δ/d 可作为夹杂弥散程度的指标。从式(6-30)可见，夹杂的体积浓度越大，弥散程度越高，则材料的磁矫顽力也越高。

从以上分析可知，要提高材料的磁矫顽力，必须增加壁移的阻力。途径有：提高磁致伸缩系数 λ_s，设法使材料产生内应力 σ，增加杂质的浓度 β 和弥散度 δ/d，以及选择 K 值较高而 M_s 值较低的材料等。但最有效的办法是不发生壁移，当材料中的颗粒小到临界尺寸以下时可以得到单畴，此时畴壁不再存在就不会发生壁移，这种方法对提高硬磁材料的矫顽力非常重要。

五、影响铁磁性的因素

影响铁磁性的因素主要有两方面：一是外部环境因素，如温度和应力等；二是材料内部因素，如成分、组织和结构等。从内部因素考察，可把表示铁磁性的参数分成两类：组织敏感参数和组织不敏感参数。凡是与自发磁化有关的参量都是组织不敏感的，如饱和磁化强度 M_s、饱和磁致伸缩系数 λ_s、磁晶各向异性常数 K 和居里点 T_c 等，它们与原子结构、合金成分、相结构和组成相的数量有关，而与组成相的晶粒大小、分布情况和组织形态无关。而居里点 T_c 只与组成相的成分和结构有关，K 只取于组成相的点阵结构而与组织无关。凡与技术磁化有关的参量都是组织敏感参数，如矫顽力 H_c、磁导率 μ 或磁化率及剩磁 B_r 等。它们与组成相的晶粒形状、大小和分布以及组织形态等有密切关系。

1. 温度的影响

图 6-36 为温度对铁、钴、镍的饱和磁化强度 M_s 的影响曲线。从图中可以看出，随温度升高，磁化强度 M_s 下降，当温度接近居里点时 M_s 急剧下降，至居里点时下降至零，从铁磁性转变为顺磁性，这种变化规律是铁磁金属的共性。这主要是温度升高使原子热运动加剧，原子磁矩的无序排列倾向增大而造成饱和磁化强度 M_s 下降。

到目前为止，人类所发现的元素中，仅有四种金属元素在室温以上是铁磁性的，即铁、钴、镍和钆。在极低温度下有五种元素是铁磁性的，即铽、镝、钬、铒和铥。表 6-4 列出了几种材料的居里温度。

表 6-4　材料的居里温度

材料	Fe	Ni	Co	Fe$_3$C	Fe$_2$O$_3$	Gd	Dy
居里点/℃	768	376	1070	210	578	20	−188

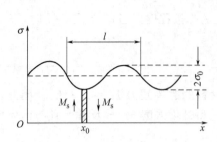

图 6-35　180°磁畴壁的应力起伏

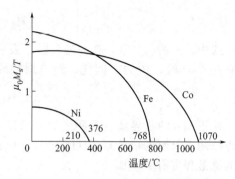

图 6-36　铁、钴、镍的饱和磁化强度
M_s 随温度的变化关系

图 6-37 为温度对铁的矫顽力 H_c、磁滞损耗 Q、剩余磁感应强度 B_r、饱和磁感应强度 B_s 的影响曲线，除 B_r 在 $-200\sim20℃$ 加热时稍有上升外，其余皆随温度升高而下降。

磁导率 μ 和温度的关系可分为两种情况，如图 6-38 所示。当磁场强度 $H=320\text{A/m}$ 时，

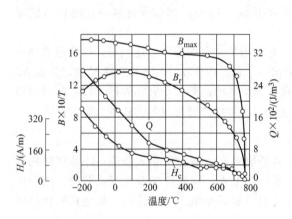

图 6-37　温度对铁的磁性参数影响

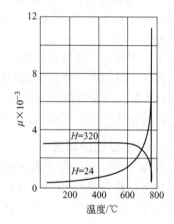

图 6-38　铁的磁导率与温度关系

铁的磁导率 μ 随温度升高而单调下降，这是由于磁化强度下降引起的。当磁场强度 $H=24\text{A/m}$ 时，在较低温度范围内随温度升高可引起应力松弛，因而有利于磁化，使磁导率增高。当温度接近于居里点时，随着饱和磁化强度的显著下降，磁导率也剧烈下降。

由于铁氧体的饱和磁化强度 M_s 取决于两个亚点阵磁矩的饱和磁化强度 M_A 和 M_B，因而铁氧体的 M_s 与 T 的关系不像铁磁金属那么简单。目前使用的铁氧体 M_s-T 关系一般有三种类型，称为 Q 型、N 型和 P 型，如图 6-39 所示。显然，铁氧体饱和磁化强度 M 的温度特性不同是由于两个亚点阵磁矩的饱和磁化强度变化快慢所决定的。Q 型曲线〔见图 6-39（a）〕与铁磁金属的 $M(T)$ 曲线相似，这是因为两个亚点阵的饱和磁化强度 M_A 和 M_B 的温度特性基本相似，大多数尖晶石型铁氧体以及一些磁铅石型铁氧体都属于这种类型。从 N 型曲线〔见图 6-39（b）〕上可以看出，在居里点以下存在着抵消温度 T_d。在这一温度下，热运动作用并没有完全破坏交换作用所造成的同一亚点阵中原子磁矩的平行排列，所以不是居里温度，大多数稀土金属石榴石型铁氧体属于这一类。P 型的 M_s-T 曲线如图 6-39（c）所示。

2. 应力的影响

这里所说的应力是指弹性应力，它对金属的磁化有显著影响。当应力方向与金属的磁致伸缩为同向时，则应力对磁化起促进作用，反之则起阻碍作用。图 6-40 为拉、压应力对镍

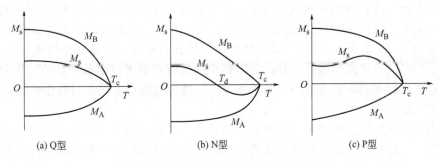

图 6-39 铁氧体饱和磁化强度的温度特性

的磁化曲线的影响，这是由于镍的磁致伸缩系数是负的，即沿磁场方向磁化时，镍在此方向上是缩短而不是伸长，因此拉伸应力阻碍磁化过程的进行，受力越大，磁化就越困难，如图 6-40(a) 所示；压应力则对镍的磁化有利，使磁化曲线明显变陡，如图 6-40(b) 所示。

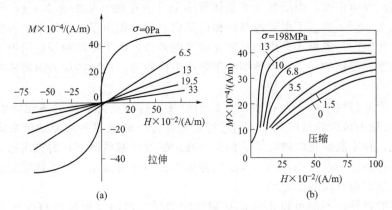

图 6-40 拉伸和压缩对镍磁化曲线的影响

3. 形变和晶粒细化的影响

塑性变形引起晶体点阵扭曲、晶粒破碎，使点阵畸变加大，点缺陷和位错密度增高，内应力增加，它们都会对壁移造成阻力，所以会引起与组织结构有关的磁性参数的改变。图 6-41 是含 $0.07\%C$（质量分数）的铁丝经不同压缩变形后磁性的变化曲线。由于冷加工变形在晶体中形成的滑移带和内应力将不利于金属的磁化和退磁过程，所以磁导率 μ_m 随形变量的增加而下降，而矫顽力 H_c 则相反。剩余磁感应强度 B_r 在临界变形度下（约 $5\%\sim8\%$）急剧下降，而在临界变形度以上则随形变量的增加而增加。这可能是因为在临界变形度以下，只有少量晶粒发生了塑性变形，整个晶体的应力状态比较简单，沿铁丝轴向应力状态有利于磁畴在去磁后的反向可逆转动而使 B_r 降低；在临界变形度以上，晶体中大部分晶粒参与形变，应力状态复杂，内应力增加明显，不利于磁畴在去磁后的反向可逆转动，因而使 B_r 随形变量的增加而增加。冷塑性变形不影响饱和磁化强度。

塑性变形金属经再结晶退火后，点阵扭曲恢复，晶体缺陷恢复到正常态，内应力消除，故使金属的各磁性都恢复到变形前的状态。

如果形成形变织构和再结晶织构，则磁性会

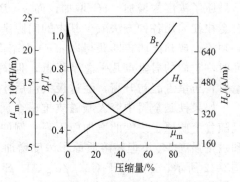

图 6-41 冷加工变形量对纯铁磁性能的影响

呈明显的方向性。冷轧硅钢片便是利用这一原理来提高其磁导率和饱和磁化强度并降低其磁滞损耗的。硅钢片可以在再结晶退火后形成 〈110〉 {001} 板织构，称为高斯织构。使用时只要磁化方向与冷轧方向 〈110〉 一致，便能获得优良的磁性。但垂直于冷轧方向不是易磁化方向 [110]，故这种织构磁性不佳。当硅钢片在再结晶退火后形成 〈100〉 {001} 立方织构时，冷轧方向和垂直冷轧方向均为易磁化方向，因而能获得最优良的磁化性能，所以立方织构是最理想的织构。

晶粒细化对磁性的影响和塑性变形的作用相似，晶粒越细，则矫顽力和磁滞损耗越大，而磁导率越小。这是因为晶界处原子排列不规则，在晶界附近位错密度也较高，造成点阵畸变和应力场，这将阻碍磁畴壁的移动和转动。所以晶粒越细，晶界越多，磁化的阻力也越大。

4. 磁场退火

铁磁材料从高温冷却至居里点时形成磁畴，材料从顺磁体变为铁磁体。在居里点下各磁畴因磁致伸缩而发生形变，由于每一个晶体有多个易磁化轴（如铁有 3 个），则磁畴将在不同方向发生形变。假如室温下顺着冷却铁棒的轴向磁化，则由于磁致伸缩，各磁畴将沿与磁场方向（即试棒轴向）成最小角度的易磁化轴方向伸长。由于冷却时经过居里点而产生的多向形变将阻碍室温磁化的新的磁致伸缩，于是产生内应力。这种内应力阻碍磁化，使磁导率降低。

如果铁棒冷却过程中加一与棒轴向一致的磁场，这样基元区域的磁化将沿着与外磁场（试样轴向）成最小角度的易磁化轴方向进行，也即每一磁畴的磁致伸缩形变将沿该方向发生。换句话说，在室温磁化时磁畴沿应伸长（在正磁致伸缩情况下）的方向已经有了一个预伸长。经过这样磁场中退火的样品，其磁致伸缩不但不妨碍磁化，反而使样品的磁化变得更容易，从而在该方向有高的磁导率。

因此，高的磁导率不但可以由晶体易磁化轴的择优取向（通过冷塑性变形和再结晶手段）达到，同样也可以由内应力的择优取向（通过磁场中退火的手段）达到，前者称为冷加工或再结晶织构，而后者称为磁织构。

5. 合金成分和组织的影响

合金元素（包括杂质）的含量对铁的磁性有很大影响。绝大多数合金元素都将降低饱和磁化强度。当不同金属组成合金时，随着成分的变化形成不同的组织，合金的磁性也有不同的变化规律。

（1）形成固溶体　和纯金属一样，固溶体的饱和磁化强度是组织不敏感的性能。它实际上与加工硬化（不存在超结构时）、晶粒大小、晶体位向、组织形态等无关。

铁磁金属中溶入碳、氧、氮等元素形成间隙固溶体时，由于点阵畸变造成应力场，随着溶质原子浓度的增加，H_c 增加，而 μ、B_r 降低，且在低浓度时特别显著。所以对高磁导率合金往往采用各种方法减少其中的间隙杂质。与此相反，为了获得高矫顽力，例如对于钢，必须淬火成马氏体，即获得以 α-Fe 为基高度过饱和的间隙固溶体。铁磁体中溶有非铁磁组元时，它们的居里点几乎总是降低，但固溶体 Fe-V 和 Ni-W 是例外，当增加 V 和 W 的含量时，居里点起初升高，经过极大值后才逐渐降低。

如果铁磁金属中溶入顺磁或抗磁金属形成置换固溶体，饱和磁化强度 M_s 总是要降低，且随着溶质原子浓度的增加而下降。例如在铁磁金属镍中溶入 Cu、Zn、Al、Si、Sb，其饱和磁化强度 M_s 不但随溶质原子浓度增加而降低，而且溶质原子价越高，降低得越剧烈，如图 6-42 所示，这是由于 Cu、Zn、Al、Si、Sb 等溶质原子的最外层电子进入镍中未填满的 3d 壳层，导致镍原子的玻尔磁子数减少，溶质原子价数越高，给出的电子数越多，则镍原子的玻尔磁子数减少得越多，M_s 降低幅度越大。

铁磁金属与过渡族金属组成的固溶体则有不同变化规律，如 Ni-Mn、Fe-Ir、Fe-Rh、Fe-Pt 等合金，在这些固溶体中，少量的第二组元引起 M_s 的增加；在 Ni-Pd 固溶体中 Pd 在 25%（质量分数）以下 M_s 不变，这是因为这些溶质是强顺磁过渡族金属的缘故，这种 d 壳层未填满的金属好像是潜在的铁磁体，在形成固溶体时，通过点阵常数的变化，使交换作用增强，因此对自发磁化有所促进。当溶质浓度不高时，M_s 有所增加，但浓度较高时，由于溶质原子的稀释作用，使 M_s 降低。

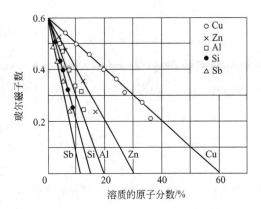

图 6-42　镍中合金元素浓度对每个原子玻尔磁子数的影响

非铁磁性元素间也可形成铁磁性固溶体。以 Mn、Cr 为基的固溶体，由于其交换能积分常数 A 变为正值而呈铁磁性，如 Mn 与 As、Bi、B、C、H、N、P、S、Sb、Sn、Pt 及 Cr 与 Te、Pt、O、S 组成的固溶体便是这种情况。

两种铁磁性金属组成固溶体时，磁性的变化较复杂。从图 6-43 可看出 Ni 含量对 Fe-Ni 合金磁性的影响。由图可见，在 $w_{Ni}=30\%$ 附近，发生 α 到 γ 的相变，导致许多磁学性能改变。μ_m 和 μ_i 的最大值在 $w_{Ni}=78\%$ 处，这是由于在此成分，λ_s、K 都趋于零。此成分正是著名的高导磁软磁材料坡莫合金的成分。

固溶体有序化对合金磁性的影响很显著。图 6-44 表示 Ni-Mn 合金饱和磁化强度 M_s 与成分的关系。当合金淬火后处于无序状态时，饱和磁化强度 M_s 将沿曲线 2 变化，在 $w_{Mn}=10\%$ 以下略有增高，10% 以上则单调下降。当 Mn 含量达到 25% 时，合金已变成非铁磁性的了。如果将 Ni-Mn 合金在 450℃ 进行长时间退火，使其充分有序化形成超结构 Ni_3Mn，则合金的 M_s 将沿曲线 1 变化，当 $w_{Mn}=25\%$ 时，M_s 达到极大值（超过纯 Ni）；如再将有序合金进行加工硬化破坏其有序状态，则 M_s 又重新下降，而对于淬火为无序固溶体的合金加工硬化几乎不影响 M_s。

从以上讨论可知，改善铁磁材料磁导率的方法有：①消除铁中的杂质；②形成粗晶粒；③形成再结晶织构，即在再结晶时使晶体的易磁化轴 <100> 沿外磁场排列；④磁场退火，形成磁织构。

（2）形成化合物　铁磁金属与顺磁或抗磁金属所组成的化合物和中间相都是顺磁性的，如 Fe_7Mo_6、$FeZn_7$、Fe_3Au、Fe_3W_2、$FeSb_2$、NiAl、CoAl 等，主要是因为这些顺磁或抗磁金属的 4s 电子进入铁磁金属未填满的 3d 壳层，因而使铁磁金属 M_s 降低，表现为顺磁性。

铁磁金属与非金属所组成的化合物 Fe_3O_4、$FeSi_2$、FeS 等均呈亚铁磁性，即两相邻原子的自旋磁矩反平行排列，而又没有完全抵消。而 Fe_3C 和 Fe_4N 则为弱铁磁性。

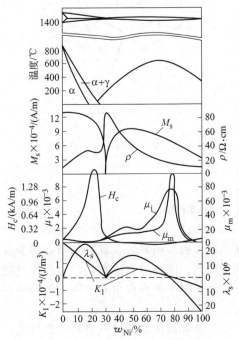

图 6-43　Fe-Ni 合金的相图和电磁性能

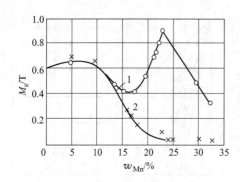

图 6-44　Ni-Mn 合金的 M_s 与成分的关系

（3）形成多相合金　在多相合金中，合金的饱和磁化强度由各组成相的饱和磁化强度以及它们的相对量所决定（相加定律），即

$$M_s = M_{s1}\frac{V_1}{V} + M_{s2}\frac{V_2}{V} + \cdots + M_{sn}\frac{V_n}{V} \quad (6\text{-}31)$$

式中，M_{s1}，M_{s2}，$\cdots$，M_{sn} 是各组成相的饱和磁化强度；V_1，V_2，$\cdots$，V_n 为各组成相的体积，合金的体积 $V = V_1 + V_2 + \cdots + V_n$，利用此公式可对合金进行定量分析。

多相合金的居里点与铁磁相的成分、相的数目有关，合金中有几个铁磁相，相应地就有几个居里点。图 6-45 所示为由两种铁磁相组成的合金的饱和磁化强度 M_s 与温度 T 的关系曲线，这种曲线叫热磁曲线。图上有两个拐折，对应于两铁磁相的居里点 T_{c1} 和 T_{c2}。图中 $m_1/m_2 = V_1 M_1/V_2 M_2$。

利用这个特性可以研究合金中各相的相对含量及析出过程。

合金的磁致伸缩系数 λ_s 也是组织不敏感参数，因而也符合相加定律。根据相应的 λ_{s1}，λ_{s2}，$\cdots$可得

$$\lambda_s = \lambda_{s1}\frac{V_1}{V} + \lambda_{s2}\frac{V_2}{V} + \cdots + \lambda_{sn}\frac{V_n}{V} \quad (6\text{-}32)$$

至于多相合金中组织敏感参数如矫顽力、磁化率等不符合相加定律。

合金中析出的第二相对 T_c、M_s 有影响，它的形状、大小、分布等对于组织敏感的各磁性能影响极为显著，如图 6-46 所示（图中 B 为合金元素，β 为第二相）。

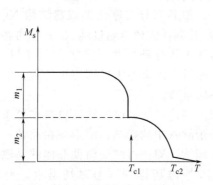

图 6-45　双铁磁相合金的饱和
磁化强度与温度的关系

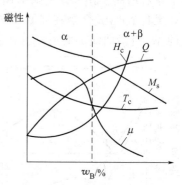

图 6-46　第二相对合金磁性的影响

第四节　磁性高分子材料

通常组成有机化合物的原子如碳、氢、氮、氧、硫、磷、卤素等，其化学键通常为共价键，一般为满层结构，电子成对出现，且自旋反平行排列，因而没有净自旋，表现为抗磁性效应。虽然发现有少数有机物质呈顺磁性，但迄今在结构上未能合成出有实用价值的铁磁性有机高分子化合物。

常用的磁性材料包括铁氧体、稀土金属及铝、镍合金等磁体，其缺点是相对密度大，性硬脆、不易加工，满足不了许多特殊用途，也难以使电子器件朝轻量化、小型化和平面化方

向发展。近些年来，人们逐步发现功能有机和高分子材料具有许多无机物和金属材料无法取代的特性，因此，设想若能合成常温稳定的有机或高分子的磁性材料，必然对现代科技带来巨大的影响。因此，20世纪80年代中期，国际上出现了以有机化学、高分子化学及物理学为主的交叉学科——有机和高分子磁学，从而打破了磁体只与3d和4f电子有关，与有机和高分子无关的传统观念，这意味着否定了"从电性角度看，有机和高分子是绝缘体；从磁学角度看是抗磁体"这一结论。

由磁学理论我们知道，欲使有机物具有铁磁性必须满足两个条件，即首先要获得高自旋，其次是如何使高自旋有机分子间产生铁磁性自旋排列。前者比后者容易实现，已经发现有许多稳定的有机自由基分子，如氮氧自由基、三苯甲烷自由基和醌类自由基等。为了研究这些有机自由基分子中高自旋部分产生的铁磁性的耦合作用，科学家们建立了一些相应的理论模型。

（1）自旋交换模型 1963年McConnell借助于自旋分布，得到了如图6-47所示的Heilter-London自旋交换模型。该模型认为分子的自旋离域和自旋极化在自旋分子链中的自旋传播过程中发挥了重要作用，自旋离域和自旋极化相互作用的结果，导致了正、负自旋区域间的自旋分布。当正、负自旋不能相互抵消时，整个自旋体系宏观上产生了铁磁性自旋耦合排列。这种情形下的自旋排列是亚铁性的，并非理论上的铁磁性排列。

（2）Ovchinnikov模型 Ovchinnikov在1987年根据稳定自由基取代聚丁二炔类化合物以全共轭骨架为媒介的空间相互作用产生铁磁性耦合的实验事实，提出了一个简单的模型：尽管临近两个自由基间的交换作用呈反铁磁性，但在某些情况下也可以呈铁磁性。当有机自由基以一定的方

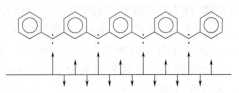

图6-47 高自旋分子链的自旋交换模型

式排列时，就可以产生铁磁性相互作用。如图6-48所示，白球链上的自由基的自旋是反方向的，整个链的自旋相互抵消，呈反铁磁性行为。但当用化学键连方法将黑球自由基以每隔一个白球的方式连接到白球链上时，白球和黑球自由基的相互作用也是反铁磁性的。如果所有黑球的自由基自旋处于同一个方向时，则整个长链分子将有未被抵消的自旋。未被抵消的自旋磁矩的大小与基态时分子链的长度成正比，由此利用化学法可以得到铁磁性的聚合物。

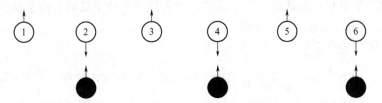

图6-48 高聚物链自由基产生铁磁性耦合排列示意图

另外，还有混合堆积模型、周期Kondo-Hubbard模型等其他理论模型，这里不一一赘述。

低分子量的有机磁体和金属有机络合磁体由于结构明确、合成容易，已被广泛研究，虽然还没有进入实用阶段，但有关它的磁性起源、分子设计的研究日趋成熟。结构型磁性高分子按基本组成可分为纯有机磁性高分子和金属有机磁性高分子，前者以前苏联的Ovchinnikov为先驱，着重理论研究；后者以美国的J. S. Miller、A. J. Esptein，西班牙的F. Palacio及日本的T. Sugano等为代表，注重应用性探索，并在多维二茂金属化合物及其高分子络合物磁性的研究上取得了重要成果。磁性高分子的发现是高分子在化学和物理科技新领域里取得

的重要进展，它证明了高分子也具有金属和无机物的三项专有特性，即金属导电性、超导性和强磁性。

众所周知，各种顺磁中心或自由基都相当活泼，当它们彼此靠近时，很容易相互作用，使电子配对而无法形成磁性高分子，因此在严格的分子设计基础上，使大分子链既增加维数，又能保持分子的高度有序排列是一个难度很大的工作。法国科学家 Kahn 设想，无论是合成磁性有机物还是磁性高分子，其分子设计都应首先按分子磁工程合成高自旋基态的一维链或二维片，再按晶体磁工程使一维链或二维片以铁磁相互作用的方式组装在晶格上。概括起来，合成有价值的磁性高分子的设计准则大体如下：

① 含未成对电子的分子之间能产生铁磁相互作用，达到自旋有序化是获得铁磁性高分子的充分和必要条件；

② 分子中应有高自旋态的苯基，含 N、NO、O、CN、S 等自由基体系或基态为三线态的 4π 电子的环戊二烯基阳离子或苯基双阳离子等；

③ 3d 电子的 Fe、Co、Ni、Mn、Cr、Ru、Os、V、Ti 等含双金属有机高分子络合物是顺磁体，若使两个金属离子间结合一个不含未成对电子的有机基团，则可引起磁性离子 $M_1 M_2$ 间的超交换作用而获铁磁体；

④ 按电荷转移模式设计的对称取代二茂金属（Fe、Co、Ni）及其稠环高分子化合物，与受体 TCNE（四氰基乙烯）、TCNQ（四氰基二亚甲基苯醌）、DDQ（二氯二氰基苯醌）、TCNQF4（四氟代 TCNQ）等作用可生成电荷转移盐铁磁体，但受体须满足以下条件：受体 A 必须能接受供体 D 的第二个电子，形成 $D^+ A^- D^+ A^-$ 交替排列有序结构。

众所周知，金属有机高分子络合物中有多种顺磁基团，且合成一般比较容易，因此多年来人们对其磁性能进行了许多研究。然而，金属有机络合物中由于过渡金属离子被体积较大的配体包围，金属离子间的相互作用减小，即使排列有序的金属有机络合物，其在磁场中心的自旋定向排列也较困难，故仅能得到顺磁性。因此，金属有机络合物的有序排列及聚合是设计实用性金属有机高分子络合物铁磁体的关键。

一般，有机和高分子磁性体总体上可以分为分子晶体、有机金属化合物及有机聚合物三种。

分子晶体包括自由基晶体和电荷转移盐晶体。小分子自由基晶体是指带有氮氧自由基、醌类自由基和三苯甲基自由基的小分子晶体，代表性的小分子氮氧自由基晶体有：

等，这些分子晶体都存在铁磁性的相互作用。

化合物 （galvinoxyl）是最早发现具有铁磁性耦合作用的小分子醌类自由基晶体。温度高于 85K 时，温度与磁化率之间的关系符合居里-外斯定律。而要获得具有铁磁性电荷转移盐晶体的关键是组分之一的基态为稳定的三线态。

有机金属化合物包括电荷转移络合物及有机金属聚合物，是有机铁磁材料中重要的一类。在电荷转移络合物中，含有金属元素的电荷转移盐 $[Fe(C_5 Me_5)_2][Anion]$ 在某种条件下存在铁磁性行为。如化合物 $[Fe(C_5 Me_5)_2][TCNE]$，即

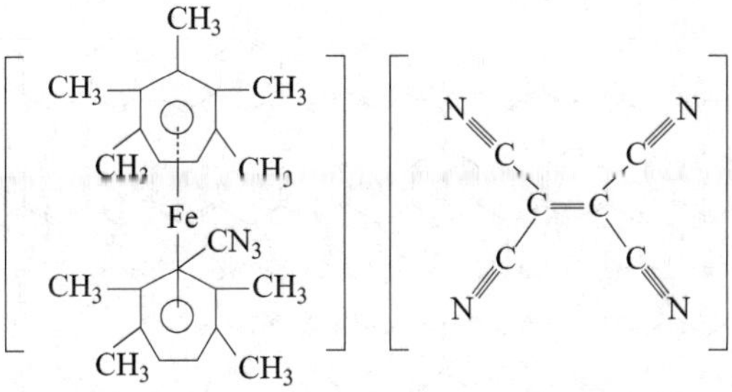

的多晶样品粉末磁化率与温度的关系符合居里-外斯定律，反复磁化出现磁滞现象。表 6-5 给出了一些电荷转移络合物的磁性，其中 TCNQ 的化学结构为：

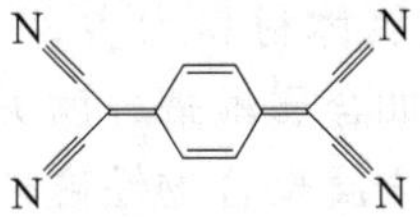

表 6-5　电荷转移络合物的磁性

络　合　物	磁　　性
$[Cr(C_5Me_5)_2][TCNE]$	宏观铁磁体　$\Theta=12.1K$，$T_c=2.1K$
$[Cr(C_5Me_5)_2][TCNQ]$	宏观铁磁体　$\Theta=11.6K$，$T_c=3.1K$
$[Mn(C_5Me_5)_2][TCNQ]$	铁磁体　$\Theta=10.5\pm0.5K$，$T_c=6.2K$，$H_c=3.6\times10^6A/m$
$[Fe(C_5Me_5)_2][TCNE]$	铁磁体　$\Theta=30K$，$T_c=4.8K$，$H_c=10^6A/m(2.0K)$
$[Fe(C_5Me_5)_2][TCNQ]$	铁磁体　$\Theta=3K$，$T_N=2.55K$
$[Fe(C_5Me_5)_2][C_4(CN)_6]$	铁磁体　$\Theta=35K$
$[V(TCNE)_2][CH_2Cl_2]$	铁磁体　$T_c>350K$，$\quad H_c=60\times10^3A/m$

早期的有机金属聚合物的研究多以含一种金属离子，并按一定间隔排列的高分子络合物为研究对象，如：

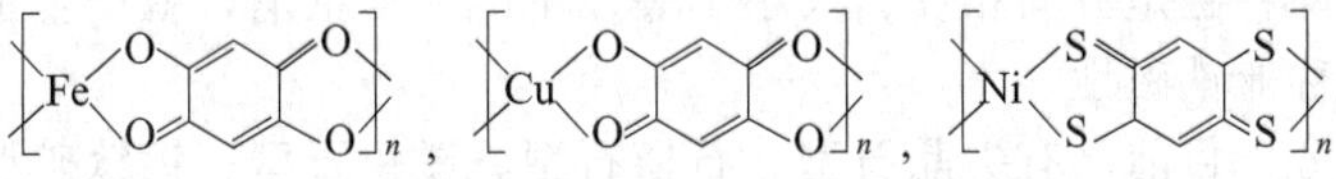

等，这些高分子络合物中，链内分子间一般通过氧或硫作为配位原子。在含硫的络合物中，由于配位体金属离子间的共轭作用，分子间的相互作用较强，有一定的导电性，但一般表现为反铁磁性相互作用。

具有不同自旋金属离子组成的双核络合物是根据金属离子间易产生强磁性相互作用的特点设计合成出来的，如：

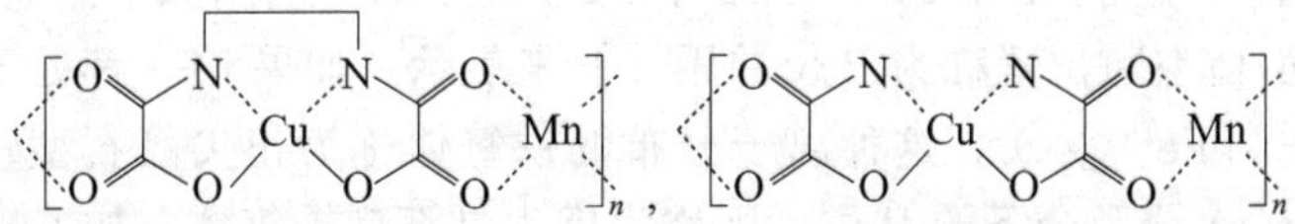

两个晶体中，链内金属离子间都存在反平行排列，因此在一维链内，表现出亚铁磁性行为，而多数双核络合物是反铁磁性的。

有机聚合物包括聚卡宾体系、稳定自由基取代聚丁炔体系及一些其他体系，其中聚卡宾体系具有铁磁性耦合的理论比较成熟，由于没有合成出具有足够链长的聚合物，因而不存在铁磁性相互作用。对改体系的新的分子设计是具有网状结构的卡宾聚合物，结构为：

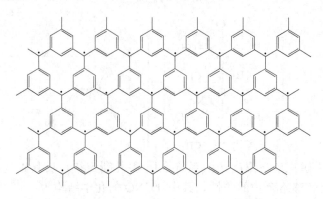

磁性材料当前仍以金属和陶瓷铁氧体材料为主，聚合物磁性材料主要是以黏结磁体应用。此外还有磁性金属有机聚合物，如金属酞菁、席夫碱等系列，具有顺磁性，主要用于吸波材料。我国已合成可以应用的有机金属聚合物铁磁体，其饱和比磁化强度为 $16\sim20\mathrm{Am^2/kg}$。利用这种材料制成实验性 300MHz 的低通滤波器及约 50MHz 和 860～960MHz 移动通信天线都取得较好效果。

第五节　铁氧体结构及磁性

以氧化铁（$Fe_2^{3+}O_3$）为主要成分的强磁性氧化物叫做铁氧体。在铁氧体中磁性离子都被间隔较大的氧离子所隔离，故磁性离子间不会存在直接的交换作用。然而事实上铁氧体内部存在很强的自发磁化，显然，这种自发磁化并不是由于磁性离子间的直接交换作用，而是通过夹在磁性离子间的氧离子形成的间接交换作用，称为超交换作用。这种超交换作用使每个亚点阵内离子磁矩平行排列，每个亚点阵磁矩方向相反大小相等，因而抵消了一部分，剩余部分即表现为自发磁化。所以铁氧体与铁磁体一样都有自发磁化强度和磁畴，因此有时也被统称为铁磁性物质。但铁氧体一般都是多种金属的氧化物复合而成，其磁性来自两种不同方向的磁矩，这两种磁矩方向相反，大小不等，不能完全抵消，就产生了自发磁化现象。因此铁氧体磁性又称亚铁磁性。

从晶体结构分，目前已有尖晶石型、石榴石型、磁铅石型、钙钛矿型、钛铁矿型和钨青铜型六种，较重要的铁氧体主要是前三种。下面将分别讨论它们的结构及磁性。

一、尖晶石型铁氧体

铁氧体亚铁磁性氧化物一般式表示为 $M^{2+}O\cdot Fe_2^{3+}O_3$ 或者 $M^{2+}Fe_2O_4$，其中 M 是 Mn、Fe、Co、Ni、Cu、Mg、Zn、Cd 等金属或它们的复合，如 $Mg_{1-x}Mn_xFe_2O_4$，因此铁氧体的组成和磁性能范围宽广，它们的结构属于尖晶石型，如图 6-49 所示。元晶胞由 8 个分子组成，32 个 O^{2-} 为密堆立方排列，8 个 M^{2+} 与 16 个 Fe^{3+} 处于 O^{2-} 的间隙中。通常把氧四面体空隙位置称为 A 位，八面体空隙位置称为 B 位并用 [ ] 来表示。如果 M^{2+} 都处于四面体 A 位，Fe^{3+} 处于 B 位，如 $Zn^{2+}[Fe^{3+}]_2O_4$，这种离子分布的铁氧体称为正尖晶石型铁氧体；如果 M^{2+} 占有 B 位，Fe^{3+} 占有 A 位及余下的 B 位，则称为反尖晶石型铁氧体，如 $Fe^{3+}[Fe^{3+}M^{2+}]O_4$。

铁氧体内含有两种或两种以上的阳离子，这些离子具有大小不等的磁矩（有些离子可能还完全没有磁性），由此使铁氧体表现出不同的磁性。在正尖晶石型铁氧体中，由于 A 位置被不具有磁矩的 Zn^{2+}、Cd^{2+} 占据，所以 A-B 间不存在超交换作用。另外，B 位置的两个 Fe^{3+} 的磁矩反平行耦合，所以 B-B 间的磁矩完全抵消，不出现自发磁化。在反尖晶石型铁氧体中，处于 A 位置的 Fe^{3+} 与 B 位置的 Fe^{3+} 间有着超交换相互作用，其结果是二者的磁

矩相互反平行，并抵消，而仅余下 B 位置的 M^{2+} 的磁矩，可用下列式子示意

$$Fe_a^{3+}\uparrow Fe_b^{3+}\downarrow M_b^{2+}\downarrow$$

因此所有的亚铁磁性尖晶石几乎都是反型的。

例如磁铁矿属反尖晶石结构，对于任意一个 Fe_3O_4"分子"来说，两个 Fe^{3+} 分别处于 A 位及 B 位，它们是反平行自旋的，因而这种离子的磁矩必然全部抵消，但在 B 位的 Fe^{2+} 的磁矩依然存在。Fe^{2+} 有 6 个 3d 电子分别在 5 个 d 轨道上，其中只有一对电子处在同一个 d 轨道上且反平行自旋，磁矩抵

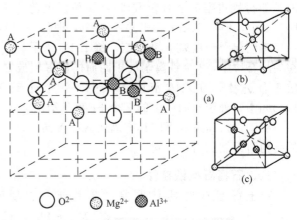

消。其余 4 个电子平行同向自旋，因而应当有 4 个 μ_B，亦即整个"分子"的玻尔磁子数为 4。实验测定的结果为 $4.2\mu_B$，与理论值相当接近。

O^{2-}　　Mg^{2+}　　Al^{3+}

图 6-49　尖晶石的元晶胞（a）及子晶胞（b）、（c）

阳离子出现于反型的程度，取决于热处理条件。一般来说，提高正尖晶石的温度会使离子激发至反型位置。所以在制备类似于 $CuFe_2O_4$ 的铁氧体时，必须将反型结构高温淬火才能得到存在于低温的反型结构。锰铁氧体约为 80% 正型尖晶石，这种离子分布随热处理变化不大。

在实际应用中，软质铁氧体是强磁性的反尖晶石与顺磁性的正尖晶石的固溶体。例如将 x mol 正尖晶石 $ZnFe_2O_4$ 加入到 $(1-x)$ mol 的反尖晶石 $M^{2+}Fe_2O_4$ 中烧制成固溶体（称此为复合尖晶石），A 和 B 位置的离子分布如下：

$$(1-x)Fe^{3+}[M^{2+}Fe^{3+}]O_4+xZn^{2+}[Fe^{3+}]_2O_4=Fe_{(1-x)}^{3+}-Zn_x^{2+}[M_{1-x}^{2+},Fe_{1+x}^{3+}]O_4$$

由于 Zn^{2+} 容易进入 A 位置，所以预先占据 A 位置的 Fe^{3+} 被推到 B 位置，其结果使占据 A 位置和 B 位置的 Fe^{3+} 之差显著了，所以随着 x 的增加，饱和磁化强度也增加。

二、磁铅石型铁氧体

磁铅石型铁氧体的化学式为 $AB_{12}O_{19}$，A 是二价离子 Ba、Sr、Pb，B 是三价的 Al、

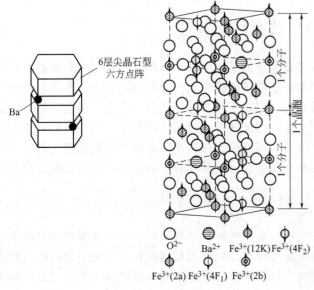

6 层尖晶石型六方点阵

Ba

O^{2-}　　Ba^{2+}　　Fe^{3+}(12K)Fe^{3+}(4F$_2$)

Fe^{3+}(2a)　Fe^{3+}(4F$_1$)　Fe^{3+}(2b)

图 6-50　磁铅石型铁氧体结构

Ga、Cr、Fe，其结构与天然的磁铅石 $Pb(Fe_{7.5}Mn_{3.5}Al_{0.5}Ti_{0.5})O_{19}$ 相同，属六方晶系，结构比较复杂。如含钡的铁氧体，化学式为 $BaFe_{12}O_{19}$，其结构如图 6-50 所示，元晶胞包括 10 层氧离子密堆积层，每层有 4 个氧离子系由两层一组形成的六方密堆积块与四层一组形成的尖晶石堆积块交替重叠，其中六方密堆积块中的两层氧离子平行于（111）尖晶石平面，在六方密堆积块中有一个氧离子被 Ba^{2+} 所取代，并有 2 个 Fe^{3+} 填充在八面体空隙中，一个 Fe 处于五个氧离子围绕形成的三方双锥体中，四层一组的尖晶石堆积块中共有 9 个

Fe^{3+}，分别占据 7 个 B 位和 2 个 A 位。因此一个元晶胞中共含 O^{2-} 为 $4\times10-2=38$ 个，Ba^{2+} 2 个，Fe^{2+} 为 $2\times(3+9)=24$ 个，即每一元晶胞中包含了两个 $BaFe_{12}O_{19}$ "分子"。

磁化起因于铁离子的磁矩，每个 Fe 离子有 $5\mu_B$↑自旋，每个单元化学式的排列如下：在尖晶石块中，2 个铁离子处于四面体位置形成 $2\times5\mu_B$↓，7 个 Fe 离子处于八面体位置形成 $7\times5\mu_B$↑。在六方密堆积块中，一个处于氧围成的三方双锥体中的 Fe 离子给出 $1\times5\mu_B$↑，处于八面体中的 2 个 Fe 离子给出 $2\times5\mu_B$↓。其净磁矩为 $4\times5\mu_B=20\mu_B$。

由于六角晶系铁氧体具有高的磁晶各向异性，故适宜作永磁铁，它们具有高矫顽力。它的结构与天然磁铅石相同。

三、石榴石型铁氧体

稀土石榴石也具有重要的磁性能，它属于立方晶系，但结构复杂，分子式为 $M_3Fe_5O_{12}$，式中 M 为三价的稀土离子或钇离子，如果用上标 c、a、d 表示该离子所占晶格位置的类型，则其分子式可以写成 $M_3{}^cFe_2{}^aFe_3{}^dO_{12}$ 或 $(3M_2O_3)^c$ $(2Fe_2O_3)^a$ $(3Fe_2O_3)^d$，a 离子位于体心立方晶格结点上，c 离子与 d 离子都位于立方体的各个面上，如图 6-51 所示。每个 a 离子占据一个八面体位置，每个 c 离子占据 8 个氧离子配位形成的十二面体位置，每个 d 离子处于一个四面体位置。每个晶胞包括 8 个化学式单元，共有 160 个原子。

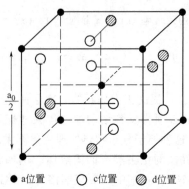
图 6-51 石榴石结构的简化模型
● a位置 ○ c位置 ◪ d位置

与尖晶石的磁性类似，由于超交换作用，石榴石的净磁矩起因于反平行自旋的不规则贡献：处于 a 位的 Fe^{3+} 和 d 位的 Fe^{3+} 的磁矩是反平行排列的，c 位的 M^{2+} 和 d 位的 Fe^{3+} 的磁矩也是反平行排列的。假设每个 Fe^{3+} 磁矩为 $5\mu_B$，则对分子式为 $M_3{}^cFe_2{}^aFe_3{}^dO_{12}$ 的石榴石型铁氧体净磁矩为

$$\mu_净=3\mu_c-(3\mu_d-s\mu_a)=3\mu_c-5\mu_B \tag{6-33}$$

因此选择适当的离子，可得到净磁矩。

第六节 动态磁化特性

前面介绍的铁磁材料的磁性能主要是在直流磁场下的表现，称之为静态（或准静态）特性。但大多数铁磁（包括亚铁磁）材料都是在交变磁路中起传导磁通的作用，即作为通常所说的铁芯或磁芯。例如，变压器使用的铁芯材料在工频工作，就是一个交变磁化过程，而且这种材料用量大，又常在高磁通密度下工作，因此铁芯产生的能耗很大。而在高频下工作的磁性材料，也会因能耗降低磁芯品质。因此，研究磁性材料尤其是软磁材料在交变磁场条件下的表现有着很大的实际意义。磁性材料在交变磁场，甚至脉冲磁场作用下的性能统称磁性材料的动态特性。

一、交流磁化过程与交流磁滞回线

软磁性材料的动态磁化过程与静态的或准静态的磁化过程不同，由于交流磁化过程中磁场强度是周期对称变化的，所以磁感应强度也跟着周期性对称地变化，变化一周构成的曲线称为交流磁滞回线。铁磁材料在交变磁场中反复磁化时，由于材料磁结构内部运动过程的滞后，反磁化过程中晶体释放出来的能量总是小于磁化功，交流磁滞回线表现为动态特征，其形状介于直流磁滞回线和椭圆之间。若交流幅值磁场强度 H_m 不同，则有不同的交流磁滞回线，交流磁滞回线顶点的轨迹就是交流磁化曲线或简称 B_m-H_m 曲线，B_m 称为幅值磁感应强度。图 6-52 为 0.10mm 厚的 Fe-6Al 软磁合金在 4kHz 下的交流磁滞回线和磁化曲线。当交流幅值磁场强度增大到饱和磁场强度 H_s 时，交流磁滞回线面积不再增加，该回线称为极限交流磁滞回线，由此可以确定材料饱和磁感应强度 B_s、交流剩余磁感应强度 B_r，这种情况和静态磁滞回线相同。

研究表明动态磁滞回线有以下特点：①交流磁滞回线形状除与磁场强度有关外，还与磁场变化的频率 f 和波形有关。②一定频率下，交流幅值磁场强度不断减少时，交流磁滞回线逐渐趋于椭圆形状。③当频率升高时，呈现椭圆回线的磁场强度的范围会扩大，且各磁场强度下回线的矩形比 B_r/B_m 会升高。这些特点从图 6-53 所示的钼坡莫合金带材不同频率下的交流磁滞回线形状比较上都有所体现。

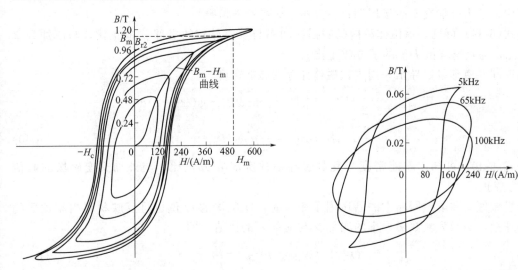

图 6-52 Fe-6Al 软磁合金的磁化曲线和
交流磁滞回线 （0.1mm 厚，4kHz）

图 6-53 厚度 50μm 钼坡莫合金带材的交流磁滞回线

二、复数磁导率

在交变磁场中磁化时，从一个磁化状态变化为另一个磁化状态需要时间，即 B 和 H 有相位差，磁导率不仅反映类似静态磁化的导磁能力的大小，而且还要反映出 B 和 H 间的相位差，因此，交变磁化时磁导率为复数。

设交变场磁场振幅 H_m、角频率为 ω，则且 B 和 H 具有正弦波形，并以复数形式表示，B 与 H 存在的相位差为 φ，则

$$H = H_m e^{i\omega t} \tag{6-34}$$

当各向同性的铁磁材料处于该磁场时，由于 B 落后于 H 一个位相角 φ，则

$$B = B_m e^{i(\omega t - \varphi)} \tag{6-35}$$

从而由磁导率定义得到复数磁导率为

$$\dot{\mu} = \frac{B}{\mu_0 H} = \frac{B_m}{\mu_0 H_m} e^{-i\varphi} = \mu' - i\mu'' \tag{6-36}$$

其中

$$\mu' = \frac{B_m}{\mu_0 H_m} \cos\varphi \tag{6-37}$$

$$\mu'' = \frac{B_m}{\mu_0 H_m} \sin\varphi \tag{6-38}$$

由上述公式可知，复数磁导率 $\dot{\mu}$ 的实部 μ' 是与外加磁场 H 同位相，而虚部 μ'' 比 H 滞后 90°。复数磁导率的模为 $|\mu| = \sqrt{(\mu')^2 + (\mu'')^2}$，称为总磁导率或振幅磁导率（亦称幅磁导率），$\mu'$ 被称为弹性磁导率，与磁性材料中储存的能量有关，μ'' 被称为损耗磁导率（或称黏滞磁导率），它与磁性材料磁化一周的损耗有关。

由于复数磁导率虚部 μ'' 的存在，使得磁感应强度 B 落后于外加磁场 H，引起铁磁材料在动态磁化过程中不断消耗外加能量。处于均匀交变磁场中的单位体积铁磁体，单位时间的平均能量损耗（或磁损耗功率密度）$P_{耗}$ 为

$$P_{耗} = \frac{1}{T} \int_0^T H\mathrm{d}B = \frac{1}{2}\omega H_m B_m \sin\varphi = \pi f \mu'' H_m^2 \tag{6-39}$$

式中，T 为外加交变磁场周期；f 为外加交变磁场频率。

由式(6-39)可见，单位体积内的磁损耗功率与复磁导率的虚部 μ'' 成正比，与所加频率 f 成正比，与磁场峰值 H_m 的平方成正比。

根据同样道理可以导出一周内铁磁体储存的磁能密度

$$W_{(储能)} = \frac{1}{2}HB = \frac{1}{T} \int_0^T H_m \cos\omega t B_m \cos(\omega t - \varphi)\mathrm{d}t$$

$$= \frac{1}{2}H_m B_m \cos\varphi = \frac{1}{2}\mu'\mu_0 H_m^2 \tag{6-40}$$

从式(6-40)可知，磁能密度与复数磁导率的实部 μ' 成正比，与外加交变磁场的峰值 H_m 平方成正比。

与机械振动和电磁回路中的品质因子相对应，铁磁体的 Q 值也是反映材料内禀性质的重要物理量，定义为复数磁导率的实部 μ' 与虚部 μ'' 的比值，即

$$Q = 2\pi f W_{(储能)} / P_{(耗)} = \frac{\mu'}{\mu''} \tag{6-41}$$

Q 值的倒数称为材料的磁损耗系数或损耗角正切，即

$$Q^{-1} = \tan\varphi = \frac{\mu''}{\mu'} \tag{6-42}$$

综上所述，复数磁导率的实部与铁磁材料在交变磁场中储能密度有关，而虚部却与材料在单位时间内损耗的能量有关。磁感应强度落后于磁场强度造成材料的磁损耗。

三、交变磁场作用下的能量损耗

磁芯在不可逆交变磁化过程中所消耗的能量，统称铁芯损耗，简称铁损，它由磁滞损耗 P_n、涡流损耗 P_e 和剩余损耗 P_c 三部分组成，因此总的磁损耗功率为

$$P = P_n + P_e + P_c \tag{6-43}$$

1. 趋肤效应和涡流损耗

根据法拉第电磁感应定律，磁性材料交变磁化过程会产生感应电动势，因而会产生涡电流。由于涡电流大小与材料的电阻率成反比，因此金属的涡流比铁氧体要严重得多。除了宏观的涡电流以外，磁性材料的畴壁处，还会出现微观的涡电流。涡电流的流动，在每瞬间都会产生与外磁场产生的磁通方向相反的磁通，越到材料内部，这种反向的作用就越强，致使磁感应强度和磁场强度沿样品截面严重不均匀。等效来看，好像材料内部的磁感应强度被排斥到材料表面，这种现象叫趋肤效应，正是这种趋肤效应产生了所谓的涡流屏蔽效应。这就是金属软磁材料要轧成薄带使用的原因，即减少涡流的作用。

2. 磁滞损耗

在交流磁化条件下，涡流损耗与磁滞损耗是相互依存的，不可能完全把它们分开，但在材料研究中，人们也有了不少分离损耗的方法。在磁感应强度 B 低于其饱和值 $1/10$ 的弱磁场中时，瑞利（L. Rayleigh）总结了磁感应强度 B 和磁场强度 H 的实际变化规律，得到了它们之间的解析表示式，故这弱磁场范围被称为瑞利区。按瑞利的说法，弱磁场的磁滞回线可以分为增加磁场上升支和减小磁场的下降支，如图 6-54 中 C1D 为上升支，C2D 为下降支，磁感应强度可分别表示为二次曲线的解析式

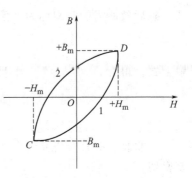

图 6-54 瑞利磁滞回线

$$B = \mu_0(\mu_i + \eta H_m)H \pm \frac{\eta}{2}\mu_0(H^2 - H_m^2) \tag{6-44}$$

式中，μ_i 为起始磁导率；H_m 为磁化场的振幅；$\eta = \dfrac{\mathrm{d}\mu}{\mathrm{d}H}$ 为瑞利常量，其物理意义表示磁化过程中不可逆部分的大小，对于上升支取"+"，下降支取"−"。由上式可求得样品磁化一周单位体积中所消耗的磁滞损耗

$$W_h = \oint H\mathrm{d}B = \int_B^{B'} H\mathrm{d}B_{(2)} - \int_B^{B'} H\mathrm{d}B_{(1)} \approx \frac{4}{3}\eta H_m^3 \tag{6-45}$$

每秒内的磁滞损耗（功率）为

$$P_h = fW_h \approx \frac{4}{3}f\eta H_m^3 \tag{6-46}$$

由此可见，磁滞损耗功率同频率 f、瑞利常量 η 成正比，和幅值磁化强度 H_m 的三次方成正比。表 6-6 给出一些铁磁性材料的初始磁导率 μ_i 和瑞利常量 η 值。

表 6-6 一些铁磁材料的初始磁导率 μ_i 和瑞利常量 η

材　料	μ_i	瑞利常量 $\eta/(A/m)$	材　料	μ_i	瑞利常量 $\eta/(A/m)$
纯铁	290	25	45 坡莫合金	2300	201
压缩铁粉	30	0.013	47.9Mo 合金	20000	4300
钴	70	0.13	超坡莫合金	100000	150000
镍	220	3.1	45.25 坡莫合金	400	0.0013

3. 剩余损耗及磁导率减落现象

除磁滞损耗、涡流损耗外的其他损耗都归结为剩余损耗，即式(6-43)中的 P_c。引起剩余损耗的原因很多，且尚未完全弄清楚，因此很难写出其具体解析式。在低频和弱磁场条件下，剩余损耗主要是磁后效引起的。

所谓磁后效就是磁化强度（或磁感应强度）跟不上外磁场变化的延迟现象。假定某一时刻 t_1 磁场以阶跃形式从 H_1 变到 H_2，则磁化强度也将从 M_1 变化到 M_2。如图 6-55 所示，这一磁化过程分为两个阶段，即 t_1 时 M_1 无滞后地上升到 M_i，然后随时间的延续再逐渐上升到与磁场 H_2 相应的平衡值 M_2，在第二个磁化阶段中，出现磁后效，即磁化强度（或磁感应强度）随磁场变化的延迟现象。如果进行反复磁化，则每次都要出现时间的滞后。产生磁后效的弛豫过程机制不同，表现也不同。

由于杂质原子扩散引起的可逆磁后效，通常称为李斯特（Richter）磁后效，在含有微量间隙原子 C 或 N 纯铁中，当磁场发生变化时，间隙原子将发生微扩散，引起材料磁各向异性的变化，从而导致磁化强度的变化，因此由于这种弛豫过程引起的磁后效又称为扩散磁后效。

磁后效所需的时间称为弛豫时间，用 τ 表示，τ 满足方程

$$\frac{\mathrm{d}B}{\mathrm{d}t} = -\frac{M - M_2}{\tau} \tag{6-47}$$

解上式，得

$$M = M_2 + (M_i - M_2)\exp\left(-\frac{t}{\tau}\right) \tag{6-48}$$

式中，M 为磁化强度。

在非晶态磁合金研究中发现，τ 与材料的稳定性密切相关。这类磁后效与温度和频率关系密切。

材料中的磁后效现象，存在多种磁后效机制。例如，永磁材料经过长时间放置，其剩磁逐渐变小，也是一种磁后效现象，称为"减落"。放置的永磁铁，存在自由磁极，由于退磁场的持续作用，通过磁后效过程引起永久磁铁逐渐退磁。如果不了解磁后效的机制并加以克服，就不可能得到稳定的永久磁铁。

永磁材料的磁后效满足方程

$$M(T) - M(0) = \chi_d S_v \lg t \tag{6-49}$$

式中，χ_d 为微分磁导率；S_v 为磁后效系数。

由此公式可知，磁化强度的变化与时间的对数成正比，这种磁后效称为约旦（Jordan）后效。

实验发现，几乎所有软磁材料，如硅钢、铁镍合金、各类软铁氧体，在交流退磁后，其起始磁导率 μ_i 都会随时间延长而降低，最后达到稳定值，这就是通称的磁导率减落，表征磁导率减落的参量为磁导率减落系数 DA。假定材料完全退磁后 t_1 时刻的起始磁导率为 μ_{i1}，t_2 时刻的起始磁导率为 μ_{i2}，则 DA 定义式为

$$DA = \frac{\mu_{i1} - \mu_{i2}}{\mu_{i1}^2 \lg(t_2/t_1)} \tag{6-50}$$

测试时常常先采用交流退磁方法使样品中性化，且为了方便，取时间 $t_1 = 10\text{min}$，时间 $t_2 = 100\text{min}$，显然，实际使用的磁性材料的 DA 越小越好。图 6-56 为 Mn-Zn 铁氧体的起始磁导率 μ_i 随时间减落曲线（简称磁导率减落曲线），由图中可知，减落系数与温度关系密切，温度较高时，减落快。另外发现磁导率减落对机械振动、冲击也十分敏感。

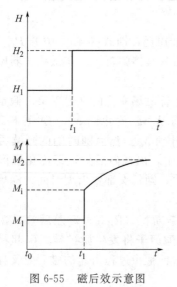

图 6-55　磁后效示意图

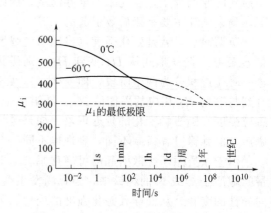

图 6-56　Mn-Zn 铁氧体磁导率减落曲线

　　磁导率减落是由于材料中电子或离子扩散后效造成的。电子或离子扩散后效的弛豫时间为几分钟到几年，其激活能为几个电子伏特。由于磁性材料退磁时处于亚稳状态，随着时间推移，为使磁性体的自由能达到最小值，电子或离子将不断向有利的位置扩散，把畴壁稳定在势阱中，导致磁中性化后，铁氧体材料的起始磁导率随时间而减落。当然时间要足够长，扩散才趋于完成，起始磁导率也就趋于稳定值。由于不同温度下电子或离子的扩散速度不同，温度越高，扩散速度越快，起始磁导率 μ_i 随时间减落也就越快。考虑到减落的机制，在使用磁性材料前应对材料进行老化处理，还要尽可能减少对材料的振动、机械冲击等。

4. 共振损耗

　　对剩余损耗研究发现，当磁后效的弛豫时间 τ 确定后，磁损耗将随频率发生变化，在某特定频率下损耗显著增大，这种损耗称为共振损耗。随着磁场频率的增高，将出现各种不同形式的共振损耗。

　　共振损耗同材料尺寸有关。假定材料的相对磁导率为 μ_r，相对介电系数为 ε_r，加在该材料上的电磁波长为

$$\lambda = c/(f\sqrt{\varepsilon_r \mu_r})$$

　　式中，c 为光速；f 为频率。

　　当磁性材料的尺寸为波长的整数倍或半整数倍时，材料中将形成驻波，从而发生共振的能量损耗，称为尺寸共振。

　　继续提高频率，在某些材料中将引起损耗增加，磁导率下降，以致使磁芯失去作用。图6-57 为 Ni-Zn 铁氧体复数磁导率的实部 μ' 和虚部 μ'' 与频率的关系，从图中可以看出，在某个频率附近 μ'' 明显增大，而材料单位体积的功率损耗 $P_{(耗)}$ 与复数磁导率的虚部 μ'' 成正比，这表明共振损耗的存在。

　　值得指出的是，当频率提高到超过共振状态（μ'' 达到最大）后，复数磁导率的实部 μ' 开始下降，但 $\mu'f$ 的乘积保持不变。事实表明，这结果对其他材料也同样成立。这个乘积保持不变的关系，在研究和开发新的高频磁芯材料中非常重要。

　　发生磁后效时，磁化强度与磁场的方向并不完全一致，而是绕着磁场方向的轴线作进动。当进动周期与高频磁场的周期一致时，出现共振损耗。在铁磁材料中一般都存在着磁各向异性场 H_k，材料中的微观磁化强度将绕着 H_k 进动。可以证明，该进动的频率为

$$f = |\nu|H_k/2\pi \tag{6-51}$$

　　式中，ν 称为旋磁系数。这种磁各向异性场形成的共振现象，称为自然共振。根据电子的旋磁系数 $\nu = g(e/2m)\mu_0 = -1.105 \times 10^5 g\,[\mathrm{m/(A \cdot s)}]$ 和单轴各向异性材料的 $\mu_i/\mu_0 \approx 2M_s/3\mu_0 H_k$，可以得到

$$\mu_i f = |\nu|M_s/3\pi \tag{6-52}$$

并求得 μ'' 开始下降时的频率值 f。图 6-57 中的虚线表示式(6-52) 的变化关系，称为 Snoek 界限。

　　此外，在共振损耗中还有畴壁共振，但这种影响在一般材料的实际应用中并不明显，此处从略。值得提到的是，铁氧体中电子或离子扩散的磁后效现象，除了引起磁导率减落外，也要引起共振损耗。这一过程引起的损耗，多发生在频率为兆赫范围的高频端，通常被自然共振现象所掩盖。但有时铁氧体在不同温度使用时，能明显地表现出这种损耗，这时就不能忽略这一问题。

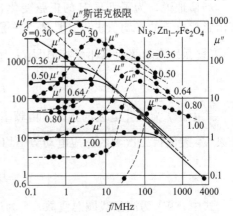

图 6-57　Ni-Zn 铁氧体复数磁导率的频率特性

第七节 铁磁性的测量

铁磁材料的磁性包括直流磁性和交流磁性，前者为测量直流磁场下得到的基本磁化曲线、磁滞回线以及由这两类曲线所定义的各种磁参数，如饱和磁化强度 M_s、剩磁 M_r 或 B_r、矫顽力 H_c、磁导率 μ_i 和 μ_m 以及最大磁能积 $(BH)_{max}$ 等，属于静态磁特性；后者主要是测量软磁材料在交变磁场中的性能，即在不同工作磁通密度 B 下，从低频到高频的磁导率和损耗，属于动态磁特性。

一、动态磁特性的测量
1. 指示仪表测量法

（1）动态磁化曲线测量　图 6-58 为指示仪表测量动态磁化曲线的原理。该装置通过测量线圈中的感应电动势来测定交变磁通。在不同交变磁场 H_m（峰值）下测出相应的 B_m，即可得到交流磁化曲线。根据 B_m-H_m 曲线可以求出振幅磁导率 μ_a 等动态磁参数。由图可见，在被测的闭路试样上绕有两组线圈，采用自耦变压器来调节磁化电流的大小。由测得的磁化电流峰值 I_m 可以算出交流磁场峰值 H_m。如果磁化电流为正弦变化，则磁化电流峰值 I_m 可直接从有效值电流表 A 的读数 I 求得。这时，磁场的峰值为

$$H_m = \frac{\sqrt{2}W_1 I}{l} \tag{6-53}$$

式中，W_1 为磁化线圈的总匝数；l 为试样的平均磁路长度。

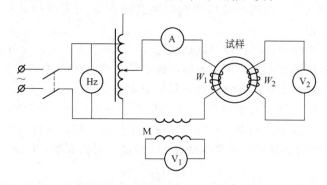

图 6-58　指示仪表测量动态磁化曲线的原理

严格地说，为了满足 B 的正弦变化，磁化电流应为非正弦。这种情况下，磁场的峰值可由磁化电流的平均值求得。具体方法是在磁化电流回路中接入互感 M，用平均值电压表 V_1 测量互感次级感应电压平均值 $\bar{U}_M$，于是

$$H_m = \frac{W_1 \bar{U}_M}{4fMl} \tag{6-54}$$

式中，f 为磁化电流的频率，由频率计读得；M 为互感系数。

如果 V_2 表测得二次测的感应电动势平均值 $\bar{E}_2$，则磁感应强度的峰值为

$$B_m = \frac{\bar{E}_2}{4fW_2 S} \tag{6-55}$$

式中，W_2 为测量线圈总匝数；S 为试样截面积，m^2。

在不同磁化电流下测出 B_m 和 H_m，即可得到动态磁化曲线 $B = f(H_m)$，由此也可得到

曲线上每点的振幅磁导率 $\mu_a = B_m / H_m$。

由于线圈中磁通的变化与感应电动势成正比，但指示仪表内阻有限，故只能测到线圈两端的端电压，因而存在方法误差。电压表的内阻越小，方法误差越大，可见指示仪表法准确度不高，其测量误差一般为 10% 左右，而且此法不能用来测量交流磁损耗。

（2）损耗的测量　用功率表和 Epstein 方圈可测量软磁材料在交变磁化时的损耗，这是世界各国检验硅钢片交流损耗的标准方法。在频率低于 1000Hz、磁感应强度较高时，测量硅钢片的损耗，其测量误差约为 ±3%。而材料在较高频率下交变磁化时，要用电桥法来测量铁心损耗。

功率表测量材料磁损耗的原理和方法可参考有关资料。

2. 电桥测量法

交流电桥法是测量软磁材料复数磁导率的有效方法。在很宽的频率范围内，软磁材料大量被用来制作各种电感元件，这些元件的工作磁通密度很低（对铁氧体，磁场强度小于 1A/m，对金属软磁材料，磁场强度小于 0.08A/m），磁性能的主要参数是复数磁导率的两个分量 μ' 和 μ''。

以软磁试样为磁芯的线圈，可以等效成一个纯电感 L_x 和一个纯电阻 R_x 的串联电路，而 L_x 和 R_x 分别与 μ' 和 μ'' 分量有直接联系，用求复数阻抗的方法处理可以得到

$$L_x = \frac{W^2 S}{\pi \bar{d}} \mu' \mu_0 \tag{6-56}$$

$$R_x = \omega \frac{W^2 S}{\pi \bar{d}} \mu'' \mu_0 + R_{x0} \tag{6-57}$$

式中，W 为线圈匝数；S 为试样截面积；$\bar{d}$ 为试样平均直径；μ_0 为真空磁导率；R_{x0} 为铜导线线圈的电阻；ω 为电源的角频率。因此，只要用交流电桥测出 L_x 和 R_x，就可以得到复数磁导率，并计算出该频率下的损耗角正切

$$\tan\varphi = \frac{\mu''}{\mu'} = \frac{R_x - R_{x0}}{\omega L_x} \tag{6-58}$$

电桥法不仅可以得到复数磁导率和损耗，还可以测量试样在各种频率和不同磁通密度下的磁化曲线。因为电感的意义是电流单位变化量所引起的磁通变化量，所以，凡是能够测量电感的电桥，只要附加测量电流的仪表，都可以用来测量磁通。同时由测得的电流值可计算出对应的磁场强度 H_m 和磁感应强度 B_m

$$H_m = \frac{W \sqrt{2} I}{\pi \bar{d}}, \quad B_m = \frac{\sqrt{2} I L_x}{WS} \tag{6-59}$$

式中，I 为通过线圈的电流有效值；L_x 为电桥测得的有效电感。

利用电桥同时还可以测出直流电阻 R_{x0}，由此可以计算交流磁损耗。

图 6-59 为一种相对桥臂为异性阻抗的交流电桥（麦克斯韦-维恩电桥），其中 D 为交流指零仪，通常采用耳机、谐振式检流计或采用电子线路的指示器。如果带试样的线圈被等效成 L_x 和 R_x 的串联电路，其品质因子为 Q_x，则电桥的平衡条件为

$$R_x = \frac{R_2 R_4}{R_N} \tag{6-60}$$

$$L_x = R_2 R_4 C_N \tag{6-61}$$

$$Q_x = \omega R_N C_N \tag{6-62}$$

由电压表测得电源对角线的电压有效值为 U，则流经线圈的电流有效值为

$$I = \frac{U}{\sqrt{\left(\dfrac{R_2 R_4}{R_N} + R_2\right)^2 + (\omega C_N R_2 R_4)^2}} \tag{6-63}$$

试样中的交流磁损耗为

$$P_c = I^2 (R_x - R_{x0}) \tag{6-64}$$

式中，R_{x0} 为线圈的电阻，可由直流电桥测得。

动态磁特性的测量也实现了自动测量。

3. 示波器测量法

用示波器可以在较宽的频率范围内，直接观察铁磁试样的磁滞回线。在灵敏度已知条件下，可根据磁滞回线确定材料的有关磁参数。示波器法既适用于闭路试样，也适用于开路试样，所测定的基本磁化曲线和磁滞回线的误差约为 $7\% \sim 10\%$，其线路原理如图 6-60 所示。

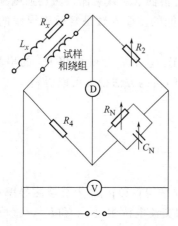

图 6-59　麦克斯韦电桥原理

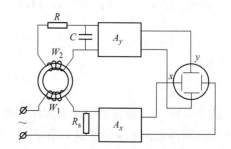

图 6-60　示波器法线路原理

环状试样的磁化电流在 R_s 上的电压经放大器 A_x 放大后送至示波器 x 轴，因而电子束在 x 方向上的偏转正比于磁场强度。为了减小磁化电流波形畸变对测量的影响，R_s 应选择较小的数值。环状试样次级感应电动势经 RC 积分电路积分，再经过放大器 A_y 放大，接入示波器 y 轴，因而电子束在 y 方向上的偏转正比于磁感应强度。于是，在示波器上可观察到动态磁滞回线。

试样测量回路的电路方程为

$$e_2 = i_2 R + L \frac{\mathrm{d}i_2}{\mathrm{d}t} + u_C \tag{6-65}$$

式中，e_2 为次级绕组中的感应电动势；i_2 为次级电路电流；u_C 为电容上的电压；R 和 L 分别为此回路中的电阻和电感。

若设计时将 R 选得很大，以致上式中右边第二项和第三项可忽略，则式(6-65) 变为

$$e_2 \approx i_2 R = -W_2 S \frac{\mathrm{d}B}{\mathrm{d}t} \tag{6-66}$$

即

$$i_2 \mathrm{d}t = -\frac{W_2 S}{R} \mathrm{d}B \tag{6-67}$$

式中，W_2 为次级绕组的匝数；S 为试样截面积。

由于积分电容两端电压 $u_C = \dfrac{1}{C}\int i_2 \mathrm{d}t$，故有

$$u_C = -\frac{W_2 S}{RC}\int \mathrm{d}B = -\frac{W_2 S}{RC}B \tag{6-68}$$

可见，电子束在 y 方向的偏转正比于 B，示波器上可以观察到动态磁滞回线，并据此求得磁性参量 H_c、B_r 和 B_s，还可计算得到交流磁化损耗。

二、静态磁特性的测量

1. 冲击测量法

作为铁磁性测量的冲击法是建立在电磁感应基础上的经典方法，在理论上和实践上均较成熟，具有足够高的准确度和良好的重复性，目前国际上仍推荐作为标准的测试方法，主要利用"冲击检流计"的特点进行测量。冲击检流计 G 与一般检流计不同，它不是测量流经检流计的电流，而是测量在一个电磁脉冲后流过的总电量。

（1）闭路试样的冲击法测量　闭合磁路试样的标准形状为圆环形，因为沿试样环的轴线磁化时磁路是闭合的，没有退磁场，漏磁通极小，因此测试精度较高。为了减小由于环形试样径向磁化不均匀所引起的误差，应使环形试样内外径尽量接近。冲击测量法的原理如图 6-61 所示，给试样提供磁化场的是磁化线圈 W_1，测量线圈为 W_2，其产生的感应电流由冲击检流计 G 测得。

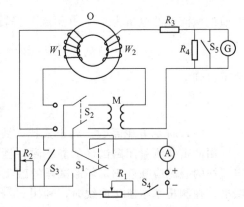

图 6-61　冲击测量法的原理图

当流经磁化线圈 W_1 的脉冲电流为 i 时，根据安培环路定律，螺线环中产生的磁场为

$$H = \frac{W_1 i}{\pi D} \tag{6-69}$$

式中，W_1 为磁化线圈的匝数；D 为环形试样截面的平均直径。

当磁化电流从 0 瞬时增加到 i 时，磁场相应地从 0 增到 H，与此同时材料的磁化强度也从 0 增加到 M，在测量线圈 W_2 中将突然产生一个磁通量 $\Phi = BS$，式中，$B = \mu_0(H+M)$，S 为试样的截面积。测量线圈 W_2 中产生的感应电势为

$$e = -W_2 \frac{\mathrm{d}\Phi}{\mathrm{d}t} \tag{6-70}$$

设测量回路中的总电阻为 R，则感应电势 e 在测量回路中引起的感应电流为

$$i_2 = \frac{e}{R} = -\frac{W_2}{R}\frac{\mathrm{d}\Phi}{\mathrm{d}t} \tag{6-71}$$

流经测量回路的总电量应为脉冲电流 i_2 对时间 t 的积分，即

$$Q = \int_0^t i_2 \mathrm{d}t = \int_0^\Phi \frac{W_2}{R}\frac{\mathrm{d}\Phi}{\mathrm{d}t}\mathrm{d}t = \frac{W_2 BS}{R} \tag{6-72}$$

这个电量 Q 与冲击检流计光点的最大偏移量 α 成正比，即

$$Q = C_b \alpha \tag{6-73}$$

式中，C_b 称为冲击常数，是冲击检流计自身的参数。

从式(6-72) 和式(6-73) 得出

$$B = \frac{C_b R}{W_2 S}\alpha \tag{6-74}$$

由于冲击常数 C_b、测量线圈匝数 W_2、测量回路总电阻 R 和试样截面积 S 均为已知量，因此可以根据检流计偏移量 α 算出材料的磁感应强度 B。

式(6-74) 中的冲击常数 C_b 可以从线路中的标准互感器 M 得到，双刀开关 K_2 合在左边位置，与磁化线圈 W_1 的电源接通，合在右边位置，与标准互感器 M 接通。设标准互感器 M 主线圈上电流 i 由 0 变到 i'，其副线圈两端产生的感应电势为

$$\varepsilon' = -M \frac{di}{dt} \tag{6-75}$$

因此，在测量回路中产生的感应电流为

$$i_0' = \frac{\varepsilon'}{R} \tag{6-76}$$

设通过检流计的电量为 Q'，并引起其偏转角 α_0，则

$$Q' = C_b \alpha_0 = \int_0^t i_0' \, dt = \int_0^t \varepsilon'/R \, dt = -\int_0^{i'} \frac{M}{R} \frac{di}{dt} dt = -\frac{M}{R} i' \tag{6-77}$$

故可得到

$$C_b R = -\frac{M i'}{\alpha_0} \tag{6-78}$$

式中，M 为互感系数。将上式代入式(6-74) 可算出 B。

用冲击法测量闭路试样的静态磁特性，实际上是在不同磁化电流产生的磁场 H 下，测定试样的磁感应强度 B，环形试样的磁化线圈 W_1 经过主电路的调节变阻器 R_1 由直流电源供电。在测量基本磁化曲线时，利用 S_1 改变磁化电流的方向，这时 S_3 将变阻器 R_2 短路。在测定磁滞回线时则通过 R_2 改变磁化电流。R_3 和 R_4 分别为互感次级线圈及试样测量线圈的等效电阻，用以保证检流计回路的电阻在分度和测量过程中保持恒定。

为了使试样从退磁状态 $H=0$、$B=0$ 开始测量，通常采用交流退磁法，即在试样上加一个低频交变磁场，磁场幅度由某一最大值（不小于材料矫顽力的 10 倍）均匀地减小至零。

测量基本磁化曲线时，为了使磁化电流从小到大依次变化，R_1 应从最大值开始逐渐减小。为了保证试样磁状态的稳定，必须用每一个选定的磁化电流对试样进行磁锻炼，用开关 S_1 换向数次即可。测量时对应于磁化电流 i_1，从式(6-48) 计算得到磁场 H_1，记下 S_1 换向时冲击检流计的偏移 α_1。然后使电流增加为 i_2，同样读得 α_2，依此类推得到不同磁化电流下的偏移值。应当指出的是每次开关 S_1 换向时，磁感应总是从 $+B \rightarrow -B$（或 $-B \rightarrow +B$），故式(6-74) 应改写为

$$B = \frac{C_b R}{2 W_2 S} \alpha \tag{6-79}$$

根据测量并计算出相应的 H_i、B_i，即可给出如图 6-62 中的基本磁化曲线 OA。应当看到，上述换向法的测量与电流从零单向增大的测量相比，可以避免每次测量误差的累积。因为如果磁化电流单向增大，每次都会引起检流计的偏移，这样所代表的不是与磁场 H 相对应的磁感应 B 而是其增量 ΔB，所以每得到一个 B 值都必须在前一个 B 值的基础上叠加而来。

磁滞回线的测定则稍有不同，首先利用 R_1 调节磁化电流，按上述换向法确定待测磁滞回线的顶点 A，然后将开关 S_1 置于 "2" 位，打开 S_3 观察冲击检流计的偏转 $(\Delta \alpha)_{A \rightarrow C}$，这时磁化电流从 i_A 变为 i_C（其大小取决于变阻器 R_2），而磁状态从 A 点移到 C 点，C 点的磁场强度仍从式(6-69) 算得，但磁感应将由下式计算

$$B = \frac{C_b R}{W_2 S} \left[\frac{\alpha_A}{2} - (\Delta \alpha)_{A \rightarrow C} \right] \tag{6-80}$$

式中，α_A 为换向法测量 B_A 时检流计的偏移。

得到 C 点的参数后，为测量下一点的参数，先通过变阻器 R_2 使电流减小，然后沿磁滞回线（C-E-F-G-L-M-A）改变样品的磁状态，使其回到 A 点。具体的操作方法是，先将换向开关 S_1 从"2"位断开（$C \rightarrow E$），再合上 S_3，接着将 S_1 置于"1"位（$E \rightarrow L$），最后将 S_1 换向到"2"位（$L \rightarrow M$）。

按照测量 C 点同样的步骤逐步改变电流的大小，就可得到第一象限中其他各点的参数，直至断开磁化电流测得剩磁感应 B_r。

为了测量磁滞回线的第二和第三象限反磁化曲线，应先用换向开关 S_1 使电流反向，然后将 S_1 放在"1"位。此时，试样的磁状态仍处于回线上的 A 点。测量时先打开 S_3，再将 S_1 从"1"位换向到"2"位。S_1

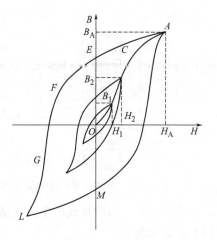

图 6-62　冲击法测得的基本
磁化曲线和磁滞回线

换向时不仅改变了磁化电流的方向，同时也改变了它的大小。试样磁状态从 A 点沿回线改变到 F 点，与式(6-59)一样可以计算 B_F。依此类推，可以测 G、L 点。根据磁滞回线的对称性，在得到回线的下降支 A-C-E-F-G-L 后，可以画上相应的回线上升支 L-M-A，如图 6-62 所示。

从基本磁化曲线和磁滞回线可以推出其他一些磁参数，例如从基本磁化曲线 O-A 可以得到不同磁场下的磁导率 $\mu = B/H$，从而得到 $\mu = f(H)$ 曲线，其中包括起始磁导率 μ_i 和最大磁导率 μ_m；根据磁滞回线可以知道剩余磁感应强度 B_r 和磁矫顽力 H_c。

（2）开路试样的冲击测量法　由于螺线环不能产生强磁场，因此利用环形闭路试样只适合测定软磁材料的磁化曲线和磁滞回线。对于硬磁材料，需要在较强的外磁场条件下才能磁化到饱和，试样一般做成开路试样，如圆柱状、条状等。

开路试样冲击测量原理如图 6-63 所示，测量线圈绕在试样上，试样夹持在电磁铁的两极头之间。给电磁铁的线圈通以不同大小电流，在两极头间产生强磁场，使试样磁化。

由于开路试样内部存在着非均匀的退磁场，其内部磁场不均匀，因此，开路试样的磁性测量必须解决两个问题：一个是消除或减小试样非均匀磁化的影响；另一个是如何测量材料的内部磁场。

为了使开路试样均匀磁化，必须采用能够产生强磁场的磁导计或电磁铁作为磁化装置。但是，磁场强度越高，均匀区域越小，所以必须使试样的形状和大小符合一定要求。具体要求可参考有关手册。

在永磁材料的测试中，往往使用"抛脱法"，而不是电流换向法。这是因为电磁铁和磁导计等磁化装置本身的电感量大，电流变化的延续时间长。抛脱法可分为抛线圈和抛样品两种。当把测 B 线圈抛到磁场为零处时，就可以测量试样中的 B 值。将试样从测 B 线圈中抽走，就可以测量试样的磁化强度 $M = (B - B_0)/\mu_0$。将测 H 线圈抛到磁场为零处或者转 180°，就可以测到试样中的磁场强度 H。例如，可以借助于带孔的电磁铁进行材料饱和磁化强度 M_s 的测量，如图 6-64 所示，称为 Stablein 法或冲击磁性仪测量法，测量时先选定一个足够强的磁场，然后将试样 1 从磁极 2 的中心迅速送到磁极间隙处的测量线圈 3 中，或从线圈中抽出，借助于线圈中磁通的变化来测量材料的 M_s。

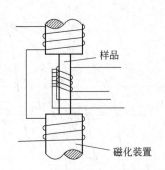

图 6-63 开路试样冲击测量原理

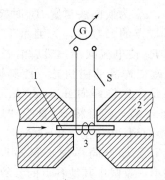

图 6-64 冲击磁性仪测量原理图

设试样送入前测量线圈中的磁通为 Φ_1，试样送入后的磁通增加到 Φ_2，则试样送入前后磁通的变化为

$$\Delta\Phi=\Phi_2-\Phi_1=\mu_0(HS_1+M_sS_2)-\mu_0HS_1=\mu_0M_sS_2 \qquad (6\text{-}81)$$

因此

$$M_s=\frac{\Delta\Phi}{\mu_0S_2} \qquad (6\text{-}82)$$

式中，S_1 为测量线圈的截面积；S_2 为试样的截面积。

此过程中磁通变化感应出的电量 Q 为

$$Q=\int_0^{\Delta\Phi}\frac{W}{R}\frac{\mathrm{d}\Phi}{\mathrm{d}t}\mathrm{d}t=\frac{W\Delta\Phi}{R} \qquad (6\text{-}83)$$

式中，W 为线圈匝数；R 为回路电阻。

由于冲击检流计 $Q=C_b\alpha$ 的关系，故得

$$\Delta\Phi=\frac{RC_b}{W}\alpha \qquad (6\text{-}84)$$

将式(6-84)代入式(6-82)得到

$$M_s=\frac{C_bR}{\mu_0WS_2}\alpha \qquad (6\text{-}85)$$

由于 C_b、R、μ_0、W 和 S_2 均为已知量，故只要读出试样抛脱后检流计的偏移量即可求得材料的 M_s。

一般说来，抛脱法比电流换向法所得到的结果更为准确，但要求抛脱的速度要快而且一致，为此须设置必要的机械装置。如果材料的矫顽力不太高，做抛脱法时一般采用螺线管作为磁化装置。

静态磁特性的冲击测量法虽有许多优点，但也存在着测量速度慢、冲击检流计中的线圈悬挂系统怕振动和冲击以及使用和维护不方便等缺点。由于电子技术的进步可以对线圈中感应电动势进行瞬时积分，从而能测量缓慢变化的磁通，这不仅从根本上克服了冲击检流计的局限性，而且测量精度比磁电式、磁通表高得多。现在人们已经用计算机实现了自动记录磁化曲线和磁滞回线。

在研究工作中，有时人们只需测出某些磁学量，而不需要测定完整的磁化曲线和磁滞回线，这种情况

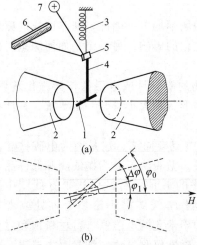

图 6-65 磁转矩仪（热磁仪）结构原理

1—试样；2—磁极；3—弹簧；4—固定杆；
5—反射镜；6—标尺；7—光源

下，就需要用下面的有关测试方法。

2. 磁转矩仪（热磁仪）测量法

磁转矩法是通过测量试样在均匀磁场中所受到的力矩来确定材料的饱和磁化强度 M_s。仪器的中心部分结构如图 6-65 所示。试样 1 位于两磁极 2 间的均匀磁场中，固定在杆 4 的下端，在杆 4 的上端装有个反射镜 5，并通过一个弹簧 3 固接在仪器的支架上。在仪器的一侧设置一个光源 7，它所发出的光束对准镜子射在标尺 6 上。

测试时，将试样吊在磁场中，与两磁头轴线（磁场的方向）成夹角 φ_0，如图 6-65（b）所示。从磁场对磁体的作用可知，磁化强度为 M 的试棒在磁场中将受到一个力矩的作用，使试棒转向磁场方向，夹角变为 φ_1，此力矩（即磁转矩）L_1 大小为

$$L_1 = \mu VHM\sin\varphi_1 \tag{6-86}$$

式中，V 为试棒的体积；H 为试棒所处的外磁场；φ_1 为试棒与磁场的夹角。由于试棒固定在弹性元件上，它的微小转动都会引起弹簧的变化，因而产生一反抗力矩 $L_2 = C\Delta\varphi$，这里 C 为弹簧的弹性系数。当两个力矩达到平衡状态时，$L_1 = L_2$，此时试棒与磁场的夹角为 φ_1，则 $\Delta\varphi = \varphi_0 - \varphi_1$，如图 6-65（b）所示。代入式（6-86）可得

$$M = \frac{C}{\mu_0 VH\sin\varphi_1}\Delta\varphi \tag{6-87}$$

如果使用刚性足够大的弹簧，试棒与磁场的初始夹角 φ_0 限制在 20° 以内，即在测量过程中的 $\Delta\varphi$ 值很小，因而可以认为 $\sin\varphi_1 = \sin\varphi_0$，则

$$M = \frac{C}{\mu_0 VH\sin\varphi_0}\Delta\varphi \tag{6-88}$$

由于 $\Delta\varphi$ 值很小，可以通过标尺上光点偏移的读数和反射镜与标尺间的距离求得。$\Delta\varphi$ 值愈大，磁化强度 M 就愈大，当 $H > 28 \times 10^4 \, \text{A/m}$ 时，M 即为饱和磁化强度 M_s，它与试样中铁磁相数量成正比，故常用 $\Delta\varphi$ 代表试样中铁磁相的量，即热磁仪法可用于定量相分析。

必须指出的是，以上分析都是基于试棒轴线与磁化强度矢量重合的考虑。实际上由于试棒长度有限，在试棒中总是存在着纵向和横向的退磁因子，故 M 与试棒轴线方向不完全重合。因此，严格地说磁转矩仪所记录的偏转角与试棒的饱和磁化强度不成线性关系，但在多数情况下，把它们看成线性关系所得到的结果已能满足材料研究的需要。

用此方法测定 M 绝对值有一定困难，但用此法测定磁化强度 M 的动态变化却很方便。若要测量 M 随温度的变化，则在设备上要有加热装置，因此又称热磁仪。热磁仪经过适当改造，可以用于测定板材的磁各向异性，所以有时也称为磁各向异性仪。

3. 振动样品磁强计测量法

振动样品磁强计（vibrating sample magnetometer，VSM）是灵敏度高、应用最广的一种磁性测量仪器，它是采用比较法来进行测量的。

VSM 测量原理如图 6-66 所示，样品通常为球形，设其磁性为各向同性，且置于均匀磁场中。如果样品的尺寸远小于样品到检测线圈的距离，则样品小球可近似为一个磁矩为 m 的磁偶极子，其磁矩在数值上等于球体中心的总磁矩，而样品被磁化产生的磁场，等效于磁偶

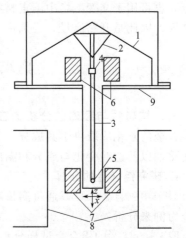

图 6-66　振动样品磁强计原理图
1—扬声器（传感器）；2—锥形纸环支架；
3—空心螺杆；4—参考样品；5—被测样品；
6—参考线圈；7—检测线圈；
8—磁极；9—金属屏蔽箱

极子取平行于磁场方向所产生的磁场。

当样品球沿检测线圈方向作小幅振动时，则在线圈中感应的电动势正比于在 x 方向的磁通量 Φ 变化

$$e_s = -N\left(\frac{\mathrm{d}\Phi}{\mathrm{d}x}\right)_{x_0}\frac{\mathrm{d}x}{\mathrm{d}t} \tag{6-89}$$

式中，N 为检测线圈匝数。

样品在 x 方向以角频率 ω、振幅 δ 振动，其运动方程为

$$x = x_0 + \delta\sin\omega t \tag{6-90}$$

设样品球心的平衡位置为坐标原点，则线圈的感应电动势为

$$e_s = G\omega\delta V_s M_s\cos\omega t \tag{6-91}$$

式中，V_s 为样品体积；M_s 为样品的饱和磁化强度；G 为常数，可由下式决定

$$G = \frac{3}{4\pi}\mu_0 NA\frac{z_0(r^2-5x_0^2)}{r^7} \tag{6-92}$$

式中，r 为小线圈位置，且 $r^2 = x_0^2 + y_0^2 + z_0^2$；$A$ 为线圈平均截面积。

根据式(6-70)准确计算 M_s 比较困难，因此实际测量时通常是用已知磁化强度的标准样品，如镍球来进行比较测量。已知标准样品的饱和磁化强度为 M_c，体积为 V_c，设标准样品在检测线圈中的感应电压为 E_c，则由比较法可求出样品的饱和磁化强度，即

$$\frac{M_s}{M_c} = \frac{E_s V_c}{E_c V_s} \tag{6-93}$$

如果样品体积以样品直径 D 代替，并且仪器电压读数分别为 E_s' 和 E_c'，则可求得 M_s 为

$$M_s = \frac{E_s'}{E_c'}\left(\frac{D_c}{D_s}\right)^3 M_c \tag{6-94}$$

由式(6-94)可知，检测线圈中的感应电压与样品的饱和磁化强度 M_c 成正比，只要保持振动幅度和频率不变，则感应电压的频率就是定值，所以测量十分方便。

VSM测量优点是：灵敏度高，约为自动记录式磁通计的 200 倍，可以测量微小试样；能长时间几乎没有漂移测量，稳定度可达 0.05%/d；可以进行高、低温和角度相关特性的测量，也可用于交变磁场中测定材料动态磁性能。唯一的缺点是由于磁化装置的极头不能夹持试样，因此是开路测量，必须进行退磁修正。

第八节　磁性分析的应用

一、抗磁性与顺磁性分析的应用

合金的磁化率取决于其成分、组织和结构状态，从磁化率变化的特点可以分析合金组织的变化，以及这些变化与成分和温度之间的关系，尤其对于有色金属及合金常用这种方法。

1. 研究铝合金的分解

对于顺磁合金，可以通过测量顺磁磁化率的变化来研究其分解，这里仍以常见的 Al-Cu 合金为例来分析。

取 $w_{Cu}=5\%$ 的铝合金试样分别进行淬火和退火处理，然后在不同温度下测量它们的磁化率，测量结果见图 6-67。图中曲线表示合金退火和淬火状态的磁化率与温度之间的关系。可以看出，由于淬火状态铜和铝形成了过饱和固溶体，铜的抗磁作用对铝的顺磁影响较大，使合金的顺磁磁化率显著降低。退火状态的合金中，有 94% 的铜以 $CuAl_2$ 的形式存在，因此铜对铝顺磁性影响较小，故磁化率比淬火状态的高。随着温度的升高，由于在淬火试样中

析出 $CuAl_2$ 相，合金的磁化率逐渐增大，而退火试样组织不变，只是受到温度影响，使磁化率单调下降；当温度达到 500℃ 时，淬火和退火试样的曲线就完全重合了，表示过饱和固溶体分解完毕，得到了稳定的平衡组织。若将退火合金与纯铝的磁化率曲线相比，便可看到合金的磁化率较纯铝低，这是由铜的抗磁作用造成的。

用这种方法很适于研究铝合金时效不同阶段的情况。还可以测出奥氏体不锈钢中微量铁素体，因铁素体使钢的磁化系数明显提高。在加工过程中，如果由于加工硬化在奥氏体钢中出现少量铁素体相，会使钢耐腐蚀性能显著下降，由于析出的铁素体数量极少，采用其他方法（包括金相法、X 射线法等）很难测出，而磁化率则对微量铁素体存在很敏感，据此可以分析铁素体相产生的条件、原因以及消除的办法。

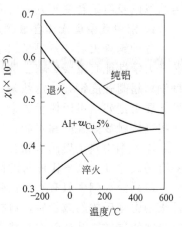

图 6-67 Al-Cu 合金淬火和退火状态的磁化率与温度的关系

2. 测定合金的固溶度曲线

根据单相固溶体的顺磁性比两相混合组织高，且混合物顺磁性和成分之间呈直线关系的规律，可以测定合金在某一温度下的最大溶解度。

以 Al-Cu 合金为例，测定铜在铝中的固溶度曲线。首先取不同成分的 Al-Cu 合金，把

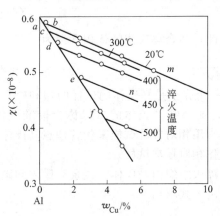

图 6-68 Al-Cu 合金的磁化率与成分和淬火温度的关系

每种成分的合金制备成若干个试样，将它们分别进行退火或不同温度淬火。然后测出它们的磁化率并作出与合金成分的关系曲线，如图 6-68 所示。图 6-68 中曲线 bm 是退火试样测得的结果，它所对应的组织是以铝为基的固溶体和 $CuAl_2$ 相的混合物，随着铜含量的增多，$CuAl_2$ 相的数量随之增多，由于铜是抗磁性金属，它所产生的抗磁矩部分地抵消了铝所产生的顺磁矩，据计算，形成 $CuAl_2$ 相时，一个铜原子影响两个铝原子，因此随着 $CuAl_2$ 相数量的增多，合金的磁化率曲线降低，但比较缓慢。不同成分的合金经不同温度淬火后，凡是与 bm 平行的线段，例如 450℃ 淬火后的 en 线段，均对应于两相混合物组织。

图 6-68 中曲线 bf 所对应的组织是铜与铝所组成的单相固溶体。据计算，在固溶体中一个铜原子可影响 14~15 个铝原子的顺磁性，因此与两相混合物相比，它的磁化率随铜含量的增加，迅速降低。不同温度淬火后，只要合金处于单相固溶体状态，合金磁化率的变化便与 bf 曲线一致。这样合金磁化率随着成分的变化由单相固溶体变为两相混合物组织时，由于斜率不同，曲线上要出现拐折，拐折点所对应的铜含量即是在该淬火温度加热时的最大固溶度。如退火态曲线上的拐折点 b 与淬火态曲线上的拐折点 c、d、e 和 f 对应的成分分别是室温、300℃、400℃、450℃ 和 500℃ 的最大固溶度。取上述各拐点所对应的温度与成分的关系作图，即可获得合金的固溶度的曲线。

二、铁磁性分析的应用

铁磁性分析在金属研究中应用广泛，它可以用来研究合金的成分、相和点阵的结构、应

力状态以及组织转变等方面的问题。

1. 钢中残余奥氏体含量测定

各种钢淬火后,室温组织中或多或少地都存在残余奥氏体,钢中残余奥氏体的存在对工艺及力学性能有重要影响。例如对于工具钢,残余奥氏体的存在可以减小淬火变形;对高强度钢和超高强度钢,一定数量的残余奥氏体可显著改善断裂韧性;轴承钢从尺寸稳定性出发,要求把残余奥氏体量限制在一定的范围内,研究表明,GCr15 钢中的残余奥氏体有利于提高接触疲劳强度和寿命。因此,测定钢中残余奥氏体含量有重要实际意义。

淬火钢中残余奥氏体和合金碳化物是顺磁相,其余皆为铁磁相。我们首先介绍淬火钢中只有马氏体和残余奥氏体时的简单情况,然后再讨论淬火钢中存在两个以上顺磁相的情况。

(1) 淬火钢中只有一个铁磁相和非铁磁相 确定残余奥氏体的数量实际上都是通过测量淬火钢中马氏体的数量后,再扣除马氏体,即得到残余奥氏体的数量。因此,实验的磁场强度必须使试样能够达到饱和状态,才能准确地确定马氏体的数量。

在钢淬火得到马氏体和残余奥氏体的两相系统中,其饱和磁化强度 M_s 为

$$M_s = M_M \frac{V_M}{V} + M_A \frac{V_A}{V} \qquad (6\text{-}95)$$

式中,M_s 为待测试样的饱和磁化强度;M_M、M_A 分别是马氏体和残余奥氏体的饱和磁化强度;V_M、V_A 分别是马氏体和残余奥氏体的体积;V 是试样体积。由于奥氏体是顺磁体,$M_A \approx 0$,则上式可改写为

$$\frac{V_M}{V} = \frac{M_s}{M_M} \qquad (6\text{-}96)$$

上式给出的是试样中马氏体的相对体积含量。因此,残余奥氏体的体积含量为

$$\varphi_A = \frac{V - V_M}{V} = \frac{M_M - M_s}{M_M} \qquad (6\text{-}97)$$

这种方法是利用待测试样的饱和磁化强度 M_s 与一个完全是马氏体的试样的饱和磁化强度 M_M 做比较,从而求得残余奥氏体的体积百分数,这个纯马氏体的试样称为标准试样。要获得纯马氏体组织的试样非常困难,在实际测量中常用相对标准试样来代替理想马氏体试样,即用淬火后立即进行深冷处理或回火处理的试样作相对标准试样。

(2) 淬火钢中含有两个或更多非铁磁相 高碳钢淬火组织由马氏体、残余奥氏体和碳化物组成,后两者均为非铁磁相,此时,残余奥氏体量由下式求出

$$\varphi_A = \frac{M_M - M_s}{M_M} - \varphi_{Cm} \qquad (6\text{-}98)$$

式中,φ_{Cm} 为碳化物体积分数,可通过定量金相法或电介萃取法确定。

利用上述方法测定残余奥氏体时,试样和标准试样的饱和磁化强度可用冲击磁性仪法和热磁仪法测出,常用的是冲击磁性仪法,这种方法测量速度快、精度高。

2. 研究淬火钢的回火转变

淬火钢在回火过程中,马氏体和残余奥氏体都要发生分解,因而将引起磁化强度的变化。由于多相系统的磁化强度服从相加原则,故可采用饱和磁化强度随回火温度的变化作为相分析根据,确定不同相发生分解的温度区间,判断生成相的性质。

在回火过程中残余奥氏体分解的产物都是铁磁性相,会引起饱和磁化强度的升高;马氏体分解析出的碳化物是弱铁磁相,会引起饱和磁化强度的下降。回火过程中析出的碳化物 θ 相（Fe_3C）、χ 相（Fe_3C_2）和 ε 相（$Fe_{2.4}C$）的居里温度分别为 210℃、265℃ 和 380℃。分析回火过程中磁化强度变化时,必须分清楚是温度的影响还是组织变化的影响。

图 6-69 所示为 T10 钢淬火试样回火时饱和磁化强度的变化曲线,图中曲线 4 是工业纯

铁的磁化强度与温度的变化关系，主要用于与 T10 淬火钢试样曲线的比较，曲线 1 表明在 20～200℃加热时磁化强度缓慢下降，冷却时不沿原曲线恢复到原始状态，而沿曲线 3 升高，这说明试样内部组织发生了转变，即所谓回火第一阶段的转变。曲线下降的原因，有温度的影响，但曲线不可逆的现象又说明不只是温度的影响，还有试样组织发生了变化，即从马氏体中析出了碳化物，这种组织转变的不可逆性导致磁化强度的不可逆变化。

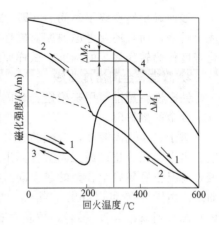

图 6-69　T10 钢淬火试样回火时
饱和磁化强度变化曲线

在 200～300℃范围内是回火的第二阶段。此阶段温度升高仍导致饱和磁化强度下降，另外析出的 θ 相和 χ 相在该温度区已接近或超过它们的居里点，也引起磁化强度下降，而实际变化是随温度升高曲线急剧升高，这说明还有其他因素的影响，研究知道，这是顺磁相的残余奥氏体分解生成强铁磁相的回火马氏体所造成的，且在影响因素中残余奥氏体的转变占主导地位。

在 300～350℃范围内是回火过程的第三阶段。从工业纯铁的 $M\text{-}T$ 曲线 4 可以看出，300～350℃磁化强度的下降趋势 ΔM_2 远远小于淬火钢的变化 ΔM_1，这说明除了温度的影响外，淬火钢还有组织变化。这个温度范围距铁的居里点还较远，不会引起急剧的下降。在此温度区间，θ 和 χ 相均为顺磁相，对磁化强度已无影响，而残余奥氏体的分解只能导致饱和磁化强度的升高。因此，ε 相变成顺磁相以及马氏体的继续分解是磁化强度大幅度下降的原因。

在 350～500℃之间是回火第四阶段。350℃以上曲线单调下降，但试样的磁化强度和退火状态还存在一个差值（1 与 2 曲线不重合），这说明回火组织还没有达到稳定的平衡状态，故可推断在此温度区间淬火钢中仍然存在相变。此温度区间距铁的居里点还远，温度的影响仍然存在，但并不大。磁化强度下降的原因主要是 χ 相和铁作用生成 Fe_3C，造成铁素体基体的相对含量减小，导致曲线下降。

500℃以上温度回火，曲线下降和随后冷却过程中的曲线升高是可逆的。这说明已完成淬火组织的所有分解和转变，达到了平衡组织状态。这区间曲线下降的原因只有温度的影响。

多数中、低合金钢淬火后，在回火过程中饱和磁化强度的变化规律与 T10 钢类似。

3. 研究过冷奥氏体等温分解

钢在加热和冷却过程中，生成不同的组织，其中奥氏体是顺磁体，而其分解产物珠光体、贝氏体、马氏体等均为铁磁体，因此在过冷奥氏体分解过程中，钢的饱和磁化强度与转变产物的数量成正比。因此，用磁性法测定钢的等温分解动力学曲线快而准。

实验时将试样放在磁极之间的高温炉中加热到奥氏体化温度，增强磁场。此时试样中的奥氏体在磁场作用下并不发生偏转，加热完成后，将加热炉从磁极之间取出，并换上已调至预定的温度的等温炉，这时过冷奥氏体将在该温度下进行等温分解，其分解产物（在高温区等温为珠光体，中温区为贝氏体，低温区为马氏体）都是铁磁相。随着等温时间加长，分解产物增多，试样磁化强度 M_B 增加，试样的偏转角也就增大。记录下试样的连续转角，经过适当的换算，就可以算出奥氏体转变量，因而也就可以绘出奥氏体等温分解曲线（见图 6-70）。将不同温度下测得的转变开始时间 t_0 和转变终了时间 t_f 标到温度—时间坐标中，便可得到过冷奥氏体的等温转变曲线（C 曲线）。

如何确定转变终了时间 t_f（即100%奥氏体转变量）是一个复杂问题，因为奥氏体不能完全转变，而且还要考虑温度对磁性的影响。为了简便，通常是利用试样本身原始状态的磁化强度作为转变终了的标准，试样原始状态多采用高温回火或正火状态。

4. 测定合金固溶度曲线

铁磁性测量也可用来确定合金固溶度曲线，根据单相和两相合金磁性能的变化规律可以确定合金的溶解度。

对于置换式固溶体，合金的成分对矫顽力基本无影响，但合金的组织对矫顽力有显著影响。当合金成分超过最大固溶度而生成第二相时，矫顽力将显著增高，因此，根据矫顽力的变化情况很容易确定合金的最大固溶度。图6-71给出了Fe-Mo合金的矫顽力与成分的关系曲线。由图6-70可以看出，当 $w_{Mo}<7.5\%$ 时，矫顽力基本无变化，这表明合金处于 α 固溶体状态。当 $w_{Mo}>7.5\%$ 时，矫顽力随钼含量的增多而上升，这表明合金的组织中除饱和的 α 固溶体外，又形成了第二相 Fe_3Mo_2，合金处于两相混合组织状态。α 固溶体为铁磁相，Fe_3Mo_2 为顺磁相，起着杂质的作用，因此钼含量越多，即 Fe_3Mo_2 相数量越多，矫顽力也越大。矫顽力随成分变化的关系曲线上的拐折点所对应的 $w_{Mo}=7.5\%$ 即室温下钼在铁中的最大固溶度。若取一系列不同成分的合金，将它们分别加热到不同温度进行固溶处理，然后测出它们的矫顽力与成分的关系曲线，并确定出相应的拐折点，便可确定不同温度时钼在铁中的最大固溶度，以温度和固溶度作图即可获得合金状态图中的固溶度曲线。

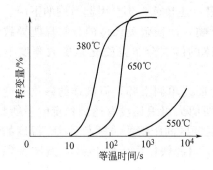

图6-70 热磁法测得的过冷奥氏体
等温转变动力学曲线

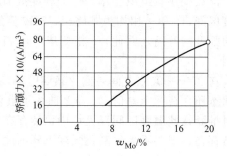

图6-71 Fe-Mo合金的矫
顽力与成分的关系曲线

本 章 小 结

本章概括介绍了固体的五种磁性表现：抗磁性、顺磁性、铁磁性、亚铁磁性和反铁磁性。应了解抗磁性、顺磁性和反铁磁性产生的机理，着重了解铁磁性和亚铁磁性产生的条件，并结合磁性材料掌握表征铁磁性和亚铁磁性材料的物性特点。掌握铁磁体的形状各向异性和退磁能、磁畴的形成和结构、技术磁化和反磁化过程、影响铁磁性的因素以及磁性的测量方法和磁性分析的应用。信息存储磁性材料是当代发展最快的领域之一，包括感应磁记录材料、磁光记录材料以及旋磁材料等，它们虽然以硬磁或软磁材料应用，但其应用形式多是粒子或薄膜形式，要注意其特殊的性能要求及其实现的途径。

复 习 题

1. 试说明以下磁学参量的定义和概念。

磁化强度、矫顽力、饱和磁化强度、磁导率、磁化率、剩余磁感应强度、磁滞损耗、磁各向异性常数、饱和磁滞伸缩系数

2. 在磁场作用下，金属离子都产生一定的抗磁性，为何只有部分金属是抗磁金属？

3. 试说明 Al、Mg、Ti、Nb、V、Zr、Mo 和 W 等金属具有顺磁性的原因。

4. 试绘出抗磁体、顺磁体、铁磁体、亚铁磁体、反铁磁体的磁化曲线，说明它们的磁化率与温度的关系，磁矩分布有何特点？

5. 抗磁性和顺磁性的形成条件和来源是什么？

6. 什么是自发磁化？铁磁性产生的条件是什么？

7. 铁磁性参量 M_s、λ_s、K、T_c、χ、B_r、H_c、μ 等各受哪些因素影响？

8. 简述铁磁材料的磁化过程。

9. 形状各向异性的起因？对铁磁体的磁化曲线有何影响？

10. 测量钢中残余奥氏体含量有哪些方法？磁性法测定钢中残余奥氏体含量有何优点？其依据是什么？

11. 试说明用磁性法分析碳钢淬火后回火过程中的组织转变。

第七章　材料弹性变形与内耗

固体材料在受外力作用时，首先会产生弹性变形，外力去除后，变形消失而恢复原状，因此，弹性变形有可逆性的特点。材料的弹性变形是人们选择和使用材料的依据之一，近代航空、航天、无线电及精密仪器仪表工业对材料的弹性有更高要求，不仅要有高的弹性模量，而且还要恒定。另一方面，材料的弹性模量是组织不敏感参量，准确测定材料的弹性模量，对于研究材料原子的相互作用和相变等都具有工程和理论意义。

实际上，绝大多数固体材料很难表现出理想的弹性行为，或是材料在交变应力作用下，在弹性范围内还存在非弹性行为，并因此产生内耗。内耗代表材料对振动的阻尼能力，作为重要的物理性能，工程上有些零件要求材料要有高的内耗以消振，如机床床身、涡轮叶片等，而有些零件则要求材料有低的内耗，以降低阻尼，如弹簧、游丝、乐器等。另一方面，内耗是结构敏感性能，故可用于研究材料的内部结构、溶质原子的浓度以及位错与溶质原子的交互作用等材料的微观结构问题，是一种很有效的物理性能分析方法。

第一节　材料弹性变形

一、弹性模量及弹性变形本质

在弹性范围内，物体受力的作用要产生应变，其应力和应变之间的关系符合胡克定律

$$\sigma = E\varepsilon, \quad \tau = G\gamma, \quad p = K\theta \tag{7-1}$$

式中，σ、τ 和 p 分别为正应力、切应力和体积压缩应力；ε、γ 和 θ 分别为线应变、切应变和体积应变；比例系数 E、G 和 K 分别为正弹性模量（杨氏模量）、切变模量和体积模量。它们均表示材料弹性变形的难易程度，即引起单位变形所需要的应力大小。在各向同性的材料中，它们之间的关系是

$$G = \frac{E}{2(1+\mu)} \tag{7-2}$$

$$K = \frac{E}{3(1-2\mu)} \tag{7-3}$$

式中，μ 为泊松比，即当材料受到拉伸或压缩时，横向应变与纵向应变之比。可以证明，如果材料在形变时体积不变，则泊松比为 0.5。大多数材料在拉伸时有体积变化（膨胀），泊松比为 0.2～0.5。对于多数金属的 μ 值约在 0.25～0.35 之间，G/E 的实验值大约是 3/8。具有体心、面心立方和密排六方结构的金属，在 0K 时，G/E 近似地分布在一条直线上，只有立方结构金属的 G/E 偏大一些，约等于 0.38。

对于金属、陶瓷或结晶态和玻璃态的高分子聚合物，在弹性范围内，应力和应变之间可以看成单值线性关系，且弹性变形量都较小，对于橡胶态的高分子聚合物，则在弹性变形范围内，应力和应变之间不呈线性关系，呈卷曲状的分子链在力的作用下通过链段的运动沿受力方向的伸展，且变形量较大。这些材料变形特点是由物质原子间相互作用力决定的。金属、陶瓷类材料弹性变形过程微观机制可用双原子模型解释。

材料在未受外力作用时，原子处于平衡位置，原子间的斥力和引力相平衡，此时原子具有最低的位能。当外力不大时，只能部分原子克服原子间的相互作用力，使原子发生相对位

移而改变原子间距，产生弹性应变。外力去除后，原子将恢复到原先的平衡位置，即弹性应变消失。由此可见，弹性模量的物理本质是标志原子间结合力的大小。材料原子间结合力越大，其弹性模量越高。

反映物质原子间结合力的大小除弹性模量外，还有材料的特征温度 θ_D 和材料的熔点 T_m，因此，材料的弹性模量与特征温度、熔点间存在一定关系，表现为

$$E \infty \theta_D, \quad E \propto T_m$$

高弹态（橡胶态）是高聚物特有的力学状态（详见概论第六节）。小分子固体熔化后变为液体，进一步变为气体。而高聚物固体除了玻璃态或结晶态固体外，还存在高弹态固体。特有的高弹态表现出高聚物独特的高弹性力学行为，是橡胶在高弹态时分子运动的表现。

高聚物分子的链段是由主链上若干个 σ 单键内旋转所形成的独立运动单元，像小分子一样，是一个无规热运动单元。在高弹态时，链段可以自由运动，像小分子一样做"布朗运动"。在没有受到外力时，高分子链通常总是趋向使分子构象熵最大的卷曲分子构象；在受到外力作用时，高分子链分子构象将随之改变，形成一个应变状态。如等温拉伸橡胶，拉伸前高分子链呈卷曲分子构象，分子构象数多，构象熵大；而拉伸后，高分子链通过链段运动使高分子链转变为较伸展的分子构象，分子构象数少，构象熵小。这样，高弹形变的过程就是分子构象熵减小的过程。而当拉伸外力被解除后，高弹形变可完全回复。宏观上可以观察到显著的、可逆的高弹形变。

高弹形变的回复是由于高分子链力图保持卷曲的分子构象而产生了反抗拉伸形变的回缩张力（即橡胶的回弹力，宏观表现即为高弹模量）的作用，使伸展的分子构象回缩到原来卷曲的分子构象的结果。这一自发回缩的过程即是热力学熵增的原理。这种可逆的高弹形变又称为"熵弹性"。

分子内能主要包括分子的热运动动能和分子的位能。等温拉伸时，温度不变，分子热运动动能不变。在平衡高弹形变限度范围内，只有链段运动而没有高分子链的相对位移，近似认为橡胶体积保持不变。同时，橡胶类高分子多为弱极性或非极性分子，分子内邻近原子间的相互作用力比较小，高弹态时链段已有足够高的热运动动能，高分子链不同微构象的能量差别也很小。当高分子链的微构象转变所需活化能相对于热运动动能可以忽略不计时，高分子链类似于链段自由连接的高斯链。因此，分子的位能也不变。这样，在等温拉伸橡胶的高弹形变过程中，可定性的认为分子的内能几乎是不变的。

所以，橡胶高弹形变的分子运动机理可认为是，在外力作用下，高分子链链段运动引起高分子链熵值变化，而内能几乎不变。

与金属和无机非金属材料的弹性行为相比，高聚物高弹性的主要特点表现如下。

① 弹性形变很大，伸长率可高达 1000%。而一般金属、陶瓷材料等的弹性形变不超过 1%。

② 高弹模量低，一般为 0.1～1.0MPa，且高弹模量随温度的升高而增大。而金属材料的普弹模量高达 $10^4 \sim 10^5$ MPa，一般随温度升高而减小。

③ 快速拉伸时（绝热过程），高弹态高聚物通常温度会升高；而对于金属材料则温度一般下降。

橡胶高弹性是聚合物特有的性能，其主要用于减震、密封和阻尼等。表征高弹性的主要力学物理量如静态力作用下的拉伸强度、断裂伸长率、定伸强度（表观模量）、永久变形等。

二、弹性模量与键合方式、原子结构的关系

无机非金属材料大多由共价键或离子键或两种键合方式共同作用而成，原子间相互作用

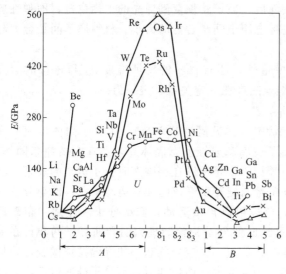

图 7-1 弹性模量周期变化示意图

力很强，材料难变形，因而有较高的弹性模量。金属及合金为金属键结合，也有较高的弹性模量；而高分子聚合物的分子之间为分子键结合，分子键合较弱，高分子聚合物的弹性模量亦较低，如中碳钢 $E=2.1 \times 10^5$ MPa，铜 $E=1.1 \times 10^5$ MPa，橡胶 $E=0.2 \sim 0.78$ MPa。

对于金属元素，其弹性模量的大小还与元素在周期表中的位置有关，其变化规律如图 7-1 所示，这种变化的实质与元素的原子结构和原子半径密切相关。从图 7-1 中可以看出，第三周期中的 Na、Mg、Al、Si 等元素随原子序数的增加，价电子数增多，原子半径减小，弹性模量增高；

同一族元素中 Be、Mg、Ca、Sr、Ba 等，它们价电子数相等，由于原子半径随原子序数的增加而增加，使原子相互作用力减弱，弹性模量减小。弹性模量 E 与原子间距离 a 近似地存在着如下的关系

$$E = \frac{K}{a^m} \tag{7-4}$$

式中，K 和 m 均为常数。

这个规律不适用于过渡金属，这是因为过渡金属的 d 层电子所产生的原子间相互结合力都比较强，它们的弹性模量比普通金属大，并且还随原子半径的增大而增大。

对于高聚物而言，其结构因素和使用条件对高弹性力学性能有重要影响。通常，高弹性橡胶材料要求具有柔性高分子链结构，其玻璃化温度要远低于室温。这样，在室温温度范围内，高聚物处于高弹态，可满足大多数橡胶制品对高弹性力学性能的要求。如天然橡胶的玻璃化温度为 -70℃，丁苯橡胶的玻璃化温度为 -60℃，聚二甲基硅橡胶玻璃化温度为 -120℃。

此外，橡胶高分子链间要进行适当的交联。适当交联或硫化的目的是为了防止在高弹形变过程中发生高分子链间的相对位移，从而产生不可逆的塑性形变。这种留下永久变形的程度也会影响橡胶高弹性力学性能。用以表征橡胶交联网链结构的几个参数为：网链总数 N，网链密度 N_0（$N_0 = N/V$，V 为总体积），交联点数目 μ 或交联点密度 μ/V，和网链的平均分子量 M_c。

根据橡胶高弹性热力学统计理论可导出橡胶状态方程：

$$\sigma = \frac{\rho R T}{M_c} \left(\lambda - \frac{1}{\lambda^2} \right) \tag{7-5}$$

弹性模量：

$$E = \frac{3\rho R T}{M_c} \quad \text{或} \quad G = \frac{\rho R T}{M_c} \tag{7-6}$$

式中，σ 为作用应力；ρ 为高聚物密度；R 为气体常数；T 为热力学温度；λ 为拉伸比。

可以看出，随着交联程度的增加（μ 增大），网链平均分子量 M_c 减小，或者说交联网链密度 N_0 增大，则橡胶的弹性模量增大，当同样的伸长率时所需的拉伸力或者说产生的回缩力（即回弹力）增加，网链平均分子量的大小或者说网链密度的大小，是由橡胶在交联

（或硫化）过程中产生的交联点数目决定的。如果能够引入数目已知的化学交联点，忽略经结的物理交联点的影响，那么就可根据热力学统计理论计算其模量的近似值，实现对橡胶弹性模量的设计和预测。但是，要实现这一目标存在实验和理论两方面的困难。尽管许多学者进行了实验和理论方面的研究，但迄今还没有确立起一个能精确表达模量的理论公式。

从高弹性分子运动机理可以判断，随着橡胶交联密度的增大，网链平均分子量降低，链段运动所受的阻力增大，即降低了链段的活动能力，使橡胶的玻璃化温度升高，降低了橡胶的耐寒性。

橡胶类高聚物一般应具有足够高的分子量，这样它所含的分子链的端链数目就很少，因为端链是交联网中的不完善结构因素，它对弹性没有贡献。在一定温度下，橡胶的拉伸强度除与交联后网链的平均分子量有关外，若增加交联前的数均摩尔质量，使端链数目减少，则抗张强度增大。常用的橡胶类高聚物，如天然橡胶平均相对分子质量为 70 万，聚二甲基硅橡胶为 40 万～70 万等。这样经适度交联后，橡胶网链的平均分子量较大，以提供橡胶良好的高弹性能。

三、弹性模量与晶体结构的关系

单晶体材料的弹性模量与晶体点阵结构密切相关，同一种金属，点阵结构不同，弹性模量也不同。例如，在同一温度下，γ-Fe 的点阵原子排列比较致密，其弹性模量比 α-Fe 的高。同一种晶体点阵，沿不同的晶向原子排列紧密程度不同，其原子间相互结合力也不同，因而弹性模量有明显差异，这种差异表明单晶体材料的弹性模量具有各向异性。例如，α-Fe 晶体沿 〈111〉 晶向弹性模量为 2.7×10^5 MPa，而沿 〈100〉 晶向弹性模量为 1.25×10^5 MPa；MgO 晶体在室温下沿 〈111〉 晶向弹性模量为 3.48×10^5 MPa，而沿 〈100〉 晶向弹性模量为 2.48×10^5 MPa。多晶体材料的弹性模量为各单晶体的平均值，表现为各向同性，但这种各向同性称为伪各向同性。非晶态金属、玻璃等，弹性模量是各向同性的。

对于橡胶材料的柔性高分子链结构，若分子链的对称性差，且空间立构规整性也差，又没有氢键作用时，即使在低温或高倍拉伸时也是不容易结晶的，如氟橡胶（偏二氟乙烯全氟丙烯共聚物）、乙丙橡胶（乙烯和丙烯无规共聚物）等。而有些柔性高分子链具有一定的空间立构规整性或链的对称性，在一定条件下就会发生结晶作用。如顺式聚异戊二烯（天然橡胶）、顺式聚 1,4-丁二烯、聚二甲基硅橡胶等，在低温时发生结晶，或在高拉伸比时发生诱导结晶。一旦发生结晶作用，橡胶高分子链则失去链段运动能力，即橡胶失去高弹性，但引起应力-应变曲线上强度值的急剧上升，有利于提高其极限性能。升高温度可以抑制应变诱导结晶作用。另一方面，在高于玻璃化温度的某低温区即发生结晶作用，会降低橡胶的耐寒性。

四、影响弹性模量的因素

1. 温度的影响

一般说来，随温度的升高，物质的原子振动加剧，原子间距增大，体积膨胀，原子间结合力减弱，使材料的弹性模量降低。例如，碳钢加热时，温度每升高 100℃，弹性模量下降 3%～5%。温度变化时，材料若发生固态相变，其弹性模量将发生显著变化。金属弹性模量与温度变化关系如图 7-2 所示。

从图中可以看出，其弹性模量随温度变化近似地呈直线关系，弹性模量随温度变化的关系常用温度系数表示，即 $\eta = \mathrm{d}E/\mathrm{d}T \cdot 1/E$，$\eta$ 近似地与线膨胀系数 α 成正比，α/η 约等于 4×10^{-4}。当温度高于 $0.52T_{\mathrm{m}}$ 时，弹性模量和温度之间不再是直线关系，而呈指数关系，即

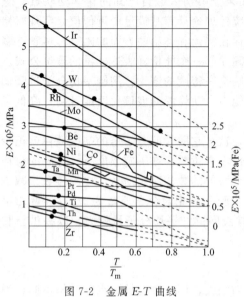

图 7-2 金属 E-T 曲线

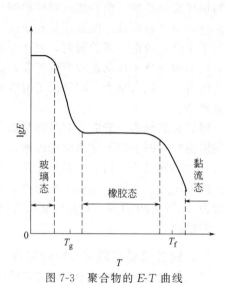

图 7-3 聚合物的 E-T 曲线

$$\frac{\Delta E}{E} \propto \exp\left(-\frac{Q}{RT}\right) \tag{7-7}$$

式中，Q 为模量效应的激活能，与空位生成能相近。

从图 7-2 可以看出，钨虽然熔点最高（约 3400℃），但其弹性模量比铱要低得多。注意，这些金属升温是弹性模量降低的过程，还可以看到，铱从室温到 1000℃ 弹性模量降低约为 20%，而钨只降低约 12%。弹性模量迅速下降的还有铑，而铂与钨类似却降低得比较缓慢。

值得注意的是，当加热到 600℃ 时，钯的弹性模量值仍保持接近于初始值，铂也有类似的情况。这说明该金属在高温下保持原子间结合力的能力较强，即弹性模量温度系数 η 绝对值较小。

如果不考虑相变的影响，一般金属的弹性模量温度系数 η 在 $-(300 \sim 1000) \times 10^{-6} ℃^{-1}$ 范围，低熔点金属的 η 值较大，而高熔点金属与难熔化合物的 η 值较小，合金的模量随温度升高而下降的趋势与纯金属大致相同，具体数据可从材料手册中查到。

高分子聚合物的物理性质与温度和时间有密切的关系。随着温度的变化，在一些特定的温度区间，某些力学性质会发生突然的改变，这种变化称为高聚物的力学状态转变。例如，玻璃态向橡胶态转变、由橡胶态向黏流态的转变等。随着高聚物力学状态的转变，其弹性模数也相应产生很大变化，如图 7-3 所示。此外，橡胶的弹性模量随温度的升高略有增加，这一点与其他材料不同。其原因是温度升高时，高分子链的分子运动加剧，力图恢复到卷曲的平衡状态的能力增强所致。

2. 相变的影响

材料内部的相变（如多晶型转变、有序化转变、铁磁性转变以及超导态转变等）都会对弹性模量产生比较明显的影响，其中有些转变的影响在比较宽的温度范围发生，而另一些转变则在比较窄的温度范围引起弹性模量的突变，这是由于原子在晶体学上的重构和磁的重构所造成的。图 7-4 表示了 Fe、Co、Ni 的多晶型转变与磁铁转

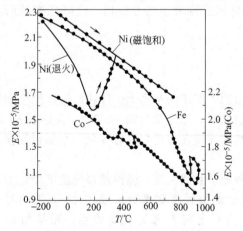

图 7-4 相变对弹性模量与温度关系的影响

变对弹性模量的影响。例如，当铁加热到910℃时发生 α-γ 转变，点阵密度增大造成弹性模量的突然增大，冷却时在 900℃发生 α-γ 的逆转变使弹性模量降低。钴也有类似的情况，当温度升高到480℃时，六方晶系的 α-Co 转变为立方晶系 α-Co，弹性模量增大。温度降低时同样在 400℃左右观察到弹性模量的跳跃。这种逆转变的温差显然是由于过冷所致。

镍的弹性模量大小以及弹性模量的温度系数对于退火态和磁饱和态有不同的数值，当加热到 190~200℃时，退火镍的弹性模量降到最低值，进一步升高温度时，出现弹性模量增大直至 360℃。在这之后，镍的弹性模量重新开始下降，可以看出在 360℃时，退火镍的正弹性模量和室温时几乎有相同的数值。

磁饱和镍的弹性模量大小随温度升高单调地降低，在居里点附近可以发现弹性模量-温度曲线有轻微的弯曲。在这一温度（360℃）下，铁磁性损失后所显示的弹性模量值才表征着镍晶体点阵中原子间的结合强度。

在居里点以上，镍的弹性模量变化服从一般规律，而在居里点以下，未磁化或未被磁饱和的镍则表现出明显的反常现象。这种现象可做如下认识，铁磁性金属在居里点以下受外力作用发生弹性变形时，将引起磁畴的磁矩转动，感生出磁性，产生相应的磁致伸缩效应（这里因力引起的磁致伸缩又称力致伸缩），即在拉伸方向产生了附加伸长。因此，它们的弹性模量比正常值低，即

$$E_{铁磁} = E_{正常} - E' \tag{7-8}$$

这里 E' 是应力感生磁致伸缩效应所对应的弹性模量。

正因为铁磁性金属有弹性反常现象，所以，我们测定它们的弹性模量时，可通过磁化到饱和的方法来消除铁磁性材料的弹性反常。

必须指出，在某些合金（如 Invar 合金、Elinvar 合金）中，当它们的磁化强度达到饱和时也具有低的弹性模量和反常的温度关系。这主要是因为这些合金在磁化过程中，除产生技术磁化的磁致伸缩外，还产生了真磁化过程的磁致伸缩，通过磁化到饱和的方法消除的也只是技术磁化的磁致伸缩部分，而真磁化过程的磁致伸缩部分仍残留在铁磁性材料中，因此，在饱和磁场作用下，具有低弹性模量的弹性反常的现象仍然存在，要完全消除这类铁磁性材料的弹性反常只有使用 $8 \times 10^8 \, A/m$ 数量级的强磁场进行磁化。

3. 合金成分与组织的影响

材料成分的变化将引起原子间距或键合方式的变化，因此也将影响材料的弹性模量。一般加入少量的合金元素和进行不同的热处理对弹性模量的影响并不明显，但如果加入大量的合金元素也会使弹性模量产生明显的变化。

（1）形成固溶体合金　一般由点阵类型相同、价电子数和原子半径相近的两种金属组成无限固溶体时，如 Cu-Ni、Cu-Pt、Cu-Au、Ag-Au 合金，其弹性模量和溶质浓度之间呈直线或近似直线关系；但如果溶质元素是过渡元素，则弹性模量与溶质浓度之间明显偏离直线关系而呈向上凸起的曲线关系，这一现象与过渡元素的 d 层电子未填满有关。

形成有限固溶体时，根据梅龙（Melean）的观点，溶质对合金弹性模量的影响有三个方面：①由于溶质原子的加入造成点阵畸变，引起合金弹性模量的降低；②溶质原子可能阻碍位错线的弯曲和远动，这又减弱了点阵畸变对弹性模量的影响而使弹性模量增大；③当溶质和溶剂原子间结合力比溶剂原子间结合力大时，会引起合金弹性模量的增大，反之，合金的弹性模量减小。所以，溶质可能使固溶体弹性模量增大，也可能使之减小，因具体实际情况而定。例如，Cu、Ag 与 B 族元素组成的有限固溶体随溶质原子浓度的增加其弹性模量均呈直线降低，且随着组元原子价差的增大，弹性模量下降的趋势明显加剧，当两组元的原子价相近或相等而原子半径差较大时，如 Cu-Ag、Cu-Au、Cu-Mg 合金，随溶质原子浓度的

变化其弹性模量与原子半径差成正比。对 Mg、Al 及 Au 固溶体的研究表明，当溶质原子浓度增加时，其弹性模量可能降低也可能增加。

前面指出，弹性模量与熔点之间存在着正比关系，因此可以设想，加入使合金熔点降低的元素，合金的弹性模量也降低，这已在以铜或银为基的固溶体合金中得到验证。

合金的有序化和生成不均匀固溶体时，原子间结合力增强，从而导致弹性模量增大，例如 CuZn 和 Cu_3Au 有序合金的弹性模量都比相同成分无序态的高。

必须指出，形成固溶体合金的弹性模量与成分的关系并非总是符合线性规律，有时会很复杂。

(2) 形成化合物的影响 对化合物及中间相的弹性模量研究不多，但基本上可以认为，中间相的熔点越高，弹性模量也越大。例如，在 Cu-Al 系中化合物 $CuAl_2$ 相的弹性模量比铝高，但比铜低；相反，γ 相的正弹性模量差不多比铜高 1.5 倍。

(3) 微观组织影响 对于金属材料，在合金成分不变的情况下，显微组织对弹性模量的影响较小，多数单相合金的晶粒大小和多相合金的弥散度对弹性模量的影响很小，即在两相合金中，弹性模量对组成合金相的体积浓度具有近似线性关系。但是，多相合金的弹性模量变化有时显得很复杂，第二相的性质、尺寸和分布对弹性模量有时也表现出很明显的影响，即与热处理和冷变形关系密切，例如，Mn-Cu 合金就是如此。

通过上面分析可以看出，合金基体组元确定后，很难通过形成固溶体的办法进一步提高弹性模量，除非更换材料。但是，如果能在合金中形成高熔点、高弹性的第二相，则有可能较大地提高合金的弹性模量。目前，常用的高弹性和恒弹性合金就是通过合金化和热处理来形成 Ni_3Mo、Ni_3Nb、$Ni_3(Al，Ti)$、$(Fe，Ni)_3Ti$、Fe_2Mo 等中间相，在实现弥散硬化的同时提高材料的弹性模量。例如，Fe-42%Ni-5.2%Cr-2.5%Ti（质量分数）恒弹性合金就是通过 $Ni_3(Al，Ti)$ 相的析出来提高材料弹性模量的。

五、不同材料的弹性模量

通过前面的分析讨论可以看到，不同材料的弹性模量差别很大，主要是由于材料具有不同的结合能和键能。由表 7-1 可以比较不同材料的弹性模量。

表 7-1 一些工程材料的弹性模量、熔点和键型

材料	弹性模量 E/GPa	熔点 T_m/℃	键型
铁及低碳钢	约 207.00	1538	金属键
铜	约 121.00	1084	金属键
铝	约 69.00	660	金属键
钨	约 410.00	3387	金属键
金刚石	约 1140.00	>3800	共价键
Al_2O_3	约 400.00	2050	共价键和离子键
石英玻璃	约 70.00	T_g 约 1150	共价键和离子键
电木	约 5.00		共价键
硬橡胶	约 4.00		共价键
非晶态聚苯乙烯	约 3.00	T_g 约 1150	范德瓦耳斯力
低密度聚乙烯	约 0.2	T_g 约 137	范德瓦耳斯力

注：T_g 为玻璃化温度。

在这里主要介绍多孔材料的弹性模量和复合材料的弹性模量。

1. 多孔陶瓷材料的弹性模量

多孔陶瓷用途很多，它的第二相主要是气孔，其弹性模量为零。显然多孔陶瓷材料的弹

性模量要低于致密的陶瓷材料的弹性模量。图 7-5 给出了一些陶瓷材料的弹性模量与气孔体积分数的关系曲线，试图采用单一参量——气孔率来描述多孔陶瓷材料弹性模量的变化，但是材料的应力、应变在很大程度上取决于气孔的形态及其分布。Dean 和 Lopez 经仔细的研究提出一个半经验公式来计算多孔陶瓷的弹性模量 E，即

$$E = E_0(1 - b\alpha_{气孔}) \tag{7-9}$$

式中，E_0 为无孔状态的弹性模量；$\alpha_{气孔}$ 为气孔体积分数；b 为经验常数，主要取决于气孔的形态。

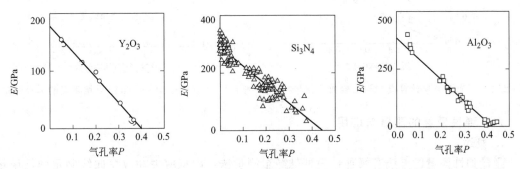

图 7-5　弹性模量 E 与气孔率关系曲线（实线为最好的拟合直线）

从图 7-5 可见，对于 Al_2O_3 和 Si_3N_4 实验数据与拟合直线，有明显上凹的趋势。这可能是由于人为确定气孔形貌引起的误差。

2. 双相陶瓷的弹性模量

弹性模量取决于原子间结合力，即键型和键能对组织状态不敏感，因此通过热处理来改变材料弹性模量是极为有限的。但是可以通过不同组元构成二相系统的复相陶瓷，来改变弹性模量。

总的弹性模量可以用混合定律来描述。图 7-6 给出两相层片相间的复相陶瓷材料三明治结构模型图。

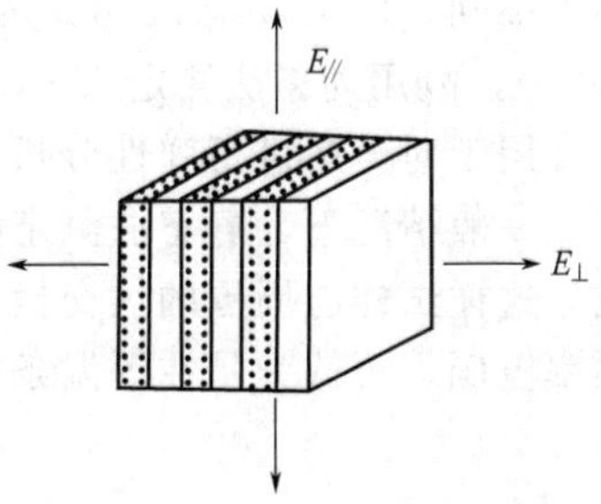

按 Voigt 模型，假设两相应变相同，即平行层面拉伸时，二相陶瓷材料的弹性模量为

$$E_{//} = E_1\alpha_1 + E_2\alpha_2 \tag{7-10}$$

图 7-6　三明治结构复相陶瓷

按 Reuss 模型，假设各相的应力相同，即垂直于层面拉伸时，二相陶瓷材料的弹性模量为

$$E_{\perp} = \frac{E_1 E_2}{E_1\alpha_1 + E_2\alpha_2} \tag{7-11}$$

式(7-10) 和式(7-11) 中，E_1、E_2 分别为二相的弹性模量；α_1、α_2 分别为二相的体积分数。

后来，Hashin 和 shtrikman 采取更严格的限制条件，利用复相陶瓷的有效体积模量和切变模量来计算两相陶瓷的弹性模量取得了更好的结果，由于计算比较复杂，本书略去，只在图 7-7 中示出了三种模型与实验数据的比较。从图中可以看出，式(7-10) 和式(7-11) 表示的混合定律计算的复相陶瓷弹性模量与实验数据误差较大，这主要是因为等应力、等应变假设不完全合理。

图 7-8 列出了 Al_2O_3 加入 ZrO_2 和 SiC_w 增韧时的弹性模量变化。由图可见，在其他性能允许的条件下，在一定范围内可以通过调整两相比例来获得所需的弹性模量。

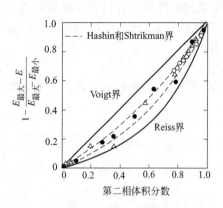

图 7-7 弹性模量计算模型与实验数据比较

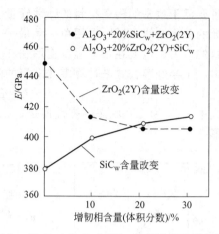

图 7-8 $Al_2O_3 + ZrO_2 + SiC_w$ 复相陶瓷的弹性模量

六、弹性模量的测量与应用

1. 概述

测量弹性模量的方法有两种：一种是静态测量法，即从应力和应变曲线确定弹性模量，这是一种传统的方法，测量的精度较低，其载荷大小、加载速度等都影响测试结果，也不适合对金属进行弹性分析。此外，对脆性材料的测量，静态法也遇到了极大的困难。另一种是动态测量法，这种方法是在试样承受交变应力产生很小应变的条件下测量弹性模量，用这种方法获得的弹性模量称为动态模量。动态测量法的优点是测量设备简单，测量速度快，测量结果准确。因为动态法测试时试样承受极小的应变应力，试样的相对变形甚小（$10^{-7} \sim 10^{-5}$），故用动态法测定 E、G 对高温和交变复杂负荷条件下工作的金属零部件尤其重要，适合用于对金属进行弹性分析。下面重点介绍动态测量法。

一般情况下，静态法测定的结果较动态法低。若动态法加载频率很高，可认为是瞬时加载，这样试样与周围的热交换来不及进行，即几乎是在绝热条件下测定的。而静态法的加载频率极低，可认为是在等温条件下进行的。二者弹性模量的关系是

$$\frac{1}{E_i} - \frac{1}{E_a} = \frac{\alpha^2 T}{\rho c_p} \qquad (7-12)$$

式中，E_i 表示在等温条件下测得的弹性模量；E_a 表示在绝热条件下测得的弹性模量；ρ 是材料的密度；c_p 表示材料的等压比热容；α 为材料的热膨胀系数。

按加载频率范围，动态法分为：声频法，频率在 10^4 Hz 以下；超声波法，频率为 $10^4 \sim 10^8$ Hz。目前声频法应用较为广泛和成熟。应该指出，由于材料科学的发展，最近几年超声波法在国外愈来愈引起人们的重视。

2. 动态法测弹性模量的原理

测量动态弹性模量是根据共振原理。当试样在受迫进行振动时，若外加的应力变化频率与试样的固有振动频率相同，则可产生共振。测试的基本原理可归结为测定试样（棒材、板材）的固有振动频率或声波（弹性波）在试样中的传播速度。由振动方程可推证，弹性模量与试样的固有振动频率平方成正比，即

$$E = K_1 f_1^2 \qquad G = K_2 f_\tau^2 \qquad (7-13)$$

式中，f_1 为纵向振动固有振动频率；f_τ 是扭转振动固有振动频率；K_1、K_2 是与试样的尺寸、密度等有关的常数。关系式(7-13)是声频法测定弹性模量的基础。

为测试 E、G，激发试样振动所采用的形式也不同，如图 7-9 所示，(a) 表示换能器激发试样做纵向振动（拉-压交应变力），同样 (b) 为试样做扭转振动（切向交变应力），(c) 为试样的弯曲振动（也称横向振动）。

激发（或接受）换能器的种类比较多，常见的有电磁式、静电式、磁致伸缩式、压电晶体（石英、钛酸钡等）式。

(1) 纵向振动共振法　用此法可以测定材料的杨氏模量 E。如图 7-9(a) 所示，设有截面均匀棒状试样，其中间被固定，两端处自由。试样两端安放换能器 2，其中一个用于激发振动，另一个用于接受试样的振动。以电磁式换能器

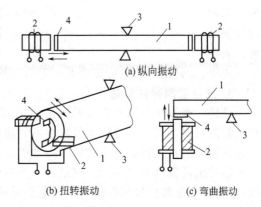

图 7-9　激发试样纵向、扭转、弯曲振动原理
1—试样；2—电磁换能器；
3—支点；4—铁磁性金属片

为例，当磁化线圈通上声频交流电，则铁芯磁化，并以声频频率吸引和放松试样（如试样是非铁磁性的，需在试样两端面粘贴一小块铁磁性金属薄片），此时试样内产生声频交变应力，试样发生振动，即一个纵向弹性波沿试样轴向传播，最后由接收换能器接收。

当棒状试样处于如右图 7-9(a) 所示状态，其纵向振动方程可写成

$$\frac{\partial^2 u}{\partial t^2} = \frac{E}{\rho}\frac{\partial^2 u}{\partial x^2} \tag{7-14}$$

其中 $u(x, t)$ 为纵向位移函数，解该振动方程（具体解法略），并取基波解，经整理可得

$$E = 4\rho L^2 f_1^2 \tag{7-15}$$

式中，L 为试样长度。由式(7-15) 可以看出长棒状试样受迫产生振动时，弹性模量 E 和共振频率 f 存在的关系，为了求出 E，必须测出 f_1。利用不同频率的声频电流，通过电磁铁去激发试样做纵向振动，当 $f \neq f_1$ 时，接收端接收的试样振幅很小，只有 $f = f_1$ 时在接收端可以观察到最大振幅，此时试样处于共振状态。

(2) 扭转振动共振法　此法用于测量材料的切变模量 G，如图 7-9(b) 所示。一个截面均匀的棒状试样，中间固定；在棒的一端利用换能器产生扭转力矩，试样的另一端（图中只画出试样的一半，另一半略）装有接收换能器（结构与激发换能器相同），用以接收试样的扭转振动。同样可以写出扭转方程并求解，最后仍归结为测定试样的扭转振动固有频率 f_τ，G 的计算式为

$$G = 4\rho L^2 f_\tau^2 \tag{7-16}$$

(3) 弯曲振动共振法　如图 7-9(c) 所示，一个截面均匀棒状试样，水平方向用两支点支起（图中只画出试样的一半）。在试样一端下方安放激发换能器，使试样产生弯曲振动，另一端下方放置接收换能器，以接收试样的弯曲振动。两端自由的均匀棒的振动方程为

$$\frac{\rho S}{EI}\frac{\partial^2 u}{\partial t^2} = -\frac{\partial^4 u}{\partial x^4} \tag{7-17}$$

式(7-14) 是一个四阶偏微分方程，其中 I 为转动惯量，S 是试样截面。最后得到满足于基波的圆棒（直径为 d）的弹性模量计算式为

$$E = 1.262\rho\frac{L^4 f^2}{d^2} \tag{7-18}$$

式中，L 和 d 分别为试样长度和直径；ρ 为试样的密度。同样测出试样弯曲振动共振频率 f 之后，代入上式计算 E。

在高温测试弹性模量时，考虑到试样的热膨胀效应，其高温弹性模量计算式为

纵向振动	$E=4\rho L^2 f_1^2(1+\alpha T)^{-1}$	(7-19)
扭转振动	$G=4\rho L^2 f_\tau^2(1+\alpha T)^{-1}$	(7-20)
弯曲振动	$E=4\rho L^4 f^2 d^{-2}(1+\alpha T)^{-1}$	(7-21)

式中，α 是试样的热膨胀系数；T 为加热温度。

3. 悬挂法测弹性模量

悬挂法测弹性模量是弯曲共振法测量的一种。常采用如图 7-10 的装置进行测量。用这种装置测量时，首先由音频信号发生器发出交变信号并传给换能器（激发），换能器通过悬丝把转换成的机械振动传给试样，由此驱使试样产生弯曲振动，试样振动的频率与音频信号发生器发出的信号频率相同。在试样的另一端通过悬丝把试样的机械振动传给换能器（接收），再由换能器把机械振动转换成电信号，通过放大器，由毫伏表给出数字显示，与此同时，由示波器将振动图形显示出来。测量时调整信号发生器的输出频率，当信号的频率与试样的固有频率相同时，试样便处于共振状态，此时示波仪的 y 轴可观察到最大振幅，由测频仪把共振频率记录下来，通过式(7-18) 便可计算出弹性模量 E。算式中的试样密度 ρ 常以其他物理量来表征，这样式(7-18) 经整理后最后写成

圆棒试样	$E=1.6388\times10^{-8}\left(\dfrac{L}{d}\right)\dfrac{m}{L}f^2$	(7-22)
矩形试样	$G=0.9655\times10^{-8}\left(\dfrac{L}{h}\right)\dfrac{m}{b}f^2$	(7-23)

式中，L 为试样长度，mm；d 为圆棒直径，mm；m 是试样的质量，g；h、b 是矩形截面试样的高和宽，mm。

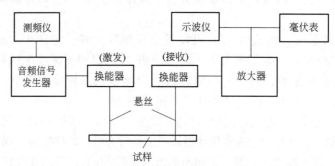

图 7-10　悬挂共振法测弹性模量示意图

如果将悬丝的端点固定（可用点焊等方法）在试样两侧，其两固定点的连线应为通过试样轴心水平面的对角线。此时试样将同时进行两种形式的振动：弯曲振动和扭曲振动。这种悬丝方法可以在一根试样上同时测出 E、G 值。同理式(7-13) 经整理可写成

圆棒试样	$E=5.1934\times10^{-8}\dfrac{L}{d^2}mf_\tau^2$	(7-24)
矩形试样	$G=4.081\times10^{-8}\dfrac{L}{b}\dfrac{m}{h}f_\tau^2$	(7-25)

一般测量试样的尺寸满足 $L/d=20\sim25$，L 通常为 $150\sim200$mm，d 为 $3\sim8$mm。悬丝用直径小于 0.2mm、长为 $100\sim300$mm 的不具有强谐振的细软丝制成。一般室温测试采用丝棉线、卡普龙线，高温测试用铂金丝效果较好。温度低于 $600\sim700$℃ 以下可选用铜线，直径 $0.05\sim0.1$mm 左右。将悬丝悬挂于距试样两端 $0.174L\sim0.224L$ 范围内，即靠近振动的结点处。作为研究金属的一种方法，在实际应用中，有时用扭摆仪测量试样的切变模量 G，由于 $G\propto f^2$，常用自由振动频率 f^2 代表 G 来分析金属内部的变化。这种测量方法的优点是测量速度快而且方便，具体测量的原理及条件可看内耗的测量部分。

4. 超声波脉冲法

由于近代超声波技术的发展，目前超声波法可以应用在小块试样的测量上，这对稀贵金属、难加工材料和研究单晶体材料很重要。图 7-11 介绍了一种超声波脉冲法测定超声波速度和衰减的原理图。试样中超声波振动可以是连续波和脉冲波（直角形和钟形波）。超声波的波速可以通过测定超声波在试样中的传播时间及已知试样的长度而求得（$2L = c\tau$）。根据超声波纵向传速和横向传速同试样弹性模量的关系，可求得

$$E = \left[3 - \frac{1}{(c_1/c_\tau)^2 - 1} \right] \rho c_1^2 \tag{7-26}$$

$$G = \rho c_\tau^2 \tag{7-27}$$

$$\mu = \frac{1}{2} \left[\frac{(c_1/c_\tau)^2 - 2}{(c_1/c_\tau)^2 - 1} \right] \tag{7-28}$$

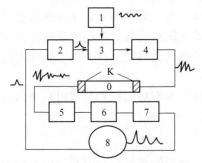

图 7-11 超声波脉冲法装置示意图
1—高频信号振动发生器；2—脉冲信号发生器；3—脉冲调制；4,6—放大器；5—定标衰减器；7—检波器；8—示波器；K—换能器；0—试样

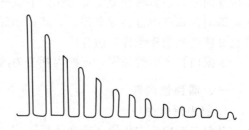

图 7-12 示波器显示一组脉冲衰减信号

脉冲信号发生器 2 给出直角形或钟形电脉冲，高频信号振动发生器 1 发生高频振动。借助于脉冲调制 3，将高频振动脉冲经过放大器 4 放大后，送至试样一端 K 石英压电晶体，在此转换成超声波脉冲。再通过试样 0，每个超声波脉冲在试样中（试样底面间）多次反射。试样另一端的 K 石英压电晶体，把超声脉冲转换成电的振动信号，这些电的振动信号经过定标衰减器 5、放大器 6 和检波器 7 之后送至带触发扫描的示波器 8，并同脉冲信号发生器 2 的扫描发射同步。在示波器上观察到一组电的脉冲幅值衰减，即相对应在试样中超声波脉冲多次反射，见图 7-12。由超声波法的原理可知，纵波和横波在试样中传播速度的测量精确度直接影响弹性模量测试结果。

弹性模量的测量可用于高温合金的研究中。对一些金属的测量表明，大部分金属室温下的硬度和弹性模量之间呈直线关系。只有 W、Mo、Ti、Zr 等少数几种金属偏离上述的规律，这是由于它们在室温下，产生了变形强化所引起的，见图 7-13。温度升高，W、Mo 等金属便产生去强现象，因此当温度升高到 500℃时，W 和 Mo 的

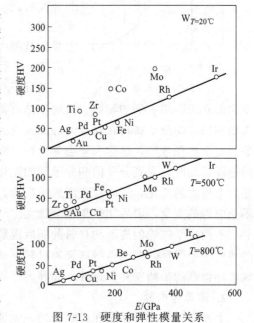

图 7-13 硬度和弹性模量关系

硬度和其他金属一样也都落到直线上。当温度提高到 800℃ 时，除了在测量硬度的过程中产生晶界黏滞性效应的金属之外，大多数金属的硬度和弹性模量之间都符合直线关系，而且弹性模量愈大，硬度也愈高。这意味着原子间的结合力对金属在高温下抗塑性变形的能力起主要作用。而弹性模量的大小反映了原子间结合力的强弱，因此可根据弹性模量和温度的关系研究原子间结合力的变化条件及原因，用于估算合金的高温强度。

第二节　材料内耗

前面分析的弹性变形过程中，应变对应力的响应服从虎克定律，即：$\sigma = M\varepsilon$，且应变对应力的响应是单值线性、同位相（瞬时）的，弹性变形时材料储存弹性能，弹性恢复时材料释放弹性能，循环变形过程没有能量损失，这是一种理想的弹性行为。实际上，绝大多数固体材料常因内部存在各种微观的非弹性行为，表现出非理想弹性性质，应变落后于应力。由于应变的滞后，材料在交变应力作用下就会出现振动的阻尼现象。实验也证明，固体的自由振动即使在真空中也会逐渐停止，其振动的能量逐渐转化为热能。这种由于固体内部的原因使机械能消耗的现象称为内耗。

根据内耗产生的原因，可把内耗分为滞弹性内耗、静滞后内耗和位错阻尼型内耗。

一、滞弹性内耗

1. 材料滞弹性

材料在交变应力作用下应变落后于应力的现象，称为滞弹性，由滞弹性引起的内耗称为滞弹性内耗。

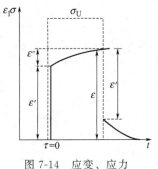

图 7-14　应变、应力
与时间的关系

对一金属试样在弹性范围内突然施加一个一定大小的拉应力 σ_0，试样除瞬间产生一个应变 ε' 外，还会产生一个随时间变化的应变 ε''，如图 7-14 所示，这个现象称为弹性蠕变。同样，当去除拉应力 σ_0 后，应变也不是全部立即恢复，而是先恢复一部分，还有一部分应变逐渐恢复，见图 7-14，这个现象称为弹性后效。显然，弹性蠕变和弹性后效都是弹性范围内的非弹性现象，即滞弹性，亦称弛豫。从上面分析可以得出，金属在弹性范围内受力后产生的总应变 $\varepsilon = \varepsilon' + \varepsilon''$，因 ε'' 的弛豫，使总应变 ε 落后于应力。

高分子材料在实际使用时，也往往会受到大小和方向不断变化的外力作用，例如轮胎、齿轮、减震器、消声器等在使用时都会受到复杂的动态交变应力的作用。高分子材料在这种动态交变应力或应变作用下的黏弹性力学行为也表现为滞后现象和力学损耗现象，这称为动态黏弹性。滞后现象产生的分子运动机理是由于高聚物分子链的链段运动时，受到分子内和分子间相互作用的内摩擦阻力和无规热运动影响，使链段运动跟不上外力的变化，所以应变滞后于应力。内摩擦阻力越大，链段运动越困难，应变也越跟不上应力的变化，滞后相位角也会越大。

不同化学结构的高聚物材料的滞后现象也有明显的差异。柔性链高聚物（如橡胶材料）的滞后现象严重，而刚性链高聚物材料（如各类塑料）一般滞后现象不太明显。同时，滞后现象还强烈的依赖于外界条件，如外力作用频率、温度高低等

2. 滞弹性内耗

上面讨论的滞弹性是在材料受到一个恒定的拉应力作用下产生的。当材料受到交变应力

的作用时，应力和应变都随着时间不断变化。数学上，对各种复杂的动态交变应力或应变，都可以用若干个正弦函数的组合来描述，因而动态力学实验一般是在对试样施加正弦应力或正弦应变的条件下进行的。显然，由于滞弹性的影响，应变总是落后于应力，应变和应力之间便存在着一个位相差，如图 7-15 所示。从图中可看出，当应力变为零时，应变还有一个正的 OA 值；当应力的方向反转之后，应变才逐渐地变为零，这样便产生了阻尼作用，由此导致能量消耗。如果应力变化一个周期，应变和应力的变化便形成一个封闭的回线，如图 7-16、图 7-17 所示。回线所包围的面积代表振动一周所产生的能量损耗，回线的面积愈大，能量损耗也愈大。当应变和应力之间位相差为零时，材料相当于理想弹性体，回线的形状相当于一条直线，故不产生内耗。

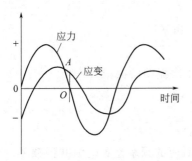

图 7-15　应变滞后应力示意图

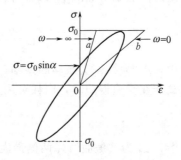

图 7-16　应力-应变回线

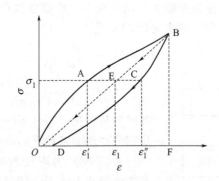

图 7-17　硫化橡胶拉伸和回缩的应力-应变曲线

由滞弹性产生的内耗称为滞弹性内耗，内耗的基本量度是振动一周期在单位弧度上的相对能量损耗。设 δ 为应变和应力之间的位相差，一般这个位相差都很小，可用 $\tan\delta$ 表示内耗值，实际中还常用 Q^{-1} 来表示内耗，即

$$Q^{-1}=\tan\delta=\frac{1}{2\pi}\frac{\Delta W}{W} \tag{7-29}$$

式中，ΔW 为振动一周的能量损耗；W 为最大振动能。从式（7-29）可以看到内耗为无量纲的物理量。

现以材料受正弦变化的应力为例，分析滞弹性内耗的度量。

设 δ 为应变和应力之间的位相差，σ_0、ε_0 分别为应力和应变变化的最大值，有

$$\sigma=\sigma_0\sin\omega t \tag{7-30}$$

$$\varepsilon=\varepsilon_0\sin(\omega t-\delta) \tag{7-31}$$

根据式（7-29）中各个量的物理意义，有

$$W=\frac{1}{2}\sigma_0\varepsilon_0 \tag{7-32}$$

$$\Delta W = \oint \sigma d\varepsilon = \int_0^{2\pi/\omega} \sigma_0 \sin\omega t \, d[\varepsilon_0 \sin(\omega t - \delta)] = \pi \sigma_0 \varepsilon_0 \sin\delta \qquad (7\text{-}33)$$

把式(7-32)、式(7-33) 带入式(7-29) 有

$$Q^{-1} = \frac{1}{2\pi} \frac{\Delta W}{W} = \sin\delta \qquad (7\text{-}34)$$

因为 δ 很小，所以 $\qquad Q^{-1} = \sin\delta \approx \tan\delta \approx \delta \qquad (7\text{-}35)$

通过推导可知，内耗 Q^{-1} 与位相差 δ 成正比，位相差 δ 愈大，回线面积愈大，内耗也愈大，而内耗与应变振幅无关。

实际中直接测量 δ 角比较复杂，而且测量精度也不高，所以实际上测量时通常通过自由衰减振动时的振幅对数减量来确定内耗，即

$$Q^{-1} = \tan\delta = \frac{1}{2\pi} \frac{\Delta W}{W} = \frac{\ln \dfrac{A_n}{A_{n+1}}}{\pi} \qquad (7\text{-}36)$$

式中，A_n 为第 n 次振动的振幅；A_{n+1} 为第 $n+1$ 次振动的振幅。

当试样在受迫振动时，内耗可用共振频率求得，即

$$Q^{-1} = \tan\delta = \frac{1}{\sqrt{3}} \frac{\Delta \nu}{\nu_r} \qquad (7\text{-}37)$$

式中，$\Delta \nu$ 为共振曲线峰两侧最大振幅一半处所对应的频率差；ν_r 为共振频率。

3. 内耗峰及内耗谱

对多数固体材料来说，在与振幅无关的情况下，根据弛豫理论可以导出内耗与模量亏损 Δ_M、应变角频率 ω、弛豫时间 τ 四者之间的关系

$$\tan\delta = \Delta_M \frac{\omega\tau}{1+(\omega\tau)^2} \qquad (7\text{-}38)$$

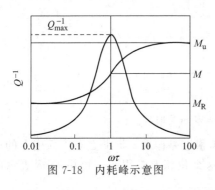

图 7-18　内耗峰示意图

式中，$\Delta_M = \dfrac{M_u - M_R}{(M_u M_R)^{1/2}}$，$M_u$ 为未弛豫模量，可理解为只产生 ε' 条件下的弹性模量，M_R 为弛豫模量，是充分产生 ε'' 条件下的弹性模量。

式(7-38) 为内耗的理论公式，从此式也可以看出弛豫型内耗与应变振幅无关。作出内耗 Q^{-1}、Δ_M 对 $\omega\tau$ 的关系图，见图 7-18，它表明了内耗的基本特征。当 $\omega\tau \gg 1$ 或 $\omega\tau \ll 1$ 时，$\tan\delta$ 都趋向于零；只有当 $\omega\tau = 1$ 时，$\tan\delta$ 才出现极大值，它被称为内耗峰。

具体原因如下。

① 当 $\omega\tau \gg 1$，即 $\tau \gg \dfrac{1}{\omega}$ 时，弛豫时间远大于振动周期，意味着应力的变化非常快，以至于材料来不及产生弛豫过程，即 $\varepsilon'' = 0$，相当于理想弹性体，所以内耗趋于零。

② 当 $\omega\tau \ll 1$，即 $\tau \ll \dfrac{1}{\omega}$ 时，弛豫时间远小于振动周期，应力的变化非常慢，这时有充分时间使 ε'' 产生，使应变和应力同步变化，应力和应变组成的回线趋于一条直线，但斜率较低，内耗也趋向于零。

③ 当 $\omega\tau$ 为中间值，即在上述两种极限情况之间，因为弛豫应变跟不上应力变化，所以应力与应变曲线不是单值函数，而是形成了一椭圆，如图 7-18 所示，椭圆面积正比于内耗。当 $\omega\tau = 1$ 时，内耗曲线达到峰值，$Q_{max}^{-1} = \dfrac{\Delta_M}{2}$ 椭圆面积达到最大。

弛豫时间 τ 可以理解为受力材料从不平衡达到平衡状态，内部原子扩散和重排所需的时间，它和温度的关系为

$$\tau = \tau_0 \exp\left(\frac{H}{RT}\right) \tag{7-39}$$

式中，H 为扩散激活能；R 为气体常数；T 为热力学温度；τ_0 为材料常数。从式(7-39) 不难看出，τ 随着温度的升高而变小。

根据式(7-38) 所描述的关系，显然，要得到内耗曲线有两种途径：一是改变角频率 ω，得到 Q^{-1}-$\omega\tau$ 的关系曲线；二是改变温度，得到 Q^{-1}-T 的关系曲线。实际测量时上述两种方法都在应用。

金属及合金中可能有不同的物理机制引起弛豫的产生，而每一弛豫过程都对应一弛豫时间，因此对应不同的频率会出现一系列的内耗峰，如图 7-19 所示。这种具有数个内耗峰的曲线称为内耗谱或称弛豫谱。同样道理，改变测量温度也可获得相应的温度内耗谱。

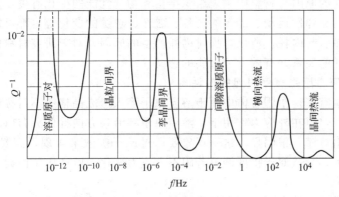

图 7-19　金属室温下典型的内耗谱

二、静滞后内耗

以上介绍的滞弹性内耗，它有一个明显的特点，就是应变-应力滞后回线的出现是由试样的动态性质所决定的。因此，回线的面积与振动频率的关系很大，但与振幅无关。即使是滞弹性材料，如果试验是静态地进行，即试验时应力的施加和撤除都非常缓慢，也不会产生内耗。所以，可以将滞弹性内耗看做是一种动态滞后行为的结果。

相对于动态滞后的行为而言，材料中还存在着一种静滞后的行为。所谓静滞后是指弹性范围内与加载速度无关、应变变化落后于应力的行为。静滞后也是一种弹性范围内的非弹性现象，它们在应力-应变间虽也存在多值函数关系，同一载荷下加载与去载具有不同应变值，但在完全去载后却留下残余形变，只有反向加载才能使其恢复到零应变状态，如图 7-20 所示。由于应力变化时应变总是瞬时调整到相应的值，因此这种滞后回线的面积是恒定的，与振动频率无关，故称为静态滞后，有别于滞弹性的动态滞后。

显然，当应力超过开始弹性形变所对应的值时将发生静滞后。这一事实在材料疲劳的研究中可能有重要作用。后面还将看到，由于磁致伸缩现象，铁磁材料也会得出一个与频率无关的滞后回线，且在低应变振幅下即引起内耗，它对高阻尼材料的研制有重要的意义。以上例子表明，静滞后可以在极低的振幅下发生，且既来源于原子的重构，也可来源于磁的重构，这种重构实际上

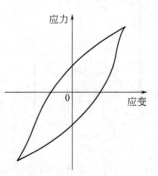

图 7-20　静滞后回线

不可能瞬时发生，但可能是以声速传播的，其传播速度在通常振动试验所用的频率下却可以认为是"瞬时"的。

由于静态滞后的各种机制之间没有类似的应力-应变方程可循，所以不能像弛豫型内耗那样进行简单而明了的数学处理，而必须针对具体的内耗机制进行计算，求出回线面积 ΔW，再根据定义（$Q^{-1} = \Delta W / 2\pi W$）求得内耗值。

一般来说，静滞后回线的面积与振幅不存在线性关系，因此其内耗一般与振幅有关而与振动频率无关，这往往被认为是静滞型内耗的特征。它与前面所讨论的弛豫型内耗和频率相关、振幅无关的特征恰好相反，这一明显的差别可作为区分这两类内耗的重要依据。

近年来研究表明，应力振幅很小时，晶体内的位错运动便会产生静滞后行为，引起内耗。

三、内耗产生的机制

材料产生内耗的原因与材料中微观组织结构和物理性能的变化有关，溶质原子应力感生有序、钉扎位错的非弹性运动、晶界的迁移、磁性、热量的变化等，都可能因为这些微观运动要消耗能量，而引起内耗。所以，探讨内耗产生的原因，对于研究材料的成分、组织结构及物理性能和内耗的关系，有着十分重要的意义。

1. 溶质原子应力感生有序引起的内耗

所谓应力感生有序是指固溶体中由于溶质原子溶入造成晶格的不对称畸变，在没有应力作用时呈无序分布，但在外应力作用下，溶质原子将沿某方向择优分布以降低畸变能，这一现象称为应力感生有序。很明显，这一现象要通过原子扩散来实现，需要一定的弛豫时间，在交变应力作用下，溶质原子扩散调整若跟不上应力变化，就产生了内耗。下面根据溶质原子的位置具体讨论。

（1）间隙原子造成的内耗　人们很早就开始研究间隙原子在体心立方晶体中引起内耗的问题，斯诺克（J. Snoek）首先观察到钢质音叉的衰减随温度变化有个极大值，并发现这个极大值对应的温度和音叉振动的频率有关。如果用不含 C、N 原子的音叉材料试验，则不出现这个内耗峰。故他认为这种峰值的衰减是由于存在间隙原子而引起的。

理论上，对于体心立方晶体（如上例中的 α-Fe）、间隙原子（C、N 原子）处于晶体的八面体间隙 $(\frac{1}{2}, 0, 0)$、$(0, \frac{1}{2}, 0)$、$(0, 0, \frac{1}{2})$ 和 $(\frac{1}{2}, \frac{1}{2}, 0)$ 等位置上，如图 7-21 所示。当晶体没有受力时，间隙原子在这些位置上是统计均匀分布的，即在各种位置上有 1/3 的溶质原子。如果在某一位置的溶质原子数多于 1/3 时，即该方向上间隙原子择优分布，晶体在该方向上就要伸长。相反，如果在某晶向加一拉力使晶体伸长，就可以在该方向上容纳更多的间隙原子。从能量的观点来看，可以认为在受拉方向的各个位置上间隙原子的能量比其他两个方向上的位置能量低；受压应力，则反之。若沿 z 方向施加拉力，则其他方向（x、y 向）上的溶质原子将跳到 z 方向上；若在 z 方向受到压应力，则该方向上的溶质原子将跳到邻近的其他方向上，于是便产生了溶质原子应力感生有序，且在这过程中，间隙原子的跳离和跳出都会带来应变的变化。所以，在晶体受到交变应力作用时，溶质原子便在不同的方向上来回跳跃。显然，溶质原子的跳跃需要一

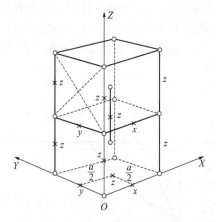

图 7-21　体心立方晶体间隙固溶体内耗模型（×为间隙原子位置）

定的时间，如果交变应力的变化频率很高，间隙原子来不及跳动，将无弛豫应变产生，不会产生内耗；同样，如果交变应力的频率很小，间隙原子有充分的时间跳动，以保持应变与应力同步变化，也不会产生内耗；只有频率在这两种情况之间，使间隙原子的跳动跟不上应力拉压的转换，即应变落后于应力的变化，产生滞弹性行为，引起内耗。

在一定的温度下，固溶体间隙原子应力感生有序产生的内耗峰与间隙原子浓度成正比。利用这个关系，可以通过测量内耗与间隙原子浓度间的关系，来研究固溶体脱溶和沉淀过程。从固溶体中析出的间隙原子往往生成第二相，它对间隙原子引起的内耗不再产生影响；晶界对间隙原子有吸附作用，因而晶粒度对可以自由运动的间隙原子数量有影响。晶粒愈小，晶界愈多，被固定的间隙原子数就愈多，内耗峰值就愈低。同样，对于能钉扎间隙原子的位错，对内耗的影响类似晶界的作用。

对于面心立方晶体，因间隙原子都位于（111）面所组成的八面体中心，而八面体间隙是对称分布，所以，间隙原子不会使溶剂的点阵产生不对称畸变，在受到周期性应力的作用时，间隙原子不致产生应力感生有序而引起内耗。

但是，1953 年人们在对 $Cr_{25}Ni_{20}$ 奥氏体不锈钢从室温到 800℃ 测量内耗时，得到了两个内耗峰，如图 7-22 所示。如果用湿氢将碳脱掉之后，300℃ 附近的内耗峰也随之消失，这说明 300℃ 附近的内耗峰是由碳原子引起的。

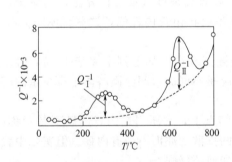 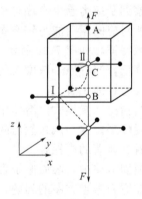

图 7-22　奥氏体不锈钢内耗曲线　　　　图 7-23　面立方晶体间隙原子内耗模型

人们又进一步研究了碳在 18-8 不锈钢、高锰钢、镍铝合金以及纯镍中所引起的内耗，发现当试样中含有碳时，在 250℃ 附近出现一个内耗峰，试样中含碳愈多，内耗峰愈高，且向低温方向移动，含碳愈少，内耗峰愈低，且向高温方向移动，试样中不含碳时，则不出现内耗峰。测得这一内耗峰的激活能，与碳在该合金中的扩散激活能相同。这些证明了 250℃ 左右的内耗峰是由碳原子扩散引起的，所以，间隙原子在面心立方晶体中所引起的内耗是一个普遍现象。

那么，面心立方晶体中间隙原子引起内耗又如何解释呢？研究认为有两种情况：一是点阵中溶有合金元素的原子；二是点阵中存在着空位。由于合金原子和空位的存在破坏了邻近间隙位置的对称性，产生了不对称畸变，这样，间隙原子在交变应力作用下就可以产生应力感生有序而引起内耗。其模型如图 7-23 所示，图中 A 为溶剂原子，B 为合金元素原子。由于 B 原子的直径与 A 原子不同，这样在 B 原子附近就要产生畸变，如果 B 原子附近有一间隙原子 C，则间隙原子 C 将与五个 A 原子和一个 B 原子相邻。若 BC＞AC（或者 BC＜AC，都可解释），则沿 z 向加一压应力时，间隙原子 C 将从位置 Ⅱ 跳到 Ⅰ，以降低畸变能。反之，如沿 z 向加一拉应力，则间隙原子又将从位置 Ⅰ 优先跳向 Ⅱ，间隙原子跳离或跳进某一

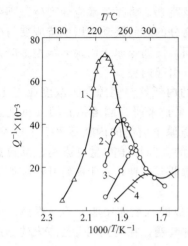

图 7-24　Ag-Zn 合金内耗

1—30.2％Zn；2—24.2％Zn；
3—19.3％Zn；4—15.78％Zn

位置，都会引起应变的变化。如应力是周期变化的，则间隙原子将在Ⅰ与Ⅱ之间来回跳动。由于这样跳动需要时间，当应变变化落后于应力变化时，就产生了内耗。按此模型还可以推知内耗峰的高度和间隙原子浓度成正比。

在没有合金元素原子或者合金元素的原子很少时，空位也可引起点阵的畸变。如果点阵中存在空位，那么，间隙原子要么进入空位与另一个间隙原子组成对，要么两个间隙原子都不进入空位，而在空位旁边形成一个原子对，这样的原子对都可能在外力的作用下产生应力感生有序而引起内耗，按此机制内耗峰高将与间隙原子浓度的平方成正比。

在测定碳对纯镍内耗峰高的影响时，得到了纯镍中的含碳量与内耗峰高近似呈平方关系，从而验证了上述的观点。

（2）置换原子产生的内耗　应力感生有序不仅在间隙固溶体中存在，而且在置换式固溶体中也观察到了应力感生有序产生的内耗。首先在含 30％Zn 的黄铜中，观察到了内耗峰，且这个峰所对应的激活能与锌在黄铜中的扩散激活能一致。后来，在 Ag-Zn 合金中发现更明显的内耗特征，如图 7-24 所示。从图中可看出，随着锌浓度（重量百分比）的减少，内耗峰迅速降低，当锌原子浓度大约低于 10％时，就不会再出现内耗峰，这些说明 Ag-Zn 合金的内耗峰与锌原子有关。

但应当指出，置换式固溶体中只有当溶质原子浓度较高（如上例中大于 10％）时才能表现出内耗峰来。这一点显然与间隙式固溶体的情况是不同的，间隙固溶体中有少量的溶质原子就可看到显著的内耗峰。

在置换固溶体中，溶质原子置换到溶剂点阵的结点上，它所引起的点阵畸变是对称的，应而不存在应力感生有序的问题，即没有溶质原子的扩散，亦即不会有内耗。但实际中置换式固溶体确实有应力感生有序而产生的内耗，这又如何解释呢？

为此，甄纳（C. Zener）提出，当溶质原子的浓度较高时，溶质原子可能组成原子对固溶于点阵中，所谓原子对是指两个相邻的结点被溶质原子所占据的一种形式。当组成原子对时，如图 7-25 所示，其中（a）是由 A-B 组成的面心立方晶胞，溶质原子 B_1 和 B_2 组成原子对，其间距为 $a/\sqrt{2}$，与它最邻近的原子是 $A_1 \sim A_4$，A_i 原子组成一个 a 和 $a/\sqrt{2}$ 的长方形，所以，原子对引起的沿着 $A_1\text{-}A_4$ 和 $A_3\text{-}A_4$ 方向上的畸变是不同的，最大畸变方向是 $A_1\text{-}A_4$，即 OY 方向。当原子 A_1 扩散后，原子 B_2 占据 A_1 的位置，便形成图（b）中的情况，形成 $B_1\text{-}B_2$ 原子对，最邻近的原子是 $A_5 \sim A_8$，同理可以认为最大的畸变为 OZ 方向。由于这种畸变的不对称性，当施加应力时，原子对的轴便发生扭动而形成有序化。当 OZ 方向受到拉应力作用时，$B_1\text{-}B_2$ 原子对择优取向，处于图（b）中 $B_1\text{-}B_2$ 的位置；当 OZ 方向受到压应力作用时，$B_1\text{-}B_2$ 原子对优先处于图（a）中 $B_1\text{-}B_2$ 的位置，这样在周期性交变应力的作用下，溶质原子便在图（a）和图（b）所示的位置之间转换，亦即产生了微扩散，从而产生内耗，其弛豫时间和合金原子跳动频率有关。

由于置换式固溶体中溶质原子是以原子对的形式引起点阵的非对称畸变，所以，溶质原子浓度要足够高，才有可能组成溶质原子对，这也就是为什么要求溶质原子浓度要大于 10％，内耗才能表现出来的缘故。

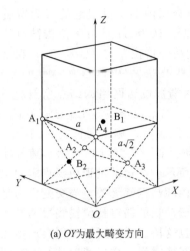 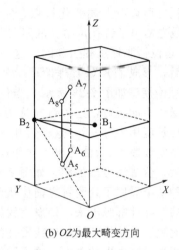

(a) OY 为最大畸变方向　　　　　　(b) OZ 为最大畸变方向

图 7-25　置换固溶体内耗模型

2. 与位错有关的内耗

人们对金属进行冷变形后发现其内耗产生了明显变化，特别是退火态的纯单晶体即使轻微的冷变形，其内耗也增加几倍。相反，对冷变形后的金属进行再结晶退火，则内耗又明显下降。因为，冷变形的实质是位错的不断增殖和运动引起的，据此，很容易推断，位错与内耗有着密切关系。

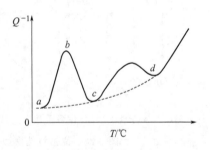

位错有不同的运动形式，因而产生内耗的机理也各不相同，下面仅介绍背底内耗和间隙固溶体的形变内耗。

（1）背底内耗　背底内耗的含义可用图 7-26 内耗曲线说明。图中内耗峰 abc 是在虚线 ac 的基础上产生的，则虚线 ac 以下即为背底内耗。实际上，不管有无内耗峰，都存在一定的背底内耗。我们以不同加工状态的铜单晶为例，来研究背底内耗与应变振幅的关系，如图 7-27(a) 所示，试样在加工状态一定的条件下，其减缩量 $\Delta(\pi Q^{-1})$ 开始阶段与应变振幅无关，当应变振幅大于一

图 7-26　背底内耗示意

定值后，其减缩量 Δ 明显增加。也就是说，减缩量 Δ 可分为与振幅无关 Δ_{I} 和与振幅有关 Δ_{II} 两个部分，如图 7-27(b) 所示。显然，总的减缩量为

$$\Delta = \Delta_{\mathrm{I}} + \Delta_{\mathrm{II}}。$$

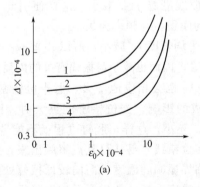 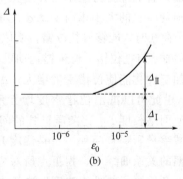

(a)　　　　　　　　　　　　　(b)

图 7-27　铜单晶对数减缩量与应变幅的关系

1—微量冷加工；2—240℃时效 8min；3—时效 30min；4—时效 60min

背底内耗之所以有上述变化特点，完全是由金属内部位错阻尼的行为所决定的。寇勒（Koehler）最先提出了钉扎位错弦的阻尼共振模型，认为 Δ_I 是由于位错被钉扎时阻尼振动引起的；Δ_{II} 是位错脱钉过程引起的。这一模型随后经格拉那陀（Gronato）和吕克（Lucke）进一步完善后，形成了 K-G-L 理论。

K-G-L 理论模型如图 7-28 所示。当位错线两端被位错网络的结点所钉扎（图中 L_N 部分）时，位错线不能脱钉，这种钉扎称为强钉扎。如果位错线段 L_N 被点缺陷（杂质原子）钉扎，其平均长度用 L_c 表示，这种钉扎受力时可以脱钉，称为弱钉扎。当受较小的交变应力作用时，位错线段 L_c 弯曲弓出，并作往复运动，如图 7-28(b) 所示。随着外力增加，即应变振幅增大，位错线弓出加剧，如图 7-28(c) 所示。在运动过程中要克服阻尼力，因而引起内耗，这种从杂质原子处脱钉之前位错产生的内耗与振幅无关。当交变应力足够大时，位错便从杂质的钉扎处解脱出来，即发生脱钉。一般最长的弱钉扎位错线段两端所产生的脱钉力最大，因此脱钉先从最长的位错线段开始。一旦这段位错线脱钉，便会产生比原先更长的位错线段，所受脱钉力也就更大，这样脱钉过程就像雪崩一样连续地进行，直到网络结点之间的弱钉扎全部脱开为止，如图 7-28(d) 所示。当位错从杂质原子脱钉之后便产生了与振幅有关的内耗。继续增加应力，位错线 L_N 继续弓出，如图 7-28(e) 所示。应力去除时，位错线 L_N 弹性收缩，如图 7-28(f)、(g) 所示，最后重新被钉扎。脱钉与收缩过程，位错线运动情况不同，对应的应力-应变曲线如图 7-29 所示，曲线上的字母对应于图 7-28 中的各个过程。

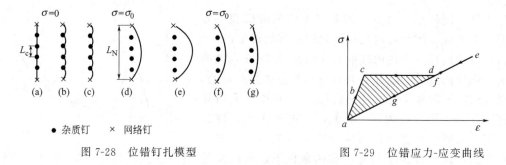

图 7-28　位错钉扎模型　　　　　　　　图 7-29　位错应力-应变曲线

从图 7-28 中可以看出，当应力很小时，位错线段受力弓出，产生应变 ab；当应力增加到 c 点对应的值时，位错于 c 点脱钉。在脱钉之前位错线段向绷紧的弓弦一样在交变应力的作用下振动，在振动的过程中要克服阻力，而产生内耗，位错段 L_c 作强迫阻尼所引起的内耗应当是阻尼共振型的，与振幅无关，与频率有关。在位错开始脱钉之后，即 cd 阶段，应变迅速地增加，直到外应力减小时，应力-应变曲线沿着 fga 减小，这样便引起一个静滞后类型的能量损耗。它的大小相当于 acd 三角形的面积，与频率无关。

杂质原子存在时，能够钉扎位错，使位错线平均长度 L_c 减小，所以 Δ_I 要减小；另一方面溶质（杂质）原子钉扎位错，使位错运动更加困难，因而也减小与振幅有关的内耗 Δ_{II}。

轻度的加工硬化能使位错密度增大，Δ_I 和 Δ_{II} 也会相应地增大，但当位错密度过大时，使 L_N 减小，由此可以抵消位错密度增大所造成的影响。当位错密度更大时，网络结点很密，有可能使网络长度 L_N 比杂质钉扎的间距 L_c 还小，这样，脱钉过程就不能进行了。

温度对减缩量影响有两种：一是温度升高使位错线容易从钉扎点解脱出来，所以在减缩量和应变振幅的关系曲线上，拐折点所对应的临界振幅随温度升高向较低振幅处偏移；二是由于位错线上杂质原子的平均浓度取决于温度，温度升高，杂质原子浓度降低，即 L_c 增大，由应变振幅引起的阻尼也就增大。

　　淬火温度愈高，冷却速度愈快，淬火后金属中的空位浓度就愈大，围绕位错就愈易形成空位气团，从而钉扎位错，使 L_c 减小，因而 Δ_I 和 Δ_{II} 都减小，甚至 Δ_{II} 有可能完全消失。

　　（2）间隙固溶体的形变内耗　含有碳（氮）原子的铁经过形变之后，在 200℃ 附近出现一个内耗峰，如图 7-30 所示。该峰首先由寇斯特（W. Köster）发现，故称为寇斯特峰。它的激活能为 2.4×10^{-19} J，其中位错运动需要的激活能为 0.8×10^{-19} J，碳原子扩散所需要的激活能为 1.6×10^{-19} J。因此可以认为该峰的弛豫过程受点阵和溶质原子的扩散

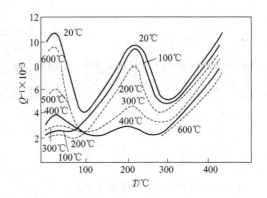

图 7-30　形变铁经不同温度回火的内耗谱

所控制。由于形变在位错周围产生了斯诺克气团，因此当位错线受力发生弯曲时，便要遇到气团所造成的阻力，而当位错运动时，又使气团中的碳（氮）原子重新分布。于是在位错运动的过程中不断地与气团产生交互作用而引起内耗。由于寇斯特峰具有上述的机制，所以形变量增大、位错密度增高和间隙原子增多、气团的浓度增大都将导致弛豫强度增大。由于形变峰是位错和溶质原子交互作用引起的，所以溶质原子（氮）对峰的作用比单纯的应力感生有序要大得多。寇斯特峰与气团密度有关，因此当大量气团形成时，间隙状态的碳（氮）原子浓度便会下降，所以斯诺克峰便会降低，故该峰与斯诺克峰存在着相互消长的关系。

　　含碳或氮的 α-Fe 经淬火处理在 200℃ 附近出现内耗峰，此峰的机制与形变都一样。

3. 与晶界有关的内耗

　　对高纯铝内耗曲线的测量表明，多晶铝随着温度的变化约在 285℃ 附近出现一个内耗峰，如图 7-31 所示。图中曲线具有一个明显的特征，就是晶粒愈大，内耗峰就愈低，而单晶铝则不出现这个内耗峰。该峰的激活能为 1.34×10^4 J/mol，它相当铝晶界弛豫的激活能，与蠕变法求得的激活能基本一致，它表明此内耗峰是由晶界引起的。

　　我们知道，晶界是一个有一定厚度的原子无规则排列的过渡带，此处原子排列要受相邻两晶粒位相的影响，由于原子的无规则排列而呈非晶体结构特点，具有一定的黏滞性，并且在切应力的作用下产生弛豫现象。晶界黏滞性流动引起的能量损耗，可近似地认为：

$$能量 = 相对位移 \times 沿晶界滑移的阻力$$

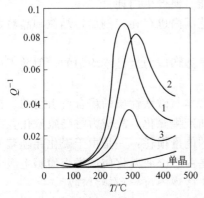

图 7-31　铝晶粒大小对内耗的影响
1—450℃退火 2h，晶粒直径 0.2mm；2—550℃退火 2.5h，晶粒
直径 0.7mm；3—600℃退火 12h，晶粒直径 >0.84mm

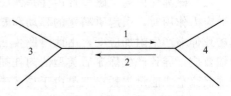

图 7-32　晶界滑移模型
1~4—晶粒

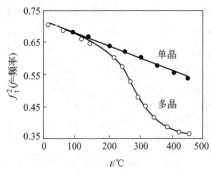

图 7-33 晶界对动态弹性模量的影响

在温度比较高时，晶界的黏滞系数变小，晶界受到切应力时便可产生相对滑移，如图 7-32 所示。晶界的滑移阻力很小，虽然滑移的距离较大，但总的能量损耗还是很小；在温度比较低时，虽然滑移阻力大，但是滑移距离很小，所以，能量损耗也还是很小。只有在中间温度范围，位移和滑移阻力都较为显著的时候，内耗才达到最大值，出现内耗峰。

晶界黏滞性所产生的非弹性行为对动态弹性模量也产生相应的影响，它使弹性模量明显下降，如图 7-33 所示。单晶铝的弹性模量不受晶界的影响。多晶铝的切变模量在高于某一温度时便显著降低，这种降低也是晶界有黏滞性的一种表现。由于温度升高，晶界的可动性增大，达到某一温度，在交变应力作用下便产生明显的晶界滑移，导致切变模量显著下降。对晶界内耗的研究表明，它受下列因素的影响：晶粒愈细，晶界愈多，则内耗峰值愈大；杂质原子分布于晶界，对晶界起着钉扎作用，从而可使晶界峰值显著地下降，当杂质的浓度足够高时，晶界峰可完全消失，因此晶界内耗的测量可用于研究与晶界强化有关的问题。

4. 热弹性内耗与磁弹性内耗

（1）热弹性内耗　固体受热便会产生膨胀，反之，如果在绝热条件下把固体拉长，则温度必然降低。因此，可以设想，当一个很小的应力突然加在固体试样时，如果试样受力均匀，则试样的每一点都要发生同样的温度变化；如果试样的各点受力不均匀，就必然使试样产生温度差而引起热流。对于试样的各部分来说，热量的流入和流出都要导致附加的应变（热胀冷缩）产生，这种非弹性行为所引起的内耗称为热弹性内耗。

例如，在弯曲振动的情况下，试样内部产生不均匀应变，受拉部分的温度偏低，而受压部分的温度则偏高。若应力变化得非常快，以至于在一个周期内热量来不及交换，实际上相当于绝热过程，因此不会导致能量损耗，这时的动态模量称为绝热模量。另一种情况是应力变化的频率很低，试样各部分有充分的弛豫时间进行热量的交换，经常使温度保持着平衡状态，这样便相当于等温过程，在这样的过程中，随着时间的变化机械能转换为热能，随后热能又转换为机械能，没有能量损耗，这时的动态模量称为等温模量。由于等温过程中产生了由热量交换所导致的附加应变，所以等温模量比绝热模量小。当应变频率处于中间状态时，既非绝热，又非等温，机械能不可逆地转换为热能，便产生内耗。

热弹性效应不仅在宏观上存在，而且在微观范围内也存在，例如，晶粒和晶粒之间，由于变形不均匀也能产生热弹性效应而引起内耗。

切应变没有温度变化，因此在扭转振动时，虽然切应力也是不均匀的，但并不产生热弹性效应，因而不引起内耗。

（2）磁弹性内耗　磁弹性内耗是铁磁材料中力学与磁性性质的耦合所引起的。铁磁性材料受应力作用时，引起磁畴壁的移动和磁畴转动而产生磁化，故应力将导致磁化，磁化又引起磁致伸缩产生附加应变，由此可产生三种类型的能量损耗：一是由于磁化伴随着产生磁致伸缩效应，导致产生静滞后类型的内耗损失；二是由于交变磁化使试样表面感生涡流，这种宏观涡流造成能量损耗；三是由于局部磁化，产生微观涡流导致能量损耗。

宏观和微观涡流的产生都和应力频率有关，当应力变化的频率很小时，由应力引起的磁化变化速率也很小，实际上可以认为不产生涡流损失。但仍存在着静滞后内耗，这种内耗与振幅有关，与频率无关。所以，对铁磁性材料的内耗测量，采用低频便可以消除涡流的影响，或在磁饱和状态下测量内耗也可消除磁弹性的影响。

以上介绍的仅是比较常见的几种内耗机制，实际上内耗的机制有很多种，同时对内耗的认识也在不断地发展和完善。

5. 高聚物的内耗

为什么在交变应力作用下，高聚物会产生力学损耗呢？这可以从交联橡胶拉伸和回缩的应力-应变关系（见图 7-17）及试样内部分子运动状态分析力学损耗的原因。如果应变完全跟得上应力的变化，则拉伸过程是可逆的，回缩曲线与拉伸曲线完全重合在一起，如图中虚线所示。这时，拉伸变形时环境对体系做的功等于形变回复时体系对环境做的功，整个循环没有滞后现象，也没有能量损耗。而黏弹性材料则要发生滞后现象，在拉伸时，外力对高聚物材料做的功，一方面要克服链段的无规热运动动能，使高分子链沿力的方向运动而改变卷曲分子构象为较伸展的分子构象；另一方面链段择优取向运动时，要克服链段间相互作用的内摩擦阻力，这就消耗了部分外力做的功，结果使高聚物应变响应达不到与应力相适应的平衡应变值，拉伸形变曲线（ε'）在平衡曲线的左边（ε）；当形变回复时，伸展的高分子链重新卷曲起来，高分子体系对环境做功，这时高分子链回缩时的链段运动仍需克服链段间相互作用的内摩擦阻力，也要消耗部分高聚物对环境做的功，使高聚物回缩应变也达不到与应力相适应的平衡应变值，回缩曲线（ε''）落在平衡曲线的右边。对应于同一个应力，恒有 $\varepsilon'<\varepsilon<\varepsilon''$。因此，拉伸形变时环境对体系做的功大于形变回缩时体系对环境做的功，在每一个拉伸-回缩循环周期中有一部分功转化为热能被消耗掉。显然，内摩擦阻力越大，滞后现象越严重，消耗的功越多，即力学损耗也越大。

四、内耗的测量方法和度量

内耗的测量方法很多。由于往往需要在宽广的频率、振幅、温度（有时还在一定的磁场）下进行测量，因为出现了种类繁多的仪器装置。根据不同的要求而设计的仪器，其结构特点各不相同，但按照振幅的频率大致可分为：低频（一般在 0.5Hz 到几十赫）、中频（千赫）和高频（兆赫）三类。不同的频率范围解决不同类型问题，现根据最常用的这三类测量方法，简要讨论它们的一般原理。

1. 扭摆法——低频下内耗的测量

扭摆是一种最简单的振动系统。早在 18 世纪汤姆逊就研究过扭摆和阻尼，但直到 20 世纪 40 年代，我国物理学家葛庭燧等人才开始将扭摆应用于研究金属中的非弹性现象。葛氏所创造的扭摆仪结构简单、操作方便，至今仍然是低频下内耗测量方法的基础，如图 7-34 所示。在葛氏扭摆仪中，丝状试样 2 借助于夹头 1 悬挂着，在试样的下端附加一个惯性元件，它是由竖杆 4、横杆 5 以及横杆两端的重块 6 组成的。重块沿横杆的移动可以在一定范围内调整摆的固有频率。为了消除试样横向运动对实验带来的影响，把摆的下端置于一个盛有阻尼油的容器 10 中。为了进行不同温度下的内耗测量，试样安装在可以加热到 500℃ 的管状炉 3 中。具体测量时，先激发扭摆使其处于自由振动状态，并借助于光源 7、小镜子 8 和标尺 9 将每次摆动的偏转（正比于振幅）记录下来。由于振动能量在材料内部消耗从而振幅减小，故得到一条振幅随时间的衰减曲线，如图 7-35 所示。所以，人们常用振幅的对数减缩量 δ 来量度内耗的大小，这里 δ 表示相邻两次振动的振幅比的自然对数即

$$\delta = \ln \frac{A_n}{A_{n+1}} \approx \frac{1}{2} \frac{\Delta W}{W} \qquad (7\text{-}40)$$

式中，A_n 表示第 n 次振动的振幅；A_{n+1} 表示第 $n+1$ 次振动的振幅。

如果内耗与振幅无关，则振幅的对数与振动次数的关系图为一直线，其斜率即为 δ 值；所以振幅的对数减缩量 δ 可以表示成

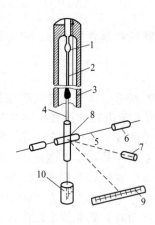

图 7-34 扭摆仪

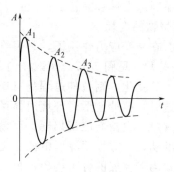

图 7-35 自由振动衰减曲线

$$\delta = \frac{1}{n}\ln\frac{A_0}{A_n} \qquad\qquad (7\text{-}41)$$

式中，A_0 为开始计算的某一初始振幅值。按式（7-41）进行减缩量的测量将有利于减少偶然误差。为了测定温度内耗曲线，应将铁磁金属试样置于无磁场加热炉中，要求加热炉在试样加热范围内温度分布均匀。测量出不同温度下的内耗，即可获得 $Q^{-1}\text{-}T$ 的关系曲线。这种仪器结构的缺点是摆动部分有一定的重量，它使试样除受扭转应力外，还承受一定的轴

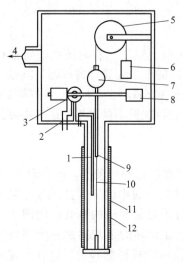

图 7-36 倒置扭摆仪

1—热电偶；2—导线头；3—电磁铁；
4—真空系统；5—动滑轮；6—对重；
7—反射镜；8—摆锤；9—夹头；
10—试样；11—加热炉；12—炉壳

向拉力。在低温测量时，金属的强度较高，拉应力的影响不大，但对于高温测量拉应力的影响则不可忽视。为了减小轴向拉应力，现在多采用倒置扭摆结构，如图 7-36 所示。这种结构与正扭摆不同之处是，摆动部分装在试样的上端，通过动滑轮用对重把摆动部分的重量平衡掉。一般摆锤可稍重一些，以保证摆动的平稳性。采用这种结构可以把轴向应力减小到 $7\times10^4\,\text{N/m}^2$。

扭摆振动试样产生的切应变在断面上的分布是不均匀的，以表面层为最大。测量时试样最大的切应变不应超过 10^{-5} 数量级，以保证内耗不受振幅的影响。由于这种仪器本身的损耗所引起的背底内耗比较大，故对内耗值为 0.1 数量级时测量比较合适，内耗不应低于 10^{-4} 数量级。如用人眼直接观测，使用的频率应控制在 $0.5\sim2\text{Hz}$ 之间。使用频率较高时，可采用自动记录。

现在内耗测量仪已制成微机控制的多功能扭摆内耗仪，可同时用自由衰减法、受迫振动法及准静态方法进行测量。

内耗是一种组织敏感的性能，因此对试样的制备过程要求很严格。对不能加工成细丝状试样的情况，可用线切割的方法制成断面 $1.5\text{mm}\times2\text{mm}$、长为 $150\sim200\text{mm}$ 的试样，用这种尺寸较大的试样在倒置扭摆仪上测量也能获得比较满意的结果。

2. 共振棒法——中频下内耗的测量

在讨论材料弹性模量的动力法测试中，已经介绍了共振棒法的基本原理和装置。对于材料中内耗的测量同样可以利用这些装置来进行振动的激发、接收、放大和显示。所不同的只是必须在切断信号源的同时，把反映试样振幅衰减的信号提供给示波器，记录衰减曲线（当

采用强迫共振法时)。这里内耗的量度与扭摆法完全相同。

共振棒法的特点是没有辅助的惯性元件,棒状试样通常以谐振方式振动。共振的频率随所产生的振动类型而定。例如在圆柱试样的扭转振动和纵向振动模式中频率主要取决于试样的长度,其范围一般在 $10^4 \sim 10^0 \, \text{Hz}$。而弯曲振动模式的频率一般在 $3 \times 10^2 \sim 10^4 \, \text{Hz}$,它由试样的长度和直径共同决定。所以,共振法是一种音频测量法,在受迫振动时内耗由式(7-35)确定,即

$$Q^{-1} = \tan\delta = \frac{1}{\sqrt{3}} \frac{\Delta\nu}{\nu_r}$$

根据此式的关系,利用共振方法测量出共振曲线,如图 7-37 所示当频率为 ν_r 时,试样产生共振,这时振幅 A 为最大,$\Delta\nu$ 为最大振幅一半时所对应的频率差。从共振曲线确定出 ν_r 和 $\Delta\nu$ 值,便可求得内耗。

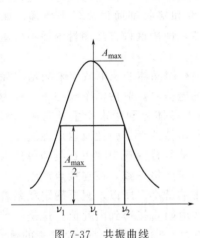

图 7-37　共振曲线

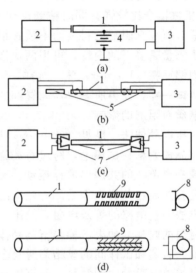

图 7-38　共振棒内耗测量装置原理

1—试样;2—信号源;3—接受器;4—偏压;5—磁棒;
6—铁磁片;7—铁芯;8—电极;9—石英

和弹性模量测试一样,大多数方法都采用一个电振荡器作为信号源。用不同方法把电振荡转换成试样的机械振动,再用同一种方式(亦可用不同的方式),把机械振动转换成电振动记录下来,达到探测振动的目的。图 7-38 表示了几种最常用的激发与接收方式。

(1)静电法　这种方法的原理如图 7-38(a),把试样的一端作为电容器的一个极板,和一固定极板组成一个电容器,利用电振荡器施加一个交变的电位差以激发试样产生机械振动,而在试样另一端做一个同样电容传感器,再把机械振动转换为电信号来接受。如果试样不是导体,只需用一片金属箔粘到试样上,同样可以实现静电的激发与接收。这种方法可用于实现纵向和弯曲振动,如适当设置电极,也可以实现扭振动。

(2)涡流法　我们知道,交变电流在附近的良导体中会感生涡流,如果这种涡流处于磁场中则将产生安培力。为此,在试样的一端绕一个线圈,并把它放在一个由磁棒产生的静磁场中,如图 7-38(b)所示,从振荡器信号源输出交变电流,由于线圈的感应使试样产生涡流,涡流在磁场作用下产生一个力,驱使试样棒振动,其振动的频率为振荡器输出交变电流的频率。在试棒的另一端放置一个同样的线圈和磁场,试样在该磁场中感生涡流,而这些涡流又在线圈中感应出一个电动势,这个电动势可作为接收到的振动信号被放大和记录。由于

电-机械的耦合弱，在试样中产生的振幅很小，因此这种方法只适用于研究很低的内耗，这时驱动试样不要很大的功率。为了防止涡流传感器和输入线圈之间的直接耦合，必须适当加以屏蔽。这种方法的主要优点在于，没有把可能产生应变而对阻尼有额外贡献的物体连接到试样上，因而背底损耗很低。因为此方法基于电磁感应原理，故一般局限于对良导体试样激发纵振动。

（3）电磁法　电磁法一般用于铁磁材料，对于非铁磁材料则必须在试样两端各粘接一块铁磁片。靠近一端铁磁片放置一个与信号源相连的线圈，同样另一端铁磁片也设置一个与接收器相连的线圈，如图 7-38(c) 所示。当从振荡器信号源输入线圈一个交变电流时，则线圈的交变磁场与磁片的相互作用将激发试样振动。同样在试样另一端由于振动使线圈产生感应电动势，经放大后记录下来，以达到探测振动的目的。由于铁磁片与线圈的不同位置决定着振动的方式，因此适当安置铁磁片可以实现纵向振动、弯曲振动甚至扭转振动。由于这种方法的电-机械耦合比较强，同时粘到试棒上的铁磁片产生的应变可能对阻尼有影响，因此这种方法适合研究高阻尼的材料而不适宜很低阻尼研究。

为了测量高温下的内耗，可把两块铁磁片不直接粘到试棒上，而是通过悬丝连接到试棒上，称为佛斯特（Forster）法。这样，试棒振动的激发和接收都通过悬丝来传递，如同弹性模量测试一样，使得所有仪器装置都处在室温。当然，使用这种方法测量内耗不可避免地要考虑悬丝对阻尼的影响。

（4）压电晶体法　昆贝（Quimby）在 1925 年首次利用晶体的压电效应来测量内耗。把一块石英晶体紧粘在试棒上，跨过石英施加一个交变的电信号，驱使两个圆柱体（称为复合振子）像一个单一的共振体那样振动。X-切和 Y-切石英晶体分别用来产生纵向振动和扭转振动。复合振动在共振频率处的等效电阻取决于石英和试棒两者的弹性及阻尼性能。只要用适当的方法测定电路的等效电阻，给出一个复合内耗，从复合内耗中减去石英的单独内耗即为试棒材料的内耗。如果试棒与石英晶体的固有振动频率严格一致，在连接点产生一个应力节点，那么石英和试样间的黏结剂对复合振子阻尼的影响就小。所以，只要确定联系着内耗与共振时等效电阻的比例常数，就可以从共振时的等效电阻直接得到内耗值。这是一种测量与振幅有关的内耗的重要方法，其最大应变振幅在 $10^{-8} \sim 10^{-5}$ 范围。这种方法的优点是，试样内耗只能在其基频和一次或二次谐频上测量。

值得注意的是，复合振子上的石英和试棒的基频要严格一致。曾经发现，由于石英和试棒热膨胀系数不同，在连接处产生的应变对阻尼有显著影响，因此这种方法不能用于测量内耗与温度的关系。

对于以上几种方法，如果系统被抽成真空，则阻尼的外部贡献只限于支点的损耗。系统中因存在空气而产生的损耗一般为 10^{-4} 数量级。如果支点处在驻波节点，则支点引起的损耗显著降低。曾经报导，在真空系统中这种外部损耗低达 2×10^{-6} 数量级。

3. 超声脉冲回波法——高频下内耗的测量

在兆频范围内可以用超声脉冲法来测量材料的内耗。和弹性模量测量相同的是，这种方法也是利用压电晶片在试样一端产生超声短脉冲，但不是测定波速，而是测量穿过试样到达第二个晶片或反射回到脉冲源晶片时脉冲振幅在试样中的衰减。

和激发驻波的共振法不同，脉冲法采用往复波。通常由高频发生器在共振频率把脉冲发给石英晶片，作为发射器的晶片把它们转换成机械振动，通过一个过渡层传递给试样，如图 7-39 所示。过渡层的物质与压电石英

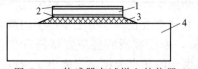

图 7-39　传感器在试样上的位置
1—石英传感器；2—镀银平面；
3—过渡层；4—试样

和待研究材料的声阻相匹配，结果在试样中发生往复的超声波。这种超声波在试样端面经受多次反射直至完全消耗。接收这些信号可以利用同一个电压传感器，其信号经过一定的放大进行记录。如果让超声波穿透试样，也可以采用同一共振频率的第二个晶片作为接收器，把它贴在试样的对面。超声脉冲装置功能示意图如图 7-40 所示。在示波器屏幕上放大了的那些回波信号和发送脉冲同步，这些回波信号提供好了一系列随时间衰减的可见脉冲，如图 7-41 所示。回波信号振幅的相对降低，表征了在研究介质（试样材料）中的超声波阻尼。

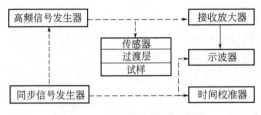

图 7-40　超声脉冲装置功能图

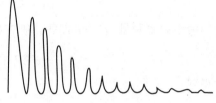

图 7-41　典型的回波信号图像

由于超声波工作频率范围很宽，测量的敏感性很高且实验的安排较为灵活，故有可能获得其他方法得不到的新结果，从而成功地解决那些与晶体缺陷及其相互作用有关的材料科学课题。特别是它在相当宽的频率范围内测量阻尼与频率依赖关系，以及研究低温下与电子行为有关的效应是很有效的，但由于超声脉冲法的应变振幅一般很小，故不能用来测量与振幅有关的效应。

值得注意的是，由于采用了短的波长，测到的超声衰减有可能因试样缺陷的散射而不能完全吸收，同时由于缺乏标准的超声装置及脉冲回波法的理论，有时实验结果处理还不完善，因此在解释衰减结果时必须谨慎。这也意味着对该方法所固有的附加动力损耗理论和实验还需进一步研究。

五、内耗分析的应用

内耗是一种对组织结构敏感的参数，可广泛用于材料的分析研究。从产生内耗的机制和影响因素便可看到，内耗分析可用于研究固溶体中溶质原子浓度的变化，从而能有效研究与固溶体析出有关的各种问题；分析晶界的行为，研究对晶界进行强化的途径；研究相变动力学；特别是对分析位错和溶质原子的交互作用是唯一有效的方法。

1. 确定扩散激活能与低温扩散系数

由于扩散过程在低温下进行得非常缓慢，故通常研究扩散时都是在高温下获得扩散层，所以由此测定的扩散系数只能是代表高温范围内的扩散情况。上述方法无法研究低温下空位和位错等对扩散的影响。内耗法的优点是能有效地研究低温范围内的扩散，它与其他方法相互配合便可在较宽的温度范围内更准确地测定出扩散系数、扩散常数和激活能，研究与扩散有关的金属学问题。

（1）确定碳在 α-Fe 中的扩散系数　内耗法确定间隙原子的扩散系数 D 是根据间隙原子在周期应力作用下的微扩散与点阵类型、弛豫时间 τ 的关系。对于体心立方点阵的铁的扩散系数为

$$D = \frac{\alpha^2}{36\tau} \tag{7-42}$$

式中，D 为峰温下碳原子在 α-Fe 中的扩散系数；α 为点阵常数。

由于内耗峰所对应的 $\omega\tau = 1$，故 $\omega = \dfrac{1}{\tau}$，因此上式可写为

$$D = \frac{\omega}{36}\alpha^2 \tag{7-43}$$

根据式(7-43)，只要测量出 Q^{-1}-T 关系曲线，确定出斯诺克峰所对应的频率，即可求得该峰温度下的扩散系数 D。

（2）测定碳在 α-Fe 中的扩散激活能　前边曾提到，弛豫时间 τ 和温度的关系为

$$\tau = \tau_0 \exp\left(\frac{H}{RT}\right) \tag{7-44}$$

当出现内耗峰时 $\omega\tau = 1$，亦即

$$\tau = \tau_0 \exp\left(\frac{H}{RT}\right) = \frac{1}{\omega} \tag{7-45}$$

如选用两个频率测量 Q^{-1}-T 曲线，则在内耗峰出现的时候，$\omega_1\tau_1 = \omega_2\tau_2 = 1$，即

$$\omega_1 \exp\left(\frac{H}{RT_1}\right) = \omega_2 \exp\left(\frac{H}{RT_2}\right)$$

由此得到

$$H = \frac{R\ln\omega_1/\omega_2}{1/T_2 - 1/T_1} \tag{7-46}$$

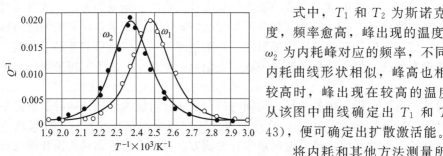

图 7-42　不同频率测得的内耗温度曲线

式中，T_1 和 T_2 为斯诺克峰所对应的温度，频率愈高，峰出现的温度就愈高；ω_1 和 ω_2 为内耗峰对应的频率，不同频率所得到的内耗曲线形状相似，峰高也相同，只是频率较高时，峰出现在较高的温度，见图 7-42，从该图中曲线确定出 T_1 和 T_2，代入式(7-43)，便可确定出扩散激活能。

将内耗和其他方法测量所得到的结果综合起来，便可看到，扩散系数从 $35 \sim 800\,^{\circ}\text{C}$ 的变化可达 14 个数量级。用作图法确定碳在 α-Fe 中的扩散常数，其值为 $0.02\text{cm}^2/\text{s}$，而扩散激活能为 $83.6\text{kJ}/\text{mol}$。

2. 研究固溶体的时效

由于斯诺克峰值和固溶体中间隙原子浓度成正比，且它只取决于固溶状态的溶质原子浓度，而和析出相的数量与状态无关，因析出的溶质原子通常紧密地束缚在金属化合物中，因而对内耗没有贡献，所以内耗法可以定量地测定时效过程中溶质原子浓度的变化，它比电阻、热电性、磁性和密度等方法更为有效。

内耗法用于研究氮在 α-Fe 中的时效沉淀工作比较多。为了找出析出量和时效温度及时效时间之间的关系，将试样进行固溶处理后，以不同温度和不同时间对试样分别进行时效，时效之后要进行快冷，以防在冷却过程中进一步发生变化，此后测量内耗曲线并确定斯诺克峰值。由于斯诺克峰出现的温度很低，所以在测量过程中氮的继续沉淀可以不考虑，峰值的大小完全代表时效过程中固溶体中氮原子的数量。

对时效过程动力学的研究指出，沉淀析出的数量和时效时间 t 存在的关系为

$$\omega = 1 - \exp[-(t/\tau_0)^n] \tag{7-47}$$

式中，n 为时效指数；τ_0 为时效的时间常数。式(7-47) 表示析出的一般规律，具体在某一温度下的析出动力取决于 n 和 τ_0。为了确定 n 和 τ_0 值可以借助内耗的测量。由于斯诺克峰与 α-Fe 中的氮原子浓度成正比，所以沉淀析出的数量和峰值的变化可表示为

$$\omega = (Q_0^{-1} - Q_t^{-1})/(Q_0^{-1} - Q_f^{-1}) \tag{7-48}$$

式中，Q_0^{-1} 为固溶处理状态的内耗峰值；Q_t^{-1} 经过时效 t 秒时的内耗峰值；Q_f^{-1} 为规定

温度下的时效达到平衡状态时的内耗峰值。$Q_0^{-1}-Q_f^{-1}$ 为时效过程中斯诺克峰的最大变化量，它代表着最大析出量；$Q_0^{-1}-Q_t^{-1}$ 为时效经过 t 秒时斯诺克峰值的变化量，它对应着 t 秒时的析出量。为了确定 ω，只要测出各试样时效过程的内耗变化曲线，并确定出内耗峰值，按照式（7-48）计算即可。

例如，研究 Fe-N 合金经 350℃固溶处理、250℃时效析出的动力学过程。首先测定出不同时效时间试样的 Q^{-1}-t 关系曲线，确定出斯诺克峰。然后作出时效时间与对应的斯诺克峰值的关系图，如图 7-43 所示。从图 7-43（a）中曲线可见，氮的析出分为两个阶段，两个阶段的析出各有自己的动力学规律。

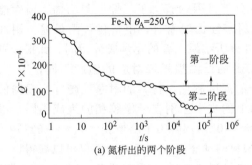
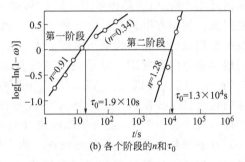

<table>
<tr><td>(a) 氮析出的两个阶段</td><td>(b) 各个阶段的 n 和 τ_0</td></tr>
</table>

图 7-43　Fe-N 合金时效曲线

为了确定各阶段的 n 和 τ_0 值，将式（7-45）取对数，则得 $\log[-\ln(1-\omega)]=n\log t-\log\tau_0$。作 $\log[-\ln(1-\omega)]$ 与 $n\log t$ 的关系图，如图 7-43（b）所示。当纵坐标为零时，对应的时间即为 τ_0 值，而曲线的斜率即为 n 值。从图 7-43（a）图求得：第一阶段的 n 为 0.91，τ_0 为 1.9×10s；第二个阶段 n 为 1.82，τ_0 为 1.3×10^4s。第一阶段是在（100）面上沉淀析出亚稳氮化物，呈针状和细长的薄片状；第二阶段析出 Fe_4N 稳定相，形状呈薄片状。

3. 高阻尼（内耗）合金的研究

工业生产中经常因各种机械或部件的冲击声或摩擦声而产生噪声，如机床床身、桥梁等，理想的解决办法就是采用具有高内耗值同时又有较高强度的阻尼合金。目前，已发展了一系列高阻尼合金（又称减振合金），例如 Fe-Cr 合金。图 7-44 是 Fe-Cr 合金不同成分和不同退火温度对内耗影响的曲线，为获得高阻尼值，从图中可看出，Fe-15%Cr 合金有内耗峰，且该合金在 1200℃退火能获得最佳阻尼性能。Fe-Cr 合金是铁磁性合金，它高阻尼性能源于磁机械滞后型内耗，由静态滞后型内耗机制可知，它的内耗强烈依赖于应变（力）振幅，合金内耗随应力振幅增加而增加的特性，在实际工程使用条件下还是非常有意义的。

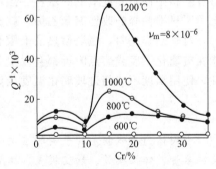

图 7-44　不同成分、退火温度对 Fe-Cr 合金内耗的影响

内耗分析除上述一些应用外，还广泛应用于研究金属的点缺陷、塑性形变、回复与再结晶以及相变等问题。

4. 在高分子材料分析中的应用

高聚物的动态力学性能灵敏的反映高聚物分子运动的状况。每一特定的运动单元发生"冻结"、"自由"的转变时，都会在动态力学温度谱或频谱图上出现一个模量突出的台阶和力学损耗峰。高聚物的分子运动不仅与高分子链结构有关，而且与高聚物凝聚态结构（结晶、交联、相结构）密切相关。高分子凝聚态结构又与高聚物的工艺条件或过程有关。因而，动态力学分析已成为研究高聚物的工艺-结构-分子运动-力学性能关系的一种十分有效的手段。同时，动态力学分析所需样品小，可以在宽广的温度或频率范围内连续测定，只需数小时即可获得高聚物材料的模量和力学损耗的全面信息。下面简单列举两个应用的例子。

（1）未知样品的初步分析　测定未知样品的动态力学谱图，将它与已知的动态力学谱图相对比，可初步确定未知材料的类型。例如，一透明材料，想知道它究竟是聚苯乙烯、有机玻璃还是聚碳酸酯等，只要测出它的动态力学温度谱，与各种透明塑料的动态力学谱一一对照，即可得出答案。

国内外生产的 ABS 品种很多，虽然基本成分都是丙烯腈、丁二烯、苯乙烯，但性能可能差别很大。例如有甲、乙、丙三种 ABS，就耐寒性比较而言，甲最优，丙最差。用红外分析找不出造成这种差别的结构原因，因为红外分析结果三者的化学成分相同。如果分别测定它们的动态力学温度谱，结果表明这三种 ABS 的低温损耗峰对应的温度不同，甲、乙、丙分别为 $-80℃$、$-40℃$、$-5℃$，低温损耗峰的温度越低，材料的耐寒性越好。根据低温损耗峰的位置进一步推断，这三种 ABS 在结构上的主要差别在于橡胶相的组成不同，甲为聚丁二烯（$T_g \approx -80℃$），乙为丁苯橡胶（$T_g \approx -40℃$），丙为丁腈橡胶（$T_g \approx -5℃$）。

（2）评价塑料的耐热性和低温韧性　测定塑料的动态力学温度谱，不仅可以获得以力学损耗峰顶或模量损耗峰顶对应的温度所表征的塑料耐热性的特征温度 T_g（非晶态高聚物）和 T_m（结晶高聚物），而且还可以得到模量随温度的变化情况，因此比工业上常用的热变形温度和维卡软化点更加科学。

塑料的低温韧性主要取决于组成塑料的高分子在低温下是否存在链段或比链段小的运动单元的运动。这可以通过测定材料的动态力学温度谱中是否有低温损耗峰来进行判断。若低温损耗峰所处的温度越低，强度越高，则可以预料这种塑料的低温韧性越好。因此，凡是存在明显的低温损耗峰的塑料，则在低温损耗峰顶的温度以上具有良好的冲击韧性。例如，聚乙烯的玻璃化温度为 $-80℃$，是典型的低温韧性塑料；在 $-80℃$ 出现明显次级转变损耗峰的非晶态塑料聚碳酸酯，是耐寒性最好的工程塑料。相反，缺乏低温损耗峰的聚苯乙烯塑料是所有塑料中冲击强度最低的塑料。当用玻璃化温度远低于室温的顺丁橡胶改性后，在 $-70℃$ 有了明显损耗峰的改性聚苯乙烯，就成为低温韧性好的高抗冲聚苯乙烯。

对于复合材料，短期耐热的上限也是玻璃化温度，因为一切高分子材料的物理-力学性能在玻璃化温度或熔点附近都会发生急剧的、甚至不连续的变化。为了保持制件性能的稳定性，使用温度不能超过玻璃化温度或熔点。

本 章 小 结

由固体内小体积元的平衡的应力-应变状态，给出广义胡克定律，进而导出材料弹性的表征参量：弹性模量、切变模量、体积模量和泊松比。描述了弹性模量的微观本质、影响因素、与其他物理量的关系。介绍了多孔陶瓷和双相陶瓷的弹性模量，以及测量材料弹性模量的基本方法。在材料的内耗特性部分，从黏弹性和滞弹性出发，引入内耗的一般定义、类型、表征方法、内耗产生的机制。特别介绍了形状记忆合金的伪弹性及其相关内耗。与本章物理性能联系的功能材料介绍了弹性合金和减振合金（高阻尼合金）。减振合金在环保和振动条件下应用具有关键作用。应注意掌握内耗的测试方法及应用。高聚物相的弹性表征参量与金属和无机非金属材料的相同。和无机材料一样，高聚物在纤维和薄膜形态下往往表现各向异性，具有取向性。但以下两点应注意：①高聚物在其玻璃化温度以上具有独特的高弹态，其力学性能不同于无机材料的特点，并且这种高弹性属于熵弹性，并不是一般无机材料的能量弹性；②在常温和通常加载条件下，高聚物经常表现出黏弹性。这些特点是与高聚物的微观结构特点紧密相连的。

复 习 题

1. 用双原子模型解释材料弹性的物理本质。
2. 表征材料原子间结合力强弱的常用物理参数有哪些？说明这些参数间的关系。
3. 什么是材料的内耗？弛豫型内耗的特征是什么？它同静滞后型内耗有何差异？
4. 内耗法测定 α-Fe 中碳的扩散（迁移）激活能的方法和原理。
5. 表征材料内耗（阻尼）有哪些物理量？它们之间关系如何？

参 考 文 献

[1] 宁青菊，谈国强，史永胜主编. 无机材料物理性能. 北京：化学工业出版社，2006.

[2] 关振铎，张中太，焦金生编著. 无机材料物理性能. 北京：清华大学出版社，1992.

[3] 邱成军，王元化，王义杰主编. 材料物理性能. 哈尔滨：哈尔滨工业大学出版社，2003.

[4] 田莳编著. 材料物理性能. 北京：北京航空航天大学出版社，2001.

[5] 王润主编. 金属材料物理性能. 北京：冶金工业出版社，1985.

[6] 吴其胜主编. 材料物理性能. 上海：华东理工大学出版社，2006.

[7] 陈騑騢主编. 材料物理性能. 北京：机械工业出版社，2006.

[8] 王从曾主编. 材料性能学. 北京. 北京工业大学出版社，2002.

[9] 金日光，华幼卿编. 高分子物理. 北京：化学工业出版社，2007.

[10] 柯扬船，何平笙编. 高分子物理教程. 北京：化学工业出版社，2006.

[11] 马德柱，何平笙，徐种德，周漪琴编. 高聚物的结构与性能. 北京：科学出版社，2003.

[12] 焦剑，雷渭媛编. 高聚物结构、性能与测试. 北京：化学工业出版社，2003.

[13] 李战雄，王标兵，欧育湘主编. 耐高温聚合物. 北京：化学工业出版社，2007.

[14] 周馨我主编. 功能材料学. 北京：北京理工大学出版社，2002.

[15] 朱敏主编. 功能材料. 北京：机械工业出版社，2002.

[16] 马建标，李晨曦主编. 功能高分子材料. 北京：化学工业出版社，2000.

[17] 王国建，刘琳编. 特种与功能高分子材料. 北京：中国石化出版社，2004.

[18] 何天白，胡汉杰编. 功能高分子与新技术. 北京：化学工业出版社，2001.